研究生创新人才培养示范教材建设项目

现代传感技术

王化祥　岳士弘　编著

天津大学出版社
TIANJIN UNIVERSITY PRESS

内容提要

本书介绍了现代传感器的原理、特性及其在工程中的应用技术,并紧密围绕当前传感器技术发展最新内容和方向编写,叙述由浅入深,循序渐进。全书在介绍传感器基本特性的基础上,详细介绍了光纤、图像、生物传感器以及无线传感器网络、移动机器人传感器、智能传感技术,最后介绍了多源传感器的信息融合技术。

本书可作为高等院校测控技术与仪器、自动化、电气工程及其自动化、计算机科学与技术、通信工程、生物医学工程等专业研究生选修课教材和本科高年级学生的参考教材,也可供从事传感与信息检测相关领域应用和设计开发的研究人员、工程技术人员参考。

图书在版编目(CIP)数据

现代传感技术 / 王化祥,岳士弘编著. —天津:
天津大学出版社,2023.5
研究生创新人才培养示范教材建设项目
ISBN 978-7-5618-7388-5

Ⅰ.①现⋯ Ⅱ.①王⋯ ②岳⋯ Ⅲ.①传感器－研究
生－教材 Ⅳ.①TP212

中国国家版本馆 CIP 数据核字(2023)第 001793 号

Xiandai Chuangan Jishu

出版发行	天津大学出版社
地 址	天津市卫津路 92 号天津大学内(邮编:300072)
电 话	发行部:022-27403647
网 址	www.tjupress.com.cn
印 刷	天津泰宇印务有限公司
经 销	全国各地新华书店
开 本	787mm×1092mm 1/16
印 张	17.5
字 数	470 千
版 次	2023 年 5 月第 1 版
印 次	2023 年 5 月第 1 次
定 价	49.80 元

前　言

由王化祥教授等编著的《传感器原理及应用》一书,自 1988 年正式出版以来,受到广大读者的欢迎,并被许多院校选为教材使用。该书所讲述内容主要是传统传感器的原理及应用,对现代最新发展的传感器内容涉及较少。基于上述情况,并在广泛征求意见的基础上,编者认为有必要编写一本反映当今最新发展和应用的现代传感器教材,并作为研究生选修教材。

本书正是基于上述考虑编写的,并于 2008 年 4 月由化学工业出版社正式出版。这次再版进行了认真的修订整理。本书主要涉及的内容包括光纤传感器、图像传感器、生物传感器、无线传感器网络、移动机器人传感器、智能传感技术以及多源传感器信息融合技术。上述内容是对传统传感器的补充。本书可作为高等院校测控技术与仪器、自动化、电气工程及其自动化、计算机科学与技术、通信工程、生物医学工程等专业研究生选修课教材和本科高年级学生的参考教材,也可供从事传感与信息检测相关领域应用和设计开发的研究人员、工程技术人员参考。

本书在编写过程中紧密结合现代传感技术教学改革和课程建设要求,贯彻"以学生为主体,教师为主导"的教学原则,注重学生能力的培养和新知识的吸收,注重教学内容理论联系实际,作者在多年教学、科研实践的基础上参考了国内外相关教材和学术研究成果,在阐述基础理论的同时,将实际应用贯穿全书始终。

本书由天津大学王化祥教授编著,他编写了本书的第 1、2、3、7 章;王学民教授编写了第 4 章;杨挺教授编写了第 5 章;孟庆浩教授编写了第 6 章;岳士弘教授编写了第 8 章;最后由王化祥教授统稿。在编写过程中,所有参编者精诚合作,精益求精。这里还要特别感谢参考文献中所列的有关作者,为本书提供了宝贵参考资料,使本书在总结已有经验基础上,吸取众家之长,为本书增色不少。

传感技术所涉及内容比较广泛,而且传感技术本身正在飞速发展。然而,由于编者水平和知识有限,难免有疏漏和不妥之处,恳请读者不吝赐教。

编　者

2023 年 1 月于天津大学

目　　录

1　传感器基本特性

1.1　概述

1.1.1　传感器的作用

随着现代测量、控制和自动化技术的发展,传感器技术越来越受到人们的重视。特别是近年来,由于科学技术、经济发展及生态平衡的需要,传感器在各个领域中的作用日益显著。在工业生产自动化、能源、交通、灾害预测、安全防卫、环境保护、医疗卫生等方面所开发的各种传感器,不仅可代替人的感官功能,并且在检测人的感官所不能感受的参数方面创造了十分有利的条件。在工业生产中,传感器充当了人的"耳目"。例如,冶金工业中连续铸造生产过程中的钢包液位测量、高炉铁水硫磷含量分析等方面需要多种多样的传感器为操作人员提供可靠的数据。此外,用于工厂自动化柔性制造系统(flexible manufacturing system,FMS)的机械手或机器人可实现高精度在线实时测量,从而保证了产品的产量和质量。在微型计算机广为普及的今天,如果没有各种类型的传感器提供可靠、准确的信息,计算机控制难以实现。因此,可以说传感器是信息采集系统的首要环节,是实现现代化测量和自动控制的重要部件,是现代信息产业的源头,也是信息社会赖以存在和发展的物质与技术基础。当今社会是信息化的社会,传感技术与信息技术、计算机技术被并列称为支撑现代信息产业的三大支柱。可以设想,若没有精度高和性能可靠的传感器,没有先进的传感器技术,那么信息的准确获取将无从谈起,信息技术与计算机技术将成为无源之水、无本之木。

1.1.2　传感器及传感技术

传感器(transducer 或 sensor)是将各种非电量(包括物理量、化学量、生物量等)按一定规律转换成便于处理和传输的另一种物理量(一般为电量)的装置。

过去人们习惯于把传感器仅作为测量工程的一部分加以研究,但是自 20 世纪 60 年代以来,随着材料科学的发展和固体物理效应的不断发现,传感器技术已形成了一个新型科学技术领域,建立了一个完整的独立科学体系——传感器工程学。

传感技术是利用各种功能材料实现信息检测的一门应用技术,它是检测(传感)原理、材料科学、工艺加工三个要素的最佳结合。

检测(传感)原理指传感器工作时所依据的物理效应、化学反应和生物反应等机理,各种功能材料则是传感技术发展的物质基础,从某种意义上讲,传感器也就是感知外界各种被测信号的功能材料。传感技术的研究和开发,不仅要求原理正确、选材合适,而且要求有先进的、高精度的加工装配技术。除此之外,传感技术还包括如何更好地把传感元件用于各个领域的所谓传感器软件技术,如传感器的选择、标定以及接口技术等。总之,随着科学技术的发展,传感器技术的研究开发范围正在不断扩大。

1.1.3 传感器的组成

传感器一般由敏感元件、转换元件和测量电路 3 部分组成,有时还需要加辅助电源,用方框图表示,如图 1-1 所示。

图 1-1 传感器的组成方框图

敏感元件(预变换器):在完成非电量到电量的变换时,并非所有的非电量均可利用现有手段直接变换为电量,往往是将被测非电量预先变换为另一种易于变换成电量的非电量,然后再变换为电量。能够完成预变换的器件称为敏感元件,又称为预变换器。如在传感器中各种类型的弹性元件常被称为敏感元件,并统称为弹性敏感元件。

转换元件:将感受到的非电量直接转换为电量的器件称为转换元件,例如压电晶体、热电偶等。

需要指出的是,并非所有的传感器都包括敏感元件和转换元件,如热敏电阻、光电器件等。而另外一些传感器,其敏感元件和转换元件可合二为一,如固态压阻式压力传感器等。

测量电路:将转换元件输出的电量变成便于显示、记录、控制和处理的有用电信号的电路称为测量电路。测量电路的类型视转换元件的分类而定,经常采用的有电桥电路及其他特殊电路,如高阻抗输入电路、脉冲调宽电路、振荡回路等。

1.1.4 传感器的分类

传感器的种类很多,目前尚没有统一的分类方法,一般常采用的分类方法有如下几种。

(1)按输入量分类

如输入量分别为温度、压力、位移、速度、加速度、湿度等非电量时,则相应的传感器称为温度传感器、压力传感器、位移传感器、速度传感器、加速度传感器、湿度传感器等。这种分类方法给使用者提供了方便,容易根据测量对象选择所需要的传感器。

(2)按测量原理分类

现有传感器的测量原理主要是基于电磁原理和固体物理学理论。如根据变电阻的原理,相应地有电位器式、应变式传感器;根据变磁阻的原理,相应地有电感式、差动变压器式、电涡流式传感器;根据半导体有关理论,则相应地有半导体力敏、热敏、光敏、气敏等固态传感器。

(3)按结构型和物性型分类

所谓结构型传感器,主要是通过机械结构的几何形状或尺寸的变化,将外界被测参数转换成相应的电阻、电感、电容等物理量的变化,从而检测出被测信号,这种传感器目前应用得最为普遍。物性型传感器则是利用某些材料本身物理性质的变化实现测量的,它是以半导体、电介质、铁电体等作为敏感材料的固态器件。

1.1.5 传感器的发展趋势

近年来,由于半导体技术已进入超大规模集成化阶段,各种制造工艺和材料性能的研究已达到相当高的水平。这为传感器的发展创造了极为有利的条件。从发展前景来看,它具有以下几个特点。

(1)传感器的固态化

物性型传感器亦称固态传感器,目前发展很快。它包括半导体、电介质和强磁性体 3 类,其中半导体传感器的发展最引人注目。它不仅灵敏度高、响应速度快、小型轻量,而且便于实现传感器的集成化和多功能化。如目前最先进的固态传感器,在一块芯片上可同时集成差压、静压、温度 3 个传感器,使差压传感器具有温度和压力补偿功能。

(2)传感器的集成化和多功能化

随着传感器应用领域的不断扩大,借助半导体的蒸镀技术、扩散技术、光刻技术、精密细微加工及组装技术等,传感器从单个元件、单一功能向集成化和多功能化方向发展。所谓集成化,就是利用半导体技术将敏感元件、信息处理或转换单元以及电源等部分制作在同一芯片上,如集成压力传感器、集成温度传感器、集成磁敏传感器等。多功能化则意味着传感器具有多种参数的检测功能,如半导体温湿敏传感器、多功能气体传感器等。

(3)传感器的图像化

目前,传感器的应用不仅限于对某一点物理量的测量,而开始研究从一维、二维到三维空间的测量。现已研制成功的二维图像传感器,有 MOS 型、CCD 型、CID 型全固体式摄像器件等。

(4)传感器的智能化

智能传感器是一种带有微型计算机兼有检测和信息处理功能的传感器。它通常将信号检测、驱动回路和信号处理回路等外围电路全部集成在一块基片上,具有自诊断、远距离通信、自动调整零点和量程等功能。

①自补偿功能:对信号检测过程中的非线性误差、温度变化及其导致的信号零点漂移和灵敏度漂移、响应时间延迟、噪声与交叉感应等效应的补偿功能。

②自诊断功能:接通电源时系统的自检;系统工作时实现运行的自检;系统发生故障时的自诊断,包括确定故障的位置与部件等。

③自校正功能:系统中参数的设置与检查;测试中的自动量程转换;被测参数的自动运算等。

④数据的自动存储、分析、处理与传输等。

⑤微处理器与微型计算机和基本传感器之间具有双向通信功能。

1.2 传感器的组成与结构

1.2.1 传感器的组成

传感器的核心部分是转换元件。转换元件是将感受到的非电量转换为电量输出的器件。

转换元件可以直接感受被测量,而输出与被测量成确定关系的电量。这时转换元件本身就可作为一个独立的传感器使用。这样的传感器一般称为元件式传感器,元件式传感器的组成框图如图 1-2 所示。例如,电阻应变片在作应变测量时,它直接感受被测量——应变,输出与应变有确定关系的电量——电阻变化。

转换元件也可以不直接感受被测量,而是感受与被测量有确定关系的其他非电量,再将其转换为电量。这时转换元件本身不作为一个独立的传感器使用,而作为传感器的一个转换环节。在传感器中,尚需要另一个非电量的转换环节,即敏感元件来完成同类或不同类的非电量转换。这样的传感器通常称为结构式传感器。结构式传感器的组成框图如图 1-3 所示。

图 1-2　元件式传感器组成框图　　　　图 1-3　结构式传感器组成框图

传感器中的转换元件决定了传感器的工作原理,也决定了测试系统的中间变换环节。敏感元件环节则大大扩展了转换元件的应用范围。在大多数测试系统中,应用的一般是结构式传感器。

1.2.2　传感器的结构形式

传感器的结构形式取决于传感器的设计思想。而传感器设计的要点就是依据选择信号的方式,将选择出来的信号的某一方面性能在结构上予以具体化,以满足传感器的技术要求。

1. 固定信号方式和传感器的直接结构

固定信号方式是把除被测量 x 以外的变量固定或控制在某个定值上。以金属导线的电阻变化为例,电阻是金属种类、纯度、尺寸、温度、应力等的函数。如果仅选择以温度产生的变化为信号,就可以制成电阻温度计;如果选择以尺寸或应力产生的变化作为信号,就可制成电阻应变片。显然,对于确定的金属材料,在设计温度计时要防止应力带来的影响;在设计应变片时要防止温度带来的影响。如果在测试中,控制前者的应力和后者的温度不变,则为选择固定的信号方式。

选择固定信号方式的传感器采用直接结构形式。这种传感器是由一个单独的传感元件和其他环节构成,直接将被测量转换为所需输出量。图 1-4 为直接式传感器的构成方式。

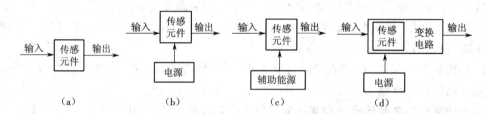

图 1-4　直接式传感器的构成方式

图 1-4(a)所示是仅有传感元件的最简单的一种,如热电偶和压电元件。图 1-4(b)所示是通过电源提供输出能量,如光敏晶体管。图 1-4(c)所示是利用磁铁为传感元件提供能量,如磁电式传感器。而霍尔式传感器则是图 1-4(b)、图 1-4(c)两种情况的结合。图 1-4(d)所示的传感元件是阻抗元件,输入信号改变其阻抗值,为得到具有能量的输出信号,必须设计包括传感元件在内的变换电路,如具有电桥电路的电阻应变传感器等。

固定的信号方式和直接的传感器结构是最简单、最基本的形式。传感器设计中常常采用这种形式。但在一些场合下,这种传感器往往不能满足要求,主要原因是它的灵敏度低,易受外界干扰。

2. 补偿信号方式和传感器的补偿结构

大多数情况下,传感器特性要受到周围环境和内部各种因素的影响。当这些影响不能忽略时,必须采取一定的措施,以消除这些影响。

在设计某种传感器时,面临两种变量,一种是需要的被测量 x,另一种是不希望出现而又存在的各种影响量 n（统称干扰量）。假设被测量 x 和影响量 n 都起作用时的变化关系为第一函数，仅影响量起作用时的变化关系为第二函数。对于被测量来说，如果影响量的作用效果是叠加的，则可取两函数之差；如果影响量的作用效果是乘积递增的，则可取两函数之商，即可消除 n 的影响。这种选择信号方式称为补偿方式。实现补偿信号方式的传感器结构是补偿式结构。其构成方式如图 1-5 所示。

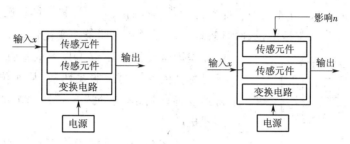

图 1-5 补偿式传感器的构成方式

图 1-5 中使用两个原理和特性完全一样的传感元件，其中一个接收输入信号（被测量），另一个不接收输入信号；两个传感元件对环境、内部条件的特性变化相同。虚设一个传感元件的目的在于抵消环境及内部条件变化对接收输入信号的传感元件的影响。

图 1-6 是具有补偿结构的应变式传感器及测量电桥。测量应变时，使用两个性能完全相同的应变片，其中一片贴在被测试件的表面，如图 1-6(a) 中 R_1，称为工作应变片；另一片贴在与被测试件材料相同的补偿块上，如图 1-6(a) 中 R_2，称为补偿应变片。工作过程中，补偿块不承受应变，仅随温度变化而变形。

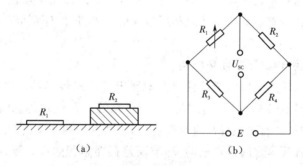

图 1-6 补偿结构的应变式传感器及测量电桥

当测试件不承受应变时，R_1 和 R_2 处于同一温度场，调整图 1-6(b) 中电桥参数，可使电桥输出电压为零，即 $U_{SC} = A(R_1 R_4 - R_2 R_3) = 0$，式中可以选择 $R_1 = R_2 = R$ 及 $R_3 = R_4 = R'$。

当温度升高或降低时，若 $\Delta R_{1t} = \Delta R_{2t}$，即两个应变片的热输出相等，则电桥输出电压为零，即

$$U_{SC} = A[(R_1 + \Delta R_{1t})R_4 - (R_2 + \Delta R_{2t})R_3] = A[(R + \Delta R_{1t})R' - (R + \Delta R_{2t})R']$$
$$= A(RR' + \Delta R_{1t}R' - RR' - \Delta R_{2t}R') = AR'(\Delta R_{1t} - \Delta R_{2t}) = 0 \tag{1-1}$$

若此时有应变作用，只会引起电阻 R_1 变化，R_2 不承受应变，其输出电压为

$$U_{SC} = A[(R_1 + \Delta R_{1t} + R_1 K\varepsilon)R_4 - (R_2 + \Delta R_{2t})R_3] = AR'RK\varepsilon \tag{1-2}$$

式中　　A——桥路输出电压系数；

　　　　K——应变片灵敏度系数；

　　　　ε—— 应变。

由式(1-2)可知,电桥输出电压只与应变 ε 有关,与温度无关。

3.差动信号方式和传感器的差动结构

使被测量反向对称变化,影响量同向对称变化,然后取其差值,可有效地将被测量选择出来,这种方式即为差动方式。图 1-7 所示为实现差动方式的传感器构成方式。其构成特点是把输入信号加在原理和特性完全一样的两个传感元件上,但使传感元件的输出对输入信号(被测量)反向变换,对环境和内部条件变化(影响量)同向变换,并且通过变换电路以两个传感元件输出之差为总输出,从而有效地抵消环境和内部条件变化带来的影响。

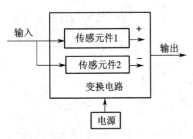

图 1-7　差动式传感器的构成方式

差动式传感器不仅可以有效地抑制干扰,而且由于对称性消除了偶次非线性项,从而传感器的线性度得到改善。此外,差动式传感器的灵敏度比直接式传感器提高了一倍。

差动式结构广泛用于传感器设计,如差动式变压器、差动式电容传感器及应变片的差动电桥方式等。

4.平均信号方式和传感器的平均结构

平均信号方式来源于误差分析理论中对随机误差的平均效应和信号(数据)的平均处理。在传感器结构中,利用 N 个相同的转换元件同时感受被测量,则传感器的输出为各转换元件输出之和,而随机误差则减小为单个转换元件的 $1/\sqrt{N}$。

采用平均结构的传感器有光栅、磁栅、容栅、感应同步器等。带有弹性敏感元件的电阻应变式传感器进行力、压力、扭矩等量的测试时,可粘贴多片电阻应变片,在具有差动作用的同时,具有明显的平均效果。平均结构的传感器不仅有效地采用平均信号方式,大幅度降低测试误差,而且可弥补传感器制造工艺缺陷所带来的误差,同时还可以补偿某些非测量载荷的影响。

5.平衡信号方式和传感器的闭环结构

一般由敏感元件、转换元件组成的传感器均属于开环式传感器。这种传感器和相应的中间变换电路、记录显示分析仪器等构成开环测试系统。开环式传感器,尽管可以采用补偿、差动、平均等结构形式有效地提高自身性能,但仍然存在两个突出问题。

①开环系统中,各环节之间是串联的,环节误差存在累积效应。要保证测试准确度,需要降低每一环节的误差,因此提高了对每一环节的要求。

②随着科技和生产的发展,要求传感器乃至整个测试系统具有较好的静态特性、动态特性、稳定性、可靠性等,而采用开环系统难以满足上述要求。

依据测量学中的零示法测量原理,选择平衡信号方式,采用闭环式传感器结构,可有效地解决上述问题。闭环传感器采用反馈技术,极大地提高了传感器的性能。闭环传感器在结构上增加了一个由反向传感器构成的反馈环节,其结构原理见图 1-8。构成反馈环节的反向传感器一般为磁电式、压电式等具有双向特性的传感器,实现"电—机"变换,完成发生器的作用。

图 1-9 所示为闭环传感器原理框图。图中 $H(s)$ 为前向环节的总传递函数,β 为反馈环节的反馈系数,闭环系统总的传递函数为

$$H'(s)=\frac{H(s)}{1+\beta H(s)} \tag{1-3}$$

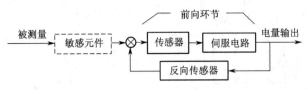

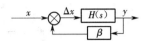

图 1-8 闭环传感器的结构原理　　　　　图 1-9 闭环传感器原理框图

与开环式传感器相比,闭环传感器有如下优点。

(1)准确度高,稳定性好

由式(1-3)可见,闭环系统总灵敏度为

$$K'(s) = \frac{K}{1+\beta K} \tag{1-4}$$

若前向环节为高增益,即 $\beta K \gg 1$,则 $K' = 1/\beta$,闭环总灵敏度基本与前向环节无关。因此,前向环节增益波动对闭环传感器的准确度和稳定性影响很小。闭环传感器的测量准确度和工作稳定性主要取决于反向传感器。

(2)灵敏度高

闭环传感器工作在平衡状态,相对初始平衡位置的偏离很小,外界干扰因素较少,因此比一般传感器具有更低的阈值。

(3)线性好,量程大

由于闭环传感器相对初始平衡位置的偏离小,故非线性影响也小,因而具有更宽的量程。

(4)动态特性好

设前向环节的传递函数为

$$H(s) = \frac{K}{1+\tau s} \tag{1-5}$$

式中　τ——时间常数。

则有

$$H'(s) = \frac{\dfrac{K}{1+\tau s}}{1+\dfrac{\beta K}{1+\tau s}} = \frac{\dfrac{K}{1+\beta K}}{1+\dfrac{\tau s}{1+\beta K}} = \frac{K'}{1+\tau' s} \tag{1-6}$$

这里,$K' = K/(1+\beta K)$,而 $\tau' = \tau/(1+\beta K)$,τ' 降低为开环时间常数 τ 的 $1/(1+\beta K)$,即 $\tau' \ll \tau$,从而大大改善了动态特性。

图 1-10 所示为力平衡式加速度传感器,它是一种典型的闭环结构传感器。这种传感器由惯性敏感元件、电容式位移传感器、伺服电路(由交流放大器、解调器、直流放大校正电路、振荡器等组成)和磁电式力发生器组成。

测试时,将力平衡式加速度传感器固定在被测体上。当传感器感受到被测加速度 a 时,惯性质量 m 因惯性力而产生相对壳体的位移;电容式位移传感器将此位移变换为电信号,并经伺服电路处理,输出电流 I_0 至磁电式力发生器的动圈。磁电式力发生器的磁路系统和传感器的壳体固连,而动圈和惯性质量相连,当动圈中通有电流 I_0 时,将有电磁力作用在可动部分上,并与被测加速度作用于惯性质量上而产生的惯性力相平衡,使惯性质量回到初始平衡位置。磁电式力发生器产生的电磁力为

$$F_\beta = BlI_0 \tag{1-7}$$

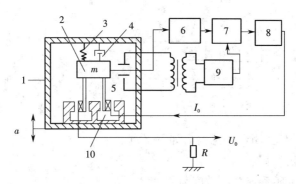

1—外壳　2—惯性敏感元件　3—弹性支撑元件　4—阻尼器　5—电容式位移传感器
6—交流放大器　7—解调器　8—直流放大校正电路　9—振荡器　10—磁电式力发生器

图 1-10　力平衡式加速度传感器

式中　B——气隙磁感应强度；

　　　　l——动圈绕组导线工作长度。

于是有

$$BlI_0 = ma \tag{1-8}$$

或

$$I_0 = \frac{ma}{Bl} \tag{1-9}$$

$$U_0 = I_0 R = \frac{maR}{Bl} \tag{1-10}$$

I_0, U_0 与被测加速度 a 成正比，由此可测得 a 的值。

1.3　传感器的一般特性

传感器的输入量可分为静态量和动态量两类。静态量指稳定状态的信号或变化极其缓慢的信号（准静态）。动态量通常指周期信号、瞬变信号或随机信号。无论对动态量还是静态量，传感器输出电量都应当不失真地复现输入量的变化。这主要取决于传感器的静态特性和动态特性。

1.3.1　传感器的静态特性

传感器在被测量的各个值处于稳定状态时，输出量和输入量之间的关系称为静态特性。

通常，要求传感器在静态情况下的输出—输入关系保持线性。实际上，其输出量和输入量之间的关系（不考虑迟滞及蠕变效应）可由下列方程式确定

$$Y = a_0 + a_1 X + a_2 X^2 + \cdots + a_n X^n \tag{1-11}$$

式中　Y——输出量；

　　　　X——输入量；

　　　　a_0——零位输出；

　　　　a_1——传感器的灵敏度，常用 K 表示；

　　　　$a_2, a_3, \cdots, a_n$——非线性项待定常数。

由式(1-11)可见，如果 $a_0 = 0$，表示静态特性通过原点。此时，静态特性由线性项（$a_1 X$）和非线性项（$a_2 X^2, \cdots, a_n X^n$）叠加而成，一般可分为以下 4 种典型情况。

①理想线性[图 1-11(a)]:

$$Y = a_1 X \tag{1-12}$$

②具有 X 奇次项的非线性[图 1-11(b)]:

$$Y = a_1 X + a_3 X^3 + a_5 X^5 + \cdots \tag{1-13}$$

③具有 X 偶次项的非线性[图 1-11(c)]:

$$Y = a_1 X + a_2 X^2 + a_4 X^4 + \cdots \tag{1-14}$$

④具有 X 奇、偶次项的非线性[图 1-11(d)]:

$$Y = a_1 X + a_2 X^2 + a_3 X^3 + a_4 X^4 + \cdots \tag{1-15}$$

由此可见,除图 1-11(a)为理想线性关系外,其余均为非线性关系。其中具有 X 奇次项的曲线图 1-11(b),在原点附近一定范围内基本上是线性关系。

在实际应用中,若非线性项的方次不高,则在输入量变化不大的范围内,用切线或割线代替实际的静态特性曲线的某一段,使传感器的静态特性接近于线性,这称为传感器静态特性的线性化。在设计传感器时,应将测量范围选取在静态特性最接近直线的一小段,此时原点可能不在零点。以图 1-11(d)为例,如取 ab 段,则原点在 c 点。传感器静态特性的非线性,使其输出不能成比例地反映被测量的变化情况,而且对动态特性也有一定影响。

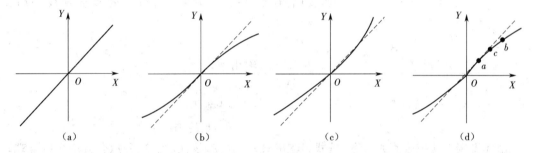

图 1-11 传感器的 4 种典型静态特性

(a)理想线性 (b)具有 X 奇次项的非线性 (c)具有 X 偶次项的非线性 (d)具有 X 奇、偶次项的非线性

传感器的静态特性是在静态标准条件下测定的。在标准工作状态下,利用一定精度等级的校准设备,对传感器进行往复循环测试,即可得到输出—输入数据。将这些数据列成表格,再画出各被测量值(正行程和反行程)对应输出平均值的连线,即为传感器的静态校准曲线。

传感器静态特性的主要指标如下。

1. 线性度(非线性误差)

在规定条件下,传感器校准曲线与拟合直线间最大偏差与满量程(F·S)输出值的百分比称为线性度,如图 1-12 所示。

用 δ_L 代表线性度,则

$$\delta_L = \pm \frac{\Delta Y_{\max}}{Y_{F \cdot S}} \times 100\% \tag{1-16}$$

式中 $\Delta Y_{\max}$——校准曲线与拟合直线间的最大偏差;

$Y_{F \cdot S}$——传感器满量程输出,$Y_{F \cdot S} = Y_{\max} - Y_0$。

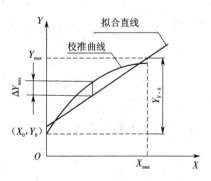

图 1-12 传感器的线性度

由此可见,非线性误差是以一定的拟合直线或理想直线为基准直线计算的,因而,基准直线不同,所得线性度也不同,见图1-13。

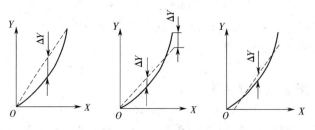

图1-13　基准直线的不同拟合方法

应当指出,对同一传感器,在相同条件下进行校准试验时,得出的非线性误差不会完全一样。因而不能笼统地说线性度或非线性误差,必须同时说明所依据的基准直线。目前,关于拟合直线的计算方法不尽相同,下面仅介绍两种常用的拟合基准直线方法。

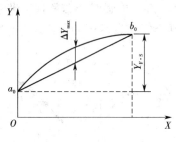

图1-14　端基法线性度拟合直线

（1）端基法

把传感器校准数据的零点输出a_0和满量程输出b_0连成的直线$a_0 b_0$作为传感器特性的拟合直线（见图1-14）。其方程式为

$$Y = a_0 + KX \tag{1-17}$$

式中　Y——输出量;

$\quad\quad X$—— 输入量;

$\quad\quad a_0$——Y轴上截距;

$\quad\quad K$——直线$a_0 b_0$的斜率。

由此得端基法拟合直线方程,按式(1-16)计算出端基线性度。这种拟合方法简单直观,但是未考虑所有校准点数据分布,拟合精度较低,一般用在特性曲线非线性度较小的情况。

（2）最小二乘法

用最小二乘法原则拟合直线,可使拟合精度增高。

令拟合直线方程为$Y = a_0 + KX$。假定实际校准点为n个,在n个校准数据中,任一个校准数据Y_i与拟合直线上对应的理想值$a_0 + KX_i$间的线差为

$$\Delta_i = Y_i - (a_0 + KX_i) \tag{1-18}$$

最小二乘法拟合直线的原则就是使$\sum\limits_{i=1}^{n} \Delta_i^2$为最小,亦即使$\sum\limits_{i=1}^{n} \Delta_i^2$对$K$和$a_0$的一阶偏导数等于零,从而求出$K$和$a_0$的表达式,有

$$\frac{\partial}{\partial K} \sum_{i=1}^{n} \Delta_i^2 = 2 \sum_{i=1}^{n} (Y_i - KX_i - a_0)(-X_i) = 0$$

$$\frac{\partial}{\partial a_0} \sum_{i=1}^{n} \Delta_i^2 = 2 \sum_{i=1}^{n} (Y_i - KX_i - a_0)(-1) = 0$$

以上二式联立求解,可求出K和a_0,即

$$K = \frac{n \sum\limits_{i=1}^{n} X_i Y_i - \sum\limits_{i=1}^{n} X_i \sum\limits_{i=1}^{n} Y_i}{n \sum\limits_{i=1}^{n} X_i^2 - \left(\sum\limits_{i=1}^{n} X_i \right)^2} \tag{1-19}$$

$$a_0 = \frac{\sum_{i=1}^{n} X_i^2 \sum_{i=1}^{n} Y_i - \sum_{i=1}^{n} X_i \sum_{i=1}^{n} X_i Y_i}{n \sum_{i=1}^{n} X_i^2 - \left(\sum_{i=1}^{n} X_i \right)^2} \tag{1-20}$$

式中　n——校准点数。

由此得到最佳拟合直线方程,由式(1-16)可算得最小二乘法线性度。

通常采用差动测量方法减小传感器的非线性误差。例如,某位移传感器特性方程式为

$$Y_1 = a_0 + a_1 X + a_2 X^2 + a_3 X^3 + a_4 X^4 + \cdots$$

另一个与之完全相同的位移传感器,但是它感受相反方向位移,其特性方程式为

$$Y_2 = a_0 - a_1 X + a_2 X^2 - a_3 X^3 + a_4 X^4 - \cdots$$

在差动输出情况下,其特性方程式可写成

$$\Delta Y = Y_1 - Y_2 = 2(a_1 X + a_3 X^3 + a_5 X^5 + \cdots) \tag{1-21}$$

可见采用此方法后,由于消除了 X 偶次项而使非线性误差大为减小,使灵敏度提高一倍,而且零点偏移也消除了。因此,差动式传感器得到了广泛应用。

2. 灵敏度

传感器的灵敏度指到达稳定工作状态时输出变化量与引起此变化的输入变化量之比。由图 1-15 可知,线性传感器校准曲线的斜率即为静态灵敏度系数 K。其计算方法为

$$K = \frac{输出变化量}{输入变化量} = \frac{\Delta Y}{\Delta X} \tag{1-22}$$

非线性传感器的灵敏度用 $\mathrm{d}Y/\mathrm{d}X$ 表示,其数值等于所对应的最小二乘法拟合直线的斜率。

灵敏度反映了传感器对输入信号的敏感程度。一般地说,灵敏度越高越好,但灵敏度越高,测量范围往往越窄,稳定性越差。

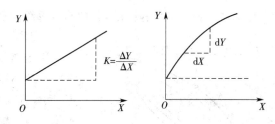

图 1-15　传感器灵敏度的定义

与灵敏度有关的概念还有分辨率和灵敏限。

分辨力是指使传感器输出发生可观测变化的最小输入变化量。

灵敏限又称阈值,是指传感器在零点附近的分辨力,表示传感器可测量的最小输入量值。

存在灵敏限和分辨率的原因。

①输入变化量被传感器内部吸收,因而不能反映到输出,比如机械连接松动、齿轮传动的间隙等,均会使一定小的输入变化量无法传递和转换。

②传感器输出存在噪声,使小到一定程度的输入变化量淹没在噪声之中而无法被感知和分辨。

传感器的分辨率通常用其能检测出被测输入量的最小变化量相对满量程输入的百分比表示,用最小变化量的绝对值表示时又称分辨力。传感器的阈值通常用其可测出的最小输入量值表示。

3. 精度(精确度)

表示精度的指标有精密度、正确度和精确度。

（1）精密度 δ

它说明测量结果的分散性，即由同一测量者用同一传感器和测量仪表在相当短的时间内对某一稳定的对象（被测量）连续重复测量多次（等精度测量），其测量结果的分散程度。δ 越小则说明测量越精密（对应随机误差）。

（2）正确度 ε

它说明测量结果偏离真值的程度，即示值有规则偏离真值的程度，指所测值与真值的符合程度（对应系统误差）。

（3）精确度 τ

它含有精密度与正确度两者之和的意思，即测量的综合优良程度。在最简单的场合下可取两者的代数和，即 $\tau=\delta+\varepsilon$。通常精确度是以测量误差的相对值表示的。

在工程应用中，为了简单表示测量结果的可靠程度，引入一个精确度等级概念，用 A 表示。传感器与测量仪表精确度等级 A 以一系列标准百分数值（0.1%，0.5%，2%，5%，…，150%，250%，400%，…）进行分挡。这个数值是传感器和测量仪表在规定条件下，其允许的最大绝对误差值相对于其测量范围的百分数，以下式表示

$$A=\frac{\Delta A}{Y_{\text{F·s}}}\times100\%\qquad(1\text{-}23)$$

式中　A——传感器的精确度；

　　　ΔA——测量范围内允许的最大绝对误差；

　　　$Y_{\text{F·s}}$——满量程输出。

传感器设计和出厂检验时，其精确度等级代表的误差指传感器测量的最大允许误差。

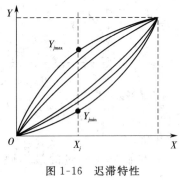

图 1-16　迟滞特性

4. 迟滞

当传感器的正（输入量增大）、反（输入量减小）行程实际特性不相重合并形成回线时，称传感器具有迟滞。正、反行程实际特性间的偏差称为迟滞偏差，如图 1-16 所示。对应输入 X_j 点，$\overline{Y}_j^{(c)}$ 是重复正行程平均输出值，$\overline{Y}_j^{(f)}$ 是重复反行程平均输出值，则迟滞偏差为

$$\Delta H_j=\overline{Y}_j^{(c)}-\overline{Y}_j^{(f)}\qquad(1\text{-}24)$$

或正、反行程迟滞偏差为

$$\Delta H_j^{(c)}=\Delta H_j^{(f)}=\frac{1}{2}\Delta H_j=\frac{1}{2}(\overline{Y}_j^{(c)}-\overline{Y}_j^{(f)})\quad(1\text{-}25)$$

传感器的迟滞偏差指标用迟滞误差表示，在实际应用中，用下式计算

$$\delta_{\text{H}}=\frac{|\Delta H_j|_{\max}}{Y'_{\text{F·s}}}\times100\%\qquad(1\text{-}26)$$

或

$$\delta_{\text{H}}=\frac{|\Delta H_j|_{\max}}{2Y_{\text{F·s}}}\times100\%\qquad(1\text{-}27)$$

式中　δ_{H}——迟滞误差；

　　　$|\Delta H_j|_{\max}$——在整个测量范围内，迟滞偏差的绝对值的最大值；

　　　$Y'_{\text{F·s}}$——基准直线上满量程输出。

迟滞反映了传感器机械部分的缺陷，如轴承摩擦、间隙、元件腐蚀、积尘等。同时，各种材料的物理性质也是产生迟滞现象的原因，如磁性材料的磁化、材料受力变形等过程中均会

产生迟滞。

5.重复性

当传感器在全量程范围内多次重复测试时,同是正行程或同是反行程上对应于同一个输入量 X_i,其输出量之间的差值称为重复性偏差。如图 1-17 所示,正、反行程的重复性偏差分别为

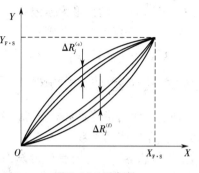

图 1-17 重复性

$$\Delta R_j^{(c)} = Y_{j\max}^{(c)} - Y_{j\min}^{(c)} \tag{1-28}$$

$$\Delta R_j^{(f)} = Y_{j\max}^{(f)} - Y_{j\min}^{(f)} \tag{1-29}$$

在实际工作中,传感器重复性偏差指标一般表示为重复误差 δ_R,有以下两种计算方法。

①用全量程范围内,用重复性偏差的最大绝对值与基准直线上满量程输出之比表示,即

$$\delta_R = \frac{|\Delta R_j|_{\max}}{Y'_{F \cdot s}} \times 100\% \tag{1-30}$$

因为重复误差具有随机误差性质,按式(1-30)计算不尽合理,故此计算方法只能在要求不高的场合使用。

②合理的方法是用标准误差计算重复性指标。它综合考虑了一切校准点的输出数据。一般假设传感器在不同输入值时精密度是相同的,并由下式计算 δ_R,即

$$\delta_R = \frac{k \sqrt{\dfrac{1}{2m} \sum_{j=1}^{m} (\sigma_j^{(c)2} + \sigma_j^{(f)2})}}{Y_{F \cdot s}} \times 100\% \tag{1-31}$$

式中 m——校准点的个数;

k——置信系数,一般按正态分布考虑,当置信概率 $p = 95\% \sim 99.73\%$ 时,$k = 2 \sim 3$;

$\sigma_j^{(c)}, \sigma_j^{(f)}$——对应输入点 X_j 的正、反行程标准偏差,分别用下式表示

$$\sigma_j^{(c)} = \sqrt{\frac{1}{\dfrac{n}{2} - 1} \sum_{i=1}^{n/2} (Y_{ji}^{(c)} - \overline{Y}_j^{(c)})^2} \tag{1-32}$$

$$\sigma_j^{(f)} = \sqrt{\frac{1}{\dfrac{n}{2} - 1} \sum_{i=1}^{n/2} (Y_{ji}^{(f)} - \overline{Y}_j^{(f)})^2} \tag{1-33}$$

6.零点漂移(零漂)

传感器无输入(或某一输入值不变)时,每隔一段时间进行读数,其输出值偏离零值(或原指示值),即为零点漂移。

$$零漂 = \frac{\Delta Y_0}{Y_{F \cdot s}} \times 100\% \tag{1-34}$$

式中 ΔY_0——最大零点偏差(或相应偏差);

$Y_{F \cdot s}$——满量程输出值。

7.温漂

温漂表示温度变化时,传感器输出值的偏离程度。一般以温度变化 1 ℃输出最大偏差与满量程输出值的百分比表示。

$$温漂 = \frac{\Delta Y_{\max}}{Y_{F \cdot S} \Delta T} \times 100\%$$ (1-35)

式中　$\Delta Y_{\max}$——输出最大偏差；

　　　ΔT——温度变化范围；

　　　$Y_{F \cdot S}$——满量程输出值。

1.3.2　传感器的动态特性

动态特性是指传感器对于随时间变化的输入量的响应特性。传感器所检测的非电量信号大多数是时间的函数。为了使传感器输出信号和输入信号随时间的变化曲线一致或相近，要求传感器不仅应有良好的静态特性，而且还应具有良好的动态特性。传感器的动态特性是传感器的输出值能够真实地再现变化着的输入量能力的反映。

1. 动态特性的一般数学模型

在研究传感器动态特性时，根据传感器的运动规律，其动态输入和动态输出的关系可用微分方程式描述。

对于任何一个线性系统，可以用下列常系数线性微分方程表示

$$a_n \frac{d^n Y(t)}{dt^n} + a_{n-1} \frac{d^{n-1} Y(t)}{dt^{n-1}} + \cdots + a_1 \frac{dY(t)}{dt} + a_0 Y(t)$$

$$= b_m \frac{d^m X(t)}{dt^m} + b_{m-1} \frac{d^{m-1} X(t)}{dt^{m-1}} + \cdots + b_1 \frac{dX(t)}{dt} + b_0 X(t)$$ (1-36)

式中　$Y(t)$——输出量；

　　　$X(t)$——输入量；

　　　t——时间；

　　　$a_0, a_1, \cdots, a_n$ 及 $b_0, b_1, \cdots, b_m$——常数。

如果用算子 D 表示 d/dt，式(1-36)可以写为

$$(a_n D^n + a_{n-1} D^{n-1} + \cdots + a_1 D + a_0) Y(t) = (b_m D^m + b_{m-1} D^{m-1} + \cdots + b_1 D + b_0) X(t)$$ (1-37)

利用拉氏变换，由式(1-36)可得到 $Y(S)$ 和 $X(S)$ 的方程式

$$(a_n S^n + a_{n-1} S^{n-1} + \cdots + a_1 S + a_0) Y(S) = (b_m S^m + b_{m-1} S^{m-1} + \cdots + b_1 S + b_0) X(S)$$

(1-38)

只要对式(1-36)的微分方程求解，便可得到动态响应及动态性能指标。

绝大多数传感器输出与输入的关系均可用零阶、一阶或二阶微分方程来描述。据此可以将传感器分为零阶传感器、一阶传感器和二阶传感器。

(1)零阶传感器的数学模型

对照式(1-36)，零阶传感器的系数只有 a_0, b_0，于是微分方程为

$$a_0 Y(t) = b_0 X(t)$$ (1-39)

或　　　$$Y(t) = \frac{b_0}{a_0} X(t) = KX(t)$$

式中　K——静态灵敏度。

例如，图 1-18 所示线性电位器即为一个零阶传感器。

设电位器的阻值沿长度 L 是线性分布的，则输出电压 U_{SC} 和电刷位移之间的关系为

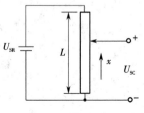

图 1-18　线性电位器

$$U_{SC} = \frac{U_{SR}}{L} x = Kx \tag{1-40}$$

式中 U_{SC} ——输出电压；

$\quad\quad U_{SR}$ ——输入电压；

$\quad\quad x$ ——电刷位移。

由式(1-40)可知,输出电压 U_{SC} 与位移 x 成正比,它对任何频率输入均无时间滞后。实际上由于存在寄生电容和电感,高频时会引起少量失真,影响动态性能。

(2)一阶传感器的数学模型

对照式(1-36),一阶传感器的微分方程系数除 a_0 , a_1 , b_0 外,其他系数均为零,因此可写成

$$a_1 \frac{\mathrm{d}Y(t)}{\mathrm{d}t} + a_0 Y(t) = b_0 X(t) \tag{1-41}$$

用算子 D 表示则可写成

$$(\tau D + 1)Y(t) = KX(t)$$

式中 K ——静态灵敏度, $K = \dfrac{b_0}{a_0}$;

$\quad\quad \tau$ ——时间常数, $\tau = \dfrac{a_1}{a_0}$ 。

如果传感器中含有单个储能元件,则在微分方程中出现 Y 的一阶导数,便可用一阶微分方程式表示。

如图 1-19 所示,使用不带保护套管的热电偶插入恒温水浴中进行温度测量。

设 m_1 ——热电偶质量；

$\quad\quad c_1$ ——热电偶比热容；

$\quad\quad T_1$ ——热接点温度；

$\quad\quad T_0$ ——被测介质温度；

$\quad\quad R_1$ ——介质与热电偶之间的热阻。

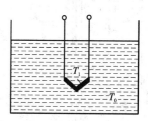

图 1-19 一阶测温传感器

根据能量守恒定律可列出如下方程组

$$\left. \begin{array}{l} m_1 c_1 \dfrac{\mathrm{d}T_1}{\mathrm{d}t} = q_{01} \\[2mm] q_{01} = \dfrac{T_0 - T_1}{R_1} \end{array} \right\} \tag{1-42}$$

式中 q_{01} ——介质传给热电偶的热量(忽略热电偶本身热量损耗)。

将式(1-42)整理后得

$$R_1 m_1 c_1 \frac{\mathrm{d}T_1}{\mathrm{d}t} + T_1 = T_0$$

令 $\tau_1 = R_1 m_1 c_1$, τ_1 称为时间常数,则上式可写成

$$\tau_1 \frac{\mathrm{d}T_1}{\mathrm{d}t} + T_1 = T_0 \tag{1-43}$$

式(1-43)为一阶线性微分方程,如果已知 T_0 的变化规律,求出微分方程式(1-43)的解,即可得到热电偶对介质温度的时间响应。

(3)二阶传感器的数学模型

对照式(1-36),二阶传感器的微分方程系数除 a_2 , a_1 , a_0 和 b_0 外,其他系数均为零,因此

可写成

$$a_2 \frac{\mathrm{d}^2 Y(t)}{\mathrm{d}t^2} + a_1 \frac{\mathrm{d}Y(t)}{\mathrm{d}t} + a_0 Y(t) = b_0 X(t) \tag{1-44}$$

用算子 D 表示,则可写成

$$\left(\frac{\mathrm{D}^2}{\omega_0^2} + \frac{2\xi}{\omega_0}\mathrm{D} + 1\right) Y(t) = KX(t)$$

式中

ω_0——无阻尼系统固有频率,$\omega_0 = \sqrt{\dfrac{a_0}{a_2}}$;

ξ——阻尼比,$\xi = \dfrac{a_1}{2\sqrt{a_0 a_2}}$;

K——静态灵敏度,$K = \dfrac{b_0}{a_0}$。

上述 3 个量 K, ω_0, ξ 为二阶传感器动态特性的特征量。

图 1-20 所示为带保护套管式热电偶插入恒温水浴中的测温系统。

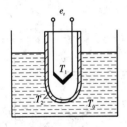

图 1-20 二阶测温传感器

设　T_0——介质温度;

T_1——热接点温度;

T_2——保护套管温度;

$m_1 c_1$——热电偶热容量;

$m_2 c_2$——套管热容量;

R_1——套管与热电偶间的热阻;

R_2——被测介质与套管间的热阻。

根据热力学能量守恒定律列出方程

$$\left. \begin{aligned} m_2 c_2 \frac{\mathrm{d}T_2}{\mathrm{d}t} &= q_{02} - q_{01} \\ q_{02} &= \frac{T_0 - T_2}{R_2} \\ q_{01} &= \frac{T_2 - T_1}{R_1} \end{aligned} \right\} \tag{1-45}$$

式中　q_{02}——介质传给套管的热量;

q_{01}——套管传给热电偶的热量。

由于 $R_1 \gg R_2$,所以 q_{01} 可以忽略。式(1-45)经整理后得

$$R_2 m_2 c_2 \frac{\mathrm{d}T_2}{\mathrm{d}t} + T_2 = T_0$$

令 $\tau_2 = R_2 m_2 c_2$,则得

$$\tau_2 \frac{\mathrm{d}T_2}{\mathrm{d}t} + T_2 = T_0 \tag{1-46}$$

同理,令 $\tau_1 = R_1 m_1 c_1$,则得

$$\tau_1 \frac{\mathrm{d}T_1}{\mathrm{d}t} + T_1 = T_2 \tag{1-47}$$

联立式(1-46)和式(1-47),消去中间变量 T_2,便得到此测量系统的微分方程式

$$\tau_1 \tau_2 \frac{\mathrm{d}^2 T_1}{\mathrm{d}t^2} + (\tau_1 + \tau_2) \frac{\mathrm{d}T_1}{\mathrm{d}t} + T_1 = T_0 \tag{1-48}$$

令
$$\omega_0 = \frac{1}{\sqrt{\tau_1 \tau_2}}, \quad \xi = \frac{\tau_1 + \tau_2}{2\sqrt{\tau_1 \tau_2}}$$

将 ω_0 和 ξ 代入式(1-48),则得

$$\frac{1}{\omega_0^2}\frac{\mathrm{d}^2 T_1}{\mathrm{d}t^2} + \frac{2\xi}{\omega_0}\frac{\mathrm{d}T_1}{\mathrm{d}t} + T_1 = T_0 \tag{1-49}$$

由式(1-49)可知带保护套管的热电偶是一个典型的二阶传感器。

2.传递函数

传递函数是输出量和输入量之间关系的数学表示。如果传递函数已知,那么由任一输入量即可求出相应输出量。传递函数的定义是输出信号与输入信号之比。由式(1-37)可得输入和输出间的传递函数为

$$W(\mathrm{D}) = \frac{Y}{X}(\mathrm{D}) = \frac{b_m \mathrm{D}^m + b_{m-1}\mathrm{D}^{m-1} + \cdots + b_1 \mathrm{D} + b_0}{a_n \mathrm{D}^n + a_{n-1}\mathrm{D}^{n-1} + \cdots + a_1 \mathrm{D} + a_0} \tag{1-50}$$

对于线性系统,瞬变输入所产生的输出由于只出现一次而不重复,所以通常直接表示为时间函数 $Y(t)$,它为该传感器微分方程的解。

由式(1-38)可得到拉氏传递函数为

$$W(\mathrm{S}) = \frac{Y}{X}(\mathrm{S}) = \frac{b_m \mathrm{S}^m + b_{m-1}\mathrm{S}^{m-1} + \cdots + b_1 \mathrm{S} + b_0}{a_n \mathrm{S}^n + a_{n-1}\mathrm{S}^{n-1} + \cdots + a_1 \mathrm{S} + a_0} \tag{1-51}$$

若传感器输入信号为正弦波 $X(t) = A\sin\omega t$,由于暂态响应的影响,$Y(t)$ 开始不是正弦波,随着时间的增长,暂态响应逐渐衰减直至消失时,输出才是正弦波[见图 1-21(a)]。输出量 $Y(t)$ 与输入量的频率相同,但幅值不等,且有相位差。$Y(t)$ 的幅值和相位随输入信号频率 ω 而变,即 $Y(t) = B(\omega)\sin[\omega t + \psi(\omega)]$。在稳定状态下,$B/A$(幅值比)和相位 ψ 随 ω 而变化的特性称为频率特性。

正弦输入时,用 $\mathrm{j}\omega$ 代替方程式(1-50)中的 D 或式(1-51)中的 S,则可得传感器的频率传递函数,或称频率特性。

$$W(\mathrm{j}\omega) = \frac{Y}{X}(\mathrm{j}\omega) = \frac{b_m (\mathrm{j}\omega)^m + b_{m-1}(\mathrm{j}\omega)^{m-1} + \cdots + b_1 (\mathrm{j}\omega) + b_0}{a_n (\mathrm{j}\omega)^n + a_{n-1}(\mathrm{j}\omega)^{n-1} + \cdots + a_1 (\mathrm{j}\omega) + a_0} \tag{1-52}$$

式中　j——虚数单位,$\mathrm{j} = \sqrt{-1}$;

　　　ω——角频率。

把 $X(t) = A\mathrm{e}^{\mathrm{j}\omega t}$ 和 $Y(t) = B\mathrm{e}^{\mathrm{j}(\omega t + \psi)}$ 代入式(1-52)得

$$\frac{B\mathrm{e}^{\mathrm{j}(\omega t + \psi)}}{A\mathrm{e}^{\mathrm{j}\omega t}} = \frac{b_m (\mathrm{j}\omega)^m + b_{m-1}(\mathrm{j}\omega)^{m-1} + \cdots + b_1 (\mathrm{j}\omega) + b_0}{a_n (\mathrm{j}\omega)^n + a_{n-1}(\mathrm{j}\omega)^{n-1} + \cdots + a_1 (\mathrm{j}\omega) + a_0}$$

因此

$$\frac{Y}{X}(\mathrm{j}\omega) = \frac{B}{A}\mathrm{e}^{\mathrm{j}\psi} \tag{1-53}$$

由式(1-53)可知,频率传递函数为一个复数量,其幅值为输出信号幅值对输入信号幅值之比 B/A,相角 ψ 为输出信号相位与输入信号相位之差。一般大多数传感器均存在滞后现象,所以其相角为负。幅值和相角与输入频率的关系曲线如图 1-21(b)、图 1-21(c)所示。曲线图 1-21(b)称为幅频特性,曲线图 1-21(c)称为相频特性,两者合在一起称为传感器的频率特性。

零阶传感器、一阶传感器和二阶传感器的传递函数和频率特性如下。

(1)零阶传感器的传递函数和频率特性

零阶传感器的传递函数和频率特性为

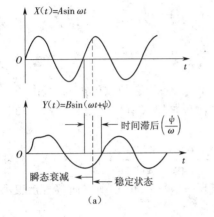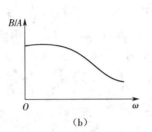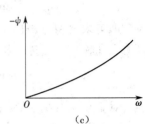

图 1-21 正弦输入的频率响应

(a)输入信号是正弦波时的输出信号 (b)幅频特性 (c)相频特性

$$\frac{Y}{X}(D) = \frac{Y}{X}(S) = \frac{Y}{X}(j\omega) = \frac{b_0}{a_0} = K \tag{1-54}$$

由此可知,零阶传感器的输出和输入成正比,并且与信号频率无关,因此无幅值和相位失真问题。零阶传感器具有理想的动态特性,如图 1-22 所示。

（2）一阶传感器的传递函数和频率特性

运算传递函数

$$W(D) = \frac{Y}{X}(D) = \frac{K}{1+\tau D} \tag{1-55}$$

拉氏传递函数

$$W(S) = \frac{Y}{X}(S) = \frac{K}{1+\tau S} \tag{1-56}$$

频率传递函数

$$W(j\omega) = \frac{K}{1+j\omega\tau} \tag{1-57}$$

幅频特性

$$\frac{B}{A} = |W(j\omega)| = \frac{K}{\sqrt{1+\omega^2\tau^2}} \tag{1-58}$$

相频特性

$$\varphi = \arctan(-\omega\tau) \tag{1-59}$$

其频率特性曲线如图 1-23 所示,时间常数 τ 愈小,频率响应特性愈好。

（3）二阶传感器的传递函数及频率特性

运算传递函数

$$W(D) = \frac{Y}{X}(D) = \frac{K}{\dfrac{D^2}{\omega_0^2} + \dfrac{2\xi D}{\omega_0} + 1} \tag{1-60}$$

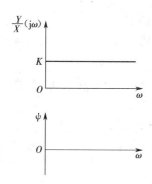

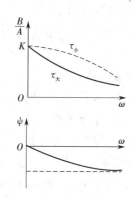

图 1-22　零阶传感器的频率特性　　　　　图 1-23　一阶传感器的频率特性

拉氏传递函数

$$W(S) = \frac{Y}{X}(S) = \frac{K}{\dfrac{S^2}{\omega_0^2} + \dfrac{2\xi S}{\omega_0} + 1} \tag{1-61}$$

频率传递函数

$$W(\mathrm{j}\omega) = \frac{Y}{X}(\mathrm{j}\omega) = \frac{K}{\left(\dfrac{\mathrm{j}\omega}{\omega_0}\right)^2 + \dfrac{2\xi\mathrm{j}\omega}{\omega_0} + 1} \tag{1-62}$$

幅频特性

$$|W(\mathrm{j}\omega)| = \frac{K}{\sqrt{\left[1 - \left(\dfrac{\omega}{\omega_0}\right)^2\right]^2 + 4\xi^2\left(\dfrac{\omega}{\omega_0}\right)^2}} \tag{1-63}$$

相频特性

$$\psi = -\arctan \frac{2\xi\left(\dfrac{\omega}{\omega_0}\right)}{1 - \left(\dfrac{\omega}{\omega_0}\right)^2} \tag{1-64}$$

二阶传感器频率特性如图 1-24 所示。从式(1-63)可知,幅频特性 B/A 随频率比 ω/ω_0 和阻尼比 ξ 的变化而变化。在一定 ξ 值下,$B/(AK)$ 与 ω/ω_0 之间的关系如图 1-24(a)所示, 此曲线称为二阶传感器的幅频特性。

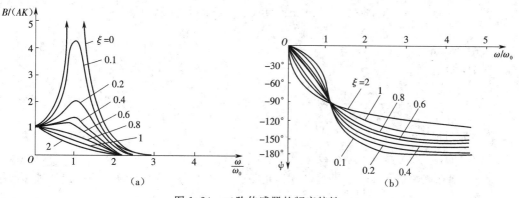

图 1-24　二阶传感器的频率特性
(a)幅频特性　(b)相频特性

由图中可看出如下几点。

① 当 $\omega/\omega_0 \ll 1$ 时,测量动态参数和静态参数是一致的。

② 当 $\omega/\omega_0 \gg 1$ 时,$|W(j\omega)|$ 接近零,而 ψ 接近 $180°$,即被测参数的频率远高于其固有频率时,传感器没有响应。

③ 当 $\omega/\omega_0 = 1$ 时,且 $\xi \to 0$ 时,传感器出现谐振,即 $|W(j\omega)|$ 有极大值,其结果使输出信号波形的幅值和相位严重失真。

④ 阻尼比 ξ 对频率特性有很大影响,随着 ξ 增大,幅频特性的最大值逐渐减小。当 $\xi>1$ 时,幅频特性曲线是一条递减的曲线,不再有凸峰出现。由此可见,幅频特性平直段的宽度与 ξ 密切相关。当 $\xi \approx 0.7$ 时,幅频特性的平直段最宽。

3. 传感器的动态响应及其动态特性指标

传感器的动态响应为传感器对输入的动态信号(周期信号、瞬变信号、随机信号)所产生的输出,即微分方程式(1-36)的解。因此,传感器的动态响应与输入类型有关。对系统进行响应测试时,常采用正弦和阶跃两种输入信号。这是由于任何周期函数均可用傅里叶级数分解为各次谐波分量,并将其近似地表示为这些正弦量之和。而阶跃信号则是最基本的瞬变信号。通常描述传感器动态性能指标的方法是给传感器输入一个阶跃信号,并给定初始条件,求出传感器微分方程的特解,以此作为动态特性指标的描述和表示方法。

下面分析传感器在阶跃输入下的响应情况。

单位阶跃输入 $\begin{cases} X=0, t<0 \\ X=1, t \geqslant 0 \end{cases}$

(1)零阶传感器的响应

如图 1-25 所示,阶跃响应和输入成正比。

(2)一阶传感器的响应

$$Y(t) = 1 - e^{-t/\tau} \qquad (1-65)$$

式(1-65)所对应的曲线如图 1-26 所示,由图可知随着时间的推移,$Y(t)$ 越来越接近 1。当 $t=\tau$ 时,$Y(t)=0.63$,时间常数 τ 是决定一阶传感器响应速度的重要参数。

(3)二阶传感器的响应

按阻尼比 ξ 不同,阶跃响应可分为 3 种情况。

① 欠阻尼 $\xi<1$:

$$Y(t) = -\frac{e^{-\xi\omega_0 t}}{\sqrt{1-\xi^2}} K\sin(\sqrt{1-\xi^2}\,\omega_0 t + \psi) + K \qquad (1-66)$$

式中　$\psi = \arcsin \sqrt{1-\xi^2}$。

② 过阻尼 $\xi>1$:

$$Y(t) = -\frac{\xi + \sqrt{\xi^2-1}}{2\sqrt{\xi^2-1}} K e^{(-\xi+\sqrt{\xi^2-1})\omega_0 t} + \frac{\xi - \sqrt{\xi^2-1}}{2\sqrt{\xi^2-1}} K e^{(-\xi-\sqrt{\xi^2-1})\omega_0 t} + K \qquad (1-67)$$

③ 临界阻尼 $\xi=1$:

$$Y(t) = -(1+\omega_0 t) K e^{-\omega_0 t} + K \qquad (1-68)$$

以上 3 种阶跃响应曲线示于图 1-27 中。由图可知,只有 $\xi<1$ 时,阶跃响应才出现过冲即超过了稳态值。式(1-66)表明欠阻尼情况下的振荡频率为 $\omega_d = \omega_0\sqrt{1-\xi^2}$,$\omega_d$ 为存在阻尼时的固有频率。在实际应用中,为了兼顾有快的上升速度和小的过冲量,阻尼比 ξ 一般取 0.7 左右。

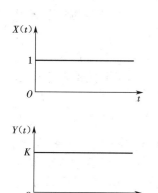

图 1-25　零阶传感器的
单位阶跃响应

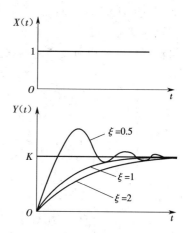

图 1-26　一阶传感器的
单位阶跃响应

图 1-27　二阶传感器的
单位阶跃响应

二阶传感器阶跃响应的典型性能指标可由图 1-28 表示。

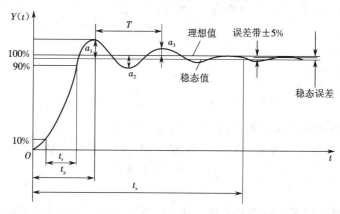

图 1-28　二阶传感器表示动态性能指标的阶跃响应曲线

上升时间 t_r：指输出由稳态值的 10% 变化到稳态值的 90% 所用的时间。二阶传感器系统中 t_r 随 ξ 的增大而增大，当 $\xi=0.7$ 时，$t_r=2/\omega_0$。

稳定时间 t_s：指系统从阶跃输入开始到系统稳定在稳态值的给定百分比时所需的最短时间。对稳态值给定百分比为 $\pm5\%$ 的二阶传感器系统，在 $\xi=0.7$ 时，t_s 值最小（$t_s=3/\omega_0$）。

t_r 和 t_s 均为反映系统响应速度的参数。

峰值时间 t_p：指阶跃响应曲线达到第一个峰值所需的时间。

超调量 $\sigma\%$：通常用过渡过程中超过稳态值的最大值 a_1（过冲）与稳态值之比的百分数表示。它与 ξ 有关，ξ 越大，$\sigma\%$ 越小，其关系可用下式表示

$$\xi=\frac{1}{\sqrt{\left[\dfrac{\pi}{\ln\dfrac{\sigma}{100}}\right]^2+1}} \tag{1-69}$$

1.3.3　不失真测试的条件分析

要实现不失真测试，首先要求测试装置是一个单向环节，即被测对象作用于测试装置，

21

而装置对于测试对象的反作用可以忽略不计。如测量零件尺寸时要求测量力足够小,不致使被测零件在测量力作用下产生不可忽略的变形。在进行动态测量时要求不因测试装置对被测对象的作用而改变它的状况,如其自振频率 ω_0 等。

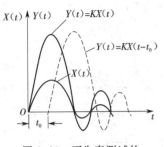

图 1-29　不失真测试的
时域波形

除此之外,要实现不失真测试还需要装置的幅频特性 $A(\omega)$ 和相频特性 $\psi(\omega)$ 满足一定要求,在讨论此问题之前,首先要明确不失真测试的定义。

如图 1-29 所示,装置的输出 $Y(t)$ 和它对应的输入 $X(t)$ 相比,在时间轴上所占宽度相等,对应的高度成比例,只是滞后了一个位置 t_0。这样就可认为输出信号波形没有失真,或者说实现了不失真的测试。其数学表达式为

$$Y(t) = KX(t - t_0) \tag{1-70}$$

式中　K, t_0——常数。

此式说明装置的输出信号波形与输入信号波形精确地一致,只是幅值放大了 K 倍,时间上延迟了 t_0 而已。

下面进一步探讨实现不失真测试装置所应具有的频率特性。运用时移性质对式(1-70)作傅氏变换得

$$Y(\omega) = K e^{-jt_0\omega} X(\omega)$$

当考虑 $t < 0$ 时,$X(t) = 0$,$Y(t) = 0$,于是有

$$W(j\omega) = A(\omega)e^{j\psi(\omega)} = \frac{Y(\omega)}{X(\omega)} = K e^{-jt_0\omega} \tag{1-71}$$

式(1-71)是装置实现不失真测试的频率响应。

可见,若要求装置输出波形不失真,则其幅频和相频特性应分别满足

$$A(\omega) = K = 常数 \tag{1-72}$$

$$\psi(\omega) = -t_0\omega \tag{1-73}$$

这就是实现不失真测试对装置或系统提出的动态特性要求。其物理意义如下。

①输入信号中各频率分量的幅值通过装置时,均应放大(或缩小)相同倍数 K,即幅频特性曲线是平行于横轴的直线,如图 1-30(a)所示。

②输入信号中各频率分量的相角在通过装置时作与频率成正比的滞后移动,即各频率分量通过装置后均应延迟相同的时间 t_0,其相频特性曲线为一通过原点并具有负斜率的斜线,如图 1-30(b)所示。

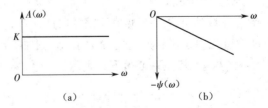

（a）　　　　　　　　　　（b）

图 1-30　不失真测试的频率响应

在以上不失真测试条件中,对幅频特性的要求较容易理解,因为只要装置对输入信号中的各频率分量均等比例放大(或缩小),保持信号中各分量的幅值比例不变,这样的分量叠加所组成的输出信号波形才能与输入信号的波形一致。

对相频特性要求的理解可解析如下。

设信号 $X(t)$ 由频率为 ω_0 和 $2\omega_0$ 的分量组成,如图 1-31(a)所示。要使输出 $Y(t)$ 相对于 $X(t)$ 不失真,必须对这两个分量均延迟相同的时移 t_0,如图 1-31(b)所示。这个时移折算成为相移 $\psi=-\omega t_0$,因为 t_0 为常数,但相应的相移则是与频率成正比的变量。如图 1-31(b)所示,代表 ω_0 频率分量的曲线①和代表 $2\omega_0$ 频率分量的曲线②虽然均作了同样的时移 $-t_0$,但对曲线①,若对应于 $-t_0$ 为 $-\dfrac{\pi}{2}$ 相移,那么对曲线②来说就作了 $-2\times\dfrac{\pi}{2}$ 的相移。同样,时移频率越低对应的相移 ψ 值越小,两者相移的倍数即为频率的倍数。

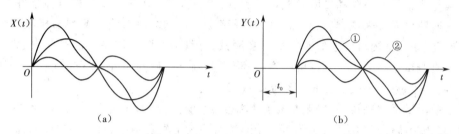

图 1-31　信号通过装置的时移

如果测试装置频率响应不满足不失真测试条件,便会导致输出信号的波形失真,其中 $A(\omega)$ 不等于常数时引起的失真称为幅值失真;$\psi(\omega)$ 与 ω 之间不成线性关系所引起的失真称为相位失真。因而,不失真测试的两个条件必须同时满足。

应当指出,满足上述条件,输出虽能精确地复现输入的波形,但输出仍滞后于输入一定时间 t_0。如果测量结果要作为反馈控制的信号,还要注意这个时间滞后有可能破坏系统的稳定性。这时应根据具体要求,力求减小时间滞后。

实际测试装置不可能在无限宽的频率范围内满足不失真测试条件要求,所以一般测得的信号既有幅值失真也有相位失真,即不同频率的正弦信号通过同一个测试装置时,相对应不同频率的输出正弦信号有不同的幅值缩放和相角滞后。由于定常线性测试装置具有同频性,对于单频率信号而言,只要未进入装置非线性工作区,输出量的频率不变,波形不变,因此,对单频信号,只要装置是定常线性装置,就无所谓波形失真的问题。但对于含有多个频率分量的输入信号,对应的输出信号波形会出现失真。由此表明,不失真测试条件是针对两个或两个以上的多频信号而言的。

对于实际测试装置,即使在有限长的某一频率范围内,也难以理想地符合不失真测试条件,只可能把波形失真限制在一定误差范围内。为此,首先要选用合适的测试装置,在其工作频率范围内,幅频、相频接近不失真测试条件。其次,对输入信号进行必要的预处理,滤去测试装置工作频区之外的信号分量,以免这些分量影响测试结果的精度。

在实际应用中,对装置特性的选择应分析并权衡幅值失真、相位失真对测试的影响。如在振动测量中,有时只要求了解振动信号的频率及其强度,并不关心确切的波形变化,此时要考虑的应是装置的幅频特性。又如,要求测量特定波形的延迟时间,这就对测试装置的相频特性有严格要求,以减小相位失真产生的误差。

通常,对装置测试精度的要求可以用幅值相对误差 ε(简称"幅值误差")表示,由于输出信号的幅值随输入信号的角频率 ω 而变,因此幅值误差是 ω 的函数,其定义式及其与装置幅频特性 $A(\omega)$ 的关系为

$$\varepsilon(\omega) = \left| \frac{\frac{Y}{K} - X}{X} \right| \times 100\% = \left| \frac{Y}{X}\frac{1}{K} - 1 \right| \times 100\% = \left| \frac{A(\omega)}{K} - 1 \right| \times 100\% \qquad (1-74)$$

式中　K——测试装置静态灵敏度系数。

实际装置只能在一定的频区和一定的精度上近似满足不失真测试条件。将保证实际与理想频响特性之差不超过允许误差的频率区确定为装置的工作频区，这一指标广泛地用来评价测试系统的动态特性。

不失真测试条件式(1-72)和式(1-73)是进行动态测试时普遍遵循的要求，将不失真测试条件应用于常见的一阶和二阶装置，可以归结出各自实现不失真测试的具体条件。

对一阶测试系统来说，当被测信号的角频率 $\omega \ll 1/\tau$ 时，由系统的幅频和相频特性分析可知，在该频率范围内可以近似实现不失真测试。因此，一阶测试系统的时间常数 τ 越小，满足不失真测试条件的工作频区就越宽，一阶装置测试精度与工作频区长度有关。如若要求幅值误差 $\varepsilon \leqslant 5\%$，则对应工作频区为 $0 \sim 0.33/\tau$。

对二阶测试系统来说，当被测信号角频率 ω 远小于系统固有角频率 ω_0 时，幅频特性近似为常数，相频特性近似为线性，此时二阶装置可视为不失真测试装置。如果增大固有角频率 ω_0，不失真测试的频率范围将会随之变大；二阶装置的阻尼比 ξ 对不失真测试的工作频区也有影响，在固有频率一定的情况下，阻尼比 $\xi = 0.7$ 时，不失真工作频区最长。通过计算可以得到，当 $\xi = 0.7$ 时，在 $0 \sim 0.58\omega_0$ 频率范围内，幅值误差 $\varepsilon \leqslant 5\%$，相频特性 $\psi(\omega)$ 接近直线，所产生的相位失真很小。应当指出，二阶系统的固有角频率 ω_0 一般不可能太大，因为增大 ω_0 会导致系统静态灵敏度系数 K 减小，在设计中应综合考虑其性能，选择适中的参数。

1.3.4　传感器的标定

要使传感器的使用准确可靠，对新研制或生产的传感器的技术性能要进行全面检定，检定中利用标准器具对传感器进行准确定度，这一过程称为标定。同时，对于使用中或储存的传感器也要定期对其技术性能进行复测，这种性能复测通常称为校准，与标定本质上是相同的。

标定的基本方法是：利用标准设备产生已知"标准"输入量，或用标准传感器检测输入量的标准值；输入待标定的传感器，并将传感器的输出量与输入标准量相比较，获得校准数据和输入－输出曲线、动态响应曲线等，由此分析计算而得到被标定传感器的技术性能参数。

1. 传感器的静态标定

静态标定的目的是确定传感器静态特性指标，标定的关键工作是通过试验找到传感器输入－输出实际特性曲线。

对传感器进行静态标定，一是建立静态标定条件，该条件是标定规程规定的标准条件，标定必须始终在这一条件下进行；二是建立静态标定系统，标定系统所采用的标定仪器的精度至少要比被标定传感器高一个等级。图1-32所示为应变式测力传感器的静态标定系统。图中测力仪产生标准力，这个力可以是由标准砝码产生的基准测力仪、杠杆式测力仪或液压式测力仪所测定的量值、标准测力计或标准测力传感器读取的标准力值。高精度稳压电源向传感器提供稳定的供桥电压，其值由数字电压表1监读。被标定传感器的输出电压由数字电压表2指示。

静态标定的步骤：

①将被标定传感器全量程分成若干点；

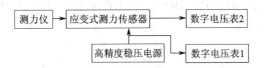

图 1-32　应变式测力传感器的静态标定系统

②在全量程划分点上,先由小到大逐点输入标准量值,再由大到小逐点减小输入标准量值,如此正、反行程往复循环多次,并逐次逐点记录下对应各标准输入量值的输出值;

③对上述过程所得试验数据列表并画曲线;

④对试验数据进行分析计算,即可确定传感器一系列静态特性指标。

2.传感器的动态标定

传感器的动态标定主要是测试传感器的动态特性。传感器的动态特性可用传递函数描述。已知传递函数,便可知传感器的阶跃响应和频率响应特性。因此,传感器动态特性测试实质上是传感器传递函数的确定。

对于一阶环节,只要知道其时间常数;对于二阶环节,只要知道其阻尼比 ξ 和固有频率 ω_0,其传递函数便可确定。所以,确定一、二阶环节传递函数的问题,最终归结为确定环节的 τ,ξ,ω_0 值的问题。这里讨论在传感器基本参数未知的情况下,τ,ξ,ω_0 的实验测试法。目前,一般采用阶跃响应法进行测试,即给被测环节输入阶跃信号,测其阶跃响应曲线,进而计算 τ 或 ξ,ω_0。

(1)一阶环节 τ 值的阶跃测定法

一阶环节的阶跃响应函数式为

$$Y(t)=AK(1-e^{-\frac{t}{\tau}})$$

式中　A——阶跃输入量;

　　　K——系统的灵敏度系数。

则得

$$1-\frac{Y(t)}{AK}=e^{-\frac{t}{\tau}}\tag{1-75}$$

设

$$Z(t)=\ln\left[1-\frac{Y(t)}{AK}\right]\tag{1-76}$$

则

$$Z(t)=-\frac{t}{\tau}\tag{1-77}$$

上式表明,如果被测试的为一阶环节,那么 $Z(t)$ 与 t 应呈线性关系。若在 $Z(t)$ 与 t 坐标中作出 $Z(t)$ 直线,则其斜率为 $-1/\tau$。

因此,首先在环节的阶跃响应曲线上测取稳态值 AK 及若干对 $[t,Y(t)]$ 值;然后代入式(1-76)求取对应的 $Z(t)$ 值;再作 $Z(t)-t$ 曲线,如图 1-33 所示。若所有点基本分布在一条直线上,说明该环节为一阶环节,可由式(1-78)确定 τ 值。

$$\tau=\frac{\Delta t}{\Delta Z}\tag{1-78}$$

(2)二阶环节 ξ 和 ω_0 的阶跃测定法

①阻尼比 ξ 的测定法。二阶环节一般均设计为 $\xi=$

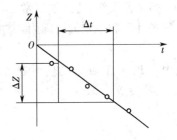

图 1-33　一阶环节 τ 值的测试

$0.7\sim0.8$ 的欠阻尼系统,式(1-66)为二阶系统的阶跃响应函数式,其响应的振动角频率 ω_d 为

$$\omega_d = \omega_0 \sqrt{1-\xi^2} \tag{1-79}$$

振动周期为

$$T_d = 2\pi/\omega_d \tag{1-80}$$

由图 1-28 可以看出:a_1 出现的时间为半周期,即 $t=T_d/2=\pi/\omega_d$,将 t 代入式(1-66)得最大过冲量 a_1 为

$$a_1 = Ke^{-(\xi\pi/\sqrt{1-\xi^2})} \tag{1-81}$$

所以

$$\xi = \frac{\ln\dfrac{a_1}{K}}{\sqrt{\pi^2 + \left(\ln\dfrac{a_1}{K}\right)^2}} \tag{1-82}$$

或

$$\xi = \sqrt{\frac{1}{\left(\dfrac{\pi}{\ln\dfrac{a_1}{K}}\right)^2 + 1}} \tag{1-83}$$

因此,只要由二阶传感器阶跃响应曲线上测得最大过冲量 a_1,然后代入式(1-83)便可求得阻尼比 ξ。

②ω_0 的测定法。由式(1-80)可知,振动周期 $T_d=2\pi/\omega_d$,又由式(1-79)知欠阻尼系统响应的振动角频率 $\omega_d=\omega_0\sqrt{1-\xi^2}$,将 T_d 与 ω_d 两式综合整理可得

$$\omega_0 = \frac{\dfrac{2\pi}{T_d}}{\sqrt{1-\xi^2}} \tag{1-84}$$

即首先在二阶系统阶跃曲线上测取振动周期 T_d,将 T_d 和 ξ 值代入式(1-84),便可求得系统的固有角频率 ω_0。

1.4 传感器的可靠性

1.4.1 传感器可靠性的主要特征量

(1)可靠度 $R(t)$

传感器系统(传感器通常由电子和/或机械元器件构成)的可靠度表示传感器运行在规定的条件下和规定的时间内,完成规定功能的概率。其数学表达式为

$$R(t) = P(T>1) \tag{1-85}$$

式中 T——传感器的使用寿命。

(2)失效率 $\lambda(t)$

$$\lambda(t) = \frac{F'(t)}{R(t)} = \frac{f(t)}{R(t)} = -\frac{R'(t)}{R(t)} \tag{1-86}$$

式中 $F(t)$——传感器的失效分布函数。

于是

$$R(t) = \exp\left[-\int_0^t \lambda(t)\,\mathrm{d}t\right] \tag{1-87}$$

（3）平均寿命 $E(t)$

$$M_{MTTF（或MTBF）} = E(t) = \int_0^\infty t f(t)\,\mathrm{d}t \tag{1-88}$$

对于不可修复产品，表示故障前的平均工作时间（mean time to failure，MTTF）；对于可修复产品，表示两次故障之间的平均工作时间（mean time between failure，MTBF）。

（4）维修度 $M(\tau)$ 和修复率 $\mu(\tau)$

$$M(\tau) = P(T \subseteq \tau) \tag{1-89}$$

式中　$M(\tau)$——传感器在规定时间内修复其功能的概率；

　　　P——修复率，表示在单位时内修复的概率。

（5）有效率度 $A(t)$

传感器在规定的使用条件下，在某个观察时间 t 内，保持其规定功能的能力。

$$A(t) = \frac{M_{\mathrm{MTBF}}}{M_{\mathrm{MTBF}} + M_{\mathrm{MTTR}}} \tag{1-90}$$

MTTR（mean time to repair）表示传感器的平均修复时间。

1.4.2　常用失效分布函数

1.指数分布

在可靠性理论中，指数分布函数是最基本、最常用的分布函数，适用于失效率 $\lambda(t)$ 为常数的情况，一般，传感器系统失效模型服从指数分布。

（1）失效概率密度函数 $f(t)$

$$f(t) = \lambda \mathrm{e}^{-\lambda t} \quad (t \geqslant 0) \tag{1-91}$$

式中　λ——指数分布函数的失效率，为常数。

（2）累积失效概率密度 $F(t)$

$$F(t) = \int_{-\infty}^t f(t)\,\mathrm{d}t - \int_0^t \lambda \mathrm{e}^{-\lambda t}\,\mathrm{d}t = 1 - \mathrm{e}^{-\lambda t} \quad (t \geqslant 0) \tag{1-92}$$

（3）可靠度函数 $R(t)$

$$R(t) = 1 - F(t) = \mathrm{e}^{-\lambda t} \quad (t \geqslant 0) \tag{1-93}$$

（4）平均寿命 $E(t)$

$$E(t) = \int_0^\infty R(t)\,\mathrm{d}t = \int_0^\infty \mathrm{e}^{-\lambda t}\,\mathrm{d}t = \frac{1}{\lambda} \tag{1-94}$$

指数分布的重要性质是"无记忆性"，即当传感器在 t 时刻正常工作时，则其在 t 时刻以后的剩余寿命与新产品一样，与 t 无关。

2.威布尔分布

威布尔分布在可靠性理论中是适用范围较广的一种分布，可全面描述产品浴盆失效率曲线的各阶段，如图 1-34 所示。

从曲线形状可见，产品的失效率随时

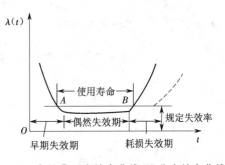

图 1-34　产品典型失效率曲线（浴盆失效率曲线）

间推移大体分为 3 个阶段:早期失效期、偶然失效期及耗损失效期。

威布尔分布也称为"最弱环模型"。一般地,机械元器件疲劳损伤服从威布尔分布或对数正态分布。作者曾研究过弹性敏感元件(金属波纹管)失效寿命分布,实验结果表明,其寿命分布属于威尔布分布模型。

(1)失效概率密度函数 $f(t)$

$$f(t)=\frac{m}{\eta}\left(\frac{t}{\eta}\right)^{m-1}\exp\left[-\left(\frac{t}{\eta}\right)^m\right] \quad (t\geqslant 0,m>0,\eta>0) \tag{1-95}$$

$$\eta=t_0^{\frac{1}{m}}$$

式中　m——形状参数;

　　t_0——尺度参数。

(2)累积失效概率函数 $F(t)$

$$F(t)=1-\exp\left[-\left(\frac{t-\gamma}{\eta}\right)^m\right] \quad (t\geqslant\gamma) \tag{1-96}$$

式中　γ——位置参数。

(3)可靠度 $R(t)$

$$R(t)=\exp\left[-\int_0^t\lambda(t)\mathrm{d}t\right]=\exp\left(-\frac{1}{t_0}\int_0^t mt^{m-1}\mathrm{d}t\right)=\mathrm{e}^{\frac{t^m}{t_0}} \quad (t>0) \tag{1-97}$$

(4)平均寿命 $E(t)$

$$E(t)=\eta\Gamma\left(1+\frac{1}{m}\right) \tag{1-98}$$

对于威布尔分布,当形状参数 $m>3$ 时,趋于正态分布;当 $m=1$ 时,为指数分布。

3.对数正态分布

对数正态发布常用于机械元部件由于裂纹扩展而引起失效的分布模型,也可用于恒应力加速寿命试验后对样品失效时间进行统计分析。

(1)对数正态分布概率密度函数 $f(t)$

$$f(t)=\frac{1}{\sqrt{2\pi}\sigma t}\exp\left[-\frac{1}{2\sigma^2}(\ln t-\mu)^2\right] \quad (t>0,\sigma>0) \tag{1-99}$$

式中　μ——均值;

　　σ——方差。

(2)对数正态分布失效概率函数 $F(t)$

$$F(t)=\int_0^t\frac{1}{\sqrt{2\pi}\sigma t}\exp\left[-\frac{1}{2\sigma^2}(\ln t-\mu)^2\right]\mathrm{d}t=\Phi\left(\frac{\ln t-\mu}{\sigma}\right) \tag{1-100}$$

(3)对数正态可靠度函数 $R(t)$

$$R(t)=1-F(t)=1-\Phi\left(\frac{\ln t-\mu}{\sigma}\right)=\Phi\left(-\frac{\ln t-\mu}{\sigma}\right) \tag{1-101}$$

(4)平均寿命 $E(t)$

$$E(t)=\frac{1}{\sqrt{2\pi}\sigma}\int_0^\infty\mathrm{e}^{-\frac{(\ln t-\mu)}{2\sigma^2}}\mathrm{d}t=\mathrm{e}^{-\frac{(\ln t-\mu)}{2\sigma^2}} \tag{1-102}$$

1.4.3　传感器可靠性模型

传感器通常由元器件构成,它们之间(传感器系统与元器件)存在可靠性逻辑关系,并用可靠性逻辑框图表示,且加以数学描述,称为可靠性数学模型,由此模型可计算传感器系统的各项可靠性指标。这些模型包括串联模型、并联模型、表决模型以及储备模型等,为传感器系统的可靠性设计提供了基础。

1. 并联冗余

并联冗余包括工作冗余和非工作冗余。

对二重工作冗余系统可靠度

$$R_s = 1 - (1 - R)^2 = 2e^{-\lambda t} - e^{-2\lambda t} \tag{1-103}$$

其中,单元的可靠度设为指数分布 $R = e^{-\lambda t}$。

对于非工作冗余,即传感器系统只有一个单元工作,发生故障后立即切换到另一个备份单元,保证系统继续工作,系统可靠度为

$$R_s = e^{-\lambda}(1 + \lambda t) \tag{1-104}$$

其可靠度如图 1-35 所示。

显然,两个单元非工作冗余系统可靠度最高。

2. 表决系统

表决系统大多采用[2/3]表决系统,简单且实用,如图 1-36 所示。

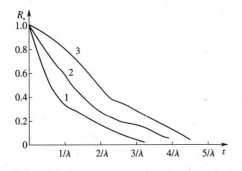

1—无并联冗余系统可靠度,$R_s = e^{-\lambda t}$;2—二重工作
冗余系统可靠度,$R_s = 1 - (1 - R)^2 = 2e^{-\lambda t} - e^{-2\lambda t}$;
3—两个单元非工作冗余系统可靠度,$R_s = e^{-\lambda t}(1 + \lambda t)$

图 1-35 几种冗余系统可靠度

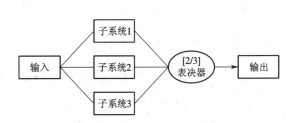

图 1-36 [2/3]表决系统可靠性框图

该系统可靠度为

$$R_s = 3e^{-2\lambda t} - 2e^{-3\lambda t} \tag{1-105}$$

其平均无故障工作时间

$$M_{\text{MTBF}} = \frac{3}{2\lambda} - \frac{2}{3\lambda} = \frac{5}{6\lambda} \tag{1-106}$$

对于多数表决系统(m 取 n 系统)一般称为$(n+1)/(2n+1)$系统,其可靠度为

$$R_s(t) = \sum_{k=n+1}^{2n+1} C_{2n+1}^k R_0^k(t)[1 - R_0(t)]^{2n+1-k} \tag{1-107}$$

如图 1-37 所示。

由图可见,当工作时间 $t < \dfrac{\ln 2}{\lambda}$ 时,表决系统可靠度明显高于单部件可靠度,且随 n 增大而增大。

3.非工作储备系统(旁联系统)

储备系统结构是仅用一个单元工作的并联形式。当工作单元失效时,备用单元立即替换并投入,使系统保持正常工作,如图1-38所示。其中K为转换开关,按照转换开关的不同,可分为理想开关(指开关在使用期间不发生故障)系统与非理想开关系统;按照储备件在储备期中失效与否可分为冷储备(指备用的部件在储备期中不发生失效)系统和热储备系统。本节仅讨论冷储备系统。

系统由 n 个单元组成,一个工作,其余 $n-1$ 个单元储备。当工作单元失效时,储备单元逐个替换,直到所有单元失效时,系统才失效,储备单元在储备期不发生失效,且假定转换开关是完全可靠的。

假设 n 个单元的寿命为随机变量 $T_1,T_2,\cdots,T_n$,则系统的寿命 $T=T_1+T_2+\cdots+T_n$,其可靠度为

$$R_s(t)=P(T_1+T_2+\cdots+T_n>t)=1-P(T_1+T_2+\cdots+T_n\leqslant t)$$

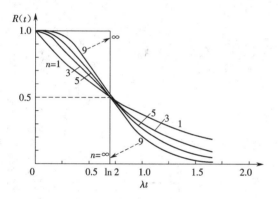

图 1-37　多数表决系统可靠度曲线

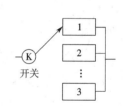

图 1-38　非工作储备系统

由于随机变量是相互独立的,所以系统的寿命分布的概率密度 $f_s(t)$ 为 n 个单元寿命分布概率密度 $f_i(t)$ 的卷积,即

$$f_s(t)=f_1(t)*f_2(t)*\cdots*f_n(t)$$

而系统的平均寿命为所有单元平均寿命之和,

$$m_s=E(T)=E(T_1+T_2+\cdots+T_n)=E(T_1)+E(T_2)+\cdots+E(T_n)=m_1+m_2+\cdots+m_n$$

$$(1-108)$$

当两个单元寿命分布均为指数分布,且失效率分别为 λ_1、λ_2 时,根据卷积公式可得由此两单元组成的冷储备系统寿命分布的概率密度为

$$f_s(t)=\int_0^t \lambda_1 e^{-\lambda_1(t-x)}\lambda_2 e^{-\lambda_2 x}dx=\lambda_1\lambda_2\frac{e^{-\lambda_1 t}-e^{-\lambda_2 t}}{\lambda_2-\lambda_1}$$

当 $\lambda_1=\lambda_2=\lambda$,则

$$f_s(t)=\int_0^t \lambda e^{-\lambda(t-x)}\lambda e^{-\lambda x}dx=\lambda^2 t e^{-\lambda t};R_s(t)=\int_t^\infty \lambda^2 x e^{-\lambda x}dx=(1+\lambda t)e^{-\lambda t};m_s=\frac{2}{\lambda}$$

当 n 个单元寿命分布均为失效率为 λ 的指数分布时,可证明系统的可靠度和平均寿命分别为

$$R_s(t)=\left[1+\lambda t+\frac{(\lambda t)^2}{2!}+\cdots+\frac{(\lambda t)^{n-1}}{(n-1)!}\right]e^{-\lambda t}=\sum_{k=0}^{n-1}\frac{(\lambda t)^k}{k!}e^{-\lambda t} \qquad (1-109)$$

$$m_s = \frac{n}{\lambda}$$

与前述各系统可靠度比较,显然储备系统可靠度最高。

[练习题]

1-1 传感器和传感技术的定义是什么?

1-2 传感器的构成方式有几种? 说明其特点。

1-3 何为传感器的静态特性和动态特性? 其主要技术指标分别有哪些?

1-4 测量系统实现不失真测试的条件是什么?

1-5 一台精度等级为 0.5 级,量程为 $600 \sim 1\,200$ ℃的温度传感器,它的最大允许测量绝对误差是多少? 检验时若某点绝对误差为 4 ℃,问此表是否合格?

1-6 已知某传感器静态特性方程 $Y = e^x$,试分别用端基法及最小二乘法,在 $0 < X < 1$ 范围内拟合刻度直线方程,并求出相应的线性度。

1-7 某压电式加速度计的动态特性可用下述微分方程描述,即

$$\frac{\mathrm{d}^2 q}{\mathrm{d}t^2} + 3.0 \times 10^3 \frac{\mathrm{d}q}{\mathrm{d}t} + 2.25 \times 10^{10} q = 11.0 \times 10^{10} a$$

式中,q 为输出电荷,pC;a 为加速度,$\mathrm{m/s^2}$。试确定该测量装置的固有振荡频率 ω_0、阻尼系数 ξ、静态灵敏度系数 K 的值。

1-8 某一阶系统,在 $t = 0$ 时,输出为 10 mV;当 $t \to \infty$ 时,输出为 100 mV;在 $t = 5$ s 时,输出为 50 mV,试求该系统的时间常数 τ。

1-9 设产品的失效率函数为 $\lambda(t) = \begin{cases} 0, & 0 \leqslant t < \mu \\ \lambda, & t \geqslant \mu \end{cases}$,求此产品的失效密度、平均寿命与方差。

1-10 一个由孔板($\lambda = 0.75$)、差压变送器($\lambda = 1.0$)和记录仪($\lambda = 0.1$)组成的流量测量系统,根据以下条件计算经过半年后流量测量失效的概率(上面括弧中给出了年失效率,假设所有系统开始经过检验且工作完好)。

(1)单个流量测量系统。

(2)3 个并联的同样的流量测量系统。

(3)一个系统有 3 个孔板、3 个差压变送器和 1 个中间值选择器($\lambda = 0.1$),中间值选择器输出到 1 个开方器和记录仪。

2 光纤传感器

光纤传感器是 20 世纪 70 年代中期发展起来的一种新型传感器,它是光纤和光通信技术迅速发展的产物。光纤是一种新型材料,它与其他材料相比有许多独特的性质。

①光纤有良好的传光性能,它对光波的损耗目前可低到 0.2 dB/km,甚至更低。

②频带宽。因为光纤传输光的频率特别高,所用的光频在 $10^{14} \sim 10^{15}$ Hz 范围内,比微波高 5 个数量级。

③光纤可作为一个敏感元件,即光在光纤中传输时,光的特性如振幅、相位、偏振态等将随检测对象发生变化而相应变化。光从光纤射出时,光的特性得到调制,通过对调制光的检测,便能感知外界的信息,这便是光纤传感器的基本原理。

光纤传感器是一种新型传感器,它与以电为基础的传感器相比具有根本的区别。光纤传感器用光而不用电作为敏感信息的载体,用光纤而不用导线作为传递信息的媒质。因此,它同时具有光纤及光学测量的特点。光纤与其他材料相比,还有电绝缘性能好,不受电磁干扰,无火花,能在易燃、易爆的环境中使用的特点。由于光纤极细,可塑性好,故能放置在小孔和缝隙等被测场点,而对被测场的扰动小。光纤的原料硅资源丰富,价格低廉。

光纤传感器目前已广泛应用于国防军事、工农业生产、环境保护、生物医药、计量测试、交通运输、自动控制和家用电器等领域。当前光纤传感器主要利用了光纤的传光和传感两种特性。可以预料,随着光纤技术的不断发展,以及光学波导、集成光学及非线性光学等的不断深入研究和交叉影响及发展,光纤将会有更多的其他特性被用于光纤传感器,并在众多领域中得到更广泛的应用。

2.1 光纤传感器的特点及分类

2.1.1 光纤传感器的特点

光波是短波长的电磁波,它可以产生干涉、衍射、偏振、反射、折射等现象。光纤具有透光性、电绝缘性、无感应性、柔软纤细、频带宽等优点。将光的上述特点和光纤相结合,可以做成各式各样的光纤传感器。因此,光纤传感器具有如下所述的特点。

(1)高灵敏度、高精度、高速度

利用光的干涉、分光现象可实现高精度、高灵敏度检测。光是短波长的电磁波,通过光的相位可得到光程的准确信息。使信号光和参考光干涉,通过平方律检测器件,由光强即可知其相位。用此种干涉计可获得一维、二维或三维的信息。用一维干涉计可测出精度为 10^{-6}(rad)的相位变化,若测量位移,其精度可达 $10^{-4} \sim 10^{-3}$ nm。

光纤干涉仪是一维干涉仪,因使用很细的单模光纤,故只要感受极微小的机械外力或温度变化,光程将很快改变,可达到高精度的检测。

光纤陀螺比机械陀螺灵敏度高很多,目前其测量值可达 0.1°/h,即地球转速的 1/150。又如,在光纤上套上磁致伸缩材料可制作磁场传感器,可测 8×10^{-7} A/m 磁场强度,其灵敏度与量子干涉仪相近。

分光法也可用于高灵敏度、高精度、高速度的气体检测。如用于灵敏度为 1×10^{-6} 以下高性能公害气体及甲烷等易燃易爆气体的监测。

(2)高密度

用透镜可对直径按波长顺序排列的光点进行聚光。目前使用的磁光存储器将信号存储在磁光盘上,根据从位串中反射的激光强度变化,读出记录信号。由于激光可聚光到 $1~\mu m$ 以下,故磁光盘比一般触针法的高密度磁盘的密度更高,特别是它能非接触读出,因此将得到更大发展。

(3)环境适应性

光纤传感器所用元件,如光纤和透镜等,对电无感应、无放电现象、绝缘性高、化学性能稳定性好。所以,光纤传感器适用于各种复杂的环境,尤其在高电压、腐蚀性强、易燃、易爆环境下安全可靠。如以高电压、大电流为测量对象的电力传感器,具有耐电压及抗电磁干扰性能。

(4)非接触及非破坏性

在医学和流体力学中,往往需要测量粒子的速度及流量。用激光多普勒效应可对速度进行非接触测量。将激光射到被测反射体上,其反射光产生多普勒频移,并与原激光进行干涉,产生的信号的频差与反射体速度成正比。因多普勒激光速度计测量的动态范围宽,具有良好的线性,故得到广泛的应用。偏光分析仪也可对物体表面进行非接触及非破坏性测量,通过精确测量反射光偏振状态,测出物体表面状态及光学常数。

2.1.2 光纤传感器的分类

(1)按工作原理分类

光纤传感器按工作原理可分为两大类。一类是功能型光纤传感器(或称敏感型传感器)。在这类传感器中,光纤不仅起传光作用,而且还利用外界因素(如温度、压力、电场、磁场等)的作用,使其传光特性发生变化以实现敏感测量。另一类是非功能型光纤传感器(或称传光型传感器)。在这类传感器中,光纤仅作为传光媒介,在光纤的中断部分嵌入敏感元件即构成传感器。

(2)按检测对象分类

光纤传感器有光纤温度传感器、光纤压力传感器、光纤流量传感器、光纤速度传感器、光纤磁场传感器、光纤电压传感器、光纤医用传感器等。

(3)按光在光纤中被调制的原理分类

光纤传感器有光纤强度调制传感器、光纤相位调制传感器、光纤偏振态调制传感器、光纤频率调制传感器和光纤波长调制传感器。

2.2 光纤的传光特性

光纤传感原理是以光纤的导波现象为基础的。光纤中传输的光波特征参量,如相位、振幅或强度、偏振态、波长和模式等,对外界环境因素(如温度、压力、电流、磁场等)均敏感。因此,通过检测光纤中传输光波特征参量的变化可实现对各种物理参量的测量。

2.2.1 光纤的结构及分类

1.光纤的结构

光纤的一般结构如图 2-1 所示,它由芯层、包层、涂敷层和保护套层构成。设芯层直径为 $2a$,包层直径为 $2b$,芯层折射率 n_1 稍大于包层折射率 n_2。光纤的芯径($2a$)非常小,光通信用的光纤包层直径标准值为 $125~\mu m$。

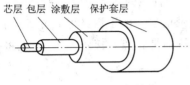

芯层 包层 涂敷层 保护套层

图 2-1 光纤的一般结构

为增强光纤的柔韧性、力学强度和耐老化特性,在包层外面涂敷一层 $5\sim40~\mu m$ 的涂敷层,并在拉丝过程中完成,其主要成分是环氧树脂和硅橡胶等高分子材料。涂敷层外面还有保护套层或套塑层,原料大都采用尼龙或聚乙烯,用以保护光纤的涂敷层,并且可增强光纤的力学强度。有的光纤还具有多个包层,结构更复杂,以满足使用中不同的要求。

光纤的芯层和包层构成一波导结构,当入射到光纤中的光波满足一定入射条件时,光波便被约束在芯层中并沿着纤芯向前传播。

目前,在光通信中使用的光纤是二氧化硅(SiO_2)石英系光纤,这种材料在 850 nm 波长的折射率为 1.458。为获得两种具有相似特性,而折射率只有很小差异的材料,以形成光纤的芯层和包层,可在二氧化硅中掺杂微量的其他材料,如掺入氟或各种氧化物,以提高光纤芯层折射率和降低包层折射率。

光纤芯层的主体材料为高纯度的二氧化硅,其纯度要达到 99.999 99 %,同时掺杂微量的其他材料,如掺杂 GeO_2 或 P_2O_5 等,这些掺杂剂的作用是提高光纤芯层的折射率。

2.光纤的分类

光纤可按制作材料、折射率分布形状和传输模式等进行分类。

(1)按制作材料进行分类

①高纯度熔石英光纤。如前所述,构成高纯度熔石英光纤的主体材料是 SiO_2,并在芯层和包层分别掺杂微量的其他材料。其主要特点是:材料的光传输损耗低,在有的波长段可低至 0.2 dB/km,一般均小于 1 dB/km;强度高、可靠性高,应用广泛。

②多组分玻璃光纤。多组分玻璃光纤是以质量占百分之几十的 SiO_2 为主,并含碱金属,碱土金属,铝、硼的氧化物等玻璃的总称。此类光纤,折射率比一般石英玻璃高,熔融温度比 SiO_2 玻璃低,强度比 SiO_2 光纤低。常用配方成分有:Na-B-Si,K-B-Si,Na-Ca-Si,Th-B-Si,Na-Zn-Al-B-Si 等。其主要特点是芯—包层折射率可在较大范围内变化,有利于制造大数值孔径的光纤,但材料的光传输损耗大,在可见光波段一般为 1 dB/m。

③塑料光纤,主要有全塑料光纤和塑料包层光纤。它的芯层材料为高纯丙烯酸树脂,表面涂层材料为氟聚合物。其特点是柔软性好,成本低,芯径大,易耦合,但材料的光传输损耗比较大。

④红外光纤,主要有无氟化物的玻璃(GeO_2-Sb_2O_2)光纤和金属卤化物晶体光纤。它主要传输 $2\sim10~\mu m$ 的红外波长光,其特点是损耗极低。

⑤液芯光纤。此类光纤外套为石英毛细管,芯层为液体材料,高度透明,无色,无杂质,折射率高于外套。其传输衰减系数为 $7.3\sim13$ dB/km,但液芯光纤的芯层折射率 n_1 对温度敏感,且制作时封装困难。

⑥晶体光纤,其特点是纤芯为晶体,可用于制造各种有源和无源光纤器件。

（2）按折射率分布形状分类

①阶跃折射率光纤。阶跃型光纤又称均匀光纤,其芯层折射率沿光纤芯半径均匀分布,且芯层折射率大于包层折射率,如图 2-2(a)、图 2-2(b)所示。

②渐变折射率光纤。渐变折射率光纤又称自聚焦光纤,如图 2-2(c)所示。设芯层折射率分布为抛物线形(二次分布),则芯层折射率分布表达式为

$$n(r) = n(0)\left[1 - \Delta\left(\frac{r}{a}\right)^2\right] \tag{2-1}$$

$$\Delta = \frac{n_1^2 - n_2^2}{2n_1^2} \tag{2-2a}$$

式中　n_1——纤芯折射率;

　　　n_2——包层折射率;

　　　a——纤芯半径。

对于 $n_1 \approx n_2$ 的弱导光纤,$n(0)$ 为轴芯处折射率,Δ 为相对折射率差。

$$\Delta = \frac{n_1 - n_2}{n_1} \tag{2-2b}$$

由式(2-1)看出,渐变折射率光纤的芯层折射率 $n(r)$ 是径向坐标的函数,且轴芯处折射率 $n(0)$ 最大(若以 n_1 表示轴芯处折射率,则 $n(0) = n_1$),沿径向逐渐递减。设包层折射率仍以 n_2 表示,一般而言,渐变折射率光纤都有 $n(r) \geqslant n_2$(W 型光纤除外)的关系。

自聚焦光纤的折射率分布要做到理想的抛物线形分布是很困难的,只能近似地服从该分布。图 2-3 为实际上采用的一种梯度光纤的折射率分布曲线,折射率在光纤横截面上的分布呈阶梯状,阶梯越多,折射率越接近抛物线分布。梯度光纤的传光特性比包层式光纤(阶跃光纤)好,而在制造工艺上比自聚焦光纤简单。

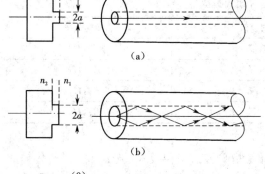

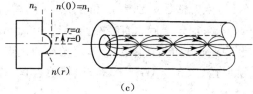

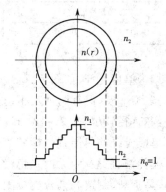

图 2-2　光纤的 3 种基本结构

(a)单模阶跃折射率光纤　(b)多模阶跃折射率光纤

(c)渐变(多模梯度)折射率光纤

图 2-3　梯度光纤的折射率

分布曲线图

（3）按光纤中传输的模式分类

事实上，由于光波是光频电磁波，从电磁理论的观点分析，光导纤维实质上是一种介质波导。因此，光波在光纤中的传输特性可用电磁波导理论处理。

电磁波在光纤中传输时，其电场强度 E 和磁场强度 H 应满足麦克斯韦方程。设介质材料中没有电荷和电流的存在，而且是线性和各向同性的，则麦克斯韦方程组为

$$\left.\begin{aligned} \mathbf{\nabla} \times \mathbf{E} &= -\frac{\partial \mathbf{B}}{\partial t} \\ \mathbf{\nabla} \times \mathbf{H} &= \frac{\partial \mathbf{D}}{\partial t} \\ \mathbf{\nabla} \cdot \mathbf{B} &= 0 \\ \mathbf{\nabla} \cdot \mathbf{D} &= 0 \end{aligned}\right\} \tag{2-3}$$

对于各向同性的线性媒质，下列的本构方程成立：

$$\left.\begin{aligned} \mathbf{D} &= \varepsilon \mathbf{E} \\ \mathbf{B} &= \mu \mathbf{H} \end{aligned}\right\} \tag{2-4}$$

在直角坐标系中 E 和 H 的 x, y, z 分量均满足下列标量波动方程：

$$\mathbf{\nabla}^2 \psi + k^2 \psi = 0 \tag{2-5}$$

式中 ψ——E 和 H 的各分量。

将波导的纵轴定义为 z 轴，在波导中能量沿 z 方向传输。设纵向传输常数为 β，ε 不依赖于 z 但随 x 和 y 变化，则波导中的电磁场可写为

$$E = E_0(x, y) e^{-i\beta z} \tag{2-6}$$

$$H = H_0(x, y) e^{-i\beta z} \tag{2-7}$$

根据解出的场分量 E_z, H_z 的情况，导行波可以分成各种不同的模式，在无限大介质中或在介质波导中可以存在的各种不同类型的模式如表 2-1 所示。

表 2-1 各种模式类型

名称	纵向分量	横向分量
TEM（横电磁波）	$E_z = 0, H_z = 0$	E_T, H_T
TE（横电波）	$E_z = 0, H_z \neq 0$	E_T, H_T
TM（横磁波）	$E_z \neq 0, H_z = 0$	E_T, H_T
HE 或 EH（混合波）	$E_z \neq 0, H_z \neq 0$	E_T, H_T

①单模光纤，如图 2-2(a)所示。单模光纤是指只传播一种模式（波形）的光纤，传输的是基模 HE_{11} 模，但有两种互相正交的偏振态存在（其传播常数分别为 β_x 和 β_y）。其结构特点是：芯直径较小，为 $2 \sim 12~\mu m$，典型尺寸为 $8 \sim 12~\mu m$；加包层后总直径在几十到 $100~\mu m$，通信单模光纤的包层直径标准值为 $125~\mu m$；芯层折射率分布为阶跃型。单模光纤的优点是：单模传输、色散小、无模式色散、传输特性好、频带宽（大于 $3~GHz \cdot km$）。其缺点是：芯径小、易折断、制造和耦合连接困难。

②多模光纤，如图 2-2(b)、图 2-2(c)所示，它可承载多个模式（几百、几千个模式）。其结构特点是：芯径粗，对于芯层折射率分布为阶跃型的多模光纤，芯径典型尺寸为 $50 \sim 200~\mu m$；包层直径为一百到几百微米，典型尺寸为 $125 \sim 400~\mu m$。对于通信用的单模和多模光纤的

包层直径标准值均为 125 μm。

2.2.2　光纤的传光原理

　　光在光纤中的传输原理可采用波动理论或射线理论进行分析。波动理论分析法是将光波按电磁场理论,用麦克斯韦方程组(波动方程)解析其传播特性。射线理论分析法是将光线看成一条几何射线,用几何光学的方法分析其传播特性,其传光原理比较直观。分析光纤的传光原理所采用的分析方法,可根据光纤芯径 $2a$ 和光波波长 λ 比值的大小决定。$2a$ 远大于光波波长 λ 时,可采用基于几何光学的射线理论,近似分析光在光纤中的导光原理和特性。$2a$ 与 λ 的大小可以比拟时,必须采用波动理论进行分析。因此,波动理论分析法适用于均匀、非均匀、单模、多模光纤等的任何一种。射线理论分析法适用于均匀多模光纤,用于对非均匀光纤的分析误差大,而对单模光纤进行分析完全不适用。

　　射线理论认为,光在光纤中传播主要是依据全反射原理。典型的阶跃光纤由折射率稍高的纤芯(n_1)和折射率稍低的包层(n_2)构成,纤芯和包层之间有良好的光学界面。当光线以某一角度进入光纤端面时,入射光线与光纤轴心线之间的夹角 θ_0 称为光纤端面入射角,光线进入光纤后又射到纤芯和包层之间的界面上,形成包层界面入射角 ϕ,如图 2-4(a)所示。

　　图 2-4(a)中,光线 1 垂直于光纤端面射入,并与光纤轴心线重合时,光线 1 沿轴心线向前传播。

　　由于 $n_1 > n_2$,所以包层界面有一个产生全反射的临界角 ϕ_c,与其相对应的光纤端面有一个端面临界入射角 θ_a。如果端面入射角 $\theta_0 < \theta_a$,如图 2-4(a)中光线 2 进入光纤后,当射到光纤的内包层界面时,入射角 $\phi \geqslant \phi_c$,满足全反射条件,光线 2 将在纤芯和包层的界面上不断地产生全反射而向前传播。这种光线在光纤内需经过多次全反射,从光纤的一端传到另一端。光线 1 和 2 的特点是光在光纤中传播路径始终在同一平面内,在纤维光学中又称为子午光线。子午光线是平面曲线,包含子午光线的面称为子午面。

　　另一种光线不在一个平面里,不经过光纤的轴心线,当入射进光纤后碰到边界时,在内部全反射,如图 2-4(b)中光线 3 所示。这类光线运动范围是在边界和由虚线所示的焦散面之间。光线在端面上投影为折线,光线 3 称为斜光线,它是一空间曲线。下面仅对子午光线和斜光线作定量分析。

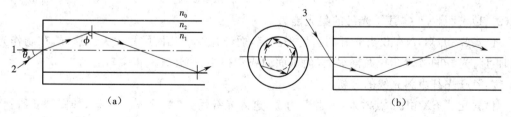

图 2-4　光纤导光示意图

1. 阶跃光纤中子午光线的分析

　　由于子午光线的传播路径是一平面曲线,仅采用两个坐标变量即可描述。

　　均匀光纤的重要参数是数值孔径。均匀光纤的数值孔径(numerical aperture,NA)是指子午光线在光纤内全反射并形成导波时,在光纤端面上入射光线的入射角变化范围的大小。它是衡量一根光纤当光线在其端面射入时,所能接收到的光能大小的一个重要参数,或者说数值孔径是反映光纤捕捉光线(或集光)能力大小的一个参数。当光纤的数值孔径变大时,最大入射角 $\theta_{\max}$ 也增大,其"集光"本领增强。

下面将导出均匀光纤数值孔径 NA 的计算公式。

光线经某子午面进入光纤时,光纤端面的临界入射角 $2\theta_a$ 称为光纤的孔径角。由图2-5可知,$2\theta_a$ 的大小表示光纤能接收光的范围。实际上,它是一个圆锥角,$2\theta_a$ 越大,光纤入射端面上接收光的范围越大,进入纤芯部分的光线越多。所以,孔径角越大,光纤端面接收光的能力越强,在实际应用中,光纤与光源之间耦合越方便。

在图2-5中,纤芯和包层之间的临界角 ϕ_c 可根据光在两界面上产生全反射的概念求得

$$\sin \phi_c = \frac{n_2}{n_1}\sin\frac{\pi}{2} = \frac{n_2}{n_1} \tag{2-8}$$

但是,光是从折射率为 n_0 的空气中入射的,根据折射定律,有

$$\frac{\sin\theta_a}{\sin\left(\frac{\pi}{2}-\phi_c\right)} = \frac{n_1}{n_0}$$

令 $n_0=1$,则

$$\sin\theta_a = n_1\sin\left(\frac{\pi}{2}-\phi_c\right) = n_1\cos\phi_c = n_1\,(1-\sin^2\phi_c)^{1/2}$$

将式(2-8)代入上式,则

$$\sin\theta_a = n_1\left[1-\left(\frac{n_2}{n_1}\right)^2\right]^{1/2} = (n_1^2-n_2^2)^{1/2} \approx n_1\sqrt{2\Delta} = NA \tag{2-9}$$

式中 $\Delta = \dfrac{n_1-n_2}{n_1}$——相对折射率差;

NA——数值孔径。

数值孔径 NA 是光纤的一个重要参数,用来计量光纤接收光的特性。如果光源发出的总光流为 $F_{\max}$,射入光纤端面的有效部分为 F,定义集光率 f 为

$$f = \frac{F}{F_{\max}} \tag{2-10}$$

可以证明,在子午光线情况下有

$$\left. \begin{array}{ll} f=\sin^2\theta_a=(NA)^2 & (NA<1\ 时) \\ f=\sin^2\theta_a=1 & (NA\geqslant1\ 时) \end{array} \right\} \tag{2-11}$$

式(2-11)表明,NA 描述了光纤的集光能力。

由式(2-9)知,NA 仅由光纤的折射率决定,而与光纤的几何尺寸无关。这样,在制作光纤时可将光纤的数值孔径做得很大,而截面面积却很小,使光纤变得柔软可弯曲。

2. 阶跃光纤中斜光线的分析

设斜光线 SX 由 X 点射入,入射角为 θ_0,进入光纤后,在 Y,Z 等点反射,如图2-6所示。作 YP 和 ZQ 平行于轴线 CC',交端面圆周于 P 和 Q 两点。图中 $\angle XYP=\theta'$,表示 XY 光线与轴线的夹角(称为轴线角);XYP 平面和端面 XPC 垂直,其交线为 XP,$\alpha=\pi/2-\theta'$,表示 XY 与 XP 的夹角;β 表示 XP 与 XC 的夹角。既然 α,β 各自所在的平面是相互垂直的,那么根据立体几何公式,有

$$\cos\phi = \cos\alpha\cos\beta \tag{2-12}$$

式中 ϕ——XY 与 XC 的夹角,即 XY 与光纤界面过 X 点的法线的夹角。

根据图2-6中 α 与 θ' 的关系,式(2-12)可表示为

$$\cos \phi = \sin \theta' \cos \beta \qquad (2\text{-}13)$$

图 2-6 中 X,P,Q 各点在端面上组成的折线是光线 XYZ 在端面上的投影。每曲折一次,表示光纤内光线发生一次反射。

将式(2-13)两边乘以 n_1,得

$$n_1 \cos \phi = n_1 \sin \theta' \cos \beta \qquad (2\text{-}14)$$

应用折射定理得

$$n_1 \cos \phi = n_0 \sin \theta_0 \cos \beta \qquad (2\text{-}15)$$

全反射的条件是

$$\sin \phi \geqslant \frac{n_2}{n_1}$$

当 $n_0 = 1$ 时,可求出斜光线在光纤端面入射角 θ_0 的最大值 θ_m 为

$$\sin \theta_m = \frac{(n_1^2 - n_2^2)^{1/2}}{\cos \beta} = \frac{\sin \theta_a}{\cos \beta} \qquad (2\text{-}16)$$

式中　θ_a——子午光线的最大入射角。

由于斜光线的 $\beta > 0$, $\cos \beta < 1$,故 $\theta_m > \theta_a$,这就是说,斜光线比子午光线有更大的最大入射角。当 $\beta = 0$, $\cos \beta = 1$,这时 $\theta_m = \theta_a$,于是回到子午光线的结果。子午光线的 θ_a 实际上是 θ_m 的最小值。

斜光线的端面入射角 θ_0 如果小于 θ_a,斜光线就是子午光线。如果 $\theta_a < \theta_0 < \theta_m$,斜光线在纤芯中满足全反射条件。光线在纤芯中传输,只是它不穿过光纤轴线,且不在一个平面内,其路径是一条空间曲线。当端面入射角 $\theta_0 > \theta_m$ 时,在纤芯和包层界面上不能发生全反射,经多次反射后很快衰减。这种光线不能通过光纤。

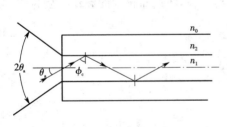

图 2-5　光纤的临界角

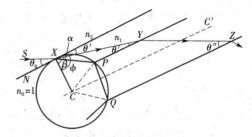

图 2-6　阶跃光纤中斜光线传输示意图

3. 渐变折射率光纤

渐变折射率光纤的折射率分布如图 2-7 所示,光纤纤芯的折射率在轴线处最高,沿半径方向折射率逐渐下降到芯包界面处。渐变折射率光纤是减小光纤中色散的有效手段。光纤中心的相速度最低,沿半径方向逐渐变大,近轴的模式传播距离最短,但是速度相对也最低,远离轴线的光线传播的距离较远,但在折射率相对较低的介质中相速度较高,这样在纤芯中心和边缘位置,光传输的相速度相同。

渐变折射率光纤的折射率分布可用下面的公式描述:

$$n^2(r) = n_1^2 \left[1 - 2 \left(\frac{r}{a} \right)^p \Delta \right], \quad r \leqslant a \qquad (2\text{-}17)$$

式中　r——半径;

a——轴线到包层外边沿的半径。

$\Delta = \dfrac{n_1^2 - n_2^2}{2n_1^2} \approx \dfrac{n_1 - n_2}{n_1}$，参数 p 决定折射率变化曲线的坡度，如图 2-7 所示。当 $p=1$ 时上式中 $n^2(r)$ 是关于 r 的线性方程，当 $p=2$ 时是二次方程，随着 p 的增大曲线越来越陡，当 p 趋于无穷时，变成阶跃折射率分布。

令式(2-17)中的 $p=2$，即折射率分布成二次曲线，如图 2-8 所示。

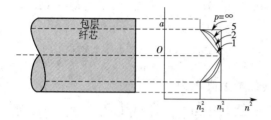

图 2-7　渐变折射率光纤的折射率分布

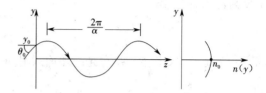

图 2-8　$p=2$ 时渐变折射率光纤中的折射率分布

4.传播模式

光作为一种电磁波，在光纤中的传输满足电磁波方程，即麦克斯韦方程：

$$\nabla^2 \boldsymbol{E} = \left(\frac{1}{v^2}\right)\left(\frac{\partial^2 \boldsymbol{E}}{\partial t^2}\right) \tag{2-18}$$

$$\nabla^2 \boldsymbol{H} = \left(\frac{1}{v^2}\right)\left(\frac{\partial^2 \boldsymbol{H}}{\partial t^2}\right) \tag{2-19}$$

式中　∇^2——二阶拉普拉斯算子；

v——均匀介质中光波的传播速度。

由麦克斯韦方程组推导出光在均匀介质中的波动方程，经过简化后的波动方程为

$$\nabla^2 \boldsymbol{E} = \mu_0 \varepsilon \frac{\partial^2 \boldsymbol{E}}{\partial t^2} \tag{2-20}$$

$$\nabla^2 \boldsymbol{H} = \mu_0 \varepsilon \frac{\partial^2 \boldsymbol{H}}{\partial t^2} \tag{2-21}$$

式中　μ_0——光波导介质(或真空)的磁导率；

ε——光波导介质的质电系数。

若电磁场做简谐振荡，由波动方程可推出均匀介质中的矢量亥姆霍兹(Helmholtz)方程

$$\nabla^2 \boldsymbol{E} + k_0^2 n^2 \boldsymbol{E} = 0 \tag{2-22}$$

$$\nabla^2 \boldsymbol{H} + k_0^2 n^2 \boldsymbol{H} = 0 \tag{2-22a}$$

式中　n——介质的折射率；

k_0——真空中的波数。

k_0 可表示为

$$k_0 = 2\pi/\lambda \tag{2-23}$$

式中　λ——真空中的光波波长。

在直角坐标系中，$\boldsymbol{E}$，$\boldsymbol{H}$ 的 x，y，z 分量均满足标量的亥姆霍兹方程

$$\nabla^2 \varphi + k_0^2 n^2 \varphi = 0 \tag{2-24}$$

式中　φ——$\boldsymbol{E}$ 或 $\boldsymbol{H}$ 的各个分量。

在光纤的分析中，求上述亥姆霍兹方程满足边界条件的解可得到光纤中场的解。

考虑到光纤圆柱波导和纤芯—包层界面处的几何边界条件时,则只存在波动方程的特定(离散)的解。不同的允许存在的解代表许多离散的沿波导轴传播的波。每一个允许传播的波称为模式。每个波具有不同的离散的振幅和速度。采用"V 值"表述光在阶跃型折射率光纤中的传播特性,即归一化频率。

$$V=\frac{2\pi a}{\lambda_0}(n_1^2-n_2^2)^{\frac{1}{2}}=\frac{2\pi a}{\lambda_0}(NA) \tag{2-25}$$

式(2-25)中 a 为纤芯半径,λ_0 为入射光在真空中的波长(真空中的光波长近似等于光在空气中的波长)。光纤 V 值越大,则光纤所能拥有的允许传输的模式(不同的离散波)数越多。当 V 值低于 2.405 时,只允许一个波或模式在光纤中传输,即圆柱波导的"单模条件"是

$$\frac{2\pi a}{\lambda_0}(n_1^2-n_2^2)^{\frac{1}{2}}<2.405 \tag{2-26}$$

由式(2-26)可见,对于给定的光纤(n_1,n_2 和 a 确定),存在一个临界波长 λ_c,当 $\lambda<\lambda_c$ 时,为多模传输;当 $\lambda>\lambda_c$ 时,为单模传输。这个临界波长 λ_c 称为截止波长。由此得到

$$V=2.405\frac{\lambda_c}{\lambda} \quad 或 \quad \lambda_c=\frac{V\lambda}{2.405}$$

2.2.3　光纤的衰减机理

1.衰减的概念

衰减是用来描述光能在传输过程中逐渐减小或消失的现象。按引起光纤损耗的因素不同,其损耗主要有 3 种:吸收损耗、散射损耗和微扰损耗。吸收损耗是由光纤材料吸收光能并转化为其他形式能量引起的。因此,在吸收损耗中存在着能量的转换。散射损耗是由光纤中存在微小颗粒和气孔等结构不均匀引起的。这种损耗改变部分功率流的传输方向,使在传输方向上的功率流减小,但没有能量转化。而微扰损耗源于外加在光纤上的微弯。

由各种损耗引起的功率衰减通常定义为

$$A(\lambda)=10\lg\left(\frac{P_i}{P_o}\right)(dB) \tag{2-27}$$

式中　P_i——输入功率;

　　　P_o——输出功率。

衰减的单位为分贝,用 dB 表示。3 dB 代表输出功率比输入功率降低了一半;10 dB 代表输出功率降低到输入功率的十分之一;20 dB 代表降低到百分之一。

对于一根均匀的光纤可定义单位长度的衰减为衰减系数 $\alpha(\lambda)$,即

$$\alpha(\lambda)=\frac{A(\lambda)}{L}=\frac{1}{L}10\lg\left(\frac{P_i}{P_o}\right)(dB/km) \tag{2-28}$$

式中　L——光纤长度。

衰减和衰减系数均为与波长有关的量,而衰减与长度有关,衰减系数与长度无关。

大多数传输线所传输的功率与其传输距离(z)之间的关系为

$$P(z)=P(0)e^{-2\alpha z} \tag{2-29}$$

式中　$P(0)$——入射端 $z=0$ 处的输入功率;

　　　α——电场幅度衰减系数。

由于功率是电场幅度的平方,所以传输功率的衰减系数为 2α。对长为 L 的光纤,有

$$\alpha(\lambda)=\frac{1}{L}10\lg e^{-2\alpha L}=10(2\alpha L)\lg e/L \tag{2-30}$$

因此

$$\alpha(\lambda) = 4.34(2\alpha) \qquad (2\text{-}31)$$

式(2-31)表示常用对数定义的单位为 dB 的功率衰减系数与自然对数定义的单位为 dB 的功率衰减系数之间差一个常数 4.34。对于一个均匀的单模光纤,其分贝衰减系数可用上式表示,但对于多模光纤,问题便复杂了。多模光纤传输的多个模式的衰减系数各不相同,而且依赖于激发条件。如果光源激发了低损耗模式,则衰减要比激发高损耗模式小。此外,如果各种模式间产生耦合,功率分布也要发生变化,因此多模光纤不能用 $\alpha(\lambda)$ 和 α 来表示。

2. 吸收损耗

吸收损耗可分为两种:固有吸收损耗和非固有吸收损耗。固有吸收损耗是指由光纤的基质材料 SiO_2 和掺杂材料锗(Ge)、硼(B)等引起的损耗,而非固有吸收损耗是由在光纤制造过程中产生的 OH 根离子等无用的杂质引起的吸收损耗。

根据吸收损耗与波长的关系,在通信频带范围内定义了三个光纤窗口,即 $0.85~\mu m$、$1.300~\mu m$、$1.550~\mu m$,分别称为第 1、第 2 和第 3 窗口,如图 2-9 所示。所谓窗口,就是指吸收损耗非常低的中心波长,光纤的发送、接收、转换技术均是在第 1 窗口上发展起来的。第 2、第 3 窗口的损耗更低。第 2 窗口处波导色散和材料色散相反,有可能使二者相抵消,使总色散为零,所以后来的研究方向移到了第 2 窗口。随着掺铒光纤放大器的发明和实用化,研究和应用的重点又移到第 3 窗口 $1.550~\mu m$。目前,无论是光纤通信还是光纤传感系统中,均主要使用 $1.550~\mu m$ 波长的窗口。这个窗口的波长范围甚至宽达 200 nm,能满足波分复用的需要。

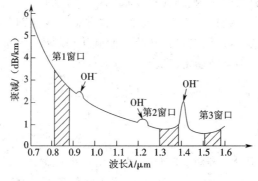

图 2-9　光纤的吸收损耗

3. 散射损耗

散射损耗主要是由光纤的非结晶材料在微观空间的颗粒状结构和玻璃中存在的类似于气泡的不均匀结构引起的。光纤中的散射损耗又可分为两种:线性散射和非线性散射。

(1)线性散射

线性散射主要有瑞利散射(Rayleigh scattering,RS)和波导散射,其中瑞利散射在所有散射中最为重要,因为它是低损耗窗口的最低固有损耗的决定因素。波导散射损耗主要是由光纤波导结构缺陷(气泡、微裂痕、未发生反应的材料、残存的内应力及光纤的非圆对称、芯包界面粗糙等)而引起的,随着技术的完善,这种损耗可降到 $0.01 \sim 0.04$ dB/km。线性散射损耗是由于光线中某个传导模式的光功率的部分甚至全部转化为辐射模或泄漏模造成的,这种转化所引起的损耗功率与传导模式的功率成正比(线性关系),在散射过程中没有频率的改变,即散射光和入射光的波长相同。

瑞利散射是由光纤材料的微小颗粒或气孔等结构不均匀性引起的。不均匀结构的尺寸远小于入射光波长(一般小于 $\lambda/10$)。折射率的起伏,是由冷却过程中晶格产生密度和组成结构的变化引起的。组成结构的变化可通过改进制造工艺消除,而冷却造成的密度不均匀是不可避免的。瑞利散射存在于光纤中各个方向,其损耗与 $1/\lambda^4$ 成正比。

(2)非线性散射

当强电磁场与介质相互作用时会产生各种非线性效应。当入射激光功率很强时,光纤也会产生明显的非线性效应,导致光纤内传播光的频率改变或者产生新频率。物质对入射光的非线性散射,主要有受激拉曼散射(Raman scattering)和受激布里渊散射(Brillouin scattering)。非线性散射的出射功率和入射功率不成正比,更主要的特点是入射光频与出射光频不同。

受激拉曼散射的特点是入射光频率与散射光频率不同,散射介质的分子能级状态有改变。受激布里渊散射是入射光波电场引起介质电致伸缩,并使光波与介质的弹性波发生耦合造成散射。非线性散射导致了在转移频率上的光增益,从而使在某给定频率下的传输光衰减。

4. 微扰损耗

微弯曲以不同曲率半径沿光纤随机分布,理解引起微弯曲损耗的机理是设计许多光纤传感器的基础,光纤的微弯曲作用可制成测试中常用的扰模器及微弯传感器。微扰损耗是由模式之间的机械感应耦合引起的。模式耦合是指光纤的传导模之间、传导模与辐射模之间的能量交换或能量传递。由于微弯曲,纤芯中的传导模变成包层模,并从纤芯中消失。利用微弯曲损耗,可以形成一种强度调制型光纤传感器。

2.3 光纤传感器的光源与光检测器

2.3.1 光纤传感器光源的分类及特点

光源在传感器中具有重要作用。由于光纤传感器工作环境的特殊性,对光源要求包括:体积小,便于和光纤耦合;辐射波长适当,以减少在光纤中传输的损耗;有足够的亮度;稳定性好;噪声小;连续工作寿命长等。此外,许多光纤传感器中,还要求光源的相干性好。

光纤传感器用的光源有很多种,按照光的相干性可分为相干光源和非相干光源。常用的非相干光源有白炽光源和发光二极管光源。相干光源有各种激光器,如半导体激光二极管(LD)等。

1. 热光源

典型的热光源是钨灯。它是将金属钨带通电流加热而发光的面光源。钨带宽度一般为 2 mm,厚度为 0.05 mm,长度为 20 mm。泡壳用硬质玻璃制成。钨带灯分真空和充惰性气体两种。真空型钨带灯工作温度较低,但稳定性好;充气型钨带灯工作温度高,但稳定性较差。

由于钨带灯丝电阻很小,它在低电压、大电流下工作。国产钨带灯的工作电压在 $10 \sim$ 20 V 之间,电流在 20 A 左右。虽然钨带灯发光效率不高,但由于结构简单,使用方便,且有连续光谱,仍然是应用最广泛的光源之一。典型的"颜色"工作温度是 $200 \sim 3\,000$ K。钨带灯的寿命受很多因素影响,一般为数千小时。

一种特殊类型的钨灯是卤钨灯。它由石英玻璃封装而成,可在高达 3 500 K 温度下工作。它与钨带灯相比具有很多优点:体积小,是同功率钨带灯体积的 0.5％～3％;光通量稳定,最终时的光通量为开始时光通量的 95％～98％,而钨带灯为 60％;紫外线较丰富,因其灯丝温度高,且泡壳也能通过紫外线辐射,所以可做紫外线辐射源用于光谱辐射测量;发光效率比钨带灯高 2～3 倍,寿命长。

尽管钨灯看起来是可见光源,但是实际上它在波长为 1～1.5 μm 的近红外区有峰值输出。该灯的输出功率在光谱的蓝色区域显著下降,在典型颜色温度为 2 850 K 的工作条件下,可见光区域辐射能量仅下降 15％,因此该光源也适用于近红外区。在红外区,还可应用其他光源,如碳硅棒或能斯脱灯等。它们基本原理是由电流直接加热合适材料使其产生热辐射。这种辐射也有一定的光谱范围。如能斯脱灯典型的工作温度范围是 1 500～2 000 K。

应用热光源时应考虑如下问题。

①光源的稳定性。对光纤传感器而言,所选光源应具有较高的稳定性。如钨带灯产生的光电流正比于灯丝工作电压的 3～4 次幂,因此光电流的稳定度为 0.2％时,白炽灯的工作电压应调节在数千分之一伏。这就需要应用高稳定的电路或电池,以避免光纤传感器中应用参考通道方式消除因电源不稳定而对测量的影响。

②脉冲调制工作模式。灯调制通常是由外部电压源利用功率调制获得的。在很多光纤传感器应用中,复杂的信息处理过程需要几兆赫的工作频率,在这种高速调制模式下,用钨带灯实现有难度。一般对这种光源调制采用机械斩波器,但通常频率低于 1 kHz。尤其在实现正弦或复杂的斜坡函数调制时,该方法比电调制更为困难,因此白炽光源不适用。

2.半导体发光二极管(LED)

半导体发光二极管产生的是非相干荧光,输出功率较小,一般光功率峰值最多几十毫瓦;而且发光角度大,与光纤耦合的效率低。但是发光二极管运行电流密度小、寿命高;而且输出光功率与电流特性曲线的线性度好;使用简单,价格低廉。因此,在光纤传感器系统的中、低速短距离光纤通信中被广泛应用。

在光纤传感器系统中采用 LED 特别强调它与光纤最佳耦合的高亮度、高速度和高可靠性。因此一般采用输出功率大的双异质结构的二极管。

LED 可以制成面发光二极管和边发光二极管两种。面发光二极管把发光的活动限制于小面积,使热阻减小,可在很高电流密度下工作,具有高的内部效率,结果在正面获得高的面辐射强度和高运行速率。双异质结构的 LED 用带隙能量大和内部吸收小的材料获得的电流密度大于 1 000 A/cm²,且背面反射强,使面辐射强度加大两倍。图 2-10 是用于短波长(0.85 μm)的 GaAlAs/GaAs 双异质结 LED 的结构图。最上面 N 型 GaAs 刻成井形,使光纤插入。与光纤耦合的第 1 层是 N 型的 Al_xGa_{1-x}As,厚度 10 μm;第 2 层是 P 型的 Al_xGa_{1-x}As 或 GaAs,厚度约 1 μm,为活动层;第 3 层是 P 型 Al_xGa_{1-x}As,厚度 1μm;第四层是 P 型 GaAs,厚度 0.5 μm,用作接触。复合区已靠近散热器。用于长波长(1.3 μm)的有 GaInAsP/InP LED。

面发光二极管与光纤的耦合效率较低,一般低于 10％,主要因为产生的光功率分布在较大的立体角内,因此,这种 LED 仅适用于多模光纤系统。

边发光二极管如图 2-11 所示,已经非常接近于半导体激光管,只是在设计时抑制反馈的产生,从而阻止了受激辐射的产生。光输出在时间上是非相干的,但它的空间相干性要比面发光二极管高很多。因此,边发光二极管产生的总功率小于面发光二极管,但其亮度却很高,如总功率为 1 mW 的边发光二极管的亮度可高于 10^3 W/(sr·cm^2);而同样功率的面发光二极管亮度仅为 25 W/(sr·cm^2)。边发光二极管的高亮度有利于与光纤的耦合。因此,这种发光二极管不仅适用于多模光纤系统,也可用于单模光纤系统。一般常用的有 InGaAsP/InP 双异质结边发光二极管。

衡量 LED 性能的还有电学参数,如工作电流、正向电压、反向电压、反向电流等;热学参数,如结温、使用环境温度和贮存温度等。

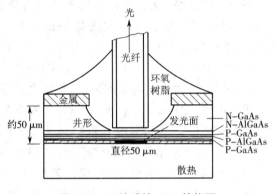

图 2-10 双异质结 LED 结构图

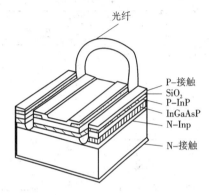

图 2-11 边发光二极管结构图

3. 半导体激光二极管(LD)

半导体激光二极管既具有半导体器件的特点,又具有激光的单色性好、相干性高、方向性好和亮度高的特点,是光纤系统的理想光源。半导体发光二极管与半导体激光器在结构上很相近,它们的分界点是阈值电流。在半导体发光二极管上加上由晶体解理面构成的光学谐振腔,提供足够的光反馈,当电流密度达到阈值以上时,就产生了激光输出。半导体激光器也有同质结的、异质结的和双异质结的,有脉冲状态工作的,也有能在室温下连续工作的。

一般固体或气体激光器的发光是能级之间的跃迁产生的,而半导体激光器的发光是能带之间的电子—空穴对复合产生的。半导体激励方式有多种,如电注入式、分布反馈式等。激励过程是使半导体中载流子从平衡态激发到非平衡状态的激发态。处于非平衡激发态的非平衡载流子回到较低的能量状态或基态而放出光子的过程,即是辐射复合过程。实际上,发光的过程同时有共振吸收。电注入式半导体激光器要产生激光,应满足一定的条件。首先要产生足够的粒子数反转,即在注入区中,分布的导带电子和价带空穴处于相对反转分布状态;其次要有谐振腔,起到光反馈作用,形成激光振荡。结型砷化镓激光器,在制成 PN 结后,沿晶体(110)面解理,解理面就构成激光器的平行反射镜面,它们组成谐振腔。最后产生激光还必须满足阈值条件,这样才能使增益大于总的损耗。

2.3.2 半导体光电检测器

由于光纤中的损耗,经过长距离传输后的光信号一般十分微弱,因此要求光检测器必须具有较好的性能。首先是在工作波长上应该有高的响应度或灵敏度,对较小的入射光功率应能产生较大的光电流;其次响应速度要快,频带要宽,噪声应该尽可能小,对温度变化应该不敏感,同时线性度要好,具有高保真性;最后,在外观上其体积与光纤尺寸匹配,使用寿命长,价格合理等。

能够满足这些要求,适合于光纤通信实际需要的光检测器主要是光电型检测器。其中最基本的光电检测器有 PIN 光电二极管和雪崩光电二极管。

1. 半导体光电效应

实际应用中的光电检测器均利用半导体的光电效应制成的。

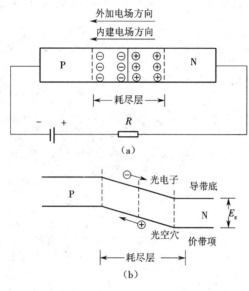

图 2-12 半导体材料的光电效应
(a)原理 (b)能带分布

半导体 PN 结的光电效应是指能量足够大的光子照射到 PN 结上时,价带的电子吸收光子能量,从价带越过禁带到达导带,在导带中出现光电子,在价带中出现光空穴,即产生光电子—空穴对。电子—空穴对总称为光生载流子。若在外加负偏压(P 接负,N 接正)和内建电场作用下,在外电路形成光电流,如图 2-12(a)所示。这样,在电阻 R 上有随输入光信号变化的电压输出。图 2-12(b)是 PN 结及其附近能带分布图。图中能带以电子的电位表示,电位越低,能带越高。外加负偏压产生的电场方向与内建电场方向一致,使耗尽层加宽。

若光子能量为 $h\nu$,禁带宽度为 E_g,产生光生载流子显然必须满足 $h\nu \geqslant E_g$,或写成

$$\nu_c = E_g/h \qquad (2\text{-}32)$$

将 ν_c 换为波长 λ_c,则

$$\lambda_c = hc/E_g \qquad (2\text{-}33)$$

式中 ν_c——截止频率;

λ_c——截止波长;

c——光速;

h——普朗克常数,$h = 6.626 \times 10^{-34}$ J·s。

很明显,只有当入射光波长 $\lambda < \lambda_c$ 的光,才能使这种材料产生光电效应。

2. PIN 光电二极管

耗尽层中有内建电场使光电子和光空穴运动速度加快,产生的光电流能快速地随着光信号变化,越过势垒形成有效的光电流。而在耗尽层以外产生的光电子和光空穴,由于没有内建电场的加速作用,运动速度慢,因而响应速度低,容易复合,难以形成有效的光电流。

由于耗尽层是形成光电流最有效的部分,为改善光检测器效率,希望尽量加大耗尽层宽度。实际应用中,通常采用的办法有:加负偏压,减小 P、N 区的厚度,减少 P、N 区被吸收的光能,降低半导体的掺杂浓度,通过这些办法构成所谓 PIN 光电二极管。为此在 P 型和 N 型材料之间加轻掺杂的 N 型材料,称本征层。由于是轻掺杂,故电子浓度很低,经扩散作用后形成一个很宽的耗尽层。另外,为了降低 PN 结两端的接触电阻,两端的材料做成重掺杂的 P+ 层和 N+ 层。制造这种晶体管的本征材料可以是 Si 或 InGaAs 通过掺杂后形成 P 型和 N 型材料。PIN 光电二极管的结构示意如图 2-13 所示。

根据理论分析,PN 结耗尽区的宽度 d 与外加反向电压 U 和掺杂浓度有关,其计算公式为

$$d = \sqrt{2\varepsilon(U_D + U)/eN_B} \tag{2-34}$$

式中 ε——介电常数;

       U——外加反向电压;

       U_D——PN 结的自建电场电压;

       N_B——PN 结低掺杂侧杂质浓度;

       e——电子电量。

另外,为提高器件的响应速度,应设法减小载流子的渡越时间。但载流子的渡越时间与耗尽层的厚度成正比,所以,要获得更快的响应速度,需要减小耗尽层的厚度。但这样做会导致 PIN 光电二极管效率下降。因此 PIN 光电二极管的响应速度和光检测效率两个重要性能参数是相互制约的关系。

PIN 管中存在着暗电流和噪声,因此 设计放大电路时,需要仔细考虑前置放大器的设计。由于 PIN 管的输出电流非常微弱,因此需要将探测器的信号放大,对前置放大器的要求是高输入阻抗、低噪声。因此,场效应管是目前最好的选择,当然,更好的选择是应用场效应管的运算放大器。由于 PIN 管和前放间存在着连接线,会引入分布电容,降低放大器的响应速度,因此,设计出将 PIN 管和场效应管集成的带前放的探测器,其响应频带更宽,并减少了使用的困难。

PIN 管输出的是光电流,是一种电流型器件,因此,设计前置放大器的关键是一个电流—电压转换器。图 2-14 是一个典型的 PIN 前放电路,其性能可靠,广泛地被使用于各种光纤传感器系统中。它是一个电流—电压转换电路,输出 $V_0 = RI_p$。前放采用带场效应管的高输入阻抗运算放大器,PIN 管反向连接。通过改变 R 可以得到不同输出幅度的电压,R 一般从几百欧姆到十几兆欧姆不等。R 最好选择低噪声电阻。运放的同向端接地,反向端虚地,因此抗干扰能力强。

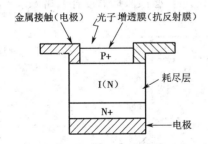

图 2-13   PIN 光电二极管结构

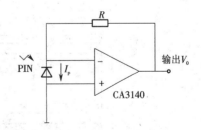

图 2-14   PIN 前置放大器

3. 雪崩光电二极管

PIN 光电二极管对于其内部产生的光电流没有放大作用,当光信号功率不大的时候,输出的光电流很小。光纤通信系统中经过长距离的传输衰减,光信号十分微弱,因此在接收端需要采用前置放大器对 PIN 光电二极管产生的光电流进行放大。另一种方法是采用在光电二极管内部有放大作用的光检测器,而雪崩光电二极管(avalanche photo diode,APD)即是这样的一种对内部产生的光电流具有放大作用的光检测器。

（1）雪崩倍增效应

若在二极管的 PN 结上加反向高电压(一般为几十伏或几百伏)，在结区形成一个强电场，则高场区内光生载流子被强电场加速，获得高的动能，经与晶格的原子发生碰撞后，使价带的电子得到能量并越过禁带到导带，产生了新的电子—空穴对；新产生的电子—空穴对在强电场中又被加速，再次碰撞，又激发出新的电子—空穴对……如此循环下去，像雪崩一样地发展，称为雪崩倍增效应，从而使光电流在 APD 内获得倍增。

（2）APD 的结构及其工作原理

目前光纤通信系统中使用的 APD 结构类型有保护环型和拉通(又称通达)型。前者是在制作时淀积一层环状的 N 型材料，以防止在高反压时使 P-N 结边缘产生雪崩击穿。下面主要介绍拉通型 APD(RAPD)，它的结构示意图和电场强度分布图如 2-15 所示。图 2-15(a)是纵向剖面的结构示意图，图 2-15(b)是将纵向剖面顺时针转 90°的示意图，图 2-15(c)是它的电场强度随位置的分布。由图 2-15(b)可见，它仍具有 PN 结的基本结构，只不过其中的 P 型材料由 3 部分构成，光子从 P+ 层射入，进入 I 层后，在这里材料吸收光子产生了初级电子—空穴对，形成一次光电流。一次光电子在 I 层被耗尽层的较弱的电场加速，移向 PN 结，当光电子运动到高场区时，受到强电场的加速作用出现雪崩碰撞效应，最后，获得雪崩倍增后的光电子到达 N+ 层，空穴被 P+ 层吸收。P+ 层之所以制成高掺杂，是为了减小接触电阻以利与电极相连。

由图 2-15(c)还可以看出，它的耗尽层从结区一直拉通到 I 层与 P+ 层相接的范围内。在整个范围内电场增加较小。这样，RAPD 器件就将电场分为两部分，一部分是使光生载流子逐渐加速的较低的电场，另一部分是产生雪崩倍增效应的高电场区，这种电场分布有利于降低工作电压。

随使用的材料不同有 Si-APD(短波长用)和 Ge-APD、InGaAs-APD(长波长用)等。

APD 具有雪崩倍增效应。但 APD 倍增效应中产生光生载流子的过程是一种随机过程，在 APD 光电转换的过程中，会引入由倍增效应随机引入的噪声，即倍增噪声。此外，APD 的击穿电压对温度十分敏感，造成 APD 工作状态不稳定，必须采取温度补偿措施。

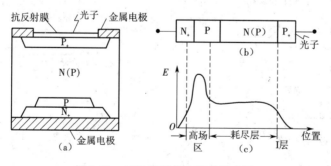

图 2-15　APD 的结构和能带示意图

4. 光检测器的主要性能指标

（1）量子效率 η

光检测器吸收光子产生光电子，光电子形成光电流，光电流 I 或光功率 P 与每秒钟入射的光子数成正比。

量子效率 η 是指每秒钟被光子激励的光电子数与每秒钟入射到检测器表面的光子数之

比,由光子统计理论得

$$\eta = \frac{I/e}{P/h\nu} = \frac{h\nu}{e} \cdot \frac{I}{P}$$

(2-35)

式中　I——入射光产生的平均点电流;

　　　e——电子电量;

　　　$h\nu$——光子的能量;

　　　P——入射到探测器光功率。

(2)响应度

响应度是指入射的单位光辐射功率所引起的反应,它包括电压响应和电流灵敏度。

入射的单位光功率所能产生的信号电压,定义为电压响应,即

$$R_u = \frac{U_s}{P}$$

(2-36)

式中　U_s——检测器产生的信号电压(有效值);

　　　P——入射光功率(有效值)。

入射的单位光功率所能产生的电流信号,定义为电流灵敏度,即

$$S_d = \frac{I_s}{P}$$

(2-37)

式中　I_s——检测器产生的信号电流(有效值)。

(3)光谱响应

上述 3 个参量都与入射光波长有关,是入射光波长的函数。光谱特性是响应度随波长的变化规律。响应度最大时对应的波长 λ_m 称为峰值响应波长。当 λ 偏离 λ_m 时,响应度下降,当响应度下降到其峰值的 50% 时,所对应的波长 λ_c 称为响应的截止波长。

(4)频率响应和时间响应

频率响应是指入射光波长一定的条件下,检测器的响应度随入射光信号的调制频率而变化的特性。$R(f)$ 表示为

$$R(f) = \frac{R(0)}{\sqrt{1 + (2\pi f \tau)^2}}$$

(2-38)

式中　$R(0)$——调制频率为 0 时的响应度;

　　　τ——检测器的时间常数,由材料、结构、外电路决定;

　　　f——调制频率。

当 f 升高时,$R(f)$ 下降。一般定义 $R(f_e) = \dfrac{R(0)}{\sqrt{2}}$ 时的调制频率 f_e 为检测器的响应频率,即 $f_e = \dfrac{1}{2\pi\tau}$。显然,$\tau$ 愈短,f_e 愈高。

响应时间定义为检测器输出端测得的脉冲上升时间 τ_r。$\tau_r = 2.2 R_e C_e$,其中 R_e 和 C_e 分别是检测器的等效电阻和电容。

与 τ_r 相应的响应频率 $f_e = \dfrac{0.35}{\tau_r} \approx \dfrac{1}{2\pi R_e C_e}$。此式与 $f_e = \dfrac{1}{2\pi\tau}$ 相比较,可得检测时间常数 $\tau = R_e C_e$。因此,响应频率和响应时间是从不同角度描述检测器的响应速度。

(5)噪声等效功率

检测极微弱光信号时,限制检测能力的不是响应度的大小,而是检测器的噪声。一般用

噪声等效功率概念表征检测器的最小可检测功率。噪声等效功率的定义为使检测器输出电压 U_s 正好等于输出噪声电压 U_m，即 $U_\mathrm{s}/U_\mathrm{m}=1$ 时的入射光功率，即

$$NEP=\frac{U_\mathrm{m}}{R_\mathrm{u}}=P/\left(\frac{U_\mathrm{s}}{U_\mathrm{m}}\right) \tag{2-39a}$$

或
$$NRP=\frac{I_\mathrm{m}}{S_\mathrm{d}}=P/\left(\frac{I_\mathrm{s}}{I_\mathrm{m}}\right) \tag{2-39b}$$

式中各量均为有效值。$U_\mathrm{s}/U_\mathrm{m}$ 和 $I_\mathrm{s}/I_\mathrm{m}$ 称为电压和电流信噪比。NEP 是检测器的最小可测功率。

(6)检测度 D 和归一化检测度 D^*

定义 $D=\dfrac{1}{NEP}$，表示检测器的检测能力。但因 D 与测量条件，特别是检测器的面积 A 和测量带宽 Δf 有关，有 $D\propto 1/\sqrt{A\Delta f}$。为了便于比较同类型的不同检测器，通常用 $\sqrt{A\Delta f}$ 因子归一化，引入归一化检测度 D^*，定义为

$$D^*=D\sqrt{A\Delta f} \tag{2-40}$$

给定 D^* 及 R_u，S_d 值，则可求得 U_m 和 I_m 值。

$$U_\mathrm{m}=\frac{R_\mathrm{u}}{D}=R_\mathrm{u}\sqrt{A\Delta f}/D^* \tag{2-41a}$$

$$I_\mathrm{m}=\frac{S_\mathrm{d}}{D}=S_\mathrm{d}\sqrt{A\Delta f}/D^* \tag{2-41b}$$

2.4 光纤传感器的应用

光纤传感器的应用广泛，这里主要介绍在温度、压力、流量、液位等工业过程参数测量中的应用。

2.4.1 光纤温度传感器

1.半导体吸收型光纤温度传感器
半导体吸收型光纤温度传感器由半导体吸收器、光源、光纤、光检测器及信号处理系统组成。特点是探头体积小、灵敏度高、工作可靠，适用于高压电力系统中的高温测量等。

这种传感器利用了半导体材料的吸收光谱随温度而变化的特性。决定传感器灵敏度的3要素是：光源的发射光谱、半导体材料的吸收光谱及光检测器的光谱响应。

单波长半导体吸收型光纤温度传感器系统方框图如图 2-16 所示。它由光源及驱动电路、入射光纤、传感器探头(半导体吸收器)、出射光纤及光电检测器组成。图 2-17 是传感器探头的内部结构图。半导体材料的透过率特性如图 2-18 所示，这里 $I(\lambda)$ 是光源的相对发光强度，$T(\lambda,t)$ 是半导体材料的透射率函数，t 是温度。如图 2-18 所示，当温度升高时($t_3>t_2>t_1$)，透射率曲线向长波方向移动。光检测器接收的光强便随着温度的升高而减少，这是测温的基本原理。

半导体材料的禁带宽度 E_g 与它的吸收特性密切相关。介质的吸收特性可由 Lambert 吸收定律表示

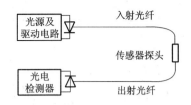

图 2-16 单波长半导体吸收型
光纤温度传感器示意图

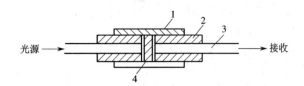

图 2-17 传感器探头的内部结构

1—固定外套 2—加强管 3—光纤 4—半导体薄片

$$\alpha(\lambda)=\frac{1}{I(\lambda)}\frac{\mathrm{d}I(\lambda)}{\mathrm{d}x} \qquad (2\text{-}42)$$

式中 $\alpha(\lambda)$——光强 $I(\lambda)$ 在其传输路径 x 上
的衰减速度。

如 $I(\lambda)$ 在均匀介质中各处相同,则式
(2-42)可写为

$$I(\lambda x)=I(\lambda,0)\exp[-\alpha(\lambda)x] \quad (2\text{-}43)$$

式中 λ——波长;

x——介质厚度。

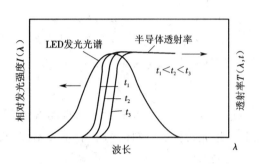

图 2-18 半导体材料的透射率特性

由此可见 α 为光强度衰减到入射光强 I $(\lambda,0)$ 的 $1/\mathrm{e}$ 时所需介质厚度的倒数。

当光通过半导体时除了引起本征吸收外,还会引起自由载流子吸收、杂质吸收及晶格振动吸收等,它们的吸收波长要比本征吸收波长 λ_g 长。由于传感器考虑的是位于发光光谱区内的吸收限,这里只讨论本征吸收。

本征吸收时,电子从导带跃迁到价带的形式有两种:间接跃迁和直接跃迁,这是由半导体材料能带结构所决定的。GaAs 半导体是典型的直接跃迁材料,这种半导体,当光子能量 $h\nu$ 大于禁带宽度能量 E_g 时,吸收系数 α 可写为

$$\alpha=A(h\nu-E_g)^{\frac{1}{2}} \qquad (h\nu>E_g) \qquad (2\text{-}44)$$

式中 A——与电子和空穴有效质量有关的常数。

图 2-19 是半导体吸收系数 α 与光子能量的关系曲线,由图可见,当光子能量 $h\nu>E_g$ 后,开始有强烈的吸收,吸收系数曲线陡峻上升,反映出直接跃迁的过程。从上述分析可见,直接跃迁的 GaAs 半导体的吸收系数与 E_g 有关,而 E_g 随温度的变化也在改变。

根据 M. B. Panish 的研究,在 20~973 K 温度范围 E_g 与温度 t 的关系为

$$E_g(t)=E_g(0)-\frac{\alpha t^2}{\beta+t} \qquad (2\text{-}45)$$

式中 $E_g(0)$——温度为 0 K 的禁带能量,eV;

α——经验常数,eV/K;

β——经验常数,K。

通过经验数据整理分析得 GaAs 半导体材料的常数为

$$E_g(0)=1.522\ \mathrm{eV},\quad \alpha=5.8\times10^{-4}\ \mathrm{eV/K},\quad \beta=300\ \mathrm{K}$$

图 2-20 表示 M. B. Panish 的实验数据曲线,它与用式(2-45)所计算的实际曲线基本吻合,在 20~973 K 温度范围内不超过 ±0.004 eV。

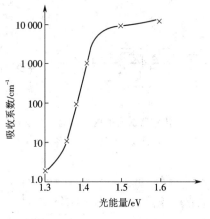

图 2-19　GaAs 的吸收曲线

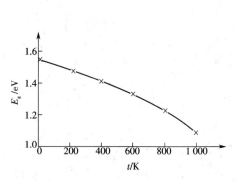

图 2-20　GaAs 禁带能量
E_g 与温度 t 的关系

由此可见,GaAs 半导体的禁带能量宽度 E_g 随温度的升高而减小,它可用来分析半导体材料的透光特性。材料的透射系数 T 不仅与材料吸收系数 α 有关,还与它的反射系数 R 有关。其关系可表示为

$$T = \frac{(1-R)^2 e^{-\alpha x}}{1-R^2 e^{-2\alpha x}} \tag{2-46}$$

$$R = \left(\frac{n_2 - n_1}{n_2 + n_1}\right)^2 \tag{2-47}$$

式中　x——半导体材料厚度;

　　　n_1, n_2——界面两侧的折射率。

图 2-21 是不同温度下测试的透射系数 T 与波长关系曲线。它是 GaAs 材料厚度为 120 μm,温度分别为 20 ℃、43 ℃时测试的结果。

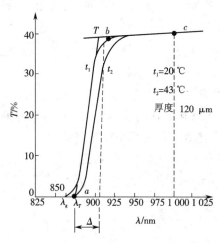

图 2-21　不同温度的 GaAs 透射系数曲线

由此可求出曲线的近似表达式为

由图 2-21 可见温度对曲线形状无影响,只是曲线在横坐标轴上产生平移。显见,曲线可分为 3 个区段,现以 t 为 20 ℃的曲线说明。第 Ⅰ 段是 $\lambda < 868$ nm,这时 $T = 0$;第 Ⅱ 段是 868 nm$\leqslant \lambda \leqslant$ 925 nm,这时 T 急骤变化;第 Ⅲ 段是 $\lambda > 925$ nm,这时近似一条缓变的直线。对于第 Ⅰ 段和第 Ⅲ 段可以用直线近似表示。对于第 Ⅱ 段采用直线拟合,实验数据表明始末部分略有偏差,而中间部分拟合较好。但是,对于第 Ⅱ 段曲线上下部分的偏差可互相弥补。因此常采用直线表达式近似表示透射曲线。

图中线段 Ⅱ 与横坐标交点 a,线段 Ⅲ 左端交点 b 及与 $\lambda = 1\,000$ nm 的交点 c 的坐标分别为 $a(\lambda_T, 0)$,$b(\lambda_L + \Delta, T_b)$ 和 $c(1\,000, T_c)$。

$$T=\begin{cases} \dfrac{T_b}{\Delta}(\lambda-\lambda_T), \lambda_T<\lambda<\lambda_T+\Delta \\ \dfrac{T_c-T_b}{1\,000-(\lambda_T+\Delta)}[\lambda-(\lambda_T+\Delta)], \lambda>\lambda_T+\Delta \end{cases} \qquad (2\text{-}48)$$

对于不同厚度,不同表面处理的半导体,其透射系数差别较大,但曲线极为相似。

从图 2-21 可看出,透射系数曲线在波长轴上随温度变化而平移的结果是 λ_T 的变化。λ_T 和 λ_g 不同,λ_g 是能否产生透射的最小波长限,它与定义 $dT/d\lambda$ 的最大点波长限 λ_T 有差别。λ_T 取在 $dT/d\lambda$ 变化最大的起始点处。为了能用 M. B. Panish 的 $E_g(t)$ 关系式表示 λ_T,设一个能量因子 ΔE,当 $E_T=E_g-\Delta E$ 时使 $\lambda_T=hc/E_T$,称 E_T 为修正的禁带能带宽度。由于 λ_T 与 λ_g 差别很小,所以 ΔE 值很小。由式(2-45)的引入可得出反映曲线平移的 λ_T 表达式

$$\lambda_T=hc/E_T(t)=hc\left[E_g(0)-\Delta E-\frac{\alpha t^2}{\beta+t}\right]^{-1} \qquad (2\text{-}49)$$

式中 h——普朗克常数;

   c——光速;

   $E_T(t)$——修正的能带禁带宽度;

   $E_g(0)$——温度为 0 K 的禁带能量,eV;

   ΔE——能量因子;

   α——经验常数,eV/K;

   β——经验常数,K;

   t——温度,K。

由式(2-39)可见,λ_T 与温度并非成线性关系,其变化率为

$$\frac{d\lambda_T}{dt}=\alpha hc\frac{t^2+2\beta t}{[(E_g(0)-\Delta E)(t+\beta)-\alpha t^2]^2} \qquad (2\text{-}50)$$

2. 参比式光纤温度传感器

前面分析讨论的单波长半导体吸收型光纤温度传感器,采用的是单光源,它具有抗干扰性差和稳定性差的缺点,为克服上述缺点,提高测量精度,可应用如下两种方法。

(1)双光纤参考基准通道法

图 2-22 所示为双光纤参考基准通道法原理结构示意图。光源采用 GaAlAs 的 LED,半导体吸收材料 GaAs 或 GdTe 作为测温介质,检测器选用 Si-PIN 管。从图 2-22 看出,这种方案特点是增加了一条参考光纤及相应的光检测器。两条光纤传输来自同一光源的光,并且两根光纤在同一个光缆内。由于采用了参考光纤和除法器,消除了一定程度的外界干扰,提高了测量精度。其温度测量范围在 -40~120 ℃,精确度 ±1 ℃。

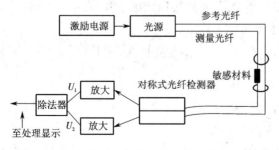

图 2-22 双光纤参考基准通道法原理结构示意图

(2)双光源参考基准通道法

双光源参考基准通道法原理图如图 2-23 所示。这种方法与前面介绍的方法不同之处是增加了一支发光管,所用光源为发光二极管 LED(AlGaAs,$\lambda_1 = 0.88\ \mu m$,InGaAsP,$\lambda_2 = 1.27\ \mu m$),半导体 GaAs 或 CdTe 对 λ_1 光的吸收与温度有关,而对 λ_2 光几乎无变化,这样可以作为参考光,经 Ge-APD 光检测器送入采样保持电路,得到正比于脉冲高度的直流信号,最后采用除法器得到温度信号。这种仪器测温范围 $-10\ ℃ \sim 300\ ℃$,精确度 $\pm 1\ ℃$。

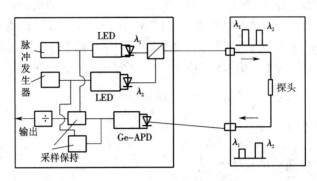

图 2-23　双光源参考基准通道法原理图

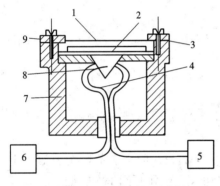

1—膜片　2—光吸收层　3—垫圈
4—光纤　5—光检测器　6—发光二极管
7—壳体　8—棱镜　9—上盖
图 2-24　全内反射式光纤压力传感器

2.4.2　光纤压力传感器

1.全内反射式光纤压力传感器

这种压力传感器是基于全内反射被破坏而导致光纤传光特性改变的原理。如图 2-24 所示全内反射光纤压力传感器一般由两根光纤构成,两根光纤由一个直角棱镜连接,棱镜斜面与测压膜片之间有很小的气隙,约 $0.3\ \mu m$,在膜片的下表面镀有光吸收层。光吸收层可选用玻璃材料或可塑性好的有机硅橡胶,采用镀膜方式制作。

当膜片受压发生弯曲时,光吸收层与棱镜上界面的光学接触面积发生改变,棱镜上界面的全反射被破坏,光纤传输到棱镜的光部分泄漏到界面之外,接收光的强度相应发生变化。常压时膜片没有变形,膜片与光纤间保持着较大的初始间隙,故此时膜片的照射面积较大,反射到接收光纤的光强也大,使光电检测器输出电信号大。当膜片受压时便弯曲变形,对周边固定的膜片,在小挠度($W < 0.5\ h$)范围内,膜片中心挠度 W 由弹性力学推导得出下式

$$W = \frac{3(1-\nu^2)a^4 P}{16Eh^3} \tag{2-51}$$

式中　a——膜片有效半径;

　　　h——膜片厚度;

　　　E——膜片材料弹性模量;

　　　ν——膜片材料泊松比;

　　　P——被测压力。

由式(2-51)可知,在小载荷下,膜片中心位移与所受压力成正比。

由于膜片受压力作用向内侧挠曲,使光纤与膜片间气隙减小,因此发送光纤在膜片内表面的光照面积缩小,致使反射回接收光纤的光强减小,光检测器输出随之减小。传感器输出信号只与光纤和膜片之间的距离以及膜片的形状有关。为了减小传感器的非线性,膜片弯曲挠度一般控制在小于膜片厚度范围内。在测量高压力时,如果膜片直径一定,则必须增大膜片的厚度。

全内反射式光纤压力传感器是一种测量动态压力的装置。对动态压力测量装置其频率特性是十分重要的指标。在膜片周边固定条件下,膜片最低固有频率 f_0 由弹性振动理论可推导得出

$$f_0 = \frac{2.56h}{\pi a^2}\sqrt{\frac{g\rho}{3P(1-\nu^2)}} \tag{2-52}$$

式中　ρ——膜片材料密度;

　　　g——重力加速度。

由式(2-52)可知,膜片固有频率与材料有关,而且与膜片有效半径的平方成反比,与膜片厚度成正比。由于传感器尺寸很小,因而固有频率很高。例如半径 $a=1$ mm,厚度 $h=0.65$ mm 的不锈钢膜片,其固有频率可达 128 kHz。这种传感器的频率响应不仅决定于膜片固有频率,还与压力容腔及压力导管有关。计算和实验表明,传感器的频率响应通常低于膜片的固有频率。此外光检测器的频响特性也限制了传感器的频率响应,工作在反向偏置的半导体光电二极管,光电流随入射光变化上升时间虽短,但其响应频率一般比膜片的固有频率低。这种传感器尺寸非常小,对流体的流场影响小,灵敏度很高,受环境因素影响小,是检测动态压力的一种理想传感器。

2. 双色光栅调制光纤压力传感器

双色光栅调制光纤压力传感器系统组成结构如图 2-25 所示。主要由发送器、光栅位移调制器和接收器组成。

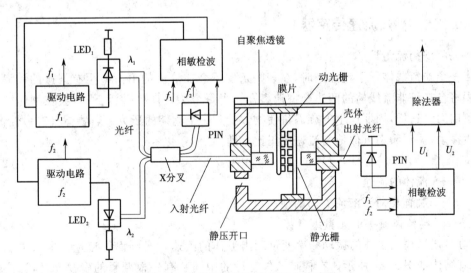

图 2-25　双色光栅调制光纤压力传感器

光栅位移调制器主要由膜片、壳体、双色光栅(动光删与静光删组成)、自聚焦透镜、入射光纤和出射光纤组成。其双色光栅对峰值波长不同的两个 LED 发光光谱的透射率是不同

55

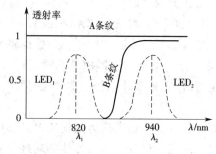

图 2-26 双色光栅透射特性

的,其中"A 条纹"无光谱选择性,即对 λ_1 和 λ_2 的光是全通的,而"B 条纹"具有高通滤光特性,对峰值波长为 λ_2 的光谱能全透射,对峰值波长 λ_1 的光谱不能透射,如图 2-26 所示。

当压力发生变化时,弹性膜片受力产生变化,固定在其上的动光栅随之移动。紧靠动光栅平行放置的静光栅固定在壳体上,因此在被测压力作用下两光栅产生了相对位移,使光栅出射光纤中峰值波长 λ_1 的斩波光被幅度调制,而 λ_2 的光不被压力调制。这样使出射光纤中既有传感信号光又有参考信号光。

接收器主要由相敏检波和除法器运算电路组成。其作用是把从光栅位移调制器出射的信号光和参考光进行相敏检波区分并变成直流电压信号,然后通过除法器电路进行比值运算,得到表征压力,输出电压值。

发送器使用两支不同型号的 LED 管,它们发光功率的稳定性对测量系统精度至关重要,因而需要采取措施稳定光源。如图 2-25 所示,发送器由两个发光驱动电路、光纤 X 分叉耦合器、相敏检波电路组成。斩波频率为 $f_1 = 1\,100$ Hz 和 $f_2 = 600$ Hz 的两个发光驱动电路分别对峰值波长为 $\lambda_1 = 820$ nm 和 $\lambda_2 = 940$ nm 发光二极管 LED$_1$ 和 LED$_2$ 进行驱动,使两个 LED 发出的光脉冲与相应的驱动电路斩波频率相同。经过 X 分叉耦合器后,两个输出端均包含有两种不同频率的斩波光,其中一端送入光栅位移调制器,另一端经光电转换器后送到相敏检波电路。相敏检波电路的作用是把两个不同峰值波长的斩波光区分开,并使之输出与斩波光振幅成正比的直流电压信号,将它们与给定信号相比较,反馈至各自的驱动电路,自动对驱动电流进行调整以保证光源输出光强的高度稳定性,从而提高整个系统的测量精度。

2.4.3 光纤流量、流速传感器

1.光纤涡街流量计

当一个非流线体置于流体中时,在某些条件下会在液流的下游产生有规律的旋涡。这种旋涡将会在该非流线体的两边交替地离开。当每个旋涡产生并泻下时,会在物体壁上产生一侧向力。这样,周期产生的旋涡将使物体受到一个周期的压力。若物体具有弹性,它便会产生振动,振动频率近似地与流速成正比。即

$$f = sv/d \qquad (2-53)$$

式中　v——流体的流速;
　　　d——物体相对于液流方向的横向尺寸;
　　　s——与流体有关的无量纲常数。

因此,通过检测物体的振动频率便可测出流体的流速。光纤涡街流量计即根据该原理制成,其结构如图 2-27 所示。在横贯流体管道的中间装有一根绷紧的多模光纤,当流体流动时,光纤就发生振动,其振动频率近似与流速成正比。由于使用的是多模光纤,故当光源采用相干光源(如激光器)时,其输出光斑是模式间干涉的结果。当光纤固定时,输出光斑花纹是稳定的。当光纤振动时,输出光斑亦发生移动。对于处于光斑中某个固定位置的小型

检测器来说,光斑花纹的移动反映为检测器接收到的输出光强的变化。利用频谱分析,即可测出光纤的振动频率。根据式(2-53)或实验标定得到流速值,在管径尺寸已知的情况下,即可计算出流量。

光纤涡街流量计的特点是可靠性好,无任何可动部分和连接环节,对被测体流阻小,基本不影响流速。但在流速很小时,光纤振动会消失,因此存在一定的测量下限。

2. 光纤多普勒流速计

图 2-28 示出了利用光纤多普勒计测量流体流速的原理。当待测流体为气体时,散射光将非常微弱,此时可采用大功率的 Ar 激光器(出射光功率为 2 W,$\lambda = 514.5$ nm)以提高信噪比。光纤多普勒流速计的特点是非接触测量,不会影响待测物体的流动状态。

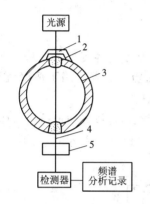

1—夹具 2—密封胶 3—流体管道
4—光纤 5—张力载荷

图 2-27 光纤涡街流量计结构

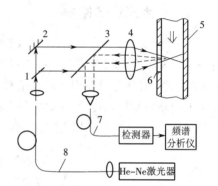

1,3—分束器 2—反射镜 4—透镜
5—流体管道 6—窗口 7,8—光纤

图 2-28 光纤多普勒流速计结构

3. 光纤微弯曲位移(压力)传感器

光纤微弯曲位移(压力)传感器如图 2-29 所示。光纤微弯曲位移(压力)传感器由两块波形板(变形器)构成。其中一块是活动板;另一块是固定板。一根阶跃多模光纤(或渐变型多模光纤)从一对波形板之间通过。当活动板受到微扰(位移或压力作用)时,光纤会发生周期性微弯曲,引起传播光的散射损耗,使光在芯模中再分配:一部分光从芯模(传播模)耦合到包层模(辐射模);另一部分光反射回芯模。当活动板的位移或所加的压力增加时,泄漏到包层的散射光随之增大;相反,光纤芯模的输出光强就减少。光纤芯透射光强度与外力的关系如图 2-30 所示。这样光强受到了调制。通过检测泄漏出包层的散射光强度或光纤芯透射光强度,便可测出位移(或压力)信号。

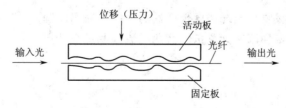

图 2-29 光纤微弯曲位移(压力)传感器原理图

光纤微弯曲传感器的灵敏度高,结构简单,动态范围宽,线性度较好,同时,性能稳定。

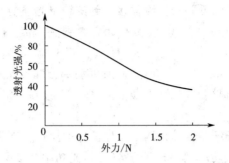

图 2-30 光纤芯透射光强度与外力的关系

2.4.4 医用光纤传感器

医用光纤传感器体积小,电绝缘和抗电磁干扰性能好,特别适于身体内部的检测。可以用来测量体温、体压、血流量、pH 值等医学参量。光纤多普勒血流传感器已用于薄壁血管、小直径血管、蛙的蛛网状组织以及老鼠的视网膜皮层的血流测量。

由于光纤柔软,自由度大,传输图像失真小,引入医用内窥镜后,可以方便地检查人体的许多部位。图 2-31 为医用内窥镜中腹腔镜的剖视图,图像导管直径约 3.4 mm。

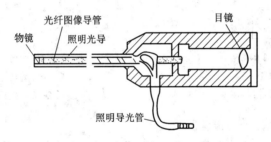

图 2-31 医用内窥镜中腹腔镜剖视图

[练习题]

2-1 说明阶跃光纤的导光原理,并解释光纤数值孔径 NA 的物理意义。

2-2 有某阶跃光纤,已知 $n_1=1.46$,$n_2=1.45$,外部介质为空气 $n_0=1$。试求光纤的数值孔径值 NA 和最大入射角 θ_0 是多少?

2-3 已知阶跃光纤 $n_1=1.5$,$n_2=1.49$,芯径 $d=50$ μm。请问以临界角沿光纤轴线传输的光线每米反射了多少次?

2-4 阐述半导体吸收型光纤温度传感器的组成及测温原理。

2-5 阐述光纤多普勒流速计测量气液两相流的原理及特点。

3 图像传感器

图像传感器作为视觉信号获取的基本器件,在现代社会生活中得到了广泛的应用。因为图像是由空间变化的光强信息所组成的,所以图像探测器必须能感受到空间不同位置的光强变化,即成像。成像方式大体上可分为扫描成像和非扫描成像。扫描成像包括电子束扫描成像(如光导摄像管)、光机扫描成像(如热像仪)、固体自扫描成像(如 CCD 摄像机)等。非扫描成像包括照相机、电影摄影机以及变像管等。本章主要介绍固体自扫描(CCD)成像及电子束扫描(热释电)成像技术。

20 世纪 70 年代前,摄像主要由各种电子束摄像管完成。20 世纪 70 年代后,随着半导体集成电路技术,特别是 MOS 集成电路工艺的成熟,各种固体图像传感器得到迅速发展,在军事和民用各个领域获得了广泛的应用。

固体图像传感器(Solid State Imaging Sensor,SSIS)主要分为 3 种类型:电荷耦合器件(charge coupled device,CCD)、MOS 图像传感器又称自扫描光电二极管阵列(self-scanned photodiode array,SSPA)及电荷注入器件(charge injection device,CID)。同电子束摄像管比较,固体图像传感器有以下显著优点。

①全固体化,体积小,质量轻,工作电压和功耗低;耐冲击性好,可靠性高,寿命长。

②基本不保留残像(电子束摄像管有 15 % ~ 20 % 的残像);无像元烧伤、扭曲,不受电磁干扰。

③红外敏感性强。SSPA 光谱响应为 0.25 ~ 1.1 mm;CCD 可制作红外敏感型传感器件;CID 主要用于 3 ~ 5 μm 的红外敏感器件。

④像元的几何位置精度高(优于 1 μm),因而可以用于非接触精密尺寸测量系统。

⑤视频信号与微机接口容易实现。

3.1 电荷耦合摄像器件

电荷耦合摄像器件的突出特点是以电荷为信号载体,不同于大多数以电流和电压为信号载体的器件。CCD 的基本功能是电荷的存储和电荷的转移。因此,CCD 的基本工作过程主要是信号电荷的产生、存储、转移和检测。

CCD 有两种基本类型:一种是电荷包存储在半导体与绝缘体之间的界面,并沿界面转移,这类器件称为表面沟道 CCD(简称 SCCD);另一种是电荷包存储在离半导体表面一定深度的半导体内,并在其内沿一定方向转移,这类器件称为体沟道或埋沟道器件(简称 BCCD)。下面以 SCCD 为例,讨论 CCD 的基本工作原理。

3.1.1 CCD 基本工作原理

CCD 是按一定规律排列的 MOS 电容器阵列组成的移位寄存器,其基本单元的 MOS 电荷存储结构如图 3-1(a)所示。

以 P 型硅半导体材料为例,当在其金属电极上加正偏压(N 型硅则加负偏压)时,由此

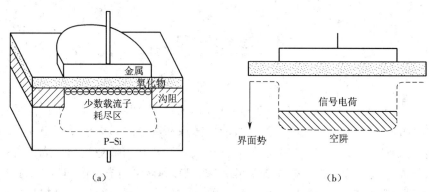

图 3-1 CCD 的 MOS 结构

(a)MOS 电容器剖面图　(b)信号电荷的势阱

形成的电场穿过氧化物(SiO$_2$)薄膜,排斥 Si-SiO$_2$ 界面附近的多数载流子(空穴),留下带负电的固定不动的受主离子 N$_A^-$(空间电荷)形成耗尽层(无载流子的本征层)。与此同时,氧化层与半导体界面处的电势(称表面势)发生相应变化。因电子在界面处的静电势很低,当金属电极上所加正偏压超过某一个值(阈值电压后,界面处便可存储电子。Si-SiO$_2$ 界面处形成了电子势阱,如图 3-1(b)所示。由于界面上势阱的存在,当有自由电子充入势阱时,耗尽层深度和表面势将随电荷的增加而减少。在电子逐渐填充势阱的过程中,势阱中能容纳多少电子取决于势阱的"深浅",即表面势的大小,而表面势又依栅电压大小而定。

如果没有外来的信号电荷(电注入或光注入),那么势阱将被热生少数载流子逐渐填满,而多数热生载流子将通过衬底跑掉,此时的 MOS 结构达到了稳定状态,热生少数载流子形成的电流叫"暗电流"。在稳定状态下,不能再向势阱注入信号电荷。

下面借助能带图作进一步说明。

仍以 P 型半导体为例,先讨论在不同偏压下理想 MOS 结构。如图 3-2(a)所示是对栅极加负偏压的情况,电场排斥界面处电子而吸收空穴,电子在界面处能量增大,能带上弯,空穴浓度增加,形成多数载流子堆积层,这种情况称为表面积累。

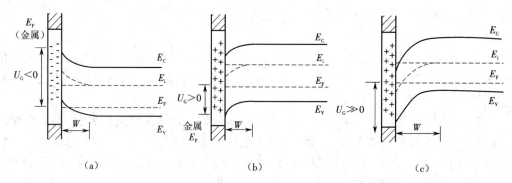

图 3-2 不同偏压下理想 MOS 结构的能带图

(a)表面积累　(b)表面耗尽　(c)表面反型

如在栅极上加一小的正偏压,则界面处电子能量降低,能带下弯,如图 3-2(b)所示。空穴被电场驱向体内,在界面处留下带负电的受主离子 N$_A^-$,以保持电中性。这种多数载流子被驱使殆尽的情况称为"耗尽"。

当逐渐增加正电压时,能带在界面处下弯更为严重。表面耗尽层宽度亦随电压增加而加宽,但当能带弯曲到禁带中线 E_i 与费米能级 E_F 相交且低于 E_F 时,耗尽区内及表面的复合产生热能提供的电子,使界面处电子浓度急剧增加并超过空穴浓度,形成一极薄的反型层,如图 3-2(c)所示。此时的耗尽层宽度基本不再随外加电压(栅压)的增加而增加,界面处电子浓度等于衬底空穴浓度,称此时状态为"强反型",MOS 电容器达到了热平衡态。出现"强反型"的条件为

$$\phi_s = 2\frac{E_i - E_F}{q} = 2\phi_F \tag{3-1}$$

式中　ϕ_s——表面势;

　　　q——电子电荷量。

此时的相应栅电压为 MOS 电容器的阈值电压 U_{th}。

需要指出的是,MOS 电容器达到热平衡的过程需要一定时间,这一时间常数称为存储时间 T

$$T = \frac{2\tau_0 N_A}{N_i} \tag{3-2}$$

式中　τ_0——耗尽区电子寿命;

　　　N_i——本征载流子浓度;

　　　N_A——受主浓度。

T 的大小取决于硅材料和工艺水平,优质硅材料的存储时间可达数秒到数十秒。

3.1.2　电荷转移与电极结构

1. 电荷转移

从上面讨论可知,外加在 MOS 电容器上的电压越高,产生的势阱越深;外加电压一定,势阱深度随势阱中电荷量的增加而线性下降。利用这一特性,可通过控制相邻 MOS 电容栅极电压高低调节势阱深度,让 MOS 电容排列得足够紧密,使相邻的 MOS 电容的势阱相互沟通,即相互耦合(通常相邻 MOS 电容电极间隙小于 3 μm,目前工艺可以做到小至 0.2 μm),可使信号电荷由浅势阱流向深势阱,实现信号电荷的转移。

此外,为保证信号电荷按规定方向和路线转移,在 MOS 电容阵列上所加的各路电压脉冲是严格满足相位要求的。这样在任何时刻势阱的变化总朝着一个方向。同时,根据同样栅压下衬底杂质浓度越高,表面势越低的道理,工艺上采取在电荷转移通道以外的地方,掺以更高杂质浓度以形成限定的沟道部分(沟阻),从而确定沟道的范围,保证转移路线。

2. 电极结构

由 MOS 结构的工作原理可知,CCD 存储和传输信号电荷是通过在各电极上加不同电压实现的。电极结构按所加脉冲电压的相数分为二相、三相、四相系统等。这里重点介绍三相和二相 CCD 结构及工作原理。

(1)三相 CCD

简单的三相 CCD 结构如图 3-3 所示。每级相当一个像元有 3 个相邻的 MOS 电容栅极,每隔两个电极的所有电极(如 1,4,7,…;2,5,8,…;3,6,9,…)接在一起,由 3 个相位差 120° 的时钟脉冲电压 ϕ_1、ϕ_2、ϕ_3 驱动,共有 3 组引线,故称为三相 CCD。

如图 3-3 所示,如加到 ϕ_1 上的正电压高于 ϕ_2 和 ϕ_3 上的电压(t_1 时刻),这时在电极 1,4,

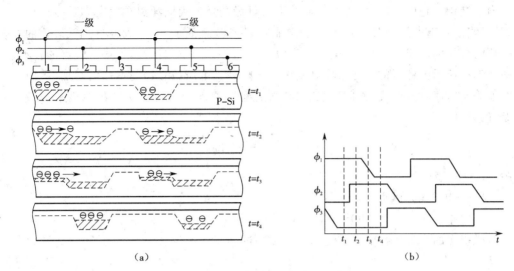

图 3-3 三相 CCD 时钟信号与电荷传输的关系

(a)按时序电荷在势阱中传输　(b)时钟电压波形

7,…下面将形成表面势阱。在这些势阱中可以储存少数载流子(电子),形成"电荷包"作为信号电荷。

CCD 图像传感器中用光注入产生信号电荷。光照到 CCD 表面后,光电子在耗尽层内激发电子—空穴对。其中少数载流子(电子)被收集在表面势阱中,而多数载流子(空穴)被推到基底内。收集在势阱中的"电荷包"的大小与入射光的照度成正比。

为使电荷向右边传输(转移),在 ϕ_2 上加正电压台阶,这时在 ϕ_1 和 ϕ_2 电极下面的势阱具有同样深度(t_2 时刻),ϕ_1 电极下存储的"电荷包"开始向 ϕ_2 电极下面的势阱扩展。在 ϕ_2 上加正向脉冲之后,ϕ_1 上的电压开始线性下降,ϕ_1 电极下的势阱逐渐上升。这有利于电荷转移。在 t_3 时刻,"电荷包"从电极 1 的势阱中转移到电极 2 的势阱中,从电极 4 的势阱转移到电极 5 的势阱中……到 t_4 时刻,原 ϕ_1 电极下的电荷已全部转移到 ϕ_2 电极下势阱中,ϕ_1 电极下形成的势垒可防止电荷向左运动。重复类似过程,信号电荷可以从 ϕ_2 转移到 ϕ_3,然后从 ϕ_3 转移到 ϕ_1。当三相时钟电压循环一次(经过一个时钟周期)时,"电荷包"向右转移一级(一个像元)。依次类推,信号电荷可以从电极 1 转移到 $2,3,\cdots,N$,最后输出。

三相 CCD 中势阱是对称的,所以电荷传输方向可以通过改变三相时钟电压的时序来改变。

为了更好地传输电荷,要求耗尽层交叠,使邻近电极表面电势平滑过渡,因此要求栅电极紧密排列。一般铝电极之间的间隙约为 $2.5~\mu m$,这样给制造带来了困难,容易产生电极的短路。为此工艺上常采用以下措施。

①三相电阻海结构。为了避免上述结构成品率低和电极间隙氧化物裸露的问题,并保持结构简单的特点,在多晶硅沉积和扩散工艺成熟的条件下,引进了一种简单的硅栅结构;在氧化层上沉积一层连续的高阻多晶硅,然后对电极区域进行选择掺杂,形成如图 3-4 所示的低阻区(转移电极)被高阻区所间隔电阻海结构(整个转移电极与绝缘机构均采用多晶硅制造,比喻为电阻海洋)。引线(包括交叉天桥)和区焊点均在附加的一层铝上形成。这种电极结构的成品率高,性能稳定,不易受环境影响。其缺点是每个单元的尺寸较大。这是因为每个单元沿电荷转移沟道的长度包括 3 个电极和 3 个电极间隙,它们受光刻和多晶硅局部

掺杂工艺的限制而无法做得很窄。因此,电阻海结构不适宜于用来制造大型器件。

此外,还须注意掌握杂多晶硅的电阻值。电阻率必须足够低,以便能够跟得上外时钟波形的变化,但是也不能太低,以免功率损耗太大。

②三相交叠硅栅结构。制造电极间隙极窄、转移沟道封闭的 CCD 的方法之一是采用交叠栅结构。对三相器件来说,最常见的 3 层多晶硅交叠栅结构如图 3-5 所示。首先生长栅氧,接着淀积氧化硅和 1 层多晶硅,然后在多晶硅层刻出第一组电极。用热氧化在这些电极表面形成一层氧化物,以便与接着淀积的第 2 层多晶硅绝缘。第 2 层用同样方法刻出第 2 层电极后进行氧化。重复上述工艺步骤,以形成第 3 层电极。这种结构的电极间隙仅为电极间氧化层的厚度,只有零点几微米,单元尺寸小,沟道是封闭形成的,因而成为被广泛采用的三相结构。其主要问题是高温工序较多,而且必须防止层间短路。

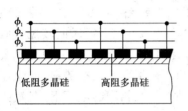

图 3-4 三相电阻海结构

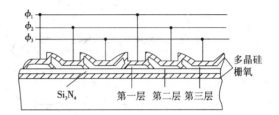

图 3-5 3 层多晶硅的三相交叠栅结构

(2)二相 CCD

为减少时钟脉冲相数而采用二相电极结构,称为二相 CCD。问题是在结构上必须保证电荷的单向流动。由表面势方程可知,改变氧化层厚度或掺杂浓度,在电极下面形成不对称势阱,就可以防止电荷向后倒流。

①二相双层电极结构。它采用低阻多晶硅作第 1 层电极,再热生长一层 SiO_2,没有多晶硅覆盖的栅氧区厚度将增大。用金属铝做第 2 层电极,于是铝栅下 SiO_2 层厚度比硅栅下的大,从而在同样栅压下形成势垒,如图 3-6 所示。铝栅下势垒的作用是隔离各个信号电荷包并限定其转移方向,即电荷在势阱较深的右半部内,厚氧区下方势垒阻挡电荷,使之只能向右转移。

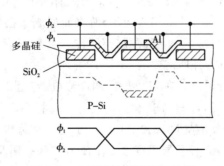

图 3-6 二相双层电极 CCD 结构

②城墙状氧化物结构。该结构只采用一次金属化形成电极,同时也能形成势垒。图 3-7 所示是不同工艺流程得到的城墙状氧化物结构。

此外,采用离子注入技术在电极下面不对称位置注入势垒区,如图 3-8 所示,也能达到定向转移、防止电荷倒流的目的。

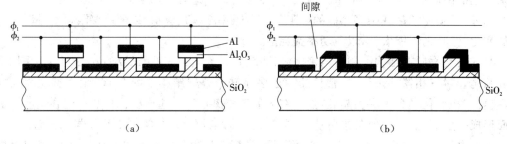

图 3-7　具有城墙状氧化物结构的二相 CCD
(a)利用钻蚀槽隔离工艺得到的结构　(b)利用斜角蒸发工艺得到的结构

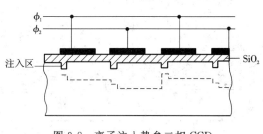

图 3-8　离子注入势垒二相 CCD

二相 CCD 与三相 CCD 相比,其优点是简化了供电线路,在相同的时钟频率下信号电荷转移一次所需时间较短。但不足之处是每个单元所能容纳的电荷量比较小,因厚氧下面是阻挡势垒,不能存储电荷。同时,在相同的电压下,有效势阱深度也减小了。

③体沟道 CCD 的结构。由于受表面态和迁移率的影响,上述表面 CCD 存在电荷转移速度和转移效率低等问题。处于 Si 和 SiO₂ 界面处的表面态,既可接收电荷包的电子,也可以向电荷包中发射电子。当电荷包转移时,空的表面态从沟道中获得电子。如它能很快将电子发射出来,跟随原电荷包转移,则不会影响转移效率;如发射较慢,则电子将进入后续电荷包,造成信息损失。为了减少这种影响,除了在工艺上采取措施尽量减少表面态外,还可以采用"胖零"工作模式,即不管有无信息电荷,都让半导体表面存在一定的背景电荷。例如,背景电荷量为信息电荷量的 10%,使表面态基本被填满。因此即使是"零"信息,也有一定的电荷量,故称为"胖零"模式。采用"胖零"工作模式后,由表面态造成的失真率可降低到 10^{-6} 以下。

此外,在结构上将电荷转移信道埋在体内,即形成体沟道 CCD,也可避免表面态作用。其工艺是在衬底上利用离子注入技术掺入杂质,使表面形成一层导电类型与衬底相反的薄层,如在 P 型衬底上注入磷而形成 N 型薄层(离子注入典型值:剂量是 $10^{12}\,cd^2/cm^{-2}$,厚度为 1 μm),然后再做成 CCD 器件所需要的 MOS 阵列。

仍以 P 型衬底为例进行讨论。在 N 型薄层两端形成 N⁺ 型的源区和漏区,当栅压 $U_G=0$ 时,N⁺ 区加以足够的正偏压,即相当于 N 型薄层与 P 型衬底间的 PN 结处于反偏,从而使 N 型薄层处于完全耗尽状态,并在 N 区和 P 区交界面处形成体内耗尽层。当栅极加正偏压时,由于此时 N 区已全部电离,耗尽层厚度改变主要为 P 区一侧厚度的变化。

体沟道 CCD 器件的剖面图及能带结构图如图 3-9 所示。

典型的 BCCD 结构如图 3-10 所示。

与 SCCD 相比,BCCD 由于避免了表面态俘获效应的影响,体内电子迁移率比表面电子迁移率大以及边缘电场作用增大等因素,提高了转移效率和器件的时钟效率。其不足之处是信息电荷移入体内,有效 MOS 电容减小了,从而使信息电荷量减少。一般来说,其电荷容量比 SCCD 小一个数量级。

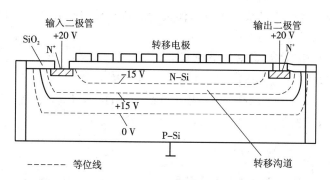

图 3-9　体沟道 CCD 的剖面图

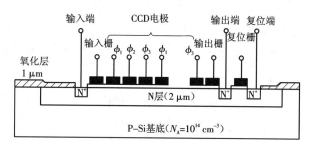

图 3-10　BCCD 的结构图

3.1.3　电荷的注入与读出

CCD 中电荷注入的方法可分为光注入和电注入两类。

1. 光注入

当光照射到 CCD 硅片上时,在栅极附近的半导体内产生电子—空穴对,多数载流子被栅极电压排斥,少数载流子则被收集在势阱中形成信号电荷。光注入方式又可分为正面照射式与背面照射式。图 3-11 所示为背面照射式光注入示意图。CCD 器件为光注入方式时,光敏单元的光注入电荷为

$$Q_{in} = \eta q N_{eo} A t_c \qquad (3-3)$$

式中　η——材料的量子效率;

　　　q——电子电荷电量;

　　　N_{eo}——入射光的光子流速率;

　　　A——光敏单元的受光面积;

　　　t_c——光的注入时间。

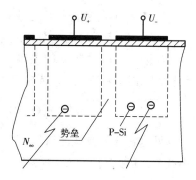

图 3-11　背面照射式光注入

由式(3-3)可以看出,当 CCD 确定以后,η、q、A 均为常数,注入势阱中信号电荷 Q_{in} 与入射光的光子流速率 N_{eo} 及注入时间 t_c 成正比。注入时间 t_c 由 CCD 驱动器的转移脉冲周期 T_{sh} 决定。当注入时间保证稳定不变时,注入 CCD 势阱中的信号电荷只与入射的光子流速率 N_{eo} 成正比。

2. 电注入

所谓电注入就是 CCD 通过输入结构对信号电压或电流进行采样,然后将信号电压或电

流转换为信号电荷注入相应的势阱中。电注入的方法常采用电流注入法和电压注入法。

（1）电流注入法

图 3-12(a)所示,由 N^+ 扩散区和 P 型衬底构成注入二极管。IG 为 CCD 的输入栅,其上加适当的正偏压,以保持开启并作为基准电压。模拟输入信号 U_{in} 加在输入二极管 ID 上。当 ϕ_2 为高电平时,可将 N^+ 区看作 MOS 晶体管的源极,IG 为其栅极,而 ϕ_2 为其漏极。当它工作在饱和区时,输入栅下沟道电流 I_S 为

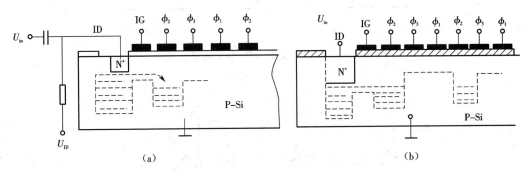

图 3-12　电注入方式

(a)电流注入法　(b)电压注入法

$$I_S = \mu \frac{W}{L_g} \frac{C_{OX}}{2} (U_{in} - U_{ig} - U_{th})^2 \tag{3-4}$$

式中　U_{in}——模拟输入信号;

　　　W——信号沟道宽度;

　　　L_g——注入栅 IG 的长度;

　　　U_{ig}——注入栅的偏置电压;

　　　U_{th}——硅材料的阈值电压;

　　　μ——载流子的迁移率;

　　　C_{OX}——注入栅 IG 的电容。

经过 t_c 时间注入后,ϕ_2 势阱下信号电荷量

$$Q_S = \mu \frac{W}{L_g} \cdot \frac{C_{OX}}{2} (U_{in} - U_{ig} - U_{th})^2 t_c \tag{3-5}$$

可见这种注入方式的信号电荷 Q_S 不仅依赖于 U_{in} 和 t_c,而且与输入二极管所加的偏压大小有关。因此 Q_S 与 U_{in} 不存在线性关系。

（2）电压注入法

如图 3-12(b)所示,电压注入法也是把信号加到源极扩散区上,所不同的是输入电极上加有与 ϕ_2 同相位的选通脉冲,但其宽度小于 ϕ_2 的脉宽。在选通脉冲的作用下,电荷被注入第一个转移栅 ϕ_2 下的势阱里,直到势阱的电位与 N^+ 区的电位相等时,注入电荷才停止。ϕ_2 势阱中的电荷向下一级转移之前,由于选通脉冲已经终止,输入栅下的势垒开始把 ϕ_2 下和 N^+ 的势阱分开,同时,留在输入电极下的电荷被挤到 ϕ_2 下和 N^+ 的势阱中。由此而引起的起伏不仅产生输入噪声,而且使信号电荷 Q_S 与输入电压 U_{in} 的线性关系变坏。这种起伏可通过减小输入电极的面积克服。另外,选通脉冲的截止速度减慢也能减小这种起伏。电压注入法的电荷注入量 Q_S 与时钟脉冲频率无关。

3. 电荷读出

在 CCD 中,有效地收集和读出电荷是一个重要问题。CCD 的重要特性之一是信号电荷在转移过程中与时钟脉冲没有任何电容耦合,而在输出端则不可避免。因此,应选择适当的输出电路,尽可能地减小时钟脉冲对输出信号的容性干扰。目前的 CCD 输出电荷信号方式主要是电流输出。

电流输出方式电路如图 3-13 所示。它由检测二极管、二极管偏置电阻 R、源极输出放大器及复位场效应管 V_R 等单元构成。信号电荷在转移脉冲 ϕ_1、ϕ_2 的驱动下向右移到最末一级转移电极下的势阱中,当 ϕ_2 电极上的电压由高变低时,由于势阱的提高,信号电荷将通过输出栅下的势阱进入反向偏置的二极管(图 3-13 中 N$^+$ 区)中。由电源 U_D、电阻 R、衬底 P

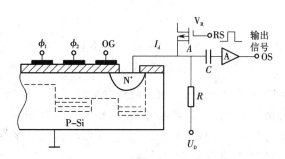

图 3-13　电流输出方式

和 N$^+$ 区构成的输出二极管反向偏置电路,对于电子来说相当一个很深的势阱。进入反向偏置的二极管中的电荷,将产生电流 I_d,且 I_d 的大小与注入二极管中的信号电荷量 Q_S 成正比,而与 R 成反比。电阻 R 是制作在 CCD 器件内部的固定电阻,阻值为常数。所以,输出电流 I_d 与注入二极管中的电荷量 Q_S 成线性关系,且

$$Q_S = I_d \mathrm{d}t \tag{3-6}$$

由于 I_d 的存在,使 A 点电位发生变化。注入电荷量 Q_S 越大,I_d 也越大,A 点电位下降得越低。所以,可以用 A 点的电位检测注入输出二极管中的电荷 Q_S。隔直电容 C 只将 A 点的电位变化取出,通过场效应管放大器的 OS 端输出。在实际的器件中,常用绝缘栅场效应管取代隔直电容,并兼有放大器的作用,它由开路的源极输出。

图 3-13 中的复位场效应管 V_R 用于对检测二极管的深势阱复位。其主要作用是在一个读出周期中,注入输出二极管势阱中信号电荷通过偏置电阻 R 放电,若偏置电阻太小,信号电荷很容易放掉,输出信号的持续时间太短,不利于检测。增大偏置电阻,有利于对信号的检测。但是,在下一个信号到来时,没有放掉的电荷势必与新转移来的电荷叠加,破坏后面的信号。为此,引入复位场效应管 V_R,使没有来得及被卸放掉的电荷通过 V_R 卸放掉。复位场效应管在复位脉冲 RS 作用下使其导通,它导通的动态电阻远小于偏置电阻的阻值,以使输出二极管中的剩余电荷通过复位场效应管流入电源,使 A 点电位恢复到起始的高电平,为接收新的信号电荷做准备。

3.1.4　CCD 图像传感器

利用 CCD 的光电转移和电荷转移功能,可制成 CCD 图像传感器,包括线阵列和面阵列两种结构。

1. CCD 线阵列

CCD 线阵列传感器的结构如图 3-14 所示。

图 3-14(a)所示为一种单排结构,用于低位数的 CCD 传感器。它的光敏单元与 CCD 移位寄存器 SR 分开,用转移栅控制光生信号电荷向移位寄存器转移,一般使信息转移时间远小于摄像时间。转移栅关闭时,光敏单元势阱收集光信号电荷,经过一定的积分时间形成与

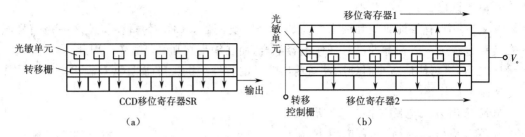

图 3-14 线阵列 CCD 结构示意图
(a)单排结构 (b)双排结构

空间分布的光强信号对应的信号电荷图形。积分周期结束时,转移栅打开,各光敏单元收集的信号电荷并行地转移到 CCD 移位寄存器 SR 的相应单元内。转移栅关闭后,光敏单元开始对下一行图像信号进行积分,而已转移位寄存器内的上一行信号电荷通过移位寄存器串行输出,如此重复上述过程。

图 3-14(b)所示为一种双排移位寄存器结构。光敏单元在中间,其奇、偶单元的信号电荷分别传送到上、下两列移位寄存器后串行输出,最后合二为一,恢复信号电荷的原有顺序。这种方案的优点是光敏单元有较高的密度,转移次数减少一半,转移效率提高,性能改善。

图 3-15 是一种 2 048 位两相 CCD 线阵列结构示意图。其中,ϕ_P 为光电积分脉冲,在积分期间内,像元势阱收集光信号电荷;ϕ_T 为转移脉冲,由它控制像元信号电荷移向 CCD 寄存器;ϕ_1、ϕ_2 为移位寄存器转移用二相时钟脉冲;ID 为 CCD 的输入二极管,可作自检用;IG 为输入栅,由它控制电控制信号;OG 为输出栅,由它控制信号电荷输出;RD 为复位漏电极,接复位电压 U_R;RG 为复位管直流栅压;ϕ_R 为复位脉冲;OD 为输出管漏极;OS 为输出管源极,为源跟随器用;u_o 为输出信号电压;R_L 为外接负载电阻。

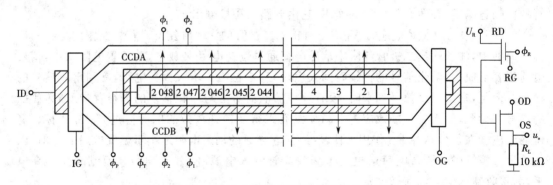

图 3-15 2 048 位两相 CCD 线阵列结构示意图

图 3-16 是该两相 CCD 的驱动脉冲波形及相位关系。加在 CCDA 和 CCDB 上的两相时钟脉冲时序不同,前者为 ϕ_1、ϕ_2,后者为 ϕ_2、ϕ_1,从而保证转移到 CCDB 的奇数像元光电荷的时序在前,转移到 CCDA 的偶数像元光电荷的时序在后,正好错开,合在一起成为按时序输出的串行视频信号。

光积分时间 T_{ϕ_P} 由使用者根据应用时光强决定。ϕ_1、ϕ_2 为两相互补时钟,希望后沿斜一些,以便获得较高的转移效率。复位脉冲 ϕ_R 的频率是 ϕ_1 和 ϕ_2 频率的二倍,而且其平顶部分必须在 ϕ_1 和 ϕ_2 脉冲平顶的中间,否则会影响信号电荷的传输效果。

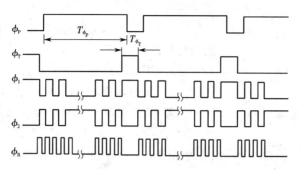

图 3-16　驱动脉冲波形举例

2.CCD 面阵列

图 3-17 是 CCD 面阵图像传感器结构图。其中图 3-17(a)所示为帧传输方式 CCD 结构,其光敏区和存储区是分开的。在积分周期结束时,利用时钟脉冲将整帧信号转移到读出存储区,然后整个帧信号再向下移动,进入水平读出移位寄存器而串行输出。这种结构需要一个与光敏区同数量的存储区,芯片尺寸大是其缺点,但其结构简单,容易实现多像元化,还允许采用背面光照以增加灵敏度。

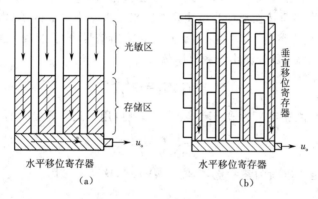

图 3-17　CCD 面阵图像信号传感器结构
(a)帧传输面阵　(b)行间传输面阵

图 3-17(b)所示为行间传输方式 CCD 结构,其光敏阵列与存储阵列交错排列。光敏阵列采用透明电极,以便接收光子照射。垂直存储移位寄存器与水平读出寄存器为光屏蔽结构。这种方式下芯片尺寸小,电荷转移距离比帧传输方式短,故具有较高的工作频率,但其单元结构复杂,且只能以正面投射图像,背面照射会产生串扰而无法工作。

3.1.5　图像传感器的主要特性参数

1.光电转换特性与响应度

CCD 图像传感器的光电转换特性即输入/输出特性如图 3-18 所示。由于 CCD 图像传感器是用硅材料制成的,所以其光电转换特性与硅靶摄像管相似,对于恒定的曝光量,在一定范围内将产生恒定的信号输出。若以 X 轴表示曝光量,以 Y 轴表示输出信号幅度,那么特性曲线的线性段可用下式表示,即

$$y=ax^{\gamma}+b \tag{3-7}$$

式中　　y——输出信号电压,V;

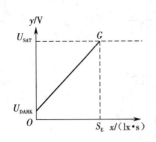

图 3-18　CCD 光电转换特性

x——曝光量，$\mathrm{lx \cdot s}$；

a——直线段斜率，它表示 CCD 光响应度，$\mathrm{V/(lx \cdot s)}$；

γ——光电转换系数，$\gamma \approx 1$；

b——无光照时 CCD 输出电压，称为暗输出电压 U_{DARK}，V。

当曝光量一定时，a 的大小直接影响输出信号幅度。良好的 CCD 传感器，应具有高的光响应度和低的暗输出电压。

特性曲线的拐点 G 所对应的曝光量 S_{E} 称饱和曝光量，高于这点的曝光量，CCD 输出信号不再增加，G 点对应的输出电压 U_{SAT} 称为饱和输出电压。由式（3-7）可知 CCD 的响应度 a 可定义为单位曝光量所得到的有效信号电压，即在一定的像面照度下，a 的大小等于有效信号电压与其曝光量之比。a 的大小反映了 CCD 像元的灵敏度和输出级电荷/电压转换能力。

CCD 像元灵敏度或称量子效率表示在一定的曝光量下，像元势阱中所收集的光生电荷数与入射到像元表面上的光子数之比，它与像元的有效孔径、像元结构和衬底结构有关。像元孔径等于像元的光敏区面积与像元总面积之比。在像元结构中，MOS 像元在蓝光波段的灵敏度约等于光电二极管像元的 1/5。衬底结构主要指衬底中光学有效层的厚度。

CCD 像元的光生电荷转换成信号电压是在输出二极管中完成的，当像元的光生电荷量为 ΔQ_{S}，输出二极管的电容为 C_{S} 时，在二极管上的输出信号电压 $\Delta U_{\mathrm{S}} = \Delta Q_{\mathrm{S}}/C_{\mathrm{S}}$，假设输出放大器的增益为 G，则 CCD 的输出视频电压信号为

$$U_{\mathrm{OS}} = G\Delta U_{\mathrm{S}} = G\frac{\Delta Q_{\mathrm{S}}}{C_{\mathrm{S}}}$$

若把 U_{OS} 与 ΔQ_{S} 之比定义为输出转换因子 k，则可用下式计算出 k 的大小

$$k = \frac{U_{\mathrm{OS}}}{\Delta Q_{\mathrm{S}}} = \frac{G}{C_{\mathrm{S}}} \tag{3-8}$$

通常 k 值是以电子电荷为参考量，单位为 $\mu\mathrm{V/e^-}$，这时 k 可用下式表示

$$k = q\frac{G}{C_{\mathrm{S}}} \tag{3-9}$$

式中　q——一个电子的电荷量。

2. 光谱响应及背面光照

图像传感器的光谱响应特性基本上取决于半导体衬底材料的光电性质。现代技术已经可以将二极管及其阵列的灵敏度做到接近理论最高极限。但是，将二极管矩阵组成图像传感器接受正面入射光像时，由于 CCD 复杂的电极结构和多次反射及吸收光子能量损失的影响，使它很难达到单个二极管所具有的灵敏度值。

采用多晶硅透明电极，虽然光谱响应灵敏度有所提高，但由于光像信号在硅、二氧化硅界面上的多次反射也会造成相关波长间的干涉，使正面照射式图像传感器光谱响应特性曲线呈多次峰谷波动的原因，如图 3-19 中曲线 1 所示。

实践表明，当光像从背面照射图像传感器时，能有效地改善量子效率，并且可以在某种程度上克服正面照射造成的光谱响应的起伏现象。但是背面照光式器件加工比较困难，一般背面照光器件的衬底厚度必须加工至 $10~\mu\mathrm{m}$ 左右，因为只有这样薄才能保证不会因光生载流子横向扩散而影响其空间分辨率，如图 3-19 中曲线 2 所示。若将背面照射式传感器加上抗反射性的涂层以增强其光学透射，则可更进一步提高其光谱响应的灵敏度，如图 3-19

中曲线 3 所示。

图 3-19 是用绝对灵敏度单位表示光谱响应的。

3.动态范围

动态范围由势阱中可存储的最大电荷量和由噪声决定的最小电荷量之比决定。

(1)势阱中的最大信号电荷量

CCD 势阱中可容纳的最大信号电荷量取决于 CCD 的电极面积及器件结构(SCCD 或 BC-CD)、时钟驱动方式及驱动脉冲电压的幅度等因素。

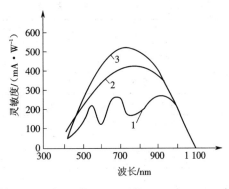

图 3-19 光谱响应

设 CCD 的电极有效面积为 A,Si 的杂质浓度 N_A 为 $10^{15}\,cm^{-3}$,氧化膜厚度为 $0.1\,\mu m$,电极尺寸为 $10\,\mu m \times 20\,\mu m$,栅极电压为 $10\,V$,则 SCCD 势阱中电荷量 Q 为 $0.6\,pC$ 或 3.7×10^6 个电子。Q 可近似用下式表示

$$Q = C_{OX} U_G A \tag{3-10}$$

式中　C_{OX}——氧化膜面积的电容量;

　　　U_G——栅极电压。

BCCD 计算比较复杂,随着沟道深度增加,势阱中可容纳的电荷量减少。对于上述 SC-CD 条件相同的 BCCD,若氧化膜厚度为 $0.1\,\mu m$,相当于沟道深度的外延层厚度为 $21\,\mu m$,则 Q_{SCCD}/Q_{BCCD} 约为 4.5。

(2)噪声

CCD 有以下 3 种噪声源:由于电荷注入器件引起的噪声;电荷转移过程中,电荷量的变化引起的噪声;检测时产生的噪声。

CCD 的平均噪声值如表 3-1 所示,与 CCD 传感器有关的噪声如表 3-2 所示。

表 3-1　CCD 平均噪声值

噪声的种类	噪声电平(电子数)
输出噪声	400
	1 000
	100
转移噪声 SCCD	400
总均方根载流子变化	
SCCD	1 150
BCCD	570

①光子噪声。由于光子发射是随机过程,因而势阱中收集的光电荷也是随机的,构成噪声源。这种噪声源与 CCD 传感器无关,而取决于光子的性质,因而成为摄像器件的基本限制因素。这种噪声主要对低光强下摄像有影响。

表 3-2　与 CCD 传感器有关的噪声

噪声源	大小	代表值(均方根载流子)
光子噪声	N_S	$100, N_S = 10^4$
		$1\,000, N_S = 10^6$
暗电流噪声	N_{DC}	$100, N_{DC} = 1\% N_{Smax}$
光学胖零噪声	N_{FZ}	$300, N_{FZ} = 10\% N_{Smax}$
电子胖零噪声	$400 C_{IN}$	$100, C_{IN} = 0.1pF (N_{Smax} = 10^6)$
俘获噪声	参看表 3-1	$10^3, SCCD$
		$10^2, BCCD$ 均为 2 000 次转移
输出噪声		$200, C_{out} = 0.25pF$

注:N_S 为电荷包的大小。

②暗电流噪声。与光子发射一样,暗电流也是一个随机过程,因而为噪声源。而且,若每个 CCD 单元的暗电流不同,会产生图形噪声。

③胖零噪声。包括光学胖零噪声和电子胖零噪声,光学胖零噪声由使用时的偏置光的大小决定,电子胖零噪声由电子注入胖零机构决定。

④俘获噪声。SCCD 中起因于界面缺陷,BCCD 中起因于体缺陷,但 BCCD 中俘获噪声小。

⑤输出噪声。这种噪声起因于输出电路复位过程中产生的热噪声。该噪声若换算成均方根值可与 CCD 的噪声相比较。

此外,器件的单元尺寸不同或间隔不同也成为噪声源,但这种噪声源可以通过改进光刻技术而减少。

4. 暗电流

暗输出又称无照输出,是指无光像信号照射时,传感器仍有微小输出的特性。暗输出来源于暗电流。

因为图像传感器有输出饱和特性,如果暗电流超过某一定值,输出信号将受到严重干扰,甚至被淹没。这时传感器的信噪比变差。

图像传感器暗电流来源大体有 3 个方面。来自硅衬底内的热激发电荷,它们流入势阱会造成无照输出,很小,可以忽略不计;来自禁带间界面态复合产生的暗电流;来自本势阱的热激发,这项实际上是硅中复合中心在 CCD 耗尽区产生的电流 I_{GR},该暗电流值为最大。周围温度对 I_{GR} 的影响可由下式表示

$$I_{GR} = \frac{A_S q W n_i}{\tau_p + \tau_n} \quad (3-11)$$

其中 n_i 可用经验公式给出

$$n_i = 3.9 \times 10^{16} T^{3/2} e^{1.21/kT} \quad (3-12)$$

式中　A_S——MOS 电容器的 SiO_2 与硅衬底间结面积;

　　　q——电荷电量;

　　　W——耗尽层厚度;

　　　n_i——本征载流子浓度;

　　　τ_p——空穴寿命;

　　　τ_n——电子寿命;

T——周围环境温度；

k——玻耳兹曼常数。

显然，以上讨论的仅是像素内产生的暗电流。整个传感器暗输出还应包括 CCD 转移寄存器的暗输出部分。

由式(3-11)及式(3-12)可知：图像传感器暗输出与周围环境温度 T 密切相关，通常温度每上升 30～35 ℃，暗输出提高大约一个数量级。

另外，像素的暗输出 U_{dp} 与转移寄存器的暗输出 U_{dR} 均与时间有关

$$U_{dp} \propto T_{INT}, U_{dR} \propto 1/f_V$$

式中　T_{INT}——信号电荷积蓄时间；

　　　f_V——图像视频频率。

5. 分辨率

分辨率有时也称为鉴别率或分解力，用来表示能够分辨图像中明暗细节的能力。分辨率通常有两种表达方式：一种是极限分辨率，另一种是调制传递函数。

测量图像传感器的极限分辨率时要用专门的测试卡。在测试卡上有几组不同宽度的黑白线条，每组内黑白线条要等宽度，而且它们之间的对比度要尽可能大。通过光学系统把测试卡上线条成像在器件的光敏面上，把器件的视频信号以图像的方式在荧光屏上显示出来，然后用人眼观察，在一定宽度内人眼能分辨的最细线条数即为器件的极限分辨率。对于线阵传感器，极限分辨率用每毫米线对数（LP/mm）表示；对于面阵传感器，极限分辨率用在图范围内所能分辨的等宽黑白线条数表示。面阵传感器又有水平分辨率与垂直分辨率之分。如在水平宽度内最多能分辨 300 对垂直的黑白线条，则水平分辨率为 600 线。

用人眼分辨的方法带有很大的主观性。为了客观地表示图像传感器的分辨率，一般采用调制传递函数 MTF（modulation transfer function）表示。MTF 的大小反映了光学成像系统成像的清晰程度。

一黑一白线条为一线对，对应于光的一暗一亮，构成调制信号的一个周期。每毫米长度上所包含的线对数称为空间频率，单位是 LP/mm。

设调幅波信号的最大值为 A_{max}，最小值为 A_{min}，平均值为 A_0，振幅为 A_m，见图 3-20。调制度 M 定义为

$$M = \frac{A_{max} - A_{min}}{A_{max} + A_{min}} \tag{3-13}$$

调幅波信号经过器件传递到输出端后，通常调制度受到损失而减小。一般说，调制度随空间频率的增加而减小。

MTF 的定义：在各个空间频率下，图像传感器的输出信号的调制度 $M_{out}(\nu)$ 与输入光信号调制度 $M_{in}(\nu)$ 的比值，即

$$MTF(\nu) = \frac{M_{out}(\nu)}{M_{in}(\nu)} \tag{3-14}$$

式中　ν——空间频率。

MTF 能客观地反映光学系统对不同空间频率目标成像的清晰程度。当 $\nu=0$ 时，器件在传递过程中没有损失，MTF 取最大值，$MTF(0)=1$，以此作为比较的标准。随着空间频率的增加，MTF 值减小。当 MTF 减小到某值时，图像不能清晰分辨，该值对应的空间频率为图像传感器能分辨的最高空间频率，它与极限分辨率相对应。一般将 MTF 值降为 10 ％

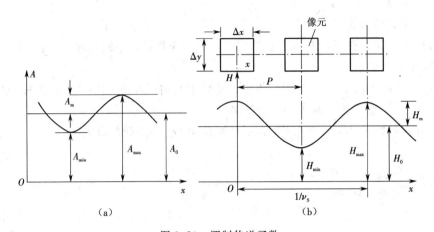

图 3-20　调制传递函数

(a)调制度的定义　(b)光电阵列对正弦波光强采样

的对应线对数定义为图像传感器的极限分辨率。

6. CCD 的特性参数

由于 CCD 图像传感器的工作原理不同,除了一般图像传感器所具有的特性参数外,还有它特有的一些特性参数。

(1)电荷转移效率 η 和电荷转移损失率 ε

电荷转移效率是表征 CCD 性能好坏的重要参数。一次转移后到达下一个势阱中的电荷量与原来势阱中的电荷量之比称为转移效率。如果在起始时注入某电极下电荷为 $Q(0)$,在时间 t 时,大多数电荷在电场作用下向下一个电极转移,但总有一小部分电荷由于某种原因留在该电极下。若被留下来的电荷为 $Q(t)$,则电荷转移效率为

$$\eta = \frac{Q(0) - Q(t)}{Q(0)} = 1 - \frac{Q(t)}{Q(0)} \tag{3-15}$$

如果电荷转移损失率定义为

$$\varepsilon = \frac{Q(t)}{Q(0)} \tag{3-16}$$

则电荷转移效率与电荷转移损失率的关系为

$$\eta = 1 - \varepsilon \tag{3-17}$$

理想情况下 η 等于 1,但实际上电荷在转移过程中总有损失,所以 η 总是小于 1 的,常为 0.999 9 以上。一个电荷为 $Q(0)$ 的电荷包,经过 η 次转移后,所剩下的电荷

$$Q(n) = Q(0)\eta^n \tag{3-18}$$

这样,n 次转移前后电荷量之间关系为

$$\frac{Q(n)}{Q(0)} = \eta^n \approx e^{-n\varepsilon} \tag{3-19}$$

如果 $\eta = 0.99$,经过 24 次转移后,$\dfrac{Q(n)}{Q(0)} = 79\%$;而经过 192 次转移后,$\dfrac{Q(n)}{Q(0)} = 15\%$。由此可见,提高转移效率 η 是电荷耦合器件实用的关键。

影响电荷转移效率的主要因素是界面态对电荷的俘获。为此常采用"胖零"工作模式,即让"0"信号也有一定的电荷。图 3-21 为 P 沟道线阵 CCD 在两种不同驱动频率下的电荷

转移损失率 ε 与"胖零"电荷 $Q(0)$ 之间的关系。

图 3-21 中，$Q(1)$ 代表"1"信号电荷，C 为转移电极的有效电容量，$Q(0)$ 代表"0"信号电荷。图中可以看出，增大"0"信号的电荷量，可以减少每次转移过程中信号电荷的损失。在 CCD 中常采用电注入方式在转移沟道中注入"胖零"电荷，以降低电荷转移损失率，提高转移效率。但是由于"胖零"电荷的引入，CCD 器件的输出信号中多了"胖零"电荷分量，表现为暗电流的增加，而且该暗电流是不能通过降低器件的温度减小的。

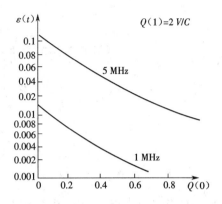

图 3-21　两种频率下的电荷损失率与"胖零"电荷间的关系

（2）驱动频率

CCD 器件必须在驱动脉冲的作用之下完成信号电荷的转移，输出信号电荷。驱动频率一般泛指加在转移栅上的脉冲 ϕ_1 或 ϕ_2 的频率。

①驱动频率的下限。在信号电荷的转移过程中，为了避免由于热激发少数载流子而对注入信号电荷的干扰，注入信号电荷从一个电极转移到另一个电极所用的时间 t 必须小于少数载流子的平均寿命 τ_i，即 $t < \tau_i$。在正常条件下，对于三相 CCD 而言，$t = T/3 = 1/(3f) < \tau$，故得到

$$f \geqslant 1/(3\tau_i) \tag{3-20}$$

可见，CCD 驱动脉冲频率的下限与少数载流子的平均寿命有关，而载流子的平均寿命与器件的工作温度有关，工作温度越高，热激发少数载流子的平均寿命越短，驱动脉冲频率下限越高。

②驱动频率的上限。当驱动频率升高时，驱动脉冲驱使电荷从一个电极转移到另一个电极的时间 t 应大于电荷从一个电极转移到另一个电极的固有时间 τ_g，才能保证电荷的完全转移，否则，信号电荷跟不上驱动脉冲的变化，将会使转移效率下降。即要求转移时间 $t = T/3 \geqslant \tau_g$，得到

$$f \leqslant 1/(3\tau_g) \tag{3-21}$$

这是电荷自身的转移时间对驱动脉冲频率上限的限制。由于电荷转移的快慢与载流子迁移率、电极长度、衬底杂质的浓度和温度等因素有关，因此，对相同的结构设计，N 沟道 CCD 比 P 沟道 CCD 的工作频率高。P 沟道 CCD 在不同衬底电荷情况下工作频率与转移损失率 ε 的关系曲线如图 3-22 所示。

图 3-23 所示为三相多晶硅 N 型表面沟道的实测驱动脉冲频率 f 与电荷转移损失率 ε 之间的关系曲线。由曲线可以看出，表面沟道 CCD 驱动脉冲频率上限为 10 MHz，高于 10 MHz 以后，其转移损失率将急剧上升。一般体沟道或埋沟道 CCD 的驱动频率要高于表面沟道 CCD 的驱动频率。随着半导体材料科学与制造工艺的发展，更高速度的体沟道线阵 CCD 的最高驱动频率已经超过了几百兆赫兹。

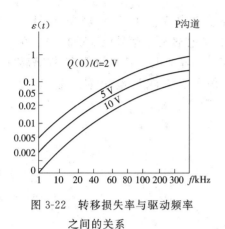

图 3-22　转移损失率与驱动频率
之间的关系

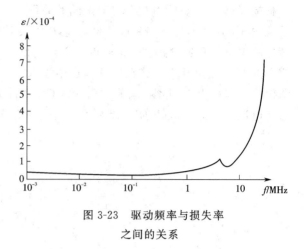

图 3-23　驱动频率与损失率
之间的关系

3.2　热成像技术

　　热成像技术是在热电传感器的基础上发展起来的图像传感器技术,其主要内容包括热电图像传感器及其应用。热电图像传感器主要由热电器件及扫描机构组成。热电器件对入射辐射光波长能够无选择地吸收,即它的光谱响应为与波长无关的常数。因此可以用它来标定光电传感器的光谱响应特性,并用它来探测光电图像传感器响应波长无法探测的中、远红外图像。热成像技术广泛应用于地质勘探、环境保护、交通管理、医疗卫生等领域。

3.2.1　热像仪的组成

　　热像仪显示出景物热图的关键是要先将景物按一定规律进行分割,即将所观察的整个景物空间按水平及垂直方向分割成若干个小的空间单元,接收系统依次扫过各空间单元并将各空间单元的信号再组合而成为整个景物空间的图像。热像仪的组成如图 3-24 所示。探测器在某一瞬时实际上只接收一个景物空间单元的信息。扫描机构依次使接收系统对景物空间进行二维扫描,于是接收系统将按时间先后依次接收二维空间的各景物单元的信息。该信息经放大及处理后成为一维时序视频信号。接收系统将景物的视频信号送到显示器。一维时序视频信号与由同步机构送来的同步信号合成后显示出完整的景物图像。对景物空间的分割有 3 种方式,即光机扫描、电子束扫描和固体自扫描。

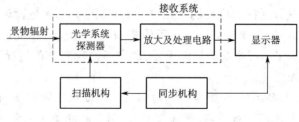

图 3-24　热像仪组成原理图

　　采用光机扫描方式的热像仪原理结构如图 3-25 所示。单元探测器与物空间单元相对应,当光学系统作方位偏转及俯仰偏转时,单元探测器所对应的景物空间单元也在方位方向上及俯仰方向上作相应移动,光学系统偏转角的大小决定了扫描的空间范围。这种使光学系统偏转而探测器仅有很少接收范围的扫描方式称为光机扫描。

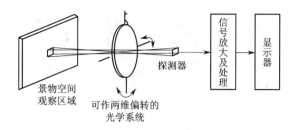

图 3-25　光机扫描热像仪原理结构图

采用电子束扫描方式的热像仪主要是指热释电摄像仪,其原理结构如图 3-26 所示。景物空间的整个观察区域全都成像在热释电摄像管的靶面上,图像信号是通过电子束检出,只有电子束所触及的那一小单元区域才有信号输出。摄像管的偏转线圈控制电子束沿靶面扫描,这样便能依次拾取整个观察区域的图像信号。接收系统对整个景物进行观察,然后再通过电子束扫描分割景物的扫描方式称为电子束扫描。

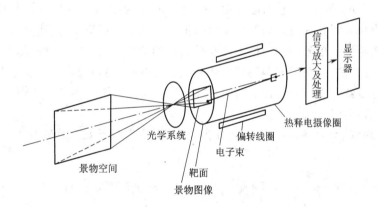

图 3-26　热释电摄像仪原理结构图

固体自扫描系统是通过面阵探测器实现的。面阵中的每一个探测器单元对应景物空间的一个相应单元,如图 3-27 所示整个探测器面阵对应于整个观察区域空间。通过采样换接技术,使各探测器单元所感受的景物信号依次送出。这种利用面阵探测器大面积摄像,通过采样而对图像进行分割的方法称为固体自扫描,也称作凝视式系统。若面阵探测器是 CCD 形式的,则采样换接方式为 CCD 的信号电荷转移方式,探测器上各单元的信号电荷在转移脉冲的作用下迅速依次转移,直至将信号输出到器件外。

目前,光机扫描热像仪由于工艺条件较成熟,性能较好,在应用中占优势地位;热释电摄像仪结构简便,具有中等水平的性能指标;红外 CCD 摄像仪结构更简便,性能指标好,随着红外 CCD 制造工艺的不断完善,最终将成为热像仪中占主导地位的品类。

可见光图像主要靠景物反射本领的差别而形成的。而热像仪对景物成像是基于景物各部分温度差异及发射率差异。目前可分辨的景物温差,约为 0.005 ℃,可分辨的最小景物单元,约为 0.06 mrad。热成像系统与可见光电视摄像系统从原理上看实质是相同的,只是工作波段不一样,热成像系统工作在红外波段,而电视摄像系统工作在可见光波段,所以热成像系统亦可称作红外电视。

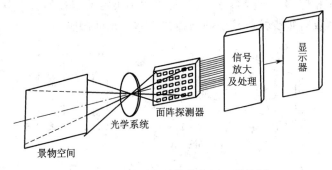

图 3-27   固体自扫描热像仪原理结构图

3.2.2   热释电摄像管的结构及原理

1.热释电摄像管的基本结构

具有热释电靶的热释电摄像管的剖面示意图如图 3-28 所示。输入窗由良好的透射比材料制成,通常采用锗单晶材料,其上涂有抗反射膜。靶由具有热释电效应的铁电体材料制成,一般厚度为 $30\sim50~\mu m$。它的电极化轴垂直于表面,表面经抛光后蒸镀金属透明导电膜充当电极,该电极面对输入窗。面对电子束扫描的靶面镀有保护层,其作用是防止靶受到离子的侵蚀,以改善输出信号的均匀性和延长靶的使用寿命。热释电是良好的绝缘体,为了减小靶面的热扩散影响,一般做成网格状的热释电靶,这种靶的结构是用低热导率的三硫化二砷制成基底(厚度约为 $10~\mu m$),在上面的热释电靶用光刻或激光蚀刻方法刻制成网格状后,用阿匹松胶粘合到基底上。

热释电摄像管后半部结构与普通光导摄像管类似,当电子束扫描靶面时,由靶电极取出信号。

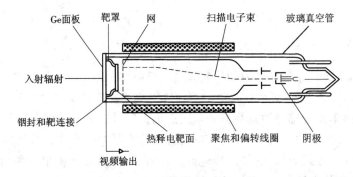

图 3-28   具有热释电靶的热释电摄像管的剖面示意图

2.热释电摄像管的工作原理

(1)热释电效应及热释电材料

热释电效应是少数介电晶体所特有的一种性质。晶体在没有外加电场和应力的情况下,具有自发的或永久的极化强度,而且这种极化强度随晶体本身的温度变化而变化。当温度降低时电极化强度升高,当温度升高时电极化强度降低,使电极化强度降低到零时的温度称为居里温度。在固体物理学中具有热释电效应的晶体称为铁电体。

热释电效应产生的原因:在没有外电场作用时,介电晶体的单个晶胞中正电荷的分布重心与负电荷的分布重心不重合,即电矩不为零而形成电偶极子,当相邻晶胞的电偶极子平行排列时,晶体将表现出宏观的电极化方向。在交变的外电场作用之下还会出现电滞回线,其规律如图3-29所示。图中的 E_c 称为矫顽场强,即当 $E=E_c$ 时,极性晶体的电极化强度为零。

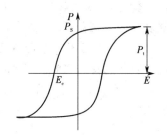

图 3-29　热释电材料的电滞回线

具有热释电效应的晶体在外电场的作用下,内部的电偶极子受电场作用而使其趋于一致,当外电场消失时,偶极矩的宏观一致性仍被保持,产生了较强的电极化强度 P_s。这种通过外电场的瞬间使铁电体产生较强自发极化强度的过程称为单畴化。

经过单畴化的热释电晶体,在垂直于极化方向的表面上,将由表面层的电偶极子构成相应的静电束缚电荷,这一面电荷密度 σ 与自发极化强度 P_s 之间关系可由下式确定,因为自发极化强度是单位体积内的电矩矢量和,所以

$$P_s = \frac{\Sigma \sigma \Delta S \Delta d}{V}, \quad P_s = \frac{\sigma S d}{V} \tag{3-22}$$

式中　S——晶体表面积;

　　　d——晶体厚度;

　　　V——晶体的体积。

由于 $V = sd$,所以

$$P_s = \sigma \tag{3-23}$$

这表明热释电晶体的表面束缚面电荷密度等于它的自发电极化强度。但平时这些面束缚电荷常被晶体内部或外来的自由电荷所中和,因此不能持续较长时间。由内部自由电荷所中和表面束缚面电荷的时间常数 $\tau = \varepsilon\rho$($\varepsilon\rho$ 是晶体介电常数与电阻率的乘积)。对于多数热释电晶体,τ 值在 $1 \sim 1\,000$ s,这表明多数热释电晶体表面上束缚面电荷可以保持 $1 \sim 1\,000$ s 的时间。在该时间内由于束缚面电荷还没有被中和掉,只要在该时间内使热释电晶体的温度发生变化,晶体的自发极化强度便将随温度的变化而变化,从而相应的束缚面电荷也随之变化,这样就完成了将晶体的温度变化转化为晶体表面束缚电荷的变化,这便是热释电摄像管在工作时完成热电转换的基本原理。

根据上述原理可知,热释电摄像的主要依据是热释电晶体的自发极化强度 P_s 随温度 T 的变化关系。描述这一关系的基本电参数是热电系数 H,它定义为自发极化强度关于温度的偏导数

$$H = \left(\frac{\partial P_s}{\partial T}\right)_{\theta, E} = \left(\frac{\partial P_s}{\partial T}\right)_{\chi, E} + \left(\frac{\partial P_s}{\partial \chi}\right)_{T, E} \left(\frac{\partial \chi}{\partial T}\right)_{\theta, E} \tag{3-24}$$

式中　θ——胁强;

　　　χ——胁变;

　　　E——外加电场;

　　　θ, E——表示应力与电场保持不变。

热电系数 H 表示热释电效应的温度灵敏度。式(3-24)中右边第一项定义为第一热电系数;第二项为第二热电系数。从图3-30可以看出热电系数是 P_s-T 曲线斜率的绝对值,

它随温度而变化,当温度较低时,热电系数偏小;当温度适中时,热电系数的绝对值偏大,并且不随温度而明显变化,H 近似为常数,可以认为该温度区内 P_s 与 T 呈线性关系,因此这是热释电晶体的有效工作区。当温度接近居里温度时,热电系数变化较大并容易退极化,所以热释电材料要选择居里温度高些的材料。

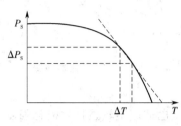

图 3-30 热释电材料的自发极化
强度 P_s 与温度 T 的关系

热释电靶的材料为铁电体,铁电体通常有 3 种类型。

①位移型:铁电体的电极化与高价正离子离开周围氧八面体中心的位移有关,如钛酸钡、钽酸钾和铌酸钾等材料。

②氢键中质子的线性有序型:铁电体是由于氢键中的质子产生有序排列构成宏观的电极化,如硫酸三甘钛(TGS)等材料。

③旋转受阻型:铁电体的宏观电极化是由于偶极子旋转受阻而产生有序排列构成的,如磷酸二氢钾(KDP)等材料。

具有热释电效应的材料除晶体外,还有热聚合物和热电陶瓷,但由于前者热电系数值偏低,而后者介电常数过高而较少被采用。

在实际使用中,选择材料与具体应用条件有关,对热释电材料通常从以下几方面考虑。

①热电系数值:取靶面像元面积为 Δs,在帧时间 t_f 内该像元的温度由 $T(t)$ 变化为 $T(t+t_f)$,则电子束扫描该像元时产生的输出信号

$$I(t) = H \frac{\Delta s}{t_0}[T(t) - T(t+t_f)] \tag{3-25}$$

式中 t_0——电子束扫描这一像元的时间。

从式(3-25)可知,H 值越大,摄像的灵敏度越高。

②居里温度:居里温度是热释电效应的上限温度,为了使摄像有较大的动态范围,应选择居里温度高于靶面工作的上限温度的材料。

③热导率:热释电靶在摄像时,靶面形成的电荷图像是由其温度决定的,但靶面温差产生的热传导将减低摄像分辨率,所以要求靶面的热导率越小越好。

④比热容:靶面接受辐射时,产生的温升与比热容成反比,因此为获得较高的温度响应率,要求靶面材料的比热容要小。

⑤发射率:靶面不是理想的黑体,对目标的吸收取决于靶面的发射率,为最大限度地接受目标的辐射热,要求靶面材料的发射率尽可能接近 1。

综合上面的考虑,在理论分析中常定义如下两个优值,即

$$Q_V = \frac{H}{C_P \varepsilon} \tag{3-26a}$$

$$Q_I = \frac{H}{C_P} \tag{3-26b}$$

式中 C_P——材料的体积比热容;

ε——材料的介电常数;

Q_V——热电晶体电压响应率优值或第一优值;

Q_I——热电晶体电流响应率优值或第二优值。

根据不同的需要选择两个优值,表 3-3 给出实用热释电晶体材料的性能参数及优值。

表 3-3 热释电晶体材料的性能参数及优值

材料	居里温度/℃	测量温度/℃	热电系数/(C/cm²·K)×10⁸	介电常数	介质损耗	体积比热容/(J·cm⁻³·K⁻¹)	热导率/J/(cm²·K·s)	Q_I	Q_V
TGS	49	25	3.9	35	0.004	2.5	0.007	1.56	4.5
LATGS	51	25	4.2	35.3	0.001 3	2.5	0.007	1.68	4.8
DTGS	61	25	2.7	18	0.002	2.5	0.007	1.08	6.0
DLATGS	62.3	25	2.55	18	0.003	2.5	0.007	1.02	5.7
$LiTaO_3$	618	25	2.3	54	0.000 2	2.5	0.035	0.66	1.2
$LiNbO_3$	1 210	25	0.8	30	0.000 6	2.8	—	0.29	0.97
SBN(x=0.33)	62	25	11	1 800	0.003	2.1	0.01	5.2	0.29
(x=0.25)	30	25	37	5 000	0.02	2.1	0.01	17.6	0.35
(x=0.52)	115	25	6.5	380	0.03	2.1	0.01	3.1	0.82
$Pb_5Ge_3O_{11}$	178	25	0.95	50	0.000 3	2.5	—	0.38	0.76
PLZTC	218	25	5.6	870	0.069	2.6	0.03	2.2	0.25
PVF_2	—	25	0.24	11	0.025	2.4	0.001	0.1	0.09

目前常用的热释电摄像管靶的主要材料有以下几种。

①硫酸三甘钛(TGS):该材料的特点是探测率高、热电系数大、介电常数小,容易在水溶液中生长成大块晶体,并容易加工。缺点是居里温度低,容易产生退极化现象,加少量的 α 丙氨酸可以提高居里温度。

②钽酸锂($LiTaO_3$——LT):该材料居里温度高,不容易产生退极化现象。在低温及高温下均有较好的性能。化学稳定性好,力学强度高,工艺较好,介质损耗低,是一种受到广泛重视的材料。

③铌酸锶钡(SBN):该材料的分子式为 $Sr_{1-x}Ba_xNb_2O_6$。其热电系数及介电常数均随 x 的增加而减小,居里温度随 x 的增加而增加,这一点有利于控制居里温度的大小。在室温下,热电系数很大,但在 x 较小时尚不够稳定,容易产生退极化。当 x=0.52 时,性能较好并较稳定,同时具有抗声、抗压与抗震的优点。

(2)热释电靶的单畴化

热释电摄像管在工作时,靶面必须处于自发电极化状态,即电极化的极轴方向垂直于靶面。通常在制靶及靶产生退极化时,需要进行单畴化,使之形成最大的自发电极化强度。热释电摄像管进行单畴化处理的工作过程可分为 4 个步骤,如图 3-31 所示。图中 U_S 是热释电靶的信号电极电势;U_M 是电子枪场网电极电势;U 是热释电靶的电子束扫描面电势。

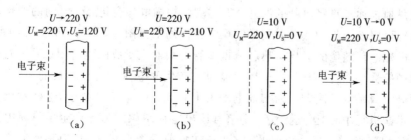

图 3-31 热释电靶的单畴化处理过程示意图

①将靶的信号电极电势 U_S 升到 120 V,由电子枪发射电子束扫描靶面,由于到达靶面

的电子具有 120 V 的能量,靶面将产生二次电子发射。因为此时二次电子发射系数大于 1,所以靶面将损失负电荷而使电势升高。当电势升高到与场网电极电势(220 V)相等时,便不再升高。这是因为靶面发射的二次电子已不能为场网所收集而被排斥回到靶面上所致。此时靶的电子束扫描面将稳定在场网电势(220 V)上。由于热释电靶是绝缘体,而两个表面的电势又分别为 220 V 和 120 V,所以晶体内将产生电场强度,该电场力将使体内电偶极矩方向趋于一致,形成宏观的自发电极化强度。这一过程需要 1~2 min,其结果在靶的电子束扫描面产生束缚的负电荷,如图 3-31(a)所示。

②将靶的信号电极电势 U_s 升到 210 V,同时电子束继续扫描靶面,保持靶的扫描电势为 220 V,这时靶的两个表面间电势差下降到 10 V,保持一段时间,使热释电靶的电极化稳定,如图 3-31(b)所示。

③停止电子束扫描,将靶的信号电极电势 U_s 迅速降到 0 V,这时靶的两个表面间电势差仍然保持 10 V,所以靶的电子束扫描面电势将变为 10 V。如图 3-31 (c)所示。

④重新由电子束扫描靶面,这时由于靶面电势只有 10 V,靶上电子的能量较低,二次发射系数小于 1,所以电子将沉积在靶面上,直到靶面扫描电势下降到 0 V 时止,如图 3-31(d)所示。这样就完成了热释电靶的单畴化处理。

(3)热释电靶电荷图像的形成与读出

①靶面电荷图像的形成。已单畴化的热释电靶工作时,接受经过调制的入射辐射,入射的辐射图像使靶面的温度产生相应的变化,由于靶的自发极化强度 P_S 随靶的变化而相应改变,从而靶面上对应的束缚面电荷密度也要发生改变。根据式(3-23)和(3-24)可知,靶温变化产生的自发极化强度变量 ΔP_S 等于靶面束缚面电荷密度的变量 $\Delta\sigma$。因为靶是介电材料,当它的两个表面有电荷时则可以等效为一个充电电容。由此可见,靶面电荷密度改变 $\Delta\sigma$ 所产生的电压变化

$$\Delta U = \frac{S\Delta\sigma}{C_e} = \frac{S\Delta P_S}{C_e} = \frac{S}{C_e}\int_0^{\Delta T}\left(\frac{\partial P_S}{\partial T}\right)_{\theta,E}\mathrm{d}T \tag{3-27}$$

式中 C_e——靶的等效电容;

  S——靶的有效工作面积。

当热释电靶在热电系数 H 为常数的温区工作时,则上式可写成

$$\Delta U = \frac{S}{C_e}H\Delta T = \frac{H\Delta T d}{\varepsilon} \tag{3-28}$$

式中 d——靶的厚度;

  ε——靶的介电常数。

式(3-28)定量地描述了热释电靶的温升 ΔT 与靶的扫描电势变化 ΔU 之间的线性关系。这说明热释电靶可以将接收的热辐射图像转换为靶面的电势图像,即完成了摄像的写入过程。

②热释电靶电荷图像的读出。热释电摄像管的靶面上形成的电荷图像是通过电子束扫描取出的视频信号。热释电靶的电子束扫描面上产生的电荷是可正可负的,其正负由入射辐射使靶面升温或是降温决定。而扫描电子束中只有带负电荷的电子,这样对靶面上的负电荷图像将不能进行中和,因而无法产生信号读出电荷图像。为此产生了热释电摄像管中的特殊信号读出问题,解决这个问题的方法是在电荷图像形成之前,使靶面稳定在高电势上,在积累电荷时便不至于形成负的靶面电势;对靶面提供基底正电荷,中和靶面积累的负电荷。

下面介绍两种读出靶面电荷图像的方法。

①阳极电势稳定法（APS）。APS法的特点是工作时靶的扫描面电势稳定在电子枪的靶网极电势上（通常为 300 V）。无入射辐射时，由电子枪快速扫描靶面，从而使二次电子发射系数 $\delta > 1$。当通过电子束扫描达到平衡时，其扫描电子束送到靶上多少电子，便有多少电子通过二次发射离开靶面被靶网电极所收集，而其余的二次发射电子返回靶面产生二次电子重新分配。靶面的平衡电势将高于靶网电极电势一定数值 ΔU_0，而由此电势差 ΔU_0 形成拒斥场，使 δ 保持为 1。

当靶被入射辐射照射时，靶面电势上升 ΔU_s，ΔU_s 的正负由靶面温度的变化方向所决定，即取决于入射辐射是增量还是减量。

如果 $\Delta U_s > 0$，则靶面电势将比网极电势高出 $\Delta U_0 + \Delta U_s$，这样，电子束扫描时，二次电子难以飞出靶面，从而导致二次电子发射系数下降，即 $\delta < 1$，达到靶面沉积电子中和靶面的正电荷的目的，同时输出与 ΔU_s 相当的信号电流。

如果 $\Delta U_s < 0$，则靶面电势将比网极电势高出 $\Delta U_0 - \Delta U_s$，使电子束扫描时二次电子容易从靶面飞出，即实现 $\delta > 1$，从而在靶面上沉积正电荷，抵消 ΔU_s 的作用，同时输出与 ΔU_s 相当的信号电流。

以上两种情况可知，无论 ΔU_s 为正或为负，均能实现信号电荷的读出。只是对靶来说，前者是放电过程，后者是充电过程。

由于靶面电荷图像的读出是由扫描电子束流与靶—靶网极间的二次电子电流的动态平衡所构成的，为了全部读出信号电荷，要求电子枪的最小束流 I_{min} 满足

$$I_{min} = \frac{C_e U}{t_f} \qquad (3\text{-}29)$$

式中 t_f——帧扫描时间或帧周期；

　　　C_e——靶等效电容；

　　　U——靶工作电压。

阳极电势法的优点是结构简单，电子束电流大，不需专门的电路和结构，滞后小；缺点是电子束流大带来的起伏噪声大，靶面的二次电子再分配将造成对比度的损失，影响像质。

②阴极电势稳定法（CPS）。CPS法的关键是将靶扫描面的电势稳定在电子枪的阴极电势上，但由于靶面处于低电势，所以仍然存在电子难以上靶的问题，即存在负电荷的读出问题。为此，靶面需要建立一定的正电势，周期性地供给靶面一定量的正电荷。电子束扫描时，从基底电荷产生视频信号电流，其典型值为 $20\ nA/cm^2$。由于有了正的基底电荷，热释电摄像管得到正极性的输出信号，这是因为当入射辐射使靶面温度升高时，靶的扫描面负的束缚电荷将减少。因为正的基底电荷量是一定的，所以靶面上合成的总电荷（正电荷）相应增多了，这表明入射辐射与靶的扫描面上正电荷量成正比，当电子束扫描时，所形成的输出信号也便与入射辐射成正比。

产生基底电荷通常有如下几种方法。

①二次电子发射法：利用电子束回扫过程，将电子枪的阴极电势 -80 V，调制极电势下降到 -90 V，使电子束以 80 V 的加速散焦电势轰击靶面，热释电靶形成二次电子发射系数大于 1 而损失负电荷，从而靶面形成均匀分布的正电荷，构成基底电荷，其原理如图 3-32 所示。

通常靶电势在 27 V 时，入射电子的二次发射系数 $\delta > 1$，取 80 V 时 δ 近似为 1.80，当电

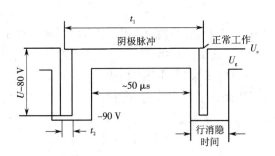

图 3-32　电极电压分布的脉冲发布

子束扫描时,阴极和栅极之间是正电压,即 $U_c = 0\ \text{V}, U_g = -10\ \text{V}$。电子束回扫时,$U_c = -80\ \text{V}, U_g = -90\ \text{V}$。由基底电荷构成的平均电流可由下式计算

$$I_p = I_{BF}(\delta - 1)\frac{t_2}{t_1} \qquad (3-30)$$

式中　I_{BF}——回扫时扫描电子束电流;

　　　t_1——水平扫描周期(行扫描周期);

　　　t_2——回扫时间。

上述电压情况下,I_p 约为 500 nA。

采用二次电子发射法的优点是能提供较大的基底电流,有利于降低摄像惰性,不影响摄像管寿命,不产生离子噪声;缺点是增加了电子枪回扫控制电路,电路较为复杂而不能与普通摄像管兼容,基底电荷分布不均匀,有时需要阴影校正电路。

②摄像管内充气法:为了得到基底电荷,预先在热释电摄像管中充入 10^{-3} Pa 氦或氩等惰性气体。当摄像管处于工作状态时,电子束高速通过靶网与靶之间的空间使气体分子产生电离,所产生的正离子在靶网间电场作用下落在靶上,构成基底电荷,其平均基底电流与惰性气体的压强成正比。

采用充气法的优点是基底电荷分布均匀,不需增加控制电路,用普通电子枪即可。缺点是因受充气压强的限制,产生的基底电流较小;电子枪阴极与加速极之间产生的正离子将轰击电子枪阴极而减少其寿命;靶面受正离子的轰击也会影响寿命;扫描电子束与气体分子碰撞产生散焦会降低摄像管的分辨率;扫描电子束流受离子流调制增加了噪声。由于该方法缺点较多,目前已很少使用。

③泄漏电流法:通过掺杂或其他措施降低靶的电阻率,使靶本身通过泄漏电流产生基底电荷。但这样易导致其他特性的改变,目前此法只适用于锗酸铅靶,当锗酸铅中掺入适量的硅后可降低电阻率,并有较高的热电系数,但居里温度降低了。

3. 热释电探测器的结构原理

图 3-33 为典型的 TGS(硫酸三甘肽)热释电探测器结构。制好的 TGS 晶体连同衬底贴于普通三极管管座上,上下电极通过导电胶、铟环或细铜丝与管脚相连,加上窗口后构成完整的 TGS 热释电探测器。

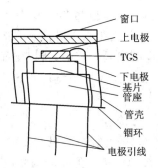

图 3-33　典型 TGS 热释电探测器结构示意

设晶体的自发极化矢量为 P_s,P_s 的方向垂直于探测器的两个极板平面,如图 3-34 所

示。接收辐射的极板和另一极板的重叠面积为 A_d,辐射引起的温升为 ΔT,由于晶体温度的变化而导致的极板表面上束缚电荷的变化量为

$$\Delta Q = A_d \Delta\sigma$$

σ 为面束缚电荷密度,由于 $\sigma = P_s$,则有

$$\Delta Q = A_d \Delta P_s = A_d \frac{\Delta P_s}{\Delta T}\Delta T = A_d H \Delta T \tag{3-31}$$

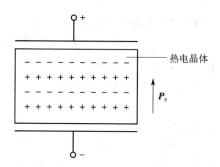

图 3-34   自发极化现象

其等效电路可以表示为图 3-35。

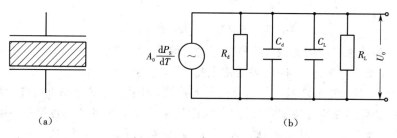

(a)   (b)

图 3-35   热释电器件的图形符号和等效电路
(a)图形符号   (b)等效电路

热释电器件可等效为电流源,如图 3-35(b)所示,R_d、C_d 分别为等效电阻电容,R_L、C_L 分别为负载电阻和电容,由于温度变化在负载上产生的电流为束缚电荷的时间变化率,可以表示为

$$I_s = \frac{dQ}{dt} = A_0\lambda\frac{dT}{dt} \tag{3-32}$$

式中 A_0——晶体受光面面积;

λ——热释电系数;

$\dfrac{dT}{dt}$——热释电晶体的温度随时间的变化率(T 表示温度,t 表示时间)。

温度变化速率与材料的吸收率和热容有关。吸收率大,热容小,则温度变化率大。可见,热释电器件的响应正比于热释电系数和温度变化速率 $\dfrac{dT}{dt}$。

热释电器件产生的热释电电流在负载电阻上产生的电压为

$$U_0 = I_s R_E = A_0\lambda\frac{dT}{dt}R_E \tag{3-33}$$

其中,R_E 为 R_d、C_d、R_L、C_L 的并联等效阻抗。

如图 3-35(b)的等效电路所示,有

$$R_E = \frac{1}{1/R + j\omega C} = \frac{R}{1 + j\omega RC} \qquad (3-34)$$

其中, $R = \dfrac{R_L R_d}{R_L + R_d}$; $C = C_L + C_d$; ω 为输入信号的调制频率。 R_E 的模值为

$$|R_E| = \frac{R}{(1 + \omega^2 R^2 C^2)^{\frac{1}{2}}} \qquad (3-35)$$

为提高热电器件的灵敏度和信噪比,常把热释电探测器与前置放大器(常为场效应管)都装在一个管壳内。图 3-36 为一种典型的热释电探测器与场效应管放大器组合结构。

热释电红外传感器内部由光学滤镜、场效应管、红外感应源(热释电元件)、偏置电阻、EMI 电容等元器件组组成。

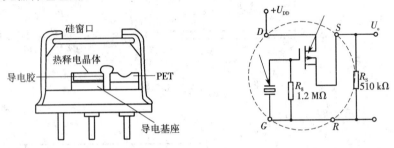

图 3-36　带前置放大器热释电探测器

热释电红外传感器结构上接入场效应管的目的在于完成阻抗变换。由于热电元输出的是电荷信号,并不能直接使用,因而需要用电阻将其转换为电压形式,该电阻阻抗高达 104 MΩ,故引入的 N 沟道结型场效应管应接成共漏形式,即源极跟随器完成阻抗变换。

热释电探测器不仅可在室温宽波段工作,而且在很宽的频率和温度范围内具有较高的探测率,可承受较大的辐射功率并具有较小的时间常数,因此得到了广泛应用。例如,利用热释电探测器探测目标本身的热辐射强度,可用于空中与地面侦察、入侵报警、战地观察、火情观测、医用热成像、环境污染监视以及其他领域。

3.3　图像传感器的典型应用

3.3.1　固态图像传感器的应用

1.物体尺寸自动测量

图 3-37 是用线型固态图像传感器测量物体尺寸的基本原理图。

利用几何光学知识可以很容易推导出被测对象长度 L 与系统诸参数之间的关系为

$$L = \frac{1}{M} np = \left(\frac{a}{f} - 1\right) np \qquad (3-36)$$

式中　M——倍率;

　　　　n——线型传感器的像素数;

　　　　p——像素间距;

　　　　f——所用透镜焦距;

　　　　a——物距。

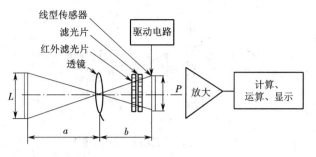

图 3-37 尺寸测量基本原理

因为固态图像传感器所感知光像之光强是被测对象与背景光强之差,因此,测量精度与两者比较基准值的选定有关,并取决于传感器像素数与透镜视场的比值。为提高测量精度应当选用像素高的传感器并且应当尽量缩短视场。

图 3-38 是尺寸测量的一个实例,被测对象为热轧板宽度。因为两只 CCD 线型传感器各只测量板端的一部分,相当于缩短了视场。当要求更高的测量精度时,可同时并用多个传感器取其平均值,也可以根据所测板宽的变化,将 d 做成可调的形式。

图 3-38 所示的 CCD 传感器是用来摄取激光器在板上的反射光强的,其输出信号用以补偿由于板厚度变化而造成的测量误差。系统由微处理机控制,这样可实现在线实时检测热轧板宽度。对于 2 m 宽的热轧板,最终测量精度可达 $\pm0.025\%$。工件伤痕及表面污垢测试检验原理基本上同于尺寸测量方法。

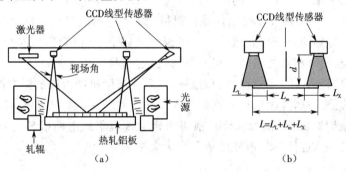

图 3-38 热轧板宽度自动测量原理
(a)系统基本构成 (b)测量原理

2.图像识别

(1)传真技术

用线型固态图像传感器作传真装置的输入环节,与通常用的机械扫描或电管式的相比,具有许多优点,如机械转动部分少、可靠性好、速度快,而且体积小、质量轻。图 3-39 是传真装置的输入环节示意图,光源是荧光灯,为使入射光量可调,可设置活动覆盖窗。

(2)光学文字识别装置

固态图像传感器还可用作光学文字识别装置的“读取头”。光学文字识别装置(OCR)的光源可用卤素灯。光源与透镜间设置的红外滤光片可以消除红外光影响。每次扫描时间为 $300\,\mu s$,因此,可做到高速文字识别。图 3-40 是 OCR 的原理图。经 A/D 变换后的二进制信号通过特别滤光片后文字更加清晰,然后把文字逐个断切出来。以上处理称为“前处理”。前处理后,以固定方式对各个文字特征进行抽取。最后,将抽取所得特征与预先置入的诸文字特征相比较以判断与识别输入的文字。

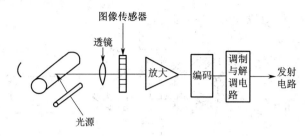

图 3-39　传真装置输入环节示意图

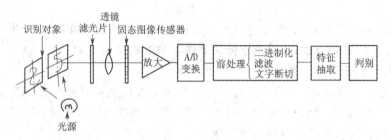

图 3-40　OCR 原理图

3. 在线检查、识别与控制

CCD 光电传感器的光电检测能力与微处理器的信号处理能力结合便能大大扩展 CCD 的应用前景,例如用来对在线零件的图形检查与识别,从而提高了生产自动化的水平与产品质量。图 3-41 是一个线型 CCD 光电传感器对机械零件进行图形识别的例子。被测物是一个轴类零件,它在传输线上作等速运动。在光源的照射下,它的阴影依次扫过光电阵列,从而使传感器输出与阴影相对的信号。将 CCD 输出的信号与传输线的运动速度信息同时输入微型计算机,根据输入信号进行处理和编译,然后再与微机中内存的标准图形信息进行比较,便可计算出偏差信息,并由微机依据偏差大小作出判断后,发出指令对零件进行接收或剔除。CCD 光电传感器和微机的配合目前可识别大规模集成电路(LSI)中的焊点图案,不仅提高了自动化程度,也使 LSI 电路的成品率大大提高。

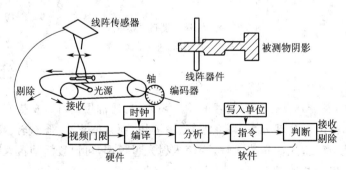

图 3-41　图形识别的工作原理

3.3.2　热成像无损探测

红外热成像技术是通过红外热像仪获取被检零部件表面热像图,并对热像图进行定性与定量分析,从而确定缺陷类型、大小、深度等特征的无损检测技术。该技术的发展可追溯到 20 世纪 60 年代初期,近年来随着红外热像仪在检测灵敏度和空间分辨率上的提升,以及计算机在控制、图像显示和数据处理等方面的进步,红外热成像技术发展迅速,在零部件缺陷诊断的检测上潜力巨大。

　　根据是否需要外部激励源,红外热成像技术可分为被动式热成像技术和主动式热成像技术。被动式热成像技术是热像仪接收物本身的红外辐射并将其转换为电信号,最终获得热像图的热成像技术;主动式热成像技术是通过加载外部激励的方式,使被检零件表面温度发生变化,由热像仪记录时序热像图并从中提取缺陷特征的热成像技术,外部激励源常用的有闪光灯、超声波、激光、电流、机械振动等。在被动式热成像技术应用中,被检零件表面温度变化来源于表面自然发热状况,缺陷区域与非缺陷区域温差并不明显;而主动式热成像技术因其可控热源和多种有效数据处理技术,应用更为广泛。根据激励方式的不同,主动式红外热成像无损检测技术可大致分为 4 类:光学热成像技术、机械波热成像技术、感应热成像技术和微波热成像技术,如图 3-42 所示。图中 LT、PT、ECT、PECT、ULT 和 UBT 分别为锁相热成像、脉冲热成像、涡流热成像、脉冲涡流热成像、超声锁相热成像和脉冲锁相热成像。在实际检测中,应选择合适的方式对不同材料中的不同缺陷进行检测。

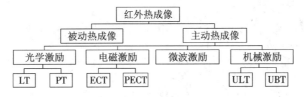

图 3-42　红外线热成像技术分类

1. 基本原理

（1）激励方式

　　在热成像无损检测技术中,不同的激励方式决定了不同的实验系统设计和数据采集方式。

　　在光学热成像技术中,被检测零件受到光学热源(如闪光灯和卤素灯)的激励,零件表面被加热,产生的热波向零件内部传递,若试件中存在缺陷则热波传递受阻,最终导致零件表面温度分布不均,这种温度变化由红外热像仪所记录,得到时序热像图,提取并分析热像图中信息从而获得缺陷的特征信息。实验设置与实验原理如图 3-43 所示。根据激励信号的不同,分为脉冲热成像和锁相热成像两种方法。

　　超声波热成像技术是一项新的无损检测技术。与光学热成像技术不同,它利用特定的超声波作用在不同材料或结构中产生机械振动,超声波在缺陷处因热弹效应和滞后效应导致声能衰减而释放能量,机械能转换为热能并传递至零件表面,引起零件表面局部发热并由红外热像仪所记录,缺陷本身可视为热源进行热波传递。超声热成像的实验设置及检测原理如图 3-44 所示,其中超声波换能器产生超声波,并通过耦合剂传播。在实验过程中试件与换能器需紧密固定。

　　相比于前两种热成像技术,涡流热成像技术基于电磁学中涡流现象和焦耳热特性,在被检零件外对线圈施加高频交变电流,由于电磁感应效应,感应圈附近的被检零件表面产生感生涡流;若试件表面存在缺陷,则将引起缺陷附近感生涡流场分布不均,因局部焦耳热现象导致缺陷附近温度分布不均,通过红外热像仪记录这种温度变化的时序图像,并对图像进行分析处理获得零件缺陷信息。涡流热成像技术具有高空间分辨率、高灵敏度的特点,适用于

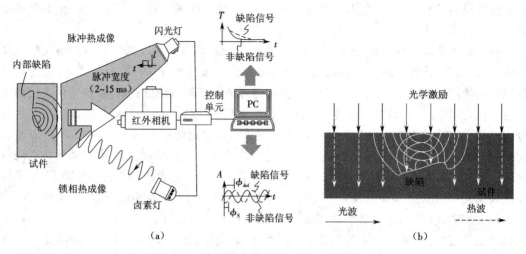

图 3-43　光学热成像实验示意及检测原理

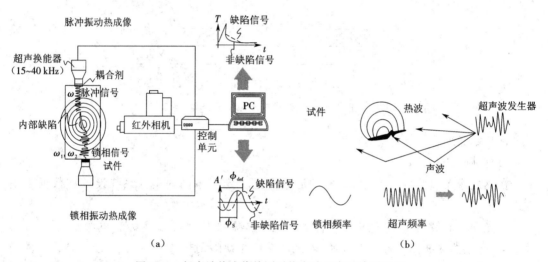

图 3-44　超声波热成像检测系统实验示意及检测原理

零件表面和近表面缺陷的检测。

根据涡流热成像技术原理,其检测过程分为电磁感应阶段、产生焦耳热阶段和热传导阶段。在电磁感应阶段,感生涡流在均匀试件表面的渗透深度为

$$\delta = \frac{1}{\sqrt{\pi\mu\sigma f}} \qquad (3-37)$$

式中　μ——磁导率;

σ——电导率(电导率随温度变化而变化,$\sigma = \dfrac{\sigma_0}{1+\alpha(T-T_0)}$,$\sigma_0$ 是初始温度为 T_0 时的

电导率,α 是相对温度系数);

f——激励频率。

根据麦克斯韦方程,被检零件内涡流分布控制方程为

$$\frac{1}{\mu}\nabla^2 A - \sigma\frac{\partial A}{\partial t} = -J \qquad (3-38)$$

式中　A——磁矢量势；

　　　J——外部电流密度；

根据焦耳定律,感生涡流产生的发热功率为

$$Q=\frac{1}{\sigma}|J|^2=\frac{1}{\sigma}|\sigma E|^2 \tag{3-39}$$

式中　Q——涡流引起的焦耳热量；

　　　E——电场强度。

不考虑热辐射和热对流的情况下,根据能量守恒定律,由焦耳热引起的热传导方程为

$$\rho C_p\frac{\partial T}{\partial t}-\nabla(k\nabla T)=Q \tag{3-40}$$

其中 ρ、C_p、k 分别为材料密度、比热和热传导系数。

涡流热成像无损检测的实验组成及缺陷附近涡流分布示意如图 3-45 所示。试件中缺陷附近某点处温度变化如图 3-46 所示,温升阶段,温度变化受涡流加热和热扩散的共同影响;冷却阶段,温度变化主要由试件中的热扩散引起。通过对两个阶段的温度变化进行综合分析可以提取有效缺陷信息。

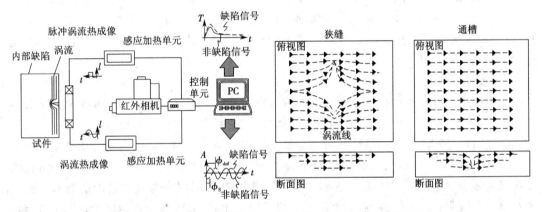

图 3-45　涡流热成像检测系统组成及缺陷涡流分布示意图

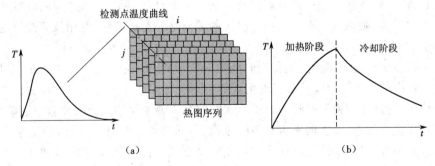

图 3-46　涡流热成像检测过程中零件表面温度变化曲线

（2）可检测性

实际检测中,可检测性是选择检测方法时必须考虑的因素。选择合适的检测方法可以提高检测效率和准确度。

光学热成像技术广泛应用于金属材料的表面缺陷和复合材料中的脱层、夹杂物等的检

测。锁相光学热成像中缺陷可检测性主要依赖于热波渗透深度(与材料热扩散系数和激励频率相关);低频率激励热波在热扩散系数较大的材料中传播更深,应用此方法通常可检测试件较浅位置的缺陷。脉冲光学热成像方法中,脉冲可分解为不同频率的周期波,脉冲越短则频率范围越广,而由此产生的热扩散过程较锁相热成像方法更复杂;且实验结构易受非均匀加热、发射率变化、环境反射和试件表面形状影响,因此需采用合适的数据处理方法提取有效信息。

超声热成像技术主要用金属、陶瓷材料中裂纹缺陷和复合材料中分层、脱粘的检测;检测结果受许多因素影响,包括被检测材料类型、检测系统设计、检测环境、振动模式、激励源位置、耦合剂、激励频率、接触压力等。该方法适合于检测试件中较深的微裂纹,目前主要用于缺陷的定性检测而非定量分析。

在涡流热成像技术中,被检零件需具有一定的导电性。可检测缺陷深度由涡流渗透深度和热传导深度共同决定,而这两个深度又取决于材料的电导率、磁导率、热扩散系数和测量时长。该方法主要适用于规则试件表面和亚表面缺陷的检测。缺陷的可检测性由试件的材料属性、几何形态以及缺陷的位置、类型和实验设计共同决定。

涡流热成像方法比光学热成像方法受被检测零件表面状况的影响小,功耗更低,且不需超声热成像实验中所需的耦合剂。涡流热成像检测中,感应线圈温度变化很小,对实验的干扰很小;并且试件表面温度变化也较小,不会对被检材料造成损坏,涡流的直接作用可提高近表面缺陷的可检性。

(3)数据处理

热成像无损技术的关键在于对所获热成像图进行适当的处理和分析,包括预处理和后处理。常用的数学处理方法有温度对比、时间导数、信号变换和矩阵分解等。

温度对比是利用试件中缺陷区域和非缺陷区域的温差判别缺陷。对比方式包括绝对对比、递进对比、归一化对比、标准对比、差分绝对对比和改进差分绝对对比等。前4种方法需要缺陷区域和参考区域的热像图序列,其处理结果易受到不同参考区域选取的影响。差分绝对对比方法中,参考区域的温度变化可通过计算得出,可有效减少非均匀加热和试件表面形状的影响。差分绝对对比方法局限于对较浅缺陷的描述,因为其理论基础是一维傅里叶热传导方程,仅在热传导开始阶段可近似看作是一维热传导,随着时间的增加,热波在试件中沿各个方向扩散,则该方法不再适用。改进的差分绝对对比方法,利用拉普拉斯逆变换提取热后期阶段的有效信息。

时间导数方法通过求解温升变化对时间的一阶导数和二阶导数进行缺陷的定量分析;通过提取关键点的温升变化及比较其时间延迟可获得缺陷特征信息。时间导数通常与温度对比结合使用,通过比较检测过程中温差最大时间和温差变化率最大时间获取缺陷信息。

在信号变换方法中,分析的不再只是时域信息,而是通过频域信息、时频信息等其他角度优化并分析图像,以获取缺陷特征。信号变换主要用于图像降噪处理、数据压缩、图像分割和融合。信号变换方法中包括应用广泛的脉冲相位热成像、小波变换和霍夫变换。

矩阵分解方法是利用矩阵性质保留主要数据,减少数据量,其中,主成分分析法应用较为广泛。该方法采取降维的思想,将多指标转化为少数几个综合指标。它将给定的相关变量通过线性变换成为不相关变量,并按照方差依次递减的顺序排列,通常采用奇异值分解方法压缩并简化温升数据获得主成分。

2.应用特点

（1）光学热成像方法的应用

光学热成像的应用范围很广,被检零件材料包括金属、复合材料和陶瓷等,其中,在复合材料结构中的应用最为广泛。利用脉冲热成像进行缺陷检测需要考虑材料热成像扩散系数、环境因素和仪器灵敏度等影响因素,需要适当的方法处理热成像图。而锁相热成像方法中,由于采用单一频率波激励试件,常采用傅里叶变换或快速傅里叶变换提取振幅和相位信息。根据振幅或相位的延迟效应获取缺陷特征信息。相比于振幅信息,相位信息因受光照局部变化和试件发射率影响更小,且可检测深度更大,因而应用更加广泛。

（2）超声热成像方法的应用

近年来超声热成像无损检测技术发展迅速,并已成功应用于纤维增强塑料、金属和其他许多工程材料的缺陷检测中。当前超声热成像方法和应用领域主要包括结构缺陷的检测;循环载荷下材料失效的分析;材料机械应力可视化的热塑性和磁滞效应的分析。利用超声热成像方法可以检测出其他技术无法检测的高发射率材料中的缺陷和闭合裂纹,且检测试验无需考虑试件的位置摆放。

（3）涡流热成像方法的应用

涡流热成像方法适合检测零件表面及近表面缺陷,目前广泛用于导电材料的缺陷检测和材料特性评估,如金属和某些复合材料。其主要特点是检测速度快,效率高,非常适合在线在役检测。

[练习题]

3-1　比较 SCCD 与 BCCD 在结构上的区别。

3-2　为什么二相线阵 CCD 电极结构中的信号电荷能在二相驱动脉冲的驱动下定向转换,而三相线阵 CCD 必须在三相交叠脉冲的作用下才能进行定向转移?

3-3　试说明电流输出方式中复位脉冲 RS 的作用。并分析当 RS 没有加上时 CCD 的输出信号会怎样。

3-4　试说明线阵 CCD 的驱动频率上限和下限的限制因素。对线阵 CCD 器件制冷为什么能够降低线阵 CCD 的下限驱动频率?

3-5　热像仪主要由哪几部分组成?简述其作用。

3-6　热释电器件为什么不能工作在直流状态?工作频率等于何值时热释电器件的电压灵敏度达到最大值?

3-7　热释电探测器可视为一个与电阻 R 并联的电容器。假定电阻 R 中的热噪声是主要的噪声源,试推导热释电探测器的最小可探测功率的表达式。

4 生物传感器

4.1 生物传感器概述

生物传感器（biosensor）是生物活性材料与相应的换能器的结合体，能测定特定的化学物质（主要是生物物质）的装置。特纳（Turner）教授将生物传感器定义为："生物传感器是一种精致的分析器件，它结合一种生物的或生物衍生的敏感元件与一只理化换能器，能够产生间断或连续的电信号，信号强度与被分析物成比例。"

4.1.1 生物传感器的应用

生物医学工程和生物化学工程所涉及的许多研究领域均离不开测量，而测量的关键问题是如何拾取生物信息的问题。因此，其应用有非常广泛的领域。

1. 环境监测

水质及土壤的监测对于环境保护非常重要。传统的监测方法存在很多缺点：分析速度慢、操作复杂，且需要昂贵仪器，无法进行现场快速监测和连续在线分析。生物传感器的发展和应用为其提供了新的手段。利用环境中的微生物细胞，如细菌、酵母、真菌作为识别元件，这些微生物通常可从活性泥状沉积物、河水、瓦砾和土壤中分离出来。生物传感器在环境监测中的应用最多的是水质分析和大气污染检测。例如，在河流中放入特制的传感器及其附件可进行现场监测。一个典型应用是测定生化需氧量（biochemical oxygen demand，BOD），传统方法测 BOD 需 5 天，且操作复杂。BOD 的微生物传感器，只需 15 min 即可测出结果。国内外已研制出许多不同的微生物 BOD 传感器以及其他用于水污染监测的微生物传感器，如基于重金属离子对微生物新陈代谢的抑制来检测重金属离子污染物。而一些微生物传感器可监测 CO_2、NO_2、NH_3、CH_4 之类的气体，同时可用于大气检测。

随着农业生产的工业化，不断有新的农药和抗生素用于农牧业，它们给人类带来食品富足的同时，也给人类健康带来了潜在的危害。所以对农药和抗生素残留量的测定，各国政府一向都非常重视。近些年，人们就生物传感器在该领域中的应用做了一些有益的探索。如斯塔罗杜布（Starodub）等分别用乙酰胆碱酯酶（AChE）和丁酰胆碱酯酶（BChE）为敏感材料，制作了离子敏场效应晶体管酶传感器，两种生物传感器均可用于蔬菜等样品中有机磷农药 DDVP 和伏杀磷等的测定，检测限为 $10^{-7}\sim10^{-5}$ mol/L。

2. 食品分析

随着食品生产的工业化，生物传感器可广泛用于食品工业生产中，如对食品原料、半成品和产品质量的检测，发酵生产中在线监测等。利用氨基酸氧化酶传感器可测定各种氨基酸（包括谷氨酸、L-天冬氨酸、L-精氨酸等十几种氨基酸）。食品添加剂的种类很多，如甜味剂、酸味剂、抗氧化剂等，生物传感器用于食品添加剂的分析已有许多报道。

鲜度是评价食品品质的重要指标之一，通常用人的感官检验，但感官检验主观性强，个体差异大，故人们一直在寻找客观的理化指标代替。沃尔普（Volpe）等曾以黄嘌呤氧化酶为生物敏感材料,结合过氧化氢电极,通过测定鱼降解过程中产生的一磷酸肌苷(IMP)、肌苷(HXR)和次黄嘌呤(HX)的浓度,从而评价鱼的鲜度。

3.生物医学

(1)在基础研究中的应用

生物传感器可实时监测生物大分子之间的相互作用。借助于这一技术动态观察抗原、抗体之间结合与解离的平衡关系,可较为准确地测定抗体的亲和力及识别抗原表位,帮助人们了解单克隆抗体特性,有目的地筛选各种具有最佳应用潜力的单克隆抗体,而且较常规方法省时、省力,结果也更为客观可信,在生物医学研究方面已有较广泛的应用。如用生物传感器测定重组人肿瘤坏死因子 α(TNF-α)单克隆抗体的抗原识别表位及其亲和常数。

(2)应用于临床检测

用酶、免疫传感器等生物传感器检测体液中的各种化学成分,为医生的诊断提出依据。如美国 YSI 公司推出一种固定化酶型生物传感器,利用它可以测定出运动员锻炼后血液中存在的乳酸水平或糖尿病患者的葡萄糖水平。生物传感器还可预知疾病发作。如癫痫患者可戴着一个微小传感器,使用头皮上电极,预感癫痫发作,平均可以在 7 min 之前预知癫痫发作。发觉之后可以从植入的药泵中释放药物,成功制止癫痫发作。慕尼黑 Max Plank 生物化学研究所将蜗牛神经细胞置于一个硅芯片上,使用微型塑料桩将它们围在特定位置,邻近的细胞彼此之间以及与芯片之间形成连接。每个神经细胞受刺激后产生电冲动,作用于芯片上的电冲动从一个神经细胞传到另一个,再传回到芯片。这种生物芯片可以在脊髓受损部分建立起连接"桥梁",为神经外科开辟了一条新的思路。生物传感器也可检测作用于神经细胞上的有毒物质或药用物质。

(3)药物生产的监测和药物筛选研究

利用生物工程技术生产药物时,将生物传感器用于生化反应的监视,可以迅速地获取各种数据,有效地加强生物工程产品的质量管理。生物传感器已在癌症药物的研制方面发挥了重要的作用。如将癌症患者的癌细胞取出培养,然后利用生物传感器准确地测试癌细胞对各种治癌药物的反应,经过这种试验可以快速地筛选出一种最有效的治癌药物。

4.军事

现代战争除了传统的武器外,核武器、化学武器、生物武器也参与战争。作为防止上述武器的手段,侦检、鉴定和监测是整个"三防"医学中的重要环节,是进行有效化学战和生物战防护的前提。由于具有高度特异性、灵敏性和能快速地探测化学战剂和生物战剂(包括病毒、细菌和毒素等)的特性,生物传感器将是最重要的一类化学战剂和生物战剂侦检器材。

1981 年,泰勒(Taylor)等人成功地发展了两种受体生物传感器:烟碱乙酰胆碱受体生物传感器和某种麻醉剂受体生物传感器,它们能在 10 s 内检出 10^{-9}(十亿分之一)浓度级的生化战剂,包括委内瑞拉马脑炎病毒、黄热病毒、炭疽杆菌、流感病毒等。近年来,美国陆军医学研究和发展部研制酶免疫生物传感器具有初步鉴定多达 22 种不同生物战剂的能力。美国海军研究出 DNA 探针生物传感器,在海湾沙漠风暴作战中用于检测生物战剂。

用生物传感器检测生物战剂、化学战剂具有经济、简便、迅速、灵敏的特点。单克隆抗体的出现及其与微电子学的联系使发展众多的小型、超敏感生物传感器成为可能,生物传感器在军事上的应用前景将更为广阔。

4.1.2　生物传感器的发展

最初的生物传感器雏形是 1962 年由克拉克(Clark)提出的。他在传统的离子选择性电极上固定具有生物功能选择性的酶而构成了"酶电极",使之具有酶法分析和电极法转换信号的传感功能。5年后,于1967年由厄普代克(Updike)试制出将葡萄糖氧化酶固定在氧电极上,使之可用于反复测量血糖成为可能。后来又设计出能够测量尿素、胆固醇、青霉素、乙醇等各种专用的生物传感器。1977年后在纯酶的提取上的进步,相继研究出微生物电极和可以测抗原的免疫传感器。

20世纪80年代,由于生物技术、生物电子学和微电子技术的发展,生物传感器不再仅仅局限于依靠生物反应的电化学过程,而是利用在生物反应中产生的各种信息设计各种新型的更先进的生物传感器。例如利用复合酶体系同时测定多成分的多功能生物传感器,以及将生物功能材料与光效应结合而形成的光纤生物传感器,与热效应结合而形成的生物热敏电阻等,从而逐渐形成了一个较为完整的生物传感器领域。

一般认为,生物传感器的发展可以划分为3个阶段。第1阶段在20世纪60~70年代,为起步阶段,以Clark传统酶电极为代表。第2阶段在20世纪70年代末期到20世纪80年代,大量的学科交叉出现各种不同原理和技术的生物传感器,尤其20世纪80年代中期是生物传感器发展的第一个高潮时期,其代表之一是介体酶电极,它不仅开辟了酶电子学的新研究方向,还为酶传感器的商品化奠定了重要基础。第3阶段发生在20世纪90年代以后,有两个象征:一是生物传感器的市场开发获得显著成绩;二是生物亲和传感器的技术突破,以表面等离子体和生物芯片为代表,成为生物传感器发展的第二个高潮。

发展生物传感器最初的目的是为了利用生化反应的专一性,高选择性地分析目标物。但是由于生物单元的引入,生物结构固有的不稳定性、易变性使生物传感器实用化还存在着不少问题。因此人们一直努力希望提高生物传感器的性能。主要从以下几个方面考虑。

①选择性。可从两方面提高生物传感器的选择性:其一,改善生物单元与信号转换器之间的联系以减少干扰;其二,选择、设计新的活性单元以增加其对目标分子的亲和力。如在酶电极中加入介体或对酶进行化学修饰以提高这类电极的选择性,其中介体或用于修饰的物质大都具有一定的电子运载能力。在此启发下,一些研究者设想将酶活性中心与换能器之间用一些分子导线通过自组装技术连接起来以消除电化学干扰。目前,杂环芳烃的低聚物是研究的热点,它们极有可能成为这一设想的突破口。另外,随着计算化学的发展,更精确地模拟、计算生物分子之间的结合作用已经成为可能。在此基础上,根据目标分子的结构特点设计、筛选出选择性和活性更高的敏感基元。

②稳定性。为了克服生物单元结构的易变性,增加其稳定性,最常用的手段是采用对生物单元具有稳定作用的介质、固定剂。研究表明用合适的溶胶-凝胶作为生物单元的固定剂应用于酶电极,可以大大提高生物单元的稳定性。Turner等人曾成功地将人工酶(一种金属卟啉化合物类催化剂)应用于卤代烷的电化学分析。

③灵敏度。对于一些特定的分析对象已发展了一些能大幅度降低检测限的技术。如Turner等人研制的一种以DNA为敏感源的传感器,利用液晶分散技术将DNA聚阳离子配合物固定在换能器上,所有能影响DNA分子间交联度的化学和物理因素均能被灵敏地捕获,并反映为一个强的、具有"指纹"结构的圆二色谱吸收峰。在用DNA-鱼精蛋白配合物测量胰蛋白时检测限低至10^{-14} mol/L。

随着生物传感器在食品、医药、环境和过程监控等方面应用范围的扩大,对生物传感器提出了更高的要求。为了获得高灵敏度、高稳定性、低成本的生物传感器,人们已着力于下面的研究与开发。

①开发新材料。功能材料是发展传感器技术的重要基础。由于材料科学的进步,人们可以控制材料的成分,从而可以设计与制造出各种用于传感器的功能材料。

②采用新工艺。传感器的敏感元件性能除了由其功能材料决定外,还与其加工工艺有关,集成加工技术、微细加工技术、薄膜技术等的引入有助于制造出性能稳定、可靠性高、体积小、质量轻的敏感元件。

③研究多功能集成传感器。对于复杂体系中多种组分的同时测定,生物传感器阵列提供了一种直接、简便的解决方法。人们正尝试用干涉、三维高速立体喷墨、光刻、自组装和激光解吸等技术发展多功能集成传感器,在尽可能小的面积上排列尽可能多的传感器。目前,国外市场上已有可同时测定血液中 6 种组分的便携式分析仪和可测定 16 种组分的固定式分析仪。

④研究智能式传感器。一种带微型计算机兼有检测、判断、信息处理等功能的传感器已被开发出来。例如,美国科学家已初步研制成功的一种平板式的集成组件,它由 DNA 传感器阵列、特定的基因序列和生物电信号处理芯片三部分构成,完成信号采集、数据分析与管理复杂基因信息。

⑤研究仿生传感器。仿生传感器即为模仿人感觉器官的传感器。目前,只有视觉传感器与触觉传感器解决得比较好,真正能代替人的感觉器官功能的传感器还有待研制。

⑥生物传感器的市场化。1975 年,Yellow Springs 仪器公司首次成功地将葡萄糖酶电极市场化。自此以后,生物传感技术的新进展不断地走向市场并应用。1976 年,Miles 公司将酶电极用于人造胰脏中的血糖监控。最近,VIA 医疗公司又研制成功了半连续导管型血糖测定仪。1990 年,BIAcore 公司将表面等离子共振(surface plasmon resonance,SPR)技术市场化。目前,Quantech 公司也正准备以 SPR 技术为基础推出一系列用于诊断早期心肌梗死的仪器。由于生物传感器具有突出的优越性(方便、快捷、选择性高、可用于复杂体系等),它在分析仪器市场中所占的份额越来越大,并已开始大量取代相同领域内的其他分析产品。

4.1.3　生物传感器的基本原理及特点

生物传感器是指用生物功能物质作识别器件所制成的传感器。生物传感器的原理图如图 4-1 所示。由图可见,生物传感器主要由两大部分组成,一是生物功能物质的分子识别部分;二是信号变换部分。

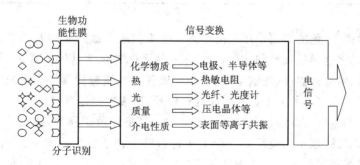

图 4-1　生物传感器原理图

生物传感器的分子识别部分的作用是识别被测物质,是生物传感器的关键部分。其结构是把能识别被测物的功能物质,如酶(E)、抗体(A)、酶免疫分析(EIA)、原核生物细胞(PK)、真核生物细胞(EK)、细胞类脂(O)等用固定化技术固定在一种膜上,从而形成可识别被测物质的功能性膜。例如,酶是一种高效生物催化剂,比一般催化剂高 $10^6 \sim 10^{10}$ 倍,且一般可在常温下进行,利用酶只对特定物质进行选择性催化的这种专一性,测定被测物质。酶催化反应可表示为

$$酶+底物 \Longleftrightarrow 酶 \cdot 底物中间复合物 \longrightarrow 产物+酶$$

形成中间复合物是其专一性与高效率的原因所在。由于酶分子具有一定的空间结构,只有当作用物的结构与酶的一定部位上的结构相互吻合时,才能与酶结合并受酶的催化,其中的作用物即被测物质。所以,酶的空间结构是其进行分子识别功能的基础。

图 4-2 和图 4-3 表示酶的分子识别功能及其反应过程的示意图。

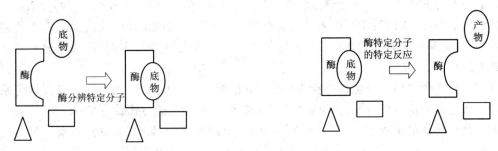

图 4-2　酶对特定分子的识别　　　　　　　图 4-3　酶对特定分子的融酶

依所选择或测量的物质不同,使用的功能膜也不尽相同。可以有酶膜、全细胞膜、组织膜、免疫功能膜、细胞器膜、杂合膜等,但这种膜多是人工膜。尽管在少数情况下分子识别器件采用了填充柱形式,但微观催化仍应认为是膜形式,或至少是液膜形式,所以膜的含义在这里应广义理解。表 4-1 为各种膜及其组成材料表。

表 4-1　生物传感器分子识别膜及材料

分子识别元件	生物活性材料	分子识别元件	生物活性材料
酶膜	各种酶类	免疫功能膜	抗体、抗原、酶标抗原等
全细胞膜	细菌、真菌、动植物细胞	具有生物亲和能力的物质	配体、受体
组织膜	动植物切片组织	核酸	寡聚核苷酸
细胞器膜	线粒体、叶绿体	模拟酶	高分子聚合物

按照受体学说,细胞的识别作用是由于嵌合于细胞膜表面的受体与外界的配位体发生了共价结合,通过细胞膜通透性的改变,诱发了一系列的电化学过程。膜反应所产生的变化再分别通过电极、半导体器件、热敏电阻、光电二极管或声波检测器等变换成电信号。这种变换得以把生物功能物质的分子识别转换为电信号,形成生物传感器。

在膜上进行的生物学反应过程以及所产生的信息是多种多样的,微电子学和传感技术的发展,有多种手段可以定量地反映在膜上所进行的生物学反应。表 4-2 给出了生物学反应和各种变换器间搭配的可能性。设计的成功取决于搭配的可行性、科学性和经济性。

表 4-2 生物学反应信息和变换器的选择

生物学反应信息	变换器的选择	生物学反应信息	变换器的选择
离子变化	离子选择电极	热焓变化	热敏元件
电阻、电导变化	阻抗计、电导仪	光学变化	光纤、光敏管、荧光计
电荷密度变化	阻抗计、导纳、场效应晶体管	颜色变化	光纤、光敏管
质子变化	场效应晶体管	质量变化	压电晶体
气体分压的变化	气敏电极	溶液密度变化	表面等离子体共振

生物传感器具有以下主要特点:多样性,根据生物反应的特异性和多样性,理论上可以制成测定所有生物物质的酶传感器;无试剂分析,除了缓冲液以外,大多数酶传感器不需要添加其他分析试剂;操作简便,快速、准确,易于联机;可以重复、连续使用,也可以一次性使用。

4.1.4 生物传感器的分类

因为生物传感器是一门新兴技术,所以其分类法较多且不尽相同。目前主要有两大分类法,即依分子识别元件分类法和器件分类法。如图 4-4、图 4-5 所示。

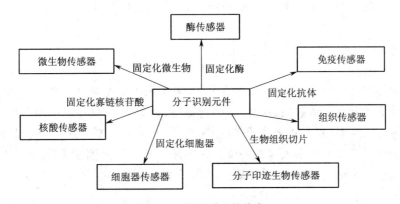

图 4-4 按识别元件分类

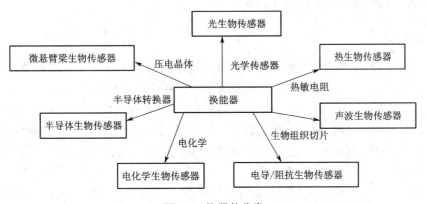

图 4-5 按器件分类

依分子识别元件的不同可以将生物传感器分为 7 类,即酶传感器(enzyme sensor)、微生物传感器(microbial sensor)、免疫传感器(immunosensor)、组织传感器(tissue sensor)、细胞器传感器(organelle sensor)、核酸传感器(DNA/RNA sensor)、分子印迹生物传感器

(molecular imprinted biosensor)。

依所用换能器不同可以将生物传感器分为 7 类,即电化学生物传感器(electrochemical biosensor)或生物电极(bioelectrode)、半导体生物传感器(semiconduct biosensor)、光生物传感器(optical biosensor)、热生物传感器(calorimetric biosensor 或 thermal biosensor)、电导/阻抗生物传感器(conductive/impedance biosensor)、声波生物传感器(acoustic wave biosensor)、微悬臂梁生物传感器(cantilever biosensor)。

近年来还出现了新的分类法,所有直径在微米级甚至更小的生物传感器统称为微型生物传感器(micro biosensor)、纳米生物传感器(nano biosensor),以半导体生物传感器和微型生物电极为代表,这类传感器在活体测定方面有重要意义。凡是以分子之间特异识别并结合为基础的生物传感器统称为亲和生物传感器(affinity biosensor),以免疫传感器、酶 PZ 为代表。能够同时测定两种以上指标或综合指标的生物传感器称为多功能传感器(multi-functional biosensor),如味觉传感器、嗅觉传感器、鲜度传感器、血液成分传感器等。由两种以上不同的分子识别元件组成的生物传感器称为复合生物传感器(hybridized biosensor),如多酶传感器、酶-微生物复合传感器、电化学-热生物传感器等。

对于个别生物传感器的命名,一般采用"功能+构成特征"的方法,如葡萄糖氧化电极、谷氨酸脱氢酶电极、BOD 微生物电极、葡萄糖酶光纤传感器等。

4.2 生物识别机理及膜固定技术

生物传感器的分子识别元件又称敏感元件,主要来源于生物体的生物活性物质,包括酶、抗原、抗体和各种功能蛋白质、核酸、微生物细胞、细胞器、动植物组织等。当它们用作生物传感器的敏感元件时,具有对靶分子(待检测对象)特异的识别功能。分子识别常常是生物体进行各种简单反应或复杂反应的基础。它实际上包括了生理生化、遗传变异和新陈代谢等一切形式的生命活动,生物传感器研究者的任务是如何将生物反应与传感技术有机地结合起来。

本节将简要介绍几种典型生物反应:酶反应、微生物反应、免疫学反应、核酸反应、催化抗体、催化性核酸以及生物反应中伴随发生的物理量变化。

4.2.1 酶反应

酶是催化剂,生物传感器主要是利用其具有选择的催化功能识别被测物质。新陈代谢是由无数的复杂的化学反应组成,而这些反应大都是在酶的催化下进行的。

1958 年,柯施兰德(D. Koshland)进一步提出诱导契合假说(induced fit hypothesis):当酶分子与底物分子接近时,酶蛋白受底物分子的诱导,其构象发生有利于底物结合的变化,酶与底物在此基础上互补契合,这种现象被称为诱导契合,它说明了酶作用的专一性。经诱导契合形成酶与底物复合物,一部分结合能被用来使底物发生形变,使敏感键更易于破裂而发生反应。这种结合特性被人们用来设计以质量变化为指标的生物传感器。反应如图 4-6 所示。

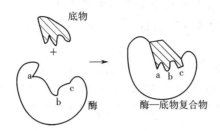

图 4-6 酶与底物的"诱导契合"

酶遇到其专一性底物时,由于底物的诱导,酶的构象发生了可逆变化。实际上当酶构象发生变化的同时,底物分子也往往受酶作用而变化。由于酶分子中某些基团或离子可以使底物分子内敏感键中的某些基团电子云密度增加或降低,产生"电子张力",使敏感键的一端更加敏感,更易发生反应;有时甚至使底物分子发生形变(图 4-7(a)),使酶和底物复合物更易形成;而且往往是酶构象发生的同时,底物分子也发生形变(图 4-7(b)),从而酶与底物更加互相契合。早在 1894 年,德国生物化学家菲希尔(E. Fischer)就提出"锁—钥假说"(lock-and-key hypothesis),即酶与其特异性底物在空间结构上互为锁—钥关系。

图 4-7 底物变形示意图
(a)底物分子变形 (b)底物分子和酶均发生变形

4.2.2 微生物反应

1.微生物反应的特点

微生物反应过程是利用生长微生物进行生物化学反应的过程,即微生物反应是将微生物作为生物催化剂进行的反应,酶在微生物反应中发挥最基本的催化作用。微生物反应与酶反应共同点是同属生化反应,均在温和条件下进行;凡是酶能催化的反应,微生物也可以催化;催化速度接近,反应动力学模式近似。

微生物反应又有其特殊性:微生物细胞的膜系统为酶反应提供了天然的适宜环境,细胞可以在相当长的时间内保持一定的催化活性;在多底物反应时,微生物显然比单纯酶更适宜作催化剂,细胞本身能提供酶反应所需的各种辅酶和辅基。利用微生物作生物敏感膜的不足:微生物反应通常伴随生自身生长,不容易建立分析标准;细胞是多酶系统,许多代谢途径并存,难以排除不必要的反应;环境条件变化会引起微生物生理状态的复杂化,不适当的操作会导致代谢转换现象,出现不期望的反应。

2.微生物反应类型

(1)同化与异化

根据微生物代谢流向可以分为同化作用和异化作用。在微生物反应过程中,细胞与环境不断进行物质和能量交换,其方向和速度受各种因素的调节,以适应体内环境变化。细胞将底物摄入并通过一系列生化反应转变成自身的组成物质,并储存能量,称为同化作用或组成代谢(assimilation),即生物体利用能量将小分子合成为大分子的一系列代谢途径,是生物新陈代谢当中的一个重要过程。

反之,细胞将自身的组成物质分解以释放能量或排出体外,称为异化作用或分解代谢(dissimilation),即异化作用是指将来自环境的或细胞自己储存的有机营养物的分子(如糖类、脂类、蛋白质等),通过逐步反应降解成较小的、简单的终产物(如二氧化碳、乳酸、乙醇等)的过程,如图 4-8 所示。

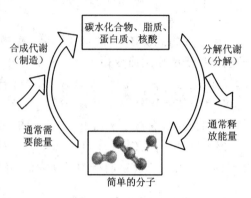

图 4-8　简单分子同化与异化示意图

(2)自养与异养

根据微生物对营养的要求,微生物反应又可分为自养性(autotrophic)与异养(heterotrophic)。自养微生物的 CO_2 作为主要碳源,无机氮化物作为氮源,通过细菌的光合作用或合成作用获得能量。

光合细菌(如红硫细菌等)具有发达的光合膜系统,以细菌叶绿素捕捉光能并作为光反应中心,其他色素(如类胡萝卜素)发挥捕捉光能的辅助作用,光合作用中心产生高能化合物 ATP(三磷酸腺苷)和辅酶 $NADPH_2$(烟酰胺腺嘌呤二核苷酸磷酸),用于 CO_2 同化,使 CO_2 转化为贮存能量的有机物,这是一种光能至化学能转化的反应。

化学能自养菌从无机物的氧化中得到能量,同化 CO_2。根据能量的来源不同可以分为不同类型,主要有硫化菌、硝化菌、氢化菌和铁细菌等。异养微生物以有机物作为碳源,无机物或有机物作氮源,通过氧化有机物获得能量。绝大多数微生物种类均属于异养型。

(3)好气性与厌气性

根据微生物反应对氧的要求可以分为好氧(aerobic)反应与厌氧(anaerobic)反应。在有空气的环境中才易生长和繁殖的微生物称为好气性微生物,如枯草杆菌、节细菌、假单胞菌等大量的微生物。这些微生物的能力是多方面的,它们能够利用大量不同的有机物作为生长的碳源和能源。在反应过程中以分子氧作为电子或质子的受体,受氧化的物质转变为细胞的组分,如 CO_2、H_2O 等。

必须在无分子氧的环境中生长繁殖的微生物称为厌气性微生物,一般生活在土壤深处和生物体内,如丙酮丁醇梭菌、巴氏菌、破伤风菌等。它们在氧化底物时利用某种有机物代替分子氧作为氧化剂,其反应产物是不完全的氧化产物。

许多既能好气生长、也能厌气生长的微生物称为兼性微生物,如固氮菌、大肠杆菌、链球菌、葡萄球菌等。一个典型的底物反应是葡萄糖的代谢,葡萄糖进入细胞内首先经糖酵解途径(EPM 途径)发生一系列反应生成丙酮酸,在缺氧时,丙酮酸生成乳酸菌或乙醇,供氧充足时,丙酮酸经氧化脱羧生成乙酰辅酶 A,继而进入三羧酸循环(Krebs 循环)进一步氧化成 H_2O 和 CO_2,并产生大量能。

(4)细胞能量的产生与转移

微生物反应所产生的能大部分转移为高能化合物。所谓高能化合物是指转移势能高的基团的化合物,其中以 ATP(三磷酸腺苷)最为重要,它不仅潜能高,而且是生物体能量转移的关键物质,直接参与各种代谢反应的能量转移。

3.微生物传感器

基于微生物为分子识别元件制成的传感器称为微生传感器。与酶传感器相比,微生物传感器具有价格便宜、性能稳定的优点,但其响应时间较长(数分钟),选择性较差。目前微生物传感器已成功地应用于发酵工业和环境检测中,例如测定江水及废水污染程度,在医学中可测量血清中微量氨基酸,有效地诊断尿毒症和糖尿病等。

微生物本身是具有生命活性的细胞,有各种生理机能,其主要机能是呼吸机能(O_2 的消耗)和新陈代谢机能(物质的合成与分解)。还有菌体内的复合酶、能量再生系统等。因此在不损坏微生物机能情况下,可将微生物用固定化技术固定在载体上可制成微生物敏感膜,而采用的载体一般是多孔醋酸纤维膜和胶原膜。微生物传感器从工作原理上可分为呼吸机能型和代谢机能型,其结构如图 4-9 所示。

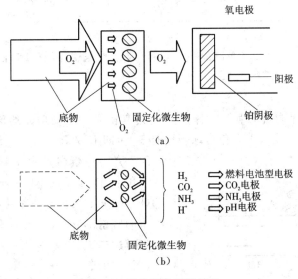

图 4-9　微生物传感器结构
(a)呼吸机能型　(b)代谢机能型

4.2.3 免疫学反应

免疫指机体对病原生物感染的抵抗能力。可区别为自然免疫和获得免疫。自然免疫是非特异性的,即能抵抗多种病原微生物的损害,如完整的皮肤、黏膜、吞噬细胞、补体、溶菌酶、干扰素等。获得性免疫一般是特异性的,在微生物等抗原物质刺激后形成的,如免疫球蛋白等,并能与该抗原发生特异性反应。

上述各种免疫过程中,抗原与抗体的反应是最基本的反应。

1. 抗原

抗原(antigen,Ag)是能够刺激动物机体产生免疫反应的物质,但从广义的生物学观点看,凡是具有引起免疫反应性能的物质均可称为抗原。抗原有两种性能:刺激机体产生免疫应答反应;与相应免疫反应产物发生特异性结合反应。前一种性能称为免疫原性(immunogenicity),后一种性能称为反应原性(reactionogenicity)。具有免疫原性的抗原是完全抗原(complete antigen)。那些只有反应原性,不刺激免疫应答反应的称为半抗原(hapten)。

按抗原物质来源可分为3类:天然抗原(来源于微生物或动植物,包括细菌、病毒、血细胞、花粉、可溶性抗原毒素、类毒素、血清蛋白、蛋白质、糖蛋白、脂蛋白等),人工抗原(经化学或其他方法变性的天然抗原,如碘化蛋白、偶氮蛋白和半抗原结合蛋白),合成抗原(为化学合成的多肽分子)。

抗原决定簇(antigen determinant)为抗原分子表面的特殊化学基团,抗原的特异性取决于抗原决定簇的性质、数目和空间排列。不同种系的动物血清蛋白因其末端的氨基酸排列不同,表现出各自的种属特异性,如表4-3所示。

表4-3 抗原决定簇的种属特异性

种 属	—NH₂末端(N端)	—COOH末端(C端)
人	天冬酰胺、丙氨酸	甘氨酸、缬氨酸、丙氨酸、亮氨酸
马	天冬酰胺、苏氨酸	缬氨酸、丝氨酸、亮氨酸、丙氨酸
兔	天冬酰胺	亮氨酸、丙氨酸

一种抗原常具有一个以上的抗原决定簇,如牛血清蛋白有 14 个,甲状腺球蛋白有 40 个。

2. 抗体

抗体(antibody)是由抗原刺激机体产生的具有特异性免疫功能的球蛋白,又称免疫球蛋白(immunoglobulin,Ig),人类免疫球蛋白有 5 类,即 IgG、IgM、IgA、IgD 和 IgE。

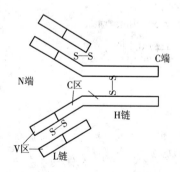

图 4-10 免疫球蛋白(Ig)结构模式图

免疫球蛋白是由 1 到几个单体组成,每一单位有两条相同的分子量较大的重链(heavy chain,H 链)和两条相同分子量的较小的轻链(light chain,L 链)组成,链与链之间通过二硫链(—S—S—)及非共价键相连接(图 4-10)。

3. 抗原—抗体反应

抗原—抗体结合时将发生凝聚、沉淀、溶解反应和促进吞噬抗原颗粒的作用。

抗体与抗原的特异性结合点位于 Fab L链及 H 链的高变区,又称抗体活性中心,其构型取决于抗原决定簇的空间位置,两者可形成互补性构型。在溶液中,抗原和抗体两个分子的表面电荷与介质中离子形成双层离子云,内层和外层之间的电荷密度形成静电位和分子间引力。由于这种引力仅在近距离上发生作用,抗原与抗体分子结合时对位应十分准确,这种准确对位由两个条件决定:①结合部位的形状要互补于抗原的形状;②抗体活性中心带有与抗原决定簇相反的电荷。然而,抗体的特异性是相对的,表现在两个方面:部分抗体不完全与抗原决定簇相对应。如鸡白蛋白的抗体可与其他鸟类白蛋白发生反应,这种现象称为交叉反应,交叉反应与同源性抗原反应有显著差异;即便是针对某一类抗原的抗体,本身化学结构也不一致。

抗原与抗体结合尽管是稳固的,但也是可逆的。调节溶液的 pH 或离子浓度,可以促进可逆反应。某些酶能促使逆反应,抗原－抗体复合物解离时,均保持自己本来的特性。如用生理盐水把毒素—抗毒素的中性混合物稀释 100 倍时,所得到的液体仍有毒性,该复合物能在体内解离而导致中毒。

4. 免疫分析

免疫分析是一种利用抗体作为待测抗原(通常为被分析物)的主要结合试剂进行定量分析的方法。免疫分析的最终结果通常是研究抗体－抗原之间的结合,以及游离抗原与抗原－抗体复合物之间的识别。所有的免疫分析均基于测定识别位点的结合率,即测定结合位点数或间接测定未结合位点数。

免疫基本原理是竞争抑制原理,其实质是抗原－抗体竞争结合反应。

$$Ag + Ab \underset{K_2}{\overset{K_1}{\rightleftharpoons}} Ag-Ab \quad K = \frac{K_1}{K_2} = \frac{K_1'}{K_2'} = \frac{[Ag-Ab]}{[Ag][Ab]} = \frac{[Ag^*-Ab]}{[Ag^*][Ab]}$$

$$+$$
$$Ag^*$$
$$K_2' \Big\updownarrow K_1'$$
$$Ag^*-Ab$$

Ag^*:标记抗原;Ag:未标记抗原;Ab:特异抗体;Ag^*-Ab:标记抗原－抗体结合物,$Ag-Ab$ 代表未标记抗原－抗体结物;K:平衡常数$(K = K_1K_2)$。

抗原－抗体反应须满足如下条件:Ag^* 与 Ag(待测物)必须是相同的生物活性物质;所加 Ag^* 和 Ab 的量应是固定的;Ag^* 与 Ag 的量之和应大于 Ab 的结合位点;Ag^*、Ag 及 Ab 须处在同一反应体系中。

抗原－抗体反应的特点如下。

(1)特异性

一种抗原分子只能与由它刺激产生的抗体发生特异性结合反应。抗原的特异性主要取决于抗原决定簇(Cluster)的数量、性质及立体构型;抗体的特异性则取决于抗原结合段(fragment of antigen binding,Ig_{Fab})与相应抗原决定簇的结合能力。

交叉反应(cross reaction)是指结构相近似的其他药物或化合物与抗体的结合。

(2)可逆性

抗原与抗体的特异性结合是由于两者的分子结构及立体构型相互吻合,它仅发生在分子的表面,并依靠抗原－抗体分子间的静电力作用、疏水作用、氢键作用及范德华引力等而存在。可逆反应则是改变反应条件就可使结合物发生水解。

(3)最适比例性

抗原与抗体的结合反应具有一定的量比关系。只有当抗原与抗体两者的分子比例合适时,才能发生最强的结合反应,以免疫沉淀反应为例,如图 4-11 所示。

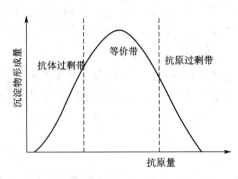

图 4-11 抗原－抗体最适比例示意图

免疫分析方法包括如下几种。

(1)沉淀法

免疫沉淀反应(immunoprecipitation reaction)指可溶性抗原与相应抗体在适当条件下发生特异性结合而出现的沉淀现象。

沉淀反应分为两个阶段:第一个阶段,抗原抗体特异性结合,快速但不可见;第二个阶段,形成肉眼可见的大的免疫复合物。

免疫沉淀试验可分为两类:第一类,液体内沉淀试验,即环状沉淀试验、絮状沉淀试验及免疫浊度测定;第二类,凝胶内沉淀试验,即免疫扩散试验和免疫电泳技术。

(2)放射免疫分析法

同位素放射免疫分析测定的基本原理是建立在标记抗原(Ag^*)和非标记抗原(Ag)对特异性抗体(Ab)的竞争性抑制反应。由于标记抗原和非标记抗原的免疫原性完全相同,故与特异性抗体具有相同的亲和能力。竞争抑制反应过程通常用下式表示:

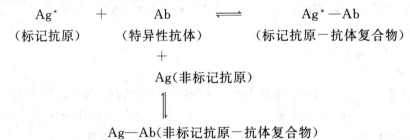

上述反应表明,标记抗原(Ag^*)和非标记抗原(Ag)竞争性地与特异性抗体(Ab)相结合,分别形成 $Ag^* - Ab$ 和 $Ag - Ab$ 两种不同的复合物,反应一定时间后得到的产物保持可逆的动态平衡。其特点如下。

①灵敏度高,其最小检测值可达 ng 至 pg 水平。

②特异性强,由于抗原抗体反应的高度特异性,该方法具有很强的特异性,不需要对样品进行提纯即可直接测定。

③重复性和准确性好,快速简便,免除了烦琐的化学提纯步骤。

④药盒种类多,标本和试剂用量少,测定方法易于规范化和自动化等。

(3)荧光免疫测定技术

荧光免疫测定技术是将试剂抗原或试剂抗体用荧光素进行标记,试剂与标本中相应的抗体或抗原反应后,测定复合物中的荧光素,这种免疫技术,称为免疫荧光素技术。

①直接法,荧光素标记的特异性抗体直接与相应抗原反应,如图 4-12 所示。

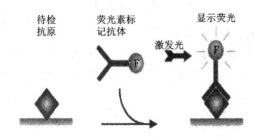

图 4-12　直接荧光抗体染色法示意图

②间接法,特异性抗体与相应抗原反应,荧光素标记的抗抗体再与第一抗体结合,如图 4-13 所示。

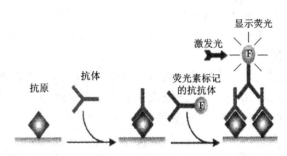

图 4-13　间接荧光抗体染色法示意图

(4)酶联免疫吸附测定(enzyme-linked immunosorbent assay,ELISA)

以待测抗原(或抗体)与酶标抗体(或抗原)的特异结合反应为基础,通过酶活力测定抗原(或抗体)含量。因为结合了免疫反应和酶催化反应,所以是一种特异而又敏感的技术。

先将已知的抗体或抗原结合在某种固相载体上,并保持其免疫活性。测定时,将待检标本和酶标抗原或抗体按不同步骤与固相载体表面吸附的抗体或抗原发生反应。用洗涤的方法分离抗原抗体复合物和游离成分。然后加入酶的作用底物催化显色,进行定性或定量测定。根据检测目的和操作步骤不同,有间接法、双抗体夹心法、竞争法 3 种类型的常用方法。

①间接法。此法是测定抗体最常用的方法。将已知抗原吸附于固相载体,加入待检标本(含相应抗体)与之结合。洗涤后,加入酶标抗球蛋白抗体(酶标抗抗体)和底物进行测定。

②双抗体夹心法。此法常用于测定抗原,将已知抗体吸附于固相载体,加入待检标本(含相应抗原)与之结合。温育后洗涤,加入酶标抗体和底物进行测定。

③竞争法。此法可用于抗原和半抗原的定量测定,也可用于测定抗体。以测定抗原为例,将抗原吸附于固相载体,加入待测抗原和一定量特异性抗体,使固相抗原与待测抗原二者竞争与抗体结合,之后经过洗涤分离,最后结合于固相的抗体与待测抗原含量呈负相关。

4.2.4　核酸与核酸反应

1.核酸组成与结构

(1)核酸的组成

核酸是所有生命体的遗传信息分子,包括脱氧核糖核酸(deoxyribonucleic acid,DNA)和核糖核酸(ribonucleic acid,RNA)。两类核酸均是由单核苷酸(nucleotide)组成的多聚物。核酸分子中的核苷酸序列组成密码,其功能是贮存和传输遗传信息,引导各种类型蛋白质的合成。

单核苷酸的组成包括以下 3 部分。

①嘧啶(pyrimidine)和嘌呤(purine),均含有氮碱基,通常简称碱基(base)。嘧啶含有一个环,共有三种,尿嘧啶(U)、胸腺嘧啶(T)和胞嘧啶(C);嘌呤含有两个环:腺嘌呤(A)和鸟嘌呤(G)。

②五碳糖(脱氧核糖和核糖)。

③1~3 个磷酸基团。

(2)DNA 结构

DNA 的一级结构指脱氧核苷酸在长链上的排列顺序。DNA 的二级结构为双螺旋链。由两条反向平行的脱氧多核苷酸链围绕同一中心轴构成。两股单链"糖—磷酸"构成骨架,居双螺旋外侧;碱基位于双螺旋内侧,并与中心轴垂直。双螺旋上有两个沟:大沟和小沟。每圈螺旋含 10 个核苷酸残基。螺距为 3.4 nm,直径为 2 nm。碱基配对规则为 A 与 T、C 与 G,从而构成互补双链。

维持 DNA 双螺旋结构的稳定因素主要是 3 种分子内力:分子内部碱基之间配对所形成的氢键(如果碱基对达到 10 个以上,氢键能够形成稳定的结构);碱基堆积力,属于范德华力,特别是彼此十分靠近的碱基上原子;分子内部碱基对之间的疏水键。

在上述 3 种力中,氢键的贡献最大,而氮碱基主要为非极性,它们紧密堆积,将水分子排除,使 DNA 双螺旋分子内部为非极性环境。上述 DNA 双螺旋二级结构是天然 DNA 分子的主要存在形式,称为 B 型。此外还发现 A 型、C 型和 Z 型。不同构象只是螺距、直径、每圈含有的碱基数目不同,其中 Z 型为左旋。

(3)RNA 结构

RNA 在细胞中主要以单链形式存在,但 RNA 片段也可能暂时形成双螺旋,或自折叠成双螺旋区域。这种自折叠结构常常比 RNA 的核苷酸序列具有更加重要的功能,尤其是非编码 RNA,如核糖体 RNA。

2.DNA 变性

DNA 会发生变性(denature)。在低温,自由能为正,DNA 分子中的变性组分少。当温度升高时,氢键和其他分子间力被搅乱,自由能下降,直到两条链分离和松散,称为解链(melting),如图 4-14 所示。

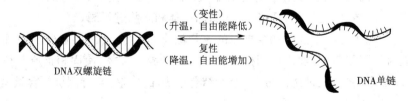

图 4-14　DNA 变性和复性

图 4-15 为 DNA 分子变性过程中的增色效应。当溶液光吸收强度增加一半时,所对应的温度称为解链温度(melting temperature),用 T_m 表示。T_m 是各种 DNA 重要的特征常数,既可以实验测得,也可以根据碱基组成计算获得,在实际中有广泛的用途。

3.核酸分子杂交

分子杂交(molecular hybridization)是利用分子之间互补性(complementarity)对靶分子(target molecule)进行鉴别的方法。互补性具有序列特异性或形态特异性,它使两个分子彼此间结合。结合的形式包括 DNA－DNA、DNA－RNA、RNA－RNA 和蛋白质－蛋白质(抗体)。其中 DNA－DNA 是应用最多的一种核酸杂交形式。

DNA 杂交具有广泛的用途,如可以测定一个限制性 DNA 片段的分子量、不同样品中相对含量、杂交测序、复杂基质中靶 DNA 的定位等。在生物传感器和生物芯片中也常常采用。

4.核酸功能

（1）DNA 功能

DNA 是遗传信息的载体,其所携带的信息不仅是安全可靠的,还可以读取和利用,并代代稳定

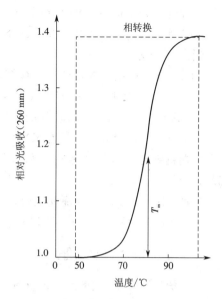

图 4-15　DNA 变性曲线

相传。DNA 通过 3 个反应实现上述功能:自我复制(self replication)、自我修复(self repair)和转录(transcription)成 mRNA,并随后被翻译(translation)成蛋白质。

DNA 自我复制发生在细胞分裂之前,有 3 个步骤:

①在螺旋酶(helicase)的作用下,一部分双链被打开;

②DNA 聚合酶与 DNA 的一条链结合,并沿 3′端至 5′端移动,利用该链为模版,合成一段核酸引导链(leading strand),该链重新形成双螺旋链;

③由于 DNA 合成只能按 5′端至 3′端方向进行,另一个 DNA 聚合酶也同时与另一条单链结合,并进行 DNA 片段的合成,且有连接酶将这些片段连接起来,形成滞后链(lagging strand)。

上述过程形成两个完全一样的 DNA 分子,称为复制(replication)。复制的 DNA 分子被均等地分配到两个子细胞,使它们具有完全相同的遗传学信息。DNA 分子的每一条链都是一个模板,所合成的链称为互补(complementary)链。该模型称为半保留模型(semiconservative),即每个新的 DNA 分子中有一半是原有的,另一半是新合成的。

转录过程是将 DNA 所携带的遗传信息拷贝到短寿命的信使 RNA(mRNA)上。其步骤如下:

①DNA 被转录部分解螺旋,RNA 聚合酶与一条 DNA 的一条单链结合,该结合部位称为启动子区域(promoter region);

②RNA 聚合酶以所结合的 DNA 链为模板,合成延伸一段序列互补的 RNA 链;

③完成合成的 RNA 脱离 RNA 聚合酶/DNA 复合物,并进入细胞质开始参与翻译。

在原核细胞中,DNA 中一般不含有内含子(intron),所转录的 mRNA 可以直接参与蛋白质翻译过程。而在真核细胞中,基因组中含有大量内含子,它们插入在基因中间,功能还不太清楚,但在 RNA 合成时被同时转录下来,要经过后续拼接才能进入蛋白质翻译程序。

（2）RNA 功能

RNA 有信使 RNA(mRNA)、转移 RNA(tRNA)、核糖体 RNA(rRNA)三种类型,以及

新近发现的小分子核内 RNA(snRNA)。其作用如下。

mRNA 将 DNA 所含的信息转录下来并来到蛋白质翻译机器(核糖体),在此它将直接指导蛋白质合成。

rRNA 是蛋白质合成机器——核糖体结构的一部分。真核生物含有 4 种 rRNA,按沉降系数分为 18s rRNA、5.8s rRNA、28s rRNA 和 5s rRNA。

tRNA 直接将 mRNA 所转录的 DNA 信息解码成蛋白质的氨基酸序列。

snRNA 发现于细胞核中,在 RNA 拼接(splicing,即除掉 RNA 的内含子)、维持染色体末端或端粒稳定性等方面发挥重要作用,它们总是与特殊的蛋白质形成复合物(RNA/protein complex)。

各种 RNA 分子之间精确地配合,协调完成 DNA 信息的转录、拼接、传递和翻译,在遗传学信息到实际功能转变的一系列反应中发挥关键作用。

4.2.5 催化抗体(抗体酶)

抗体酶(abzymes)是抗体(antibody)和酶(enzyme)的复合词,或称催化抗体(catalytic antibody),是具有催化活性的单克隆抗体。

为了区分天然的抗体酶和抗过渡态类似物的抗体酶,通常将前者称为抗体酶,后者称为合成抗体酶。抗体酶具有如下主要优点:

①与自发反应相比,催化速度可以提高几百倍。

②扩大了酶的催化范围,有许多化学反应还没有已知的酶能够催化,而利用产生抗体酶的策略有可能获得其抗体酶。

③将类似于酶的辅因子引入到抗体结合部位,将能扩大抗体催化反应类型范围。

④抗体酶比较容易进行人工定向加工。

4.2.6 催化性核酸

(1)催化性 RNA

催化性 RNA 又称为 RNA 酶(RNA enzyme)、核酶(ribozyme)、催化 RNA(catalytic RNA)等,统称为催化性 RNA,它们均属于反义 RNA(antisense RNA)。

催化性 RNA 具有较弱的裂解和连接酶活性,其催化具有 RNA 序列选择性。这种选择性由在靶 RNA 被剪切位点附近的核苷酸和催化性 RNA 核苷酸的 Watson－Crick 碱基配对所决定,包括顺式剪切(cis-cleaving)和反式剪切(trans-cleaving)。将催化 RNA 的催化域(catalytic domain)分离,粘接上反义 RNA 识别臂能够形成反剪切,即为分子工程(molecular engineering)改造。

(2)催化性 DNA

催化性 DNA(catalytic DNA)也称为脱氧核酶(deoxyribozyme)和 DNA 酶(DNA enzyme 或 DNAzyme)。

催化性 DNA 的作用机制与催化性 RNA 类似,具有如下基本性质:

①二级结构类似于锤头结构,含有结合臂和催化环;

②酶—底物复合物为顺式结合,剪切反应为反式;

③以 2 价金属离子为辅基,镁离子的效率比较高;

④催化速度比自然反应速率快几个数量级,如以镁离子为辅基,"10～23"DNA 酶对

RNA 的剪切速率比未催化反应高 10^5 倍；

⑤催化速率具有底物序列依赖性；

⑥催化性 DNA 能够对任何序列的 RNA 进行剪切。

4.2.7 膜及其固定技术

生物学反应均在一种称之为膜的表面或中间进行的，没有生物功能膜就不称其为生物传感器。反应过程即识别过程。生物传感器的性能决定于分子识别部分的生物敏感膜和信号转换部分的变换器。在这两部分中，尤以前者是生物传感器的关键部分。这里所谈及的不是天然的生物膜，而是由人工制造的，是通过一种固定化技术把识别物固定在某些材料中，形成具有识别被测物质功能的人工膜，称为生物敏感膜（biosensitive membrane）。生物敏感膜是基于伴有物理与化学变化的生化反应分子识别膜，研究生物传感器的主要任务即是研究这种膜元件。

固定化的首要目的是将酶等生物活性物质限制在一定的结构空间内，但又不妨碍底物的自由扩散及反应。制成的这种生物敏感膜应该具有可用以分析底物、能重复使用、分析操作简单、不再需要其他试剂、对样品量要求小等特点。

固相生物材料具有一系列优点：热稳性高；可重复使用；不需要在反应后进行催化物质与反应物质的分离；可以根据已知的半衰期（half-life）确定传感器膜的寿命；能够避免外源微生物对生物功能物质的污染和降解（decay）等。

传感器的生物功能膜必须具备以下性质：即便是非稳定的分子识别元件亦能重复使用；能直接进行底物分析；分析操作简单；样品量要求小；除了缓冲液以外，一般不需其他试剂；对样品的浊度和颜色无要求；可连续自动测定。

近年来固定化技术发展很快。通常固定化方法分为如下几种。

（1）夹心法（sandwich）

将生物活性材料封闭在双层滤膜之间，形象地称为夹心法，如图 4-16（a）所示。依生物材料的不同而选择各种孔径的滤膜（见表 4-4）。

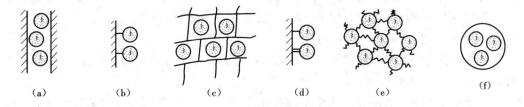

（a）　　　（b）　　　（c）　　　（d）　　　（e）　　　（f）

图 4-16　酶的固定化技术

（a）夹心法　（b）吸附法　（c）包埋法　（d）共价结合法　（e）交联法　（f）微胶囊法

表 4-4　滤膜的选择

生物组分	膜孔径	膜类型
酶	$0.001\sim0.3\ \mu m$	超滤膜、透析膜
组织	$0.5\sim10\ \mu m$	微滤膜
微生物	$0.05\sim10\ \mu m$	微滤膜

这种方法的特点是操作简单，不需要任何化学处理，固定生物量大，响应速度较快，重现

较好,尤其适用于微生物和组织膜制作。商品 BOD 传感器的膜即用这种方法制作的。但是用于酶膜制作时稳定性较差。

（2）吸附法（adsorption）

吸附法是用非水溶性载体物理吸附或离子结合,使蛋白质分子固定化的方法,如图 4-16(b)所示。载体种类繁多,如活性炭、高岭土、羟基石灰石、铝粉、硅胶、玻璃、胶原、磷酸钙凝胶、纤维素和离子交换体(如 DEAE 纤维素,DEAE 葡聚糖以及各种树脂)等。

蛋白质分子与载体的结合是靠氢键、盐键、范德华力、离子键等。吸附的牢固程度与溶液的 pH、离子强度、温度、溶剂性质和种类以及酶浓度有关,所以,为了得到最好的吸附并保持最高的活性,控制实验条件十分重要。近年来发现塑料薄膜亦是一种良好的吸附载体,利用聚氯乙烯膜(PVC)可以吸附可观的蛋白质量(表 4-5),PVC 酶膜已经用于肝功能的测定。

表 4-5 "湿"PVC 膜吸附的蛋白质

蛋白质分子	相对分子质量	溶剂	pH	吸附量/$(\mu g/cm^2)$
白蛋白	450 00	水	7.0	64.5
血红蛋白	680 00	水	7.0	101
γ—球蛋白	156 000	水	7.0	122
血纤维蛋白质	400 000	水	7.0	198
尿酸酶	120 000	硼酸	8.5	75.7
脲酶	480 000	磷酸盐	7.0	88.6
葡萄糖氧化酶	186 000	磷酸盐	5.6	69.9

吸附法主要用于制备酶和免疫膜,吸附过程一般不需要化学试剂,对蛋白质分子活性影响较小,但蛋白质分子容易脱落,特别在环境条件改变时。故常与其他固定化方法结合使用,如吸附交联法。

（3）包埋法（entrapping method）

将酶分子或细胞包埋并固定在高分子聚合物三维空间网状结构基质中即为包埋法,如图 4-16(c)所示。包埋法的特点是一般不产生化学修饰,对生物分子活性影响较小,膜的孔径和几何形状可任意控制,被包埋物不易渗漏,底物分子可以在膜中任意扩散。缺点是分子过大的底物在凝胶网格内扩散较困难,因此不适合大分子底物的测定。

（4）共价结合法（covalent binding）

使生物活性分子通过共价键与不溶性载体结合而固定的方法称共价结合法,或称载体结合法,如图 4-16(d)所示。

蛋白质分子中能与载体形成共价键的基团有游离氨基、羧基、巯基、酚基和羟基等。载体包括无机载体和有机载体。有机载体如纤维素及其衍生物、葡聚糖、琼脂粉、骨胶原等,无机载体使用较少,主要有多孔玻璃、石墨等。

根据酶与载体之间的结合形式可以有重氮法、肽键法、烷化法等,以重氮法较为常用。

共价连接法的特点是结合牢固,蛋白质分子不易脱落,载体不易被生物降解,使用寿命长;缺点是操作步骤较麻烦,酶活性可能因为发生化学修饰而降低,制备具有高活性的固定化酶比较困难。

共价结合法多用于酶膜和免疫分子膜的制作,通常要求在低温(0 ℃)、低离子强度和生理 pH 条件下操作,并常常加入酶的底物以防止酶的活性部位与载体发生键合。

（5）交联法（cross linking）

此法借助双功能试剂（bifunctional agents）使蛋白质结合到惰性载体或蛋白质分子彼此交联成网状结构，如图 4-16（e）所示。

交联法广泛用于酶膜和免疫分子膜制备，操作简单，结合牢固，在酶源较困难时常常需要加入数倍于酶的惰性蛋白质作为基质。本法存在的问题是在进行固定化时需严格控制 pH，交联剂浓度应小心调整，否则易使蛋白质中毒。在交联反应中，酶分子将会部分失活。

（6）微胶囊法（micro-encapsulation）

微胶囊法主要采用脂质体（liposome）包埋生物活性材料或指示分子。脂质体是由脂质双分子层组成的内部为水相的闭合囊泡，如图 4-16（f）所示。自 20 世纪 60 年代以来，一直作为细胞膜研究的人工模式系统，现广泛地作为药物分子载体用于治疗。脂质体技术制备材料通常为磷脂类。磷脂分子一端为亲水性，另一端为疏水性。从热力学角度分析，当与水结合时，最可取的结构方式是通过疏水相互作用自发地形成双分子层结构，立即分散形成各种大小混杂的囊泡结构，其中最多的是呈同心球壳的多层脂双层。经超声波处理，使囊泡结构变小并均匀化，直径为 25～50 nm，称为小单片层囊泡，即脂质体。该结构仅含单个双分子层。如果在水相中含有水溶性物质和脂溶性物质时，在脂质体形成的过程中，水溶性物质囊括在脂质体内水相，而脂溶性物质会镶嵌在脂质双分子层中。如果将水溶性生物活性材料或指示分子包入脂质体，而待测样品中含有脂溶性物质（如胆固醇），则它们可与脂质体的磷脂双分子层互溶，使磷脂双分子膜部分遭受破坏，脂质体内包埋的指示分子发生泄漏，可以用于生物传感器的信号检测。利用该方法，将葡萄糖分子包埋在脂质体中，结合葡萄糖酶电极，测定蛇毒和短杆菌肽对脂质体的通透性的影响。

（7）L-B 膜技术

生物传感器的响应速度和响应活性是一对相互影响的因素。以酶传感器为例，一般情况下，随固定的酶量增大，响应活性相应增高，但酶量大时必使膜的厚度增加，从而造成响应速度减慢。近年来盛行研究用于活体测定的微型传感器，传感器的直径在微米级，生物膜的制作技术也必须与之相适应。于是一些学者将注意力转向朗格缪尔（Langmuir）—布洛杰特（Blodgett）（L-B）膜技术。

L-B 膜基本原理是许多生物分子，如脂质分子和一些蛋白质分子，在洁净的水表面展开后能形成水不溶性液态单分子膜，小心压缩表面积使液态膜逐渐过渡到成为一个分子厚度的拟固态膜，这种膜以技术的发明者 Langmuir 和 Blodgett 命名，称为 L-B 膜。

操作时对液相的纯度、pH 和温度有很高的要求。液相通常是纯水，操作压力通过计算机反馈系统调整。一旦制备好单分子膜，可以将膜转移到预备好的基片上。转移过程通过步进电机微米螺旋系统进行操作，基片在单分子膜与界面作起落运动，当基片第一次插入并抽出时便有一层单分子膜沉积在基片表面。

若要沉积 3 层单分子膜，就需作第二次起落运动（图 4-17），部分单分子膜被移出膜槽所引起的槽内压强变化由压力传感器和反馈装置进行自动压力补偿。

利用 L-B 膜技术制作酶膜主要有两个优点：酶膜可以制得很薄（数纳米厚），厚度和层数可以精确控制；可以获得高密度酶分子膜。由此可以协调响应速度和响应活性间的矛盾。

需要解决的特殊问题是酶分子多为水溶性，难以在水相中成膜，可能要设计更复杂的膜结构。如先将双功能试剂与酶分子轻度交联，使其能在水面悬浮展开，再施加压力形成单分子膜或者凭借脂质分子的双极性在脂质单分子层上嵌入酶蛋白分子膜制备 L-B 酶膜。

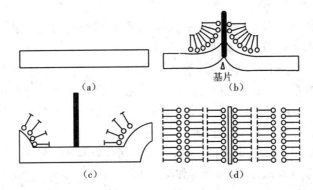

图 4-17　典型 L-B 膜的沉积过程

(a)单分子膜　(b)第一次抽出基片　(c)第二次插入基片　(d)第二次抽出基片

4.3　生物传感器原理及应用

4.3.1　酶传感器

酶传感器(enzyme sensor)是由固定化酶与传感元件两部分组成。由于酶是水溶性的物质,不能直接用于传感器,必须将其与适当的载体相结合,形成不溶于水的固定化酶膜。

常见的并达到实用化的一类酶传感器是酶电极。将酶膜设置在转换电极附近,被测物质在酶膜上发生催化反应后,生成电极活性物质,如 O_2、H_2O_2、NH_3 等,由电极测定反应中生成或消耗的电极活性物质,并将其转换为电信号,可有电流型和电位型两类电极。电流型是从与催化反应有关物质的电极反应所得的电流确定反应物质浓度。一般有氧电极、燃料电池型电极、H_2O_2 电极等。电位型通过测量敏感膜电位确定与催化反应有关的各种离子浓度。一般采用 NH_3 电极、CO_2 电极、H_2 电极等。酶电极的特性除与基础电极的特性有关外,还与酶的活性、底物浓度、酶膜厚度、pH 值和温度等有关。

1.酶电极原理

一种将酶与电化学传感器相连接的用来测量底物浓度的电极叫作酶电极(或称酶传感器)。按所用检测元件,它又可以分为离子选择性电极测电位和以克拉克型氧电极测电流两种方式。很多酶电极曾经用酶膜和离子选择性电极相结合构成。当底物与酶膜发生作用时,所产生的单价阳离子 H^+、NH_4^+ 等即为离子选择性电极所测得。这种测量电位型传感器消耗待测物较少,但在生物溶液中存在着其他离子时很容易被干扰。其电位值 E 可由 Nikolsky-Eisenmen 方程给出

$$E = K - \frac{2.303RT}{F}\lg(C_i + K_{ij}C_j) \tag{4-1}$$

式中　K——常数;

　　　T——绝对温度;

　　　F——电荷法拉第常数;

　　　R——气体常数;

　　　C_i——被测离子浓度;

　　　C_j——干扰离子浓度;

K_{ij}——选择性系数。

由式(4-1)可见,电极电位与待测物离子浓度的对数成线性关系。由此可定量地检测待测物的含量。迄今使用的电位计式酶电极主要以 H^+、NH_4^+ 电极为基础。

另一种酶电极采用测量电流的方式,如克拉克型氧电极、过氧化氢电极等。当工作电极相对于参考电极维持在一恒定的极化电压时测量输出电流。工作电极通常是惰性金属,但也有采用碳的。浸透性甘汞电极(SCE)或 Ag/AgCl 电极为参考电极。当工作电极表面上电活性物质还原或氧化时产生电流,该电流可由式(4-2)给出

$$i = nFAf \tag{4-2}$$

式中　n——分子量;

　　　F——电荷法拉第常数;

　　　A——电极面积;

　　　f——电活性物质到电极的流通量。

在适当的极化电压下,电极产生电流——极限电流。它与极化电压无关,而与活性物质的浓度成线性关系。

酶传感器的基本构成如图 4-18 所示。

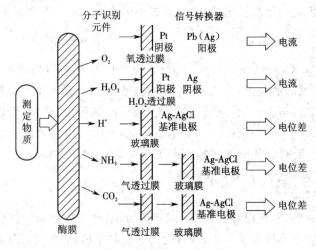

图 4-18　酶传感器的基本构成

2.酶传感器的应用

(1)葡萄糖酶传感器

葡萄糖氧化酶是研究最早、最成熟的酶电极。它是由葡萄糖氧化酶(GOD)膜和电化学电极组成的。当葡萄糖($C_6H_{12}O_6$)溶液与氧化酶接触时,葡萄糖发生氧化反应,消耗氧而生成葡萄糖酸内酯($C_6H_{10}O_6$)和过氧化氢(H_2O_2)。其反应过程为

$$C_6H_{12}O_6 + O_2 \xrightarrow{GOD} C_6H_{10}O_6 + H_2O_2 \tag{4-3}$$

依据反应中消耗的氧、生成的葡萄糖酸内酯及过氧化氢的量,可以用氧电极、pH 电极及 H_2O_2 电极测定,从而测得葡萄糖浓度。

酶电极的结构如图 4-19 所示。其敏感膜为葡萄糖氧化酶,它固定在聚乙烯酰胺凝胶上;转换电极为 Clark 氧电极(铂电极),其阴极上覆盖一层透氧聚四氟乙烯膜。反应过程中消耗氧气。具体是在氧电极附近的氧气量由于酶促反应而减少,氧分子在铂阴极上得电子,

被还原。反应如下：

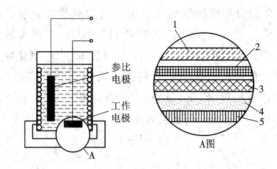

1—铂阴极 2—聚四氟乙烯膜 3—固定化酶膜 4—非对称半透膜多孔层 5—半透膜致密层

图 4-19　一种葡萄糖酶电极结构

$$O_2 + 2H_2O + 4e \longrightarrow 4OH^-$$

在施加一定电位情况下，氧电极的还原电流减小，通过测量电流值变化即可确定葡萄糖浓度。

（2）乳酸酶传感器

乳酸酶传感器也是一种酶传感器，已经有成熟的商品仪器。其酶促反应如下：

$$CH_3CHOHCOO^-（乳酸根）+ O_2 \xrightarrow{\text{乳酸单氧化酶}} CH_3COO^-（醋酸根）+ CO_2 + H_2O_2$$

$$CH_3CHOHCOO^-（乳酸根）+ O_2 \xrightarrow{\text{乳酸氧化酶}} CH_3COO^-（醋酸根）+ H_2O_2$$

因此，通过测量氧的消耗，CO_2 或者 H_2O_2 生成量即可测量乳酸盐含量。乳酸酶电极将已预活化的免疫亲和膜与乳酸氧化酶（LOD）直接结合，然后固定在铂阳极上。Ag-AgCl 电极为参比电极，在 0.6 V 工作电压下，测量电流变化，并以黄素腺嘌呤二核苷酸二钠盐为辅酶，将 $MgCl_2$ 作为激活剂。乳酸盐的检测范围为 $2.5 \times 10^{-7} \sim 2.5 \times 10^{-4}\,mol/L$，响应时间小于 2 min，常规测量中变异系数为 $1\% \sim 3\%$。

（3）尿素酶传感器

在医学临床检查中，分析患者的血清和体液中的尿素在肾功能的诊断中很重要。对于慢性肾功能衰竭的患者进行人工透析，在确定的透析时间后，需要进行尿素的定量分析。

尿素酶对尿素的水解催化作用按下式进行：

$$(NH_2)_2CO + 2H_2O + H^+ \xrightarrow{\text{尿素酶}} 2NH_4^+ + HCO_3^-$$

利用这种反应已制成多种尿素传感器。例如，用一阶阳离子电极直接测定尿素—尿素酶反应生成的氨离子。因为生成的氨离子加入氢氧化钠使 pH 值≥11 时形成氨气，所以有的用氨气电极进行测量，也有的用空气隙型氨气电极进行测量。尿素—尿素酶反应时消耗溶液中的 H^+，故可用通过玻璃电极检测反应前后的 pH 变化进行测量。还有的用检测氨气的 Pd-MOSFET 和尿素酶组成的器件进行测量。

近年来出现一种尿素场效应晶体管，其原理是用离子敏感性场效应晶体管（ISFET）检测尿素酶反应时溶液 pH 发生的变化。一种用交流电导转换器的尿素生物传感器，其工作原理如下：

$$H_2NCONH_2 + 3H_2O \xrightarrow{\text{尿素酶}} 2NH_4^+ + HCO_3^- + OH^-$$

经过尿素酶（脲酶）催化反应后生成了较多的离子，导致溶液电导增加，然后用铂电极作电导转换器,将制成的尿素酶固定在电极表面。在每组电极间施加一个等幅振荡正弦电压(1 kHz,10 mV)信号,引导产生交变电流,经整流滤波得到的直流信号与溶液的电导成正比,由此可知尿素的含量。

4.3.2 免疫传感器

免疫指机体对病原生物感染的抵抗能力。免疫传感器就是基于抗原—抗体反应的高亲和性和分子识别的特点而制备的传感器,可选择性地检出蛋白质或肽等高分子物质。抗体被固定在膜上或固定在电极表面上,固定化的抗体识别和其对应的抗原形成稳定的复合体,同样会在膜上或电极表面形成抗原—抗体复合体。例如抗原在乙酰纤维素膜上进行固定化,由于蛋白质为双极性电解质(正负电极极性随 pH 而变),因此抗原固定化膜具有表面电荷,其膜电位随膜电荷变化。所以,根据抗体膜电位的变化,可测知抗体的附量。

1.免疫传感器的结构与分类

免疫传感器具有三元复合物的结构,即分子识别元件(感受器)、信号转换器(换能器)和电子放大器。在感受单元中抗体与抗原选择性结合产生的信号敏感地传送给分子识别元件,抗体与被分析物的亲和性具有高度的特异性。免疫传感器的优劣取决于抗体与待测物结合的选择性亲和力的高低。

例如,用心肌磷质胆固醇及磷质抗原固定在醋酸纤维膜上,可以对梅毒患者血清中的梅毒抗体产生有选择性反应,其结果使膜电位发生变化。图 4-20 所示为这种免疫传感器的结构原理。图中,2、3 两室间有固定化抗原膜,而 1、3 两室之间没有固定化抗原膜。在 1、2 两室注入 0.9%(质量分数)的生理盐水,当 3 室内倒入生理盐水时,1、2 室内电极间无相位差,若 3 室内注入含有抗体的生理盐水时,由于抗体和固定化抗原膜上的抗原相结合,使膜表面吸附特异抗体,而抗体是具有电荷的蛋白质,从而使抗原固定化膜带电状态发生变化,于是 1、2 室的电极之间产生电位差。

由检测抗体结合反应的两种基本方法,免疫传感器可分为非标记免疫传感器和标记免疫传感器两类,两者的组成分别如图 4-21(a)、(b)所示。

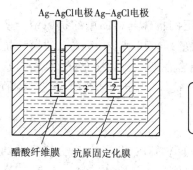

图 4-20 免疫传感器的结构原理

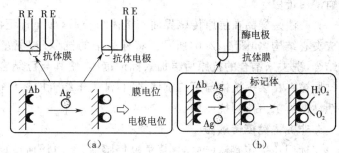

图 4-21 免疫传感器的组成
(a)非标记免疫传感器 (b)标记免疫传感器

2.标记免疫传感器

标记免疫传感器(也称间接免疫传感器)以酶、红细胞、核糖体、放射性同位素、稳定的游离基、金属、脂质体及噬菌体等为标记物。同时为了增大免疫传感器的灵敏度,使用标记酶对其进行化学放大。此类传感器的选择性依据抗体的识别功能,其灵敏度依赖于酶的放大作用,一个酶分子每半分钟可以使 $10^3 \sim 10^6$ 个底物分子转变为产物,因此,标记免疫传感器的灵敏度高。常利用的标记酶有过氧化氢酶或葡萄糖氧化酶。按其工作原理可以分为竞争法和夹心法两种,如图 4-22 所示。

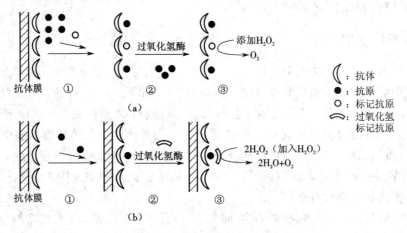

图 4-22 标记免疫传感器工作原理

(a)竞争法 (b)夹心法

竞争法用标记的抗原与样品中的抗原竞争结合传感界面的抗体,如图 4-21(a)所示。

在含有被测量对象的非标记抗原试液中,加入一定量的过氧化氢酶标记抗原(酶共价结合在抗原上)。标记抗原和非标记抗原在抗体膜表面上竞争并形成抗原—抗体复合体。然后洗涤抗体膜,除去未形成复合体的游离抗原,将洗涤后的传感器浸入过氧化氢溶液中,结合在抗体膜表面上的过氧化氢酶将催化过氧化氢分解:

$$H_2O_2 \xrightarrow{\text{过氧化氢酶}} H_2O + \frac{1}{2}O_2$$

生成的 O_2 向抗体膜的透氧膜扩散,在铂阴极上被还原,通过氧电极求得 O_2 量,进而可求得结合在膜上的标记酶量,若使标记酶抗原量一定,当非标记抗原量(被测对象)增加时,则结合在抗体膜上的酶标记抗原量将减少,O_2 的还原电流也减小。利用这种传感器可以测量人的血清白蛋白。

夹心法是样品在抗原传感界面与抗体结合后,加上标记的抗体与样品中的抗原结合便形成夹心结构,如图 4-22(b)所示。将样品中的抗原(被测量)与已固定在载体上的第一抗体结合,洗去未结合抗原后再加入标记抗体,使其与已结合在第一抗体上的抗原结合,这样抗原被夹在第一抗体与第二抗体之间,洗去未结合的标记抗体,测定已结合的标记抗体的酶活性即可求出待测抗原量。

3.非标记免疫传感器

非标记免疫传感器(也称直接免疫传感器)不用任何标记物,在抗体与其相应抗原识别结合时,会产生若干电化学或电学变化,从而导致相关参数,如介电常数、电导率、膜电位、离子通透性、离子浓度等的变化,检测其中一种参数变化便可测得免疫反应的发生以及被测量(抗原)的多少。

非标记免疫传感器按测量方法分两种:一种是把抗体或抗原固定在膜表面成为受体,测量免疫反应前后的膜电位变化,如图 4-23(a)所示;另一种是把抗体抗原固定在金属电极表面成为受体,然后测量伴随反应引起的电极电位变化,测定膜电位的电极与膜是分开的,如图 4-23(b)所示。

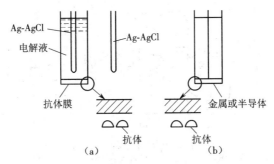

图 4-23　非标记免疫传感器测量方法
(a)固定抗体于膜表面测定方法　(b)固定抗体于金属电极表面测定方法

非标记免疫传感器的特点是不需额外试剂,仪器要求简单,操作容易,响应快。不足的是灵敏度较低,样品需求量较大,非特异性吸附会造成假阳性结果。非标记免疫传感器主要分为光学免疫传感器、压电免疫传感器和电化学免疫传感器。近年来开发出表面等离子共振型免疫传感器、石英晶体微天平型免疫传感器以及电容型免疫传感器。

4.3.3　微生物传感器

酶现在主要从微生物中提取精制而成。虽然它具有良好的催化作用,但其缺点是不稳定,在提取阶段容易丧失活性,而且精制成本很高。但是微生物具有巧妙利用其本体酶反应的复杂化学反应系统,所以可以考虑将微生物固定在膜上,并将它与电化学器件相结合构成微生物传感器。

微生物大致可分为好气微生物和厌气微生物。好气微生物的繁殖必须有氧,所以可以用呼吸活性追踪其活动状态,而氧的存在不适于厌气微生物的繁殖,因此可以用其代谢产物为指标追踪其活动状态。如前面所述的酶,因为是催化单一的反应,用其作传感器的分子识别元件时,其反应的分析也是单一的,可制成对被检测物质的选择性非常好的传感器。但微生物菌体中有多种酶参与生命活动的反应,其反应分析是极其复杂的。它用作分子识别元件时,为了提高传感器的选择性,可以直接利用细胞内的复合酶系、辅酶系和产生能量的系统等。微生物传感器是由微生物固定化膜和电化学器件组成的。为了使微生物元件化,需把微生物吸附在或包埋在高分子凝胶膜中使之固定。微生物多是在活的状态中作传感器元件,所以其固定方式一般利用混合的方法。从原理上可分为微生物呼吸活性为指标的微生物传感器(呼吸活性测定型)和以微生物代谢的电极活性物质(在电极上响应或反应的物质)为指标的微生物传感器(电极活性物质测定型)两种。

呼吸活性测定型微生物传感器是由微生物固定化膜和氧电极或二氧化碳电极所构成,如图 4-24 所示。将活的微生物吸附固定在多孔性醋酸纤维素膜上,再把此膜装在氧电极的透氧膜上即可制成微生物传感器。将这种微生物传感器浸入含有有机化合物的试样中,有机化合物则向微生物膜内扩散,为微生物所同化。微生物同化(摄取)有机化合物后,其呼吸性能增强。这种呼吸的变化可用微生物膜密接的氧电极测出。可见,微生物传感器是以同化有机物前后呼吸的变化量(用氧电极电流的差测定)为指标测定试样溶液中有机化合物浓度的传感器。

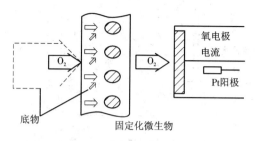

图 4-24 呼吸活性测定型微生物传感器

此外,当微生物同化有机物后要生成各种代谢产物,其中含有电极容易反应或敏感的物质(电极活性物质)。所以把固定化微生物和燃料电池型电极离子选择性电极或气体电极组合在一起,就可以构成电极活性物质测定型微生物传感器,如图 4-25 所示。将同化糖类或蛋白质等能够产生氢的"生氢菌"固定在高分子凝胶中,再将其装在燃料电池型电极的阳极上即可。燃料电池型电极是指以铂金为阳极,过氧化银(Ag_2O_2)为阴极,其间充有磷酸缓冲液(pH=7.0)所构成的,氢等电极活性物质在阳极上发生反应,则可得到电流的一种燃料电池。把这种微生物传感器浸入含有机化合物的溶液中,有机化合物扩散到凝胶膜中的生氢菌处被同化而产生氢。产生氢的电极向凝胶膜密接的电极的阳极扩散,在阳极被氧化。所以测得电流值和扩散的量成比例,因为氢生成量和试样溶液中的有机化合物浓度成比例,所以待测对象的有机化合物浓度即可用电流值测量。

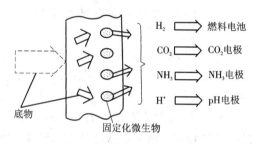

图 4-25 电极活性物质测定型微生物传感器

从分子识别元件的微生物膜所得到的信息变换成电信号的方式,可分为电流法和电位法两种。如用氧化极和燃料电池型电极等化学器件,测得的结果是电流值,即为电流测量法;如用阳离子电极式一氧化碳电极测得结果是电位法,则属于电位测量法。图 4-26 表示出了这两类传感器的结构。

图 4-26(a)中,将好氧性微生物固定化膜装在 Clark 氧电极上构成呼吸活性测定型微生物电极。把该电极插入含有可被同化的有机化合物样品溶液中,有机化合物向微生物固定化膜扩散而被微生物摄取(即同化)。这样,扩散到氧探头上的氧量相应减少,氧电极电流下降,故可间接求得被微生物同化的有机物浓度。图 4-26(b)所示为固定化微生物膜和燃料电池型电极构成的代谢物质测定型微生物传感器。把 H_2 产生菌固定在寒天凝胶膜上,并将膜安装在燃料电池型的 Pt 阳极上,以 Ag_2O_2 作为阴极,磷酸缓冲液为电解液。当传感器插入含被测有机物的试液中时,有机物被 H_2 产生菌同化生成 H_2,生成的 H_2 向阳极扩散,在阳极上被氧化,由此得到的电流值与电极反应产生的 H_2 量成正比。

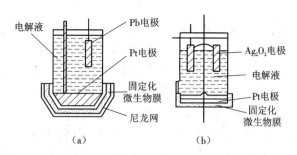

图 4-26 微生物传感器结构意图
(a)呼吸活性测定型 (b)代谢物质测定型

4.3.4 新型生物传感器简介

1.生物芯片检测技术

生物芯片(biochips)是随着 20 世纪 90 年代兴起的人类基因组计划发展起来的,它是一种微型化的生化分析仪器。广义生物芯片是指能对生物成分或生物分子进行快速并行处理和分析的固体薄形器件;狭义的生物芯片是指微阵列芯片,它通过平面微细加工技术在固体芯片表面构建微流体分析单元和系统,以实现对细胞、蛋白质、核酸以及其他生物化学组分准确、快速检测。在被分析样品中的生物分子与生物芯片的探针分子发生杂交或相互作用后,利用激光共聚焦显微扫描仪对杂交信号进行检测和分析。在此基础上发展的微流控芯片,则是将整个生化分析过程集成于芯片表面,从而实现对 DNA、RNA、多肽、蛋白质及其他生物成分进行高通量检测。它是将生命科学研究中所涉及的许多分析步骤在一块芯片上完成,利用微电子、微机械、化学、物理技术、传感器技术、计算机技术,使样品检测、分析过程连续化、集成化、微型化。

芯片分析的实质是在面积不大的基片表面上有序地排列一系列可寻址的识别分子点阵,在相同条件下进行结合或反应。反应结果用同位素法、化学荧光法、化学发光法或酶标法显示,然后用精密的扫描仪或 CCD 摄像技术记录。通过计算机软件分析,综合成可读的 IC 总信息,生物芯片分析过程如图 4-27 所示。

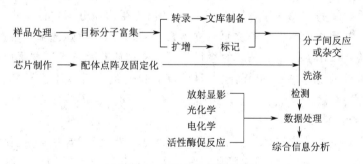

图 4-27 生物芯片分析步骤

生物芯片是由活性生物靶向物(如基因、蛋白质等)构成的微阵列(microarrays)。其概念来源于计算机芯片。生物芯片种类很多,有基因芯片、蛋白质芯片、芯片实验室、细胞芯片、组织芯片等。目前,基因芯片(或 DNA 芯片)和芯片实验室作为生物芯片的代表,已经走出实验室,开始产业化了。

（1）基因芯片

基因芯片是生物芯片中最基础的，也是研究开发最早、最为成熟和目前应用最广泛的产品。现在，基因芯片已被应用到生命科学众多的领域之中。它以其可同时、快速、准确地分析数以千计基因组信息的本领而显示出了巨大的威力。这些应用主要包括基因表达检测、寻找新基因、杂交测序、基因突变和多态性分析以及基因文库作图等方面。

基因芯片又称为寡核苷酸探针微阵列。它是借助定点固相合成技术或探针固定化技术，将一系列不同序列的寡核苷酸按阵列形式分别固定在固相载体上。载体可以是硅片、尼龙膜、玻璃片等。基因芯片的主要特点是一块芯片可以完成数百次常规测试，大大简化了测试过程，能在短时间内采集到大量的信息。基因芯片分析是利用 DNA 双链的互补碱基之间的氢键作用，让芯片上的探针分子与样品中的靶标核酸分子在相同条件下进行杂交反应，反应结果用化学荧光法、同位素法、化学发光法或酶标法显示，然后用精密的扫描仪或摄像技术记录，通过计算机软件分析处理，得到有价值的生物信息。

基因芯片是生物芯片研究中最先实现商品化的产品，目前市场上出现的生物芯片大多数是基因芯片，比较成熟的产品有检测基因突变和细胞内基因表达水平的 DNA 微阵列芯片。

（2）蛋白质芯片

蛋白质芯片以蛋白质代替 DNA 作为检测目的物，比基因芯片更进一步地接近生命活动的物质层面，因而有着比基因芯片更加直接的应用前景。

现在蛋白质芯片尚处于初试摸索阶段，但已展现了广阔的应用前景。Ciphergen 公司的蛋白质芯片能够从人体体液或组织中获取大量的微量蛋白质，以绘制捕获的蛋白质图谱。其第一代系统已经使用了多年，功效显著。他们预言："蛋白质芯片的使用将加速新疾病的生物标志化合物的发现以及特殊标记检测的发展。"

蛋白质芯片是生物芯片研制中极有挖掘潜力的一种芯片，因为它是从蛋白质水平了解和研究各种生命现象背后更为真实的情况。蛋白质本身固有的性质决定了它不能沿用 DNA 芯片的模式进行分析和检测。一方面是蛋白质不能采用 PCR 等扩增方法提高检测的灵敏度；另一方面是蛋白质与蛋白质之间的特异性作用主要体现在抗原-抗体反应或与受体的反应，但不像 DNA 之间具有序列的特异性，而只有专一性。所以蛋白质芯片分析本质上是利用蛋白质之间的亲和作用，对样品中存在的特定蛋白质分子进行检测。

由于蛋白质芯片技术不受限于抗原-抗体系统，因此能高效筛选基因表达产物，为研究受体-配体的相互作用提供了一条新的途径。同时蛋白质芯片技术还在蛋白质纯化和氨基酸序列测定领域显示出良好的应用前景。目前商品化的蛋白质芯片还不多。但可以预见，由于蛋白质芯片潜在的巨大经济效益，不久的将来商品化蛋白质芯片将大量投放市场。

（3）芯片实验室

芯片实验室是基因芯片技术和蛋白质芯片技术进一步完善和向整个生化分析系统领域拓展的结果，是生物芯片技术发展的更高阶段。由于芯片实验室是利用微加工技术浓缩整个芯片实验室所需的设备，化验、检测以及显示等均在一块芯片上完成，因此成本相对低廉，使用非常方便。在生命科学和医学研究中，对样品的分析通常包括 3 个典型步骤，即样品分离处理、生物化学反应、结果检测和分析。目前主要解决的技术问题是将 3 个步骤连续化、集成化，得到一个封闭式、全功能、微型化便携式实验室。芯片实验室在制造方面应用了微电子技术和半导体技术中的一些加工工艺。采用微加工技术的优点之一是能保证制造工艺的可靠性,同时也降低了生产成本。不久将会出现一种用过即弃的一次性芯片实验室。

芯片实验室技术相对于传统的生化分析技术而言具有许多优点:信号检测快,样品耗量低,稳定性高,没有交叉污染,制作容易,成本低。正因为芯片实验室形成了一个相对封闭的检测环境,从而使检测的适应温度、pH范围大大拓宽。

医药实验室中科学家要分析成千上万的天然化合物和合成化合物,以发现新药候选者。此外,医务人员能利用超微实验室进行临床诊断。微型实验室还可设计成类似妊娠试剂盒进行简单的诊断。

(4)生物芯片应用

生物芯片的应用正处在迅速发展中,并将在生活和生产的各个方面发挥越来越重要的作用,比如芯片测序、基因图谱绘制、基因表达分析、克隆选择、基因突变检测、遗传病和肿瘤诊断、微生物菌种鉴定及致病机制、药物研究、农林业、军事药学等。

①预防医学。生物芯片可应用于预防医学和新药开发。例如,血液过滤芯片可筛选出指定的红细胞、白细胞,将胎儿细胞从孕妇血液中分离出来,进行无创遗传学检测,较现在做羊水穿刺安全可靠得多。再如,针对感染、肿瘤、遗传病等不同的疾病,可进行细胞核内遗传物质的鉴定分析。生物芯片技术还可以用于临床治疗,例如已开发出在 4 mm² 的芯片上布满 400 根有药物的针管,定时定量为病人进行药物注射。

身体健康检查可完全由基因芯片实现。在操作中,只要在人体上取一滴血,放到仅有手指甲大小的一块芯片上,便可由计算机迅速自动诊断出被检者是否患有遗传病,以及其他可能存在的遗传缺陷,预测到未来若干年的健康会受到哪些威胁,以便采用相应的对策加以预防。

②急救芯片与植入人体芯片。科学家已经研制出一种可以携带的芯片,这种芯片能够依靠无线通信系统监测使用者的身体情况,在紧急时刻向医护中心发出求助信号。这种芯片可以像手表一样戴在人的手腕上。芯片有一根天线,可以通过现有的无线通信网络和全球定位系统向医院、服务中心发出请求。芯片能够连续监测使用者的多种重要身体状况信号,如脉搏、血压等,还能向医院或服务中心提供使用者所在地点的数据,以便医护人员寻找病人。

未来能够用于临床治疗的生物芯片将植入人体,这样可以清楚地显示出人体的基因变化信息,医生把基因变化趋势与疾病早期状况相对照,便能准确地判断癌症、心脑血管等疾病。通过及时的早期预防治疗,病人能够尽快地康复。此外,科学家还在考虑制作定时释放胰岛素治疗糖尿病的生物芯片微泵,以及可以植入心脏的芯片起搏器等。植入人体的芯片将生物传感技术、无线通信网络以及全球卫星定位技术(GPS)结合在一起,其工作原理是将体热转变为驱动力。因此,医生透过这种芯片,可在网上给病人治病,检查他们的血糖、心跳等人体机能。

③美国麻省理工学院的研究人员于2001年初发明了一种基因芯片,它能帮助科学家找到控制基因的开关,从而帮助人们读懂已经基本破译出的人类基因组图谱。基因开关又称基因激活器,可以控制基因在人体内发生作用。目前已知的基因激活器约有600种,但科学家们对这些基因开关控制着哪些基因、如何控制这些基因等还不清楚。找到控制基因的开关对癌症研究等具有重要意义。细胞繁殖处于失控状态时将引发癌症,而专家们认为,失控可能正是由于基因开关失效所致。目前,这种基因芯片能通过"劈"开DNA,再使用抗体的方法,帮助科学家们找到基因开关,进一步的功能正在研究开发中。

④生物芯片最大的应用领域可能是开发新药,目前已经有多家制药企业介入芯片的开发。由于存在个体差异,可以说没有一种药物可以适用于所有的病人。因此,根据每个人特有的基因型开发出其专用的药物,即个性化药物,将成为药物治疗学上的一次质的飞跃。这需要快速分析病人的多个基因,以确定用药方案,基因芯片技术将是最佳选择。

2.分子传感器

从传感器技术的最新进展可以发现,一方面传感器是沿着尺度逐渐变小,由常规传感器向微传感器,乃至纳米传感器的方向逐步深入。另一方面,则是沿着利用生物向仿生方向发展,将自然界经过千万年进化而来的传感方式引入到传感器的研究之中。同时,科学技术已进入分子时代,出现了诸如分子电子学、分子生物学等的分子科学。

分子传感器与一般传感器的组成、结构和功能是相似的,见图4-28。

图4-28 分子传感器的结构与组成

单分子传感器:这里指一个分子本身即具有传感器的结构和功能。它在一个分子内实现分子识别、信号产生(换能)和信号输出的功能。

由于迄今为止用光、电、磁、声等方法研究一个分子还难以做到,而且单个分子本身具有量子化的特性,无论从理论还是技术的角度,实现单分子传感器所面临的困难都是巨大的,有待于理论与实验技术的突破。

多分子传感器:这里指多个分子的集合体具有传感器的结构与功能。可以表现为多种分子组合和单种分子组合等。这种分子传感器具有以下两个特征。

①尺寸达到分子水平,即达到纳米级,$1\sim10^3$ nm范围内。这种情况下原子数达到10^3 $\sim10^9$个,分子量达到$10^4\sim10^{10}$道尔顿,此时可认为是热力学的最小体系。

②结构亦是由分子识别、信号产生、信号输出等组成,能够实现传感的功能。现在讨论的分子传感器主要是多分子传感器。

(1)分子信号产生

与其他分子器件不同,分子传感器不仅要求具有良好的分子识别功能,而且要求这种选择性的结果能够产生可检测的信号,从而测定某一特定底物的浓度。与一般的传感器不同,分子传感器的信号产生是在分子水平上产生的,只有彻底认识生物化学传感器信号产生的分子过程,才能实现分子传感器的信号产生。

某一特定底物浓度的化学信号被传感器前端的敏感膜转化为一种中介信号。中介信号的产生使化学信号中的噪声(其他物质)信号被过滤掉,得到具有较高信噪比的信号。这种信号进一步转换成为基体传感器可以检测的信号,基体传感器将这个信号接收并放大为电信号记录下来。这一系列信号产生与转换实现了传感器的传感功能。

信号产生这一概念实际上包括两个方面:信号生成,即对化学物质产生响应,产生中介信号;信号转换,即中介信号被转换成基体传感器所能检测的信号,由基体传感器转换成为电信号。

分子传感器的信号产生有3个层次:分子本身产生信号;分子集合体本身产生信号,多分子传感器是多个分子的集合体,因而也可以由这些分子集合体产生信号;分子传感器由于外界作用,如光照、加电压等而产生变化。如荧光剂产生信号,反射光谱改变产生信号等。对于分子传感器这种纳米器件,上述3种信号产生方式均是可行的。

从不同层次及不同方式研究分子传感器信号产生的方式,与宏观的信号产生有着巨大的差异,这也是分子传感器研究的关键。

(2)分子组装

生物体内许多分子是以高度有序的方式组合的,只有分子的集合体才能具有一定的器件功能。分子的功能是由分子结构所决定,由分子的聚集态实现的。例如生物体内的细胞膜,其新陈代谢、信号转换和传输等多种功能不仅是由组成它的各类分子(脂类、膜蛋白等)的结构所决定,而且是由各类分子的特定方式组成特定的聚集态(此处为膜)才能实现。如果破坏这种集合体,则这些功能均无法实现。分子传感器与其他分子器件亦面临着类似的问题。由于纳米结构不易直接操作,如何把分子组装成特定的凝聚态集合体以实现特殊功能,便成为分子组装研究的主要任务。

①概述。所谓分子组装是指在一定的条件下,一种或几种分子集合在一起,产生一种特定结构和功能的分子集合体的过程。从广义的角度说,分子组装包括把分子按一定规律组合在一起的过程,如膜组装、共价修饰膜、化学气相沉积(chemical vapor deposition,CVD)膜等,无论它们之间是通过什么样的方式进行组合的。

分子组装的重要意义在于不同形式的分子组装,即不同的聚集态中,分子具有不同的性质和功能。离开特定的分子组装体,分子的性质和功能将会改变。以膜受体为例,它在细胞膜上可以具有离子通道开启、信号转换和传输等多种功能。而一旦离开细胞膜被分离出来后,受体就仅仅具有单一的分子识别功能而已,其他功能均丧失掉。这充分说明分子的功能只有在特定的聚集态下才能实现。利用分子组装技术,引入聚集态,才能使分子具有设计的特定功能。

分子组装的另一个重要意义在于它提供了一种控制分子排列的手段。由于分子组装技术主要是控制分子集合体形成的技术,它可以间接地控制集合体中分子总体的排列方式及顺序。而这种控制是分子传感器及其他分子器件所必须实现的。

②常见的分子组装形式。根据分子组装形式不同,可以分为线性分子组装、平面分子组装和立体分子组装。线性分子组装是在一维的结构上的组装,分子按线性形式相互连接,形成纤维状的分子集合体。平面分子组装主要是指二维的膜组装。立体分子组装主要指分子在三维空间内进行分子组装,常见的形式包括螺旋、折叠、柱状、管状、球形或其他不规则的分子组装。这种分子组装在生物体内有许多表现形式,如管纤维蛋白等,而人工系统的三维分子组装则不多见。

③实现分子组装的技术手段。实现分子组装的方法实际上要考虑两个问题:将分子组装成何种集合体,以及如何将分子组装成特定集合体。前者是目的,特定集合体有特定的功能;而后者则是分子组装的技术手段。

实现分子组装的技术手段分为物理手段和化学手段两种,其中物理手段包括扫描隧道显微镜、化学气相沉积、分子束外延技术——晶体生长技术及旋转真空喷涂等;化学手段包括分子自组装、分子印迹技术、电聚合与光聚合及共价固定等。

分子传感器的概念与对分子敏感的"分子"传感器(如对离子敏感的离子传感器)不同。它不仅对分子或离子敏感,更重要的是传感器的尺寸也能达到分子水平(纳米级)。同时,分子传感器与一般意义上的"传感分子"或"分子探针"有所不同。一般意义上的传感分子或分子探针往往是某一种化合物,直接加入到被测体系中,没有形成本身相对独立的器件。而分子传感器则是一个独立的器件,它的各部分分子组成是按一定规则排列组装在一起的有序体,传感器的分子与被测分子之间存在着界面,相互之间不是一种均相或类均相的情况。此外,分子传感器与纳米基体传感器虽然有着密切联系,但两者之间也存在着明显的差异。严格来说,分子传感器的信号应当直接作用于分子水平的处理器和执行器,而实现其传感功能,正如生物体内分子传感器功效一样。目前虽然分子传感器已具有分子识别、信号产生、信号输出等功能,但它仍然需要通过纳米级基体传感器与外界联系。纳米级基体传感器(如纳米级碳纤维电极)仅仅是实现分子传感器与外界大尺度器件连接的桥梁而已,其本身并不是分子传感器。

3.仿生传感器

(1)仿生传感器原理

生物体感知世界,本身存在各种各样的传感器,生物借助于这些传感器不断与外界环境交流信息,以维护正常的生命活动。例如细菌的趋化性与趋光性、植物的向阳性、动物的器官(如人的视觉、听觉、味觉、嗅觉、触觉等)以及某些动物的特异功能(如蝙蝠的超声波定位、信鸽与候鸟的方向识别、犬类敏锐的嗅觉等)都是生物传感器功能的典型例子。制造各种人工模拟生物传感器(即仿生传感器)是传感器发展的重要课题。随着机器人技术的发展,视觉、听觉、触觉传感器的发展取得了相当高的成就。但是生物体感觉器官的精巧和奇特功能是现阶段人工仿生传感器无法比拟的。目前对生物感觉器官的结构、性能和响应机理知之甚少,甚至连一些感觉器官在生物体内的分布还不太清楚,因此要研制仿生传感器需要做大量的基础研究工作,且一些感知是大脑参与多传感器共同测量而得到的。传感器阵列的一般构造如图 4-29 所示。

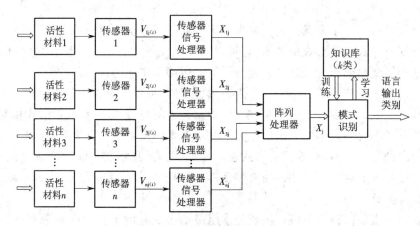

图 4-29　传感器阵列的一般构造

(2)传感器阵列的制备技术

①微电极阵列是人们利用厚膜丝网印刷技术使电极小型化。随着多种先进的成膜技术的出现并与光刻技术相结合,金属薄膜微电极有了很快的发展。如在硅片上形成多种金属薄膜构成生物传感器基础电极的微电极:像电流型电极($Si/SiO_2/Ti/Au/Pt$)、pH 敏感电极($Si/SiO_2/Ti/Sb/SbO$)、参比电极($Si/SiO_2/Ti/Ag/AgCl$)等。

如在一个芯片上集成了 8 个电极,其中 6 个为工作电极,一个为对电极,一个为参比电极,在 6 个工作电极上涂以含有不同酶的聚亚胺酯膜,这样可同时测定多种生物物质如葡萄糖、赖氨酸、谷氨酸、尿素、青霉素等。

一种更小的金属薄膜微型电极结构如图 4-30 所示。中心圆为参比电极,直径仅 5 μm。工作电极为直径 50 μm 的圆环,对电极圆环的外径也只有 200 μm。工作电极可采用 Pt、Pd 和 Rh 等材料,对电极则用 Pt。工作电极用共价键合的方法固定葡萄糖氧化酶后可制成微葡萄糖传感器。

图 4-30　微型三电极结构

电极的微型化为其集成化、智能化创造了条件。将 p_{O_2}、葡萄糖、温度传感器与接口 CMOS 电路集成在 0.75 mm×5 mm 的一块芯片上,制成整体的 Smart 传感器,已成功地应用于在体血中氧分压和葡萄糖浓度的测定。

具有大量敏感活性单元及纳米间隙的传感器、薄膜系统和超微阵列是未来发展的重点。聚乙酰、聚吡咯、聚噻吩和聚苯胺能够产生具有圆柱形纳米间隙的导电薄膜,这些导电聚合物可作为生物传感器的活性物载体,用以发展超微电极阵列。Hermes 等发展了 1 024 个单一可寻址单元构成电流的微传感器阵列,用于对多维浓度进行测定。基于硅隔膜或玻璃,也可以生产出平面阵列电极,用于气敏生物传感器、电化学生物传感器和脂类双层生物传感器。

随着纳米领域技术的发展,可以找到更为有效的途径开发专用的分子阵列、分子开关和类似于神经网络的调节系统,第一阶段以智能芯片的产生为标志。目前材料科学技术的发展,极大地促进了新型聚合物、聚合物基质和聚合物组合体的发展,使生物传感器得以优化。

②光纤阵列。早期 Ferguson 等人将合成的氰尿酰氯活化的寡核苷酸探针固定在直径 200 μm 光纤的末端,形成传感器敏感膜,再将固定有不同探针的光纤合成一束,形成一个微阵列的传感装置。检测时将光纤末端浸入荧光标记的靶分子溶液中与靶分子杂交,通过光纤传导光子荧光显微镜的激光(490 nm),激发荧光标记物产生荧光,仍用光纤传导荧光信号返回到荧光显微镜,由 CCD 相机接收。可快速(10 min)、灵敏(10 nmol/L)地同时监测多重 DNA 序列的杂交。

采用聚赖氨酸处理光纤(直径为 300 μm)成功制成了光纤 DNA 传感器及其阵列。实验所用的靶 DNA 浓度分别为 1~10 μmol/L(P53)、14.5 nmol/L(N-ras)和 3.2 nmol/L(Rbl)。该阵列经 633 nm 的氦氖激光激发,CCD 成像,检测灵敏度在 1~10 μmol/L(P53、Rbl,人类抑癌基因;N-ras 为人类原癌基因的一种)。

光纤传感器阵列可制成中低密度的光纤 DNA 传感器阵列(10 000 以下探针),并具有检测方法多样性的优点,可采用 CCD 成像系统或扫描系统直接检测,不需要昂贵的检测设备;另一个优点是制备方法简单,而且质量稳定可靠,便于自动化大量制备。

(3)压电仿生传感器

由于气味或香味物质在仿生膜上的结合过程伴随着质量变化,因此借助于压电传感器的高质量响应,便可发展一类压电仿生传感器,例如压电嗅觉传感器或称压电嗅敏传感器。

压电嗅敏传感器制作的关键是选择合适的晶体表面涂层材料。嗅敏涂层材料通常具有以下特点。

①为磷脂或固醇等类物质,或源自生物组织,或为人工合成。它们均兼有亲水性和疏水

性的双层结构,具有类脂等类物质的双分子层膜功能,例如卵磷脂、胆固醇、磷脂酰胆碱、磷脂酰乙醇胺及其衍生物,双十四烷(二肉豆蔻)酰乙醇胺,以及人工合成的聚苯乙烯磺酸双十八烷基双甲基胺等。

②分子含有足够长的烷基链,能形成良好的二烷基双分子层结构,可与疏水性气味或香味物质作用(但类脂基体中的亲水性部分并不是决定性的关键)。

③除对气味或香味物质有响应之外,对苦味物质也可能有响应,但对甜味并无显著的响应。这表明后种味觉感官的作用机制与嗅觉(或苦味)感官不同(前者需用味觉细胞膜中感受专用的蛋白质分子进行识别)。

④如果涂层材料分子中只含亲脂性或者亲水性基因,则其涂层晶体定会失去嗅敏(或对苦味物敏感)功能。例如聚苯乙烯及其他疏水性高分子膜,聚乙烯醇及其他亲水性高分子膜,牛血清蛋白、角蛋白等。无机盐涂层晶体对气体、苦味物也无频率响应或吸附。

各种类脂涂层对气味或香味物显示不同的响应性能,因此使用不同涂层材料,用以修饰一组性能相似的压电石英晶体,构成压电传感器阵列,并结合应用多通道频率计数装置和化学计量学方法(如神经网络、模式识别等),可鉴别和同时测定不同的气味或香味物质。考虑到涂层量和气味物浓度可能对响应产生影响,需将压电传感晶体的频移响应值进行相应的归一化处理。将压电传感器阵列微型化处理,则可组装成具有与人鼻相似功能的仿生鼻或称人工鼻。

按照类似的原理,可制成苦味测定仪或人工舌,用于苦味物质的鉴别和测定。人或其他动物的感官除了具备嗅觉和味觉功能之外,还有对异物侵入眼等黏膜的脂质体时产生的刺激状感觉。压电仿生传感器也可模拟此功能。例如,表面活性剂(氯化十六烷基吡啶等)分子在压电晶体的类脂质中的分配系数愈大,吸收愈多,渗入愈深,则由此引起的黏膜刺激状感觉程度也愈强烈。

[练习题]

4-1 简述生物传感器的特点。

4-2 试述生物材料的固定化技术及其特点。

4-3 什么叫酶? 酶有什么性质?

4-4 利用酶传感器设计一测定人血清中葡萄糖的检测系统。

4-5 微生物电极与普通电极相比有何特点?

4-6 说明生物芯片种类及用途。

5 无线传感器网络

　　传感器网络是集成传感器、微机电系统(micro electro mechanism system，MEMS)和网络通信三大技术而形成的一种全新的信息获取和处理技术。随着传感器技术和无线通信技术的飞速发展与广泛应用，传感测试技术正朝着多功能化、微型化、智能化、网络化、无线化的方向发展，传感器网络已成为传感器技术发展的一个趋势，也是新兴的物联网(internet of things，IOT)科技的支撑技术和基础构件。

　　无线传感器网络(wireless sensor network，WSN)是由部署在监测区域内大量廉价微型传感器节点通过无线或有线通信方式形成的多跳自组织的网络系统，其目的是协作地感知、采集和处理网络覆盖的地理区域中感知对象的信息，并发布给观察者。

　　无线传感器网络可应用于布线和电源供给困难的区域、人员不能到达的区域(如受到污染、环境免受破坏或敌对区域)和一些临时场合(如发生自然灾害时，固定通信网络被破坏)等。它不需要固定网络支持，具有快速展开、抗毁性强等特点，可广泛应用于军事、工业、交通、环保等领域并引起了人们广泛关注。美国《商业周刊》在预测未来技术发展的报告中，将无线传感器网络列为21世纪最有影响的技术之一。

5.1　无线传感器网络概述

5.1.1　无线传感器网络生成过程

　　无线传感器网络便与传统 Internet 网络或无线通信网络有着显著的区别。根据应用需求不同，无线传感器网络的生成过程也各有差异，总体分为如下几类。

　　①传感器节点进行随机地撒放，包括人工、机械、空投等方法；

　　②撒放后的传感器节点进入到自检启动的唤醒状态，每个传感器节点会发出信号，监控并记录周围传感器节点的工作情况；

　　③传感器节点根据监控到的周围传感器节点情况，采用一定的组网算法，形成按一定规律结合成的网络；

　　④组成网络的传感器节点根据一定的路由算法选择合适的路径进行数据通信。

　　图 5-1 描述的是传感器网络的生成过程。

5.1.2　无线传感器网络结构

　　无线传感器网络系统通常包括传感器节点(sensor node)、汇聚节点(sink node)和管理节点(manager node)。当大量传感器节点随机部属在监测区域(sensor field)内部或附近后，各节点通过自组织方式构成网络。传感器节点将对监测对象进行监测，并定时将监测数据按照特有的路由协议通过其他传感器节点逐条地进行传输。在传输过程中，原始的监测数据可能被多个节点进行有效处理后路由到汇聚节点，最后通过互联网或卫星传输到管理节点。用户通过管理节点对传感器网络进行有效的配置和管理，发布监测任务以及收集监

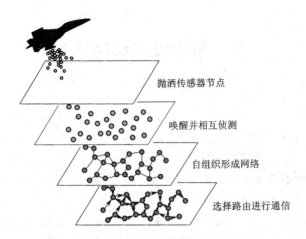

图 5-1　无线传感器网络的生成过程

测数据。无线传感器网络体系结构如图 5-2 所示。

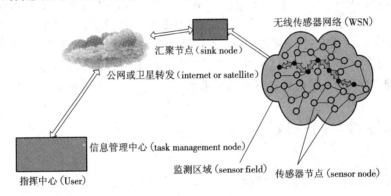

图 5-2　无线传感器网络体系结构

5.1.3　无线传感器节点构成

　　无线传感器网络由大量传感器节点组成,它们无须经过工程处理或预先定位而被密集地撒放到要监测环境(或非常接近要测量的环境)进行工作。这意味着传感器节点应该具有自组织特性。传感器节点的另外一个特征是传感器节点间相互协作。传感器节点上均装有小型处理器,它的任务并非简单地将大量原始数据传送给汇聚节点,而是通过节点之间相互协同工作,对大量的原始数据进行处理(如提高数据精度、增强数据健壮性和减少数据冗余等)后将有效数据发给汇聚节点。

　　传感器节点的基本构成如图 5-3 所示,包括传感器、A/D 转换接口、处理器单元、存储器单元、无线通信单元和供电单元(电源)等。传感器负责监测区域内信息的采集;A/D 转换接口负责将传感器采集到的模拟量转换成为数字量供处理器对数据进行处理;处理器单元和存储器单元负责控制整个传感器节点的操作,存储和处理节点本身采集的数据以及其他节点发来的数据;无线通信单元负责与其他传感器节点进行无线通信,交换控制消息和收发采集数据;电源为整个传感器节点的运行提供能量,通常采用微型电池。

　　个别功能更强大的传感器节点可能还包括定位系统、运动或执行机构、电能再生装置。因此单个传感器节点是集微电子、低功耗信号处理、低功耗位运算和廉价无线网络等各种性

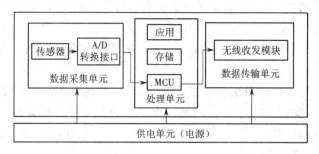

图 5-3　传感器节点的基本构成

能于一身。

5.1.4　无线传感器网络特点

无线传感器网络特殊的应用领域决定了它与传统网络技术有着明显的不同,其并非是现有的 Internet 技术和无线通信技术的简单叠加,它是对传统计算机网络的计算模式和设计模式全面革新,在具体实现中有着自身的特点。

(1)大规模网络

无线传感器网络的节点密集、数量巨大。为了获取更精确的信息,一个网络可能包含成百上千万的传感器节点,它们分布在一个很大的地理区域内进行监测。传感器网络的大规模特性使其能够通过不同空间视角获得的信息具有更大的信噪比;通过分布式处理大量的采集信息能够提高监测的精度,降低对单个节点传感器的精度要求;大量冗余节点的存在,使得系统具有很强的容错特性;同时,大量节点能够增大覆盖的监测区域,减少监测盲区。

(2)自组织网络

通常情况下,传感器网络节点被随机抛洒在没有基础设备的区域,如原始森林或震灾地区,节点位置不能预先精确设定,节点之间的相邻关系也无法预先知道,因此需要节点具有自组织能力,能够自动进行配置和管理,通过拓扑控制机制和网络协议自动形成转发监测数据的无线多跳自组织网络系统。

(3)动态性网络

传感器网络的拓扑结构不像骨干网络一样保持稳定不变,会因为某些情况而使得拓扑结构动态改变,其中包括以下几种情况。

①由于环境因素或电能耗尽造成传感器节点出现故障或失效。

②由于环境条件变化造成无线通信链路带宽变化,甚至链路断裂。

③由于环境条件变化或节点能量减少,造成节点通信能力降低,反应在网络拓扑上即为链路连接关系的动态改变。

④传感器网络的传感器节点和监测对象可能具有移动性。

⑤由于节点大量失效,必须有新节点不断加入补充。

因此无线传感器网络是一种动态变化的网络,这就要求系统具有自组织性和可重组性。

(4)以数据为中心

传统的互联网络尤其是 Internet 是以地址为中心的网络。在网络中,网络设备用唯一的 IP 地址标识,资源定位和信息传输依赖于终端、路由器、服务器等网络设备的 IP 地址。

传感器网络是以数据为中心的任务型网络,脱离传感器网络的传感器节点是无意义的。

首先,传感器节点的随机部署,传感器网络于节点编号之间的关系是完全动态的,节点编号与节点位置没有必然联系。其次,用户使用传感器网络查询事件时,关心的是监测区域内监测对象的状态信息,而不是针对某个传感器节点的离散的数据(单一节点感知数据对用户是毫无意义的)。

例如,在军事应用领域中跟踪目标的应用,用户感兴趣的是目标出现的位置、时间以及目标的移动方向和速度,而并不关心具体哪个节点监测到目标。事实上,目标的位置、时间、移动方向和速度等信息也只有靠大量的节点协调工作,并通过对网络将节点监测的诸多数据进行分析处理后才能获得。

因此,传感器网络系统把传感器节点视为感知数据流或感知数据源,把网络视为感知数据空间或感知数据库,把数据管理和处理作为网络的应用,把得到满足用户定制的数据信息作为最终目标。

(5)可靠健壮的网络

传感器网络往往应用在恶劣的环境中,使得传感器节点容易发生故障,并且一旦节点异常,也难以得到及时的维护,所以传感器网络的软硬件必须具有鲁棒性和容错性。此外,应用特殊策略实现高可靠性以保证整个网络系统的正常也是极其重要的。实际应用中,往往通过设计高冗余的传感器节点保证网络的质量。

而大量的传感器节点分布在各种各样的环境中,必将产生大量的不正确信息,从而降低整体数据的精确度,因此需要专门的数据处理策略,如数据融合(date fusion or date aggregation)机制保证以数据为中心的传感器网络的可靠性。

网络拓扑的动态变化特点决定了需要健壮、有效的路由协议和链路质量控制协议实现网络可靠性。

(6)网络有限的资源

无线传感器网络系统中,节点间通信资源和节点的可工作电能资源都相对稀少。

应用决定了无线传感器节点体积微小,只能携带电能有限的电池。而在许多实际应用场合往往无法给节点更换电池或者充电。一旦电池能量耗尽,该节点即失去作用,所以如何高效使用能量以最大化网络生命周期是设计传感器网络面临的首要挑战。

由于受价格、体积和功耗的限制,微型嵌入式传感器节点的计算能力、存储空间和内存空间均十分有限,因而不能进行特别复杂的计算,这一点决定了无线传感器网络的协议和算法要简单有效。

考虑到传感器节点的能量限制和网络覆盖区域大,传感器网络采用多跳路由的传输机制。传感器节点的无线通信带宽有限,通常仅有几百 kbps 的速率。由于节点能量的变化、移动性以及易失效,受高山、建筑物、障碍物等地势地貌以及风雨雷电等自然环境的影响,无线通信性能可能经常变化,频繁出现通信中断。在这样的通信环境和节点有限通信能力的情况下,如何设计网络通信机制以满足传感器网络的通信需求是传感器网络面临的挑战之一。

5.1.5 无线传感器网络应用

无线传感器网络是一种"无处不在"的传感技术,它的诞生和应用为人类更深入全面地了解把握周围世界提供了可能和实现的途径。WSN 的随机布设、自组织、环境适应等特点使得其在工商业、医疗、环境、智能交通和军事领域有着广阔的应用前景和很高的应用价值。

并且在灾难救援和空间探索等特殊领域,传感器网络有着不可比拟的优势。

(1)工商业领域应用

无线传感器网络的节点微型化、网络自组织和健壮性是其主要的优势,这些特点使得其在工商业有着广泛的应用前景。

传感器网络应用在工业生产方面可以有效地代替大量的控制电缆,节省费用。并且能够多点实时监控操作流水线各部分的工作,实现高度工业智能化及自动化。在工业安全方面,可以广泛应用于有毒、放射性的场合,系统的自组织方式和多跳路径传输可以保证数据的高可靠性。无线传感器网络应用于监控运动或者旋转的机械装置,能够实现普通的控制电缆无法实现的动作。引入分布式计算和近距离定位技术,传感器网络对于机器人的控制和引导将发挥重要的作用。在设备管理方面,可用于监测材料的疲劳状况、机械的故障诊断、实现设备的智能维护等。

商业管理:无线传感器网络可应用在货物的供应链管理中,帮助定位货品的存放位置、货品的状态及销售状况等,实现大型车间和仓库的智能化管理。并且对如机场、游乐场等大型园区的安全监控,无线传感器网络也将有着广阔的应用前景。

智能楼宇监控:将无线传感器网络技术应用于楼宇监控,将能够更好地实现智能楼宇自动化,如对整个楼宇的各个区域的温度、湿度、光线等环境指标进行监控,可实现对工作环境的自动调节。

产品质量和物流跟踪检测:在仓库的每项存货中安置传感器节点,管理员可方便地查询存货的位置和数量。在增加存货时,管理员仅需在存货中安置相应的传感器节点便可以实现登记造册等日常管理。而传感器节点周期性的环境报告将为货物保管员提供货品的当前质量等信息,保证产品质量。

智能交通:通过为车辆安置传感器节点,并配合城市网格技术,可实现城市智能交通。传感器节点可实时报告车辆的位置信息,以及车辆当前运行状态信息,使得交通管理中心掌握城市交通的第一手资料,实现准确、快速的交通管制决策。

(2)医疗领域应用

传感器网络为未来远程医疗提供了更加方便、快捷的技术实现手段。无线传感器网络的医疗应用包括:患者的综合监测、诊断,医院的药品管理,对人类生理数据的无线监测,在医院中对患者病情进行跟踪和监控。

患者综合监测和诊断:利用佩戴式传感器节点,患者的生理数据可长期自动地汇报给医疗中心。医护人员通过对生理数据的统计分析,可第一时间发现病人的异常,及时诊治。采用传感器网络技术将建立未来的"智能健康家庭",提高人们的生活质量。

医院药品管理:当每个患者佩戴了标志病症和治疗药物的传感器节点,通过传感器节点间的匹配可大大降低患者的错误用药概率。

(3)环境领域应用

随着人们对环境的日益关注,环境科学所涉及的范围越来越广泛。无线传感器网络将取代传统低效的环境监测手段,为环境科学研究带来全新的方法和更广阔的研究空间。它可以用于监测农作物灌溉情况、土壤空气情况、病虫害预报、牲畜和家禽的环境状况和大面积地表监测等,也可用于行星探测、气象和地理研究、洪水监测等。美国 CloudSat 计划将发射多颗带多种遥感器的卫星,并与 Aqua 等卫星连接组网,利用光谱仪、光学成像设备、激光雷达及雷达等联合观测的信息研究云雾对地球天气的影响,测量大气浮尘和云的状况,以提高天气预报的准确度。

生物习性监测:综合传感器网络技术、自动数据收集技术和地理信息系统等技术,使得生物学家在远程可观测自然环境生物的习性。地面布设传感器网络将有效弥补卫星遥感遥测方法观测粒度不够精细,无法针对个体观测的不足。

自然环境灾难监测和预警:通过在灾难多发区布设传感器网络,周期性监测、统计并分析异常数据变化,可实现对自然环境灾难,如森林火灾、洪水、海啸等的提前预警。如 A-LERT 系统,其通过监测降雨量、水位、天气等环境条件变化可实现洪水预警。

精细农业:无线传感器网络可用以实现监测饮用水中的污染指数、土壤腐蚀指数和空气污染指数,指导农业耕作。

(4)军事领域应用

无线传感器网络具有可快速部署、可自组织、隐蔽性强和高容错性的特点,因此非常适合在军事上应用。目前,无线传感器网络已经成为军事 C4ISRT(command, control, communication, computing, intelligence, surveillance, reconnaissance and targeting)系统必不可少的一部分。利用传感器网络能够实现对敌军兵力和装备的监控、战场的实时监视、目标的定位、战场评估、核攻击核生化攻击的监测和搜索等功能。因为无线传感器网络是由密集放置、低成本的传感器节点组成,敌方活动造成的部分节点破坏并不会影响军事活动,这使得传感器网络的概念在战场上有很好的用途。

例如,美国空军"21 世纪技术星"(TechSat21)发展计划利用三维编队飞行的若干颗小卫星协同工作构成低成本、高可靠性、多任务平台以及具有扩充能力的"虚拟卫星群网",实现分布式星载微波雷达。

(5)其他领域的应用

除上述领域外,传感器网络在其他众多领域将有着广泛的应用前景。

在家电和家具中嵌入传感器节点,通过无线网络与 Internet 连接,将会给人们提供更加舒适、方便和更具人性化的智能家居环境。例如利用远程监控系统可完成对家电的远程遥控。

传感器网络还将用于工程制造领域,利用预先布设在建筑物墙体内的传感器节点监控建筑物的安全状态,能够及时发现建筑物存在的一些安全隐患。美国已经开展 CITRIS (centre of information technology research in the interest of society)计划研究。

在交通运输应用中,传感器网络可以对车辆、集装箱等多个运动的个体进行有效的状态监控和位置定位。传感器节点还可以用于车辆跟踪,将各节点收集到有关车辆的信息传给基站,经过基站处理获得车辆的具体位置。可以帮助海关人员防止通过港口走私武器或其他违禁品。每个集装箱内的大量传感器节点可以自组织成一个无线网络,集装箱内的每个节点可以和集装箱上的节点相联系。通过装载在节点上的温湿度、加速度传感器等记录集装箱是否被打开过,是否过热、受潮或者撞击。

在一些特殊的场合,例如灾区抢险、空间探索等领域,无线传感器网络成本低、节点体积小、相互组网通信、协调工作的优势将发挥巨大的作用。借助于航天器在外星体撒播一些传感器节点,可以对星球表面进行长时间监测,并能够与地面站进行长时间的通信。NASA的 JPL(jet propulsion laboratory)实验室研制的 Sensor Webs 即为将来的火星探测进行的技术准备。

综上所述,无线传感器网络的研究和应用将影响国防、工业、社会生活等方方面面,具有广泛的应用前景和巨大的应用价值。

5.2 无线传感器网络关键技术

5.2.1 无线传感器网络体系

目前,传感器网络参照现有网络的开放系统互联(open system interconnection,OSI)参考模型设计了研究型网络模型,将系统划分成5层:物理层、数据链路层、网络层、传输层和应用层,如图5-4所示。模型的低4层与OSI各层相对应,而将OSI高3层作为整体考虑对应于传感器网络中的应用层。

随后,无线传感器网络模型被加以改进,增加了能量管理平台、移动管理平台和任务管理平台。管理平台负责管理传感器节点按照能量高效的方式协同工作,转发数据,并支持多任务和资源共享。管理平台跨越5层结构,形成传感器网络的立方体式层次结构,如图5-5所示。立方体式层次结构突破了传统的将无线传感器网络仅仅看作网络技术加以研究的局限性,将网络管理与通信协议有机整合。

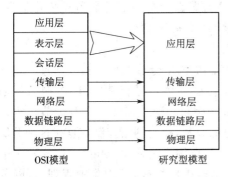

图 5-4 无线传感器研究型网络模型图

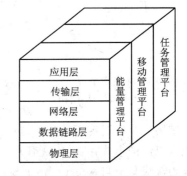

图 5-5 无线传感器网络立方体式层次结构模型

随着研究的深入,传感器网络体系结构进一步细化,出现了如图5-6的体系结构。新的体系结构仍然由网络协议栈和管理平台构成,但在协议栈部分增加了定位和时钟同步两部分,并在管理平台中增加了拓扑控制、QoS管理和网络管理,使体系更符合无线传感器网络。

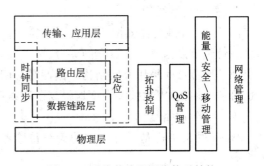

图 5-6 无线传感器网络体系结构

定位和时钟同步子层在协议栈中位置特殊,贯穿了3层通信协议,这是因为它们既要依赖于数据传输通道协作才能完成定位和时钟同步功能,同时它们又可以为网络协议各层提供必要的位置和同步信息,辅助各协议层更有效地实现功能。

新增加的 QoS 管理子平台在各协议层中负责队列管理、业务优先级配置和带宽分配等管理任务。拓扑控制管理子平台负责管理网络拓扑结构,为物理层、MAC 层、网络层提供必要的拓扑结构信息,良好的网络拓扑结构将有效地提高协议效率。同时,物理层、MAC

层、网络层协议的运行也是构建网络拓扑的基础。网络管理子平台则主要负责协议各层嵌入的信息接口,并定时收集协议运行状态和流量信息,协调控制网络各个协议组件的运行。

5.2.2　无线传感器网络拓扑

无线传感器网络拓扑结构研究如何组织数目众多的传感器节点形成高效网络,包括组网方式、网络可靠连通和覆盖研究。研究和开发有效、实用的无线传感器网络结构,对构建高性能的无线传感器网络十分重要,因为网络的拓扑结构严重制约无线传感器网络高层通信协议设计的复杂度和整个网络性能的发挥。

1.无线传感器网络拓扑分类

按照节点间功能及结构层次分,无线传感器网络拓扑结构包括平面网络结构、分层网络结构、混合网络结构和 Mesh 网络结构。

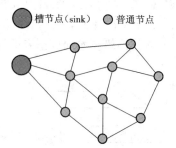

图 5-7　无线传感器
网络平面网络结构

（1）平面网络结构

图 5-7 为无线传感器网络平面网络结构。在拓扑结构中,各个节点功能对等,具有完全一致的功能特性。这种拓扑使网络具有结构简单、易维护、较好的健壮性等优点。但在网络中每个节点都需要维护所有邻居节点拓扑信息,故组网和网络维护较为复杂,开销较大。

（2）分层网络结构

图 5-8 为无线传感器网络分层网络结构。通过特定的组网算法,将网络中传感器节点进行功能分类:网络核心层为骨干节点,网络下层为一般节点。一个骨干节点管理邻居区域内多个底层传感器节点,负责原始数据信息的收集,用于网络控制信息。这种分层网络通常以簇的形式存在,负责管理一般节点的骨干节点称之为簇头(cluster head),一般节点称为簇成员节点(cluster members)。这种拓扑结构扩展性好,便于集中管理,可降低系统建设成本,提高网络管理性和可靠性。

（3）混合网络结构

图 5-9 为无线传感器网络混合网络结构。它是平面结构和分层结构的一种混合方式。网络中骨干节点与骨干节点之间,一般节点与一般节点之间采用平面网络结构连接,而骨干节点和一般节点间采用分层结构。因此混合网络结构与分层网络结构不同之处是一般节点间也可直接通信,因此极大程度地提高了网络可靠性和连通性。

（4）Mesh 网络结构

Mesh 网络结构是一种新型的无线传感器网络拓扑结构,与前面所提到的网络结构有所不同。

从网络连通角度区分,Mesh 网络结构是分布规则的网络,通常在网络中只允许节点和最近的节点进行连接,如图 5-10 所示。而规则的分布和节点功能等同化使得 Mesh 网络也称之为对等网络。

Mesh 网络的优点在于网络对等,使得网络在保证必要的可靠性和连通度基础上通信协议简化。如在平面结构网络中,随着节点数目的增加,网络中链路数目成指数增长,则每个节点维护的路由表所需空间也急剧增大,这对于计算和存储能力有限的微型传感器节点是不现实的,且基于此网络实现多约束的路由往往是 NP-Hard 问题。而 Mesh 网络在规定

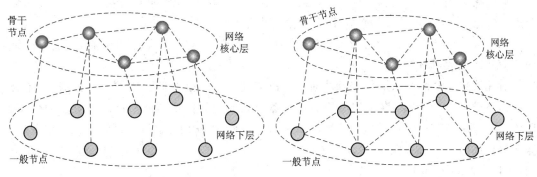

图 5-8　无线传感器网络分层网络结构　　　　图 5-9　无线传感器网络混合网络结构

了节点间连通关系后,将有效简化网络拓扑复杂度,某些情况下可获得具有多项式复杂度的有效通信算法和协议。

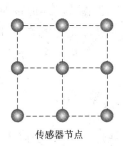

传感器节点

图 5-10　无线传感器
网络 Mesh 网络结构

2.无线传感器网络可靠连通性

一个无线传感器网络由大量传感器节点构成,它们彼此通过多跳无线信道通信,而且通常都在无预先设置情况下自组织连接。并且由于节点的低成本、低能耗等设计要求,使得单一节点所具有的通信能力和生存寿命都有限。因此,采用适当的可靠性保证机制和性能更优的拓扑连接模型对无线传感器网络性能提升具有十分重要的意义。

无线传感器网络连通可靠性主要由网络的结构和通信链路的连接性以及环境干扰影响大小决定。在设计中主要研究两个问题。

①在给定布置区域大小和节点无线收发距离的条件下,需要布置多少传感器节点才能连通一个网络,并且连通可靠性能满足多大要求。

②在给定节点可覆盖面积条件下,如何布设节点才能实现对给定区域的有效覆盖和监测。

目前,国内外在无线传感器网络连通可靠性方面主要研究包括:对 Ad Hoc 网络的连通可靠性问题研究;将无线传感器网络连通度和路由联系一起的研究;结合随机图论(random graph)、连续渗流(continuum percolation)、几何概率(geometric probability)等理论进行分析;此外,还从节能的角度出发,把网络的连通和覆盖问题联系一起研究,保证在满足网络连通的前提下,节点在不工作时及时切换到睡眠或关断状态,从而达到节能的目的。

基于概率研究,式(5-1)给出以 1—ε 的概率覆盖面积为 πa^2 的区域时,节点的通信半径 R 应该满足条件

$$R \geqslant a \sqrt{\frac{1}{N} \lg \left(\frac{N}{\varepsilon} \right)} \qquad (5-1)$$

式中　N——随机均匀抛撒节点的个数。

无线传感器网络可靠连通性研究对于无线传感器网络节点个数的选择、节点通信半径的设定有着重要的参考意义,有助于无线传感器网络的方案设计。

3.无线传感器网络覆盖

探测覆盖率问题是无线传感器网络配置的基本问题,它反映了一个无线传感器网络对某区域的监测和跟踪状况。主要问题包括两大类。

第一类为当节点不可移动时,节点的探测半径一定,在一定区域内随机抛撒多少传感器节点,才能保证以一定的探测覆盖率监测这一区域。

第二类为当节点可移动时,在一定区域内如何部署、调整传感器节点分布,才能使网络的覆盖范围最大(最优)化。

对无线传感器网络探测覆盖率的研究可以使观察者了解被监测区域的覆盖情况,是否存在监测盲区,从而指导将来如何添加传感器节点或者如何重新调整传感器节点的分布。还可以通过调整节点分布对重要监测区域进行多重覆盖,从而提高这一区域的探测覆盖率,保证对目标监测的可靠性。

(1)覆盖问题的分类

传感器网络通常有 3 种基本覆盖类型:毯式覆盖、障碍物覆盖和扫描式覆盖。

①毯式覆盖的目的是达到一种静态的节点部署,使监测区域最大化。

②障碍物覆盖的目的是使穿过障碍物而没有监测到目标的概率最小化。

③扫描式覆盖是通过传感器节点的随机协作运动,获得对运动目标的覆盖。

(2)节点的探测覆盖率模型

通常采用两种模型来描述无线传感器网络节点的探测覆盖率:0—1 二值模型和概率模型。在 0—1 二值模型中,假设传感器在一定的探测半径内没有探测误差,即探测覆盖率为 1,在这一探测半径之外的探测覆盖率为 0。模型描述如下。

假设传感器节点 s_i 的坐标是 (x_i,y_i),对于点 $P(x,y)$,用 $d(s_i,P)$ 表示 s_i 与 P 之间的距离,$d(s_i,P)=\sqrt{(x_i-x)^2+(y_i-y)^2}$,传感器节点的探测半径为 R_s,用 $c_{xy}(s_i)$ 表示 s_i 对 P 的探测覆盖率,式(5-2)给出了 0—1 探测覆盖率模型的表达式

$$c_{xy}(s_i)=\begin{cases}1, & d(s_i,P)<R_s \\ 0, & 其他\end{cases} \tag{5-2}$$

实际上,传感器节点的探测覆盖率并不像 0—1 二值模型描述的那样精确,通常传感器节点的探测能力随目标距离的增加而下降,所以需要用概率表示 $c_{xy}(s_i)$,式(5-3)给出了节点探测覆盖率的概率模型表达式

$$c_{xy}(s_i)=\begin{cases}0, & R_s+R_e\leq d(s_i,P) \\ e^{-\lambda\alpha^\beta}, & R_s-R_e<d(s_i,P)<R_s+R_e \\ 1, & R_s-R_e\geq d(s_i,P)\end{cases} \tag{5-3}$$

式中 $R_e(R_e<R_s)$ 表示探测半径的误差;参数 $\alpha=d(s_i,P)-(R_s-R_e)$;常数 λ 和 β 是探测信号的衰减参数。上式比较客观地反映了红外线、超声波等传感器的探测覆盖率特性。

(3)网络探测覆盖率模型

一般可将无线传感器网络探测覆盖问题抽象成如下描述。

在平面区域内,给定 N 个移动节点 $P_i(i=1,2,\cdots,N)$ 和 $M(M$ 可以为 0)个固定节点 Q_j $(j=1,2,\cdots,M)$,每个节点具有各向同性的有效探测半径 R_s 和有效通信距离 R_c。设计一种部署策略,使形成网络的探测覆盖率最大,且满足如下两条:

①每个移动节点至少有 K 个(可以为 1)邻居节点。

②每个固定节点至少有 L 个邻居节点。

其中,邻居节点定义为:如果两个节点之间的距离小于或等于通信距离 R_c,则认为这两个节点互为邻居节点。为了使问题简化,作如下假设:

①节点可以向任何方向移动。

②在距离 R_s（或 R_c）之内，探测（或通信）质量是常量，在此范围之外，探测（或通信）质量为零，满足 0—1 二值模型。

③在通信距离内，每个节点能够准确地识别出其所有邻居节点的位置。

图 5-11、图 5-12 分别是部署前后节点分布图，其中 $N=28$，$M=6$，$K=1$，$L=3$。

为了评估部署算法的优劣，通常采用以下 5 个量化指标。

①平均每个节点的探测覆盖率 c（%），可以用来衡量全网的覆盖情况。

$$c=\frac{\text{所有节点覆盖区域的面积}}{(N+M)\times\pi\times R_s^2} \tag{5-4}$$

对于划定边界的平面区域，设区域的面积为 S，用

$$c=\frac{\text{所有节点覆盖区域的面积}}{S} \tag{5-5}$$

来表示所形成的网络对这一区域的探测覆盖率。

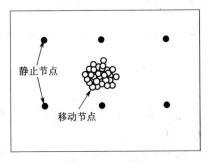

图 5-11　部署前节点分布

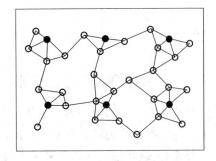

图 5-12　部署后节点分布

②移动节点满足 K 邻居的比例 α（%）和固定节点满足 L 邻居的比例 β（%）。

③网络的平均每节点的邻居数 D。

④部署稳定需要时间 T。

⑤部署需要能量之和 P。

除了以上量化指标之外，部署算法还具有以下特点：

①能够在有限的移动距离和有限的时间内完成自动部署；

②对网络的初始拓扑无要求；

③在网络拓扑变化情况下，能够自动调整以满足探测覆盖率的要求。

在覆盖率研究中，基于传感器数目的多项式时间算法将覆盖问题抽象表述为一个决策问题，该算法的目标是确定传感器网络服务区域中的每个点是否至少被 K 个传感器节点监视的覆盖问题。

而专门针对移动无线传感器网络提出的增量自我配置的贪婪算法（greedy and incremental self-deployment algorithm）主要目的是为每个节点均寻找能使网络覆盖最大化的位置。但事实上，寻找节点的最优位置是相当困难的问题，因此不得不采用大量的初始化操作了解选择的过程，如边界初始化和覆盖初始化等。

此外，还有基于电势场技术的未知环境移动传感器网络的部署配置方法，以及通过选择连接的传感器节点路径得到最大化的网络覆盖算法等。

随着研究的深入，国内外学者们开始研究结合传感器网络实际情况的网络覆盖问题，表

5-1 给出无线传感器网络覆盖算法和协议的分类。

表 5-1　无线传感器网络覆盖算法和协议的分类

			路径或目标覆盖
无线传感器网络覆盖算法的协议分类	按部署方式分类	确定性覆盖	区域或点覆盖
			基于网格的覆盖
		随机覆盖	随机节点覆盖
			动态覆盖
	按应用特点分类	连接覆盖	路径覆盖
			激活节点覆盖
		障碍覆盖	最佳最差覆盖
			基于暴露覆盖
		能效覆盖	—
		目标定位覆盖	—

5.2.3　无线传感器网络物理层协议

物理层在通信协议中属于最下一层,主要负责数据的调制、发送和接收。物理层协议涉及无线传感器网络的传输介质、频段分配以及调制方式等方面。

目前,无线传感器网络常采用的通信介质主要有声波和电磁波。声波一般用于水下无线通信,具有特定性。本书不作详细讨论。电磁波主要包括红外线、光波和无线电波等。

红外线作为 WSN 的可选传输方式,最大优点是不受外界环境中无线电干扰,并且红外线的使用不受国家无线电管制委员会的限制,资源公有化。但是红外线不具备强穿透能力,当网络中具有障碍物时,便难以实现可靠连接,因此只能在一些特殊的场合应用。

光波传输具有发送、接收电路简单,单位数据传输功耗较小的固有特点。可有效节省节点的能量,并且可实现体积微小的传感器节点研制,如传感器尘埃(smart dust)的研制便可以首选光波通信方式。但是与红外线相似,采用光波通信,通信双方间不能被非透明物体和浓雾遮挡,应用也具有一定的局限性。

无线电波在通信方面没有特殊的限制,比较适合传感器网络在未知环境中的自主通信需求,也是目前 WSN 的主流传输方式。无线电波容易产生,且传输距离相对较远,可穿透建筑物等障碍,因此被广泛应用于室内外无线通信。同时,无线电波还具有全向传播特性,因此发射和接收装置无须在物理上精确对准。

目前,在无线传感器网络系统研究中多选用 ISM 频段。该频段无须注册,并具有大范围的可选频点供灵活使用。如采用硅 IC 技术实现了 915 MHz ISM 频段的无线收发器的设计,并兼顾低成本、低能耗的要求;采用标准数字 CMOS 处理技术实现的 433 MHz ISM 频段的无线收发器设计。此外,由 DARPA 资助的 WINS 项目也研究了如何采用 CMOS 电路技术实现硬件的低成本研制。

在标准化方面,主要有目前广泛应用的 IEEE802.11 标准、IEEE802.15.3 标准(2002年)、IEEE802.15.4 标准以及产业化的 Zigbee 协议。

5.2.4　无线传感器网络 MAC 协议

无线传感器网络工作过程中,通常为多点通信。因此是多个节点设备同时接入信道,导致分组之间相互冲突,使得接收方无法分辨出接收到的数据,浪费信道资源,吞吐量下降。为了解决这些问题,必须根据无线传感器网络自身特点研究介质接入控制(medium access control,MAC)协议。

MAC 协议是通过一组规则和过程更有效、有序和公平地使用共享介质。因此设计无线传感器网络 MAC 协议必须满足两大基本功能目标。

①在密集布洒的传感器网络区域内,MAC 协议能够有助于建立起一个基础设施所需的数据通信链路。

②协调共享介质的访问,使传感器网络节点能够公平有效地分享通信资源。

针对无线传感器网络自身特点,并满足以上需求,在无线传感器网络 MAC 协议设置时需要考虑以下几个方面。

①工作时节省节点和网络能量。传感器节点的微型化设计使得每个节点所携带的电能有限,且多数情况下难以补充,因此 MAC 协议在满足应用要求的前提下,应尽量降低节点工作能耗。

②协议的可扩展性。由于传感器节点数目、节点分布密度等在传感器网络生存过程中不断变化,导致传感器网络拓扑结构的不稳定性。因此 MAC 协议也应具有可扩展性,以适应网络拓扑结构的动态变化。

③保证网络传输效率。无线传感器网络是以数据为中心的,因此 MAC 协议设计必须保证监测数据的有效传输。网络效率包括网络的公平性、实时性、网络吞吐量和带宽利用率等指标。

目前,针对不同无线传感器网络应用,研究人员从不同方面提出不同的 MAC 协议,本书根据信道分配使用方式将无线传感器网络 MAC 协议分为 3 类进行介绍。

1. 基于信道随机竞争方式(CSMA)的 MAC 协议

基于信道随机竞争的 MAC 层协议基本思想是按需竞争信道发送数据,如果数据发送时产生冲突,则按照某种机制进行退避后重新发送,直到数据发送成功,或超出发送限度。目前常用的协议包括:无线局域网 IEEE802.11 中使用的 CSMA/CA 协议,传感器－媒体接入控制(S-MAC)和时间到达－媒体接入控制(T-MAC)。在此重点阐述专为传感器网络设计的 S-MAC 和 T-MAC 协议。

(1)S-MAC 协议

传感器网络研究初期,研究人员从实际实验出发研究无线传感器网络工作中无效能耗的主要来源。

①空闲监听:节点的射频模块一直处于接收状态,以备接收邻居节点不定期发来的数据信息,这一状态消耗了大量能量。

②数据冲突:由于各个节点间是自组织方式,因此很可能在某一时刻,多个邻居节点向同一节点发送数据,则信号的相互干扰导致接收方无法正确接收任何一个数据帧,从而无谓地消耗能量。

③串扰:节点接收和处理无关数据信息的能量损耗。

④控制开销:节点处理不传送监测数据的控制报文而消耗的能量。

针对以上无效能耗,研究人员在 IEEE802.11 MAC 协议基础上,提出了第一个针对无线传感器网络的 MAC 协议——S-MAC(sensor MAC),具有有效节省能量、较好的可扩展性和冲突避免的优点。

S-MAC 协议通过采用周期性侦听/睡眠工作方式减少空闲侦听。针对以上的能量浪费,S-MAC 协议采用了以下主要应对机制。

图 5-13 S-MAC 协议时间分帧

①周期监听和睡眠机制。S-MAC 协议首先将时间分帧,每个帧又分为监听阶段和睡眠阶段,如图 5-13 所示。在睡眠阶段,节点关闭无线电波以节省能量。因此 S-MAC 协议将造成一定的通信延迟,并且为保证有效通信,必须保证邻居节点间的一定程度的同步。

②冲突和串音避免机制。S-MAC 采用了物理和虚拟载波(使用网络分配矢量 NAV 监听机制和 RTS/CTS 握手交互机制)。串音通过更新基于 RTS/CTS 的 NAV 规避,当 NAV 不为零节点进入睡眠阶段,从而避免串音现象发生。

③消息传递机制。S-MAC 协议采用消息传递机制很好地支持多分组消息的传送。针对多分组的长消息,S-MAC 采用一次 RTS/CTS 握手预约长消息发送的方法。这不同于 IEEE802.11 MAC 协议,其主要考虑网络公平性,一个 RTS/CTS 只预约下一个分组消息。因此 S-MAC 协议较好地保证消息传输的完整性和成功率。

④流量自适应监听机制。由于采用节点周期性睡眠机制,在多跳无线传感器网络中将可能导致通信延迟的累加。为避免此问题,S-MAC 协议采用流量自适应监听机制,在完成一次通信后,通信节点的邻居节点并不立即进入睡眠阶段,而是保持监听一段时间。若此时接收到了 RTS,则立刻接收数据,无须等到下一个监听工作周期。由此有效地缓解了通信延迟问题。

(2)T-MAC 协议

T-MAC 协议是在 S-MAC 协议基础上提出的。一般认为传感器网络 MAC 协议最重要的设计目标是减少能量消耗,在空闲侦听、碰撞、协议开销和串音等浪费能量的因素中,空闲侦听能量的消耗占绝对大的比例,特别是在消息传输频率较低的情况下。因此,针对 S-MAC 的缺点,T-MAC 协议在保持周期长度不变的基础上,根据通信流量动态地调整活动时间,用突发方式发送信息,减少空闲侦听时间。图 5-14 为 T-MAC 和 S-MAC 基本时间分帧机制比较。

在 T-MAC 协议中,发送数据时仍采用 RTS/CTS/DATA/ACK 的通信过程,节点周期性唤醒进行侦听,如果在一个给定时间 TA 内没有发生下面任何一个激活事件,则活动结束。

①周期时间定时器溢出。

②在无线信道上收到数据。

③通过接收信号强度指示 RSSI。

④通过侦听 RTS/CTS 分组,确认其他数据交换已经结束。

在每个活动期间的开始,T-MAC 协议按照突发方式发送所有数据。TA 决定每个周期最小的空闲侦听时间,TA 的取值对于 T-MAC 协议性能至关重要,其取值约束为

$$TA > C + R + T \tag{5-6}$$

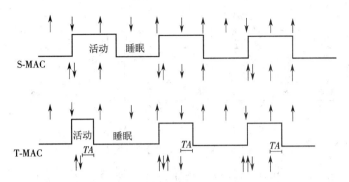

图 5-14　S-MAC 和 T-MAC 基本时间分帧机制比较

式中　C——竞争信道时间；

　　　R——发送 RTS 分组的时间；

　　　T——RTS 分组结束到发出 CTS 分组开始的时间。

通常传感器网络存在多个传感器节点向一个或少数几个汇聚节点传输数据的单向通信方式。T-MAC 协议根据当前的网络通信情况,通过提前结束活动周期减少空闲侦听,但带来了通信延迟,这种延迟称为早睡问题(early-sleep problem)。T-MAC 为解决早睡问题提出了未来请求发送和满缓冲区优先两种方案,但均不理想。T-MAC 协议的适用场合还需要进一步调研;对网络动态拓扑结构变化的适应性也需要进一步研究。

(3)基于 IEEE 802.15.4 的 MAC 层协议

作为一种比较成熟的无线个域网(WPAN)协议,IEEE 802.15.4 具有复杂度低、成本极小、功耗很低的特点,以及能在低成本设备(固定、便携或可移动的)之间进行低数据速率的传输等特性。IEEE 802.15.4 提供两种物理层选择(频段为 868 MHz/915 MHz/2.4 GHz)。

物理层与 MAC 层的协作扩大了网络应用的范畴。这两种物理层均采用直接序列扩频(direct sequence spread spectrum,DSSS)技术,以降低数字集成电路的成本,并且使用相同的包结构,以低作业周期、低功耗运作。2.4 GHz 物理层的数据传输率为 250 kb/s,868 MHz/915 MHz 物理层的数据传输率分别是 20 kb/s、40 kb/s。

IEEE 802.15.4 MAC 协议采用载波监听/冲突避免思想,节点定期侦听信道,接收其中的信标(beacon)帧,当没有数据发送和接收时,进入休眠状态,具体如图 5-15 所示。网络协调器缓存发给休眠节点的数据,之后周期地发送信标帧,帧中携带这些数据的目的地址信息。当休眠节点发现有发给自己的数据信息,则向网络协调器发送轮循(Poll)帧,表示自己可以接收数据。网络协调器收到 Poll 信息后,首先向原节点发送 ACK 帧,随后发送缓存中的数据。目的节点收到数据后,向协调器发送 ACK 帧信息。

(4)基于 IEEE 802.15.3 的 MAC 层协议

IEEE 802.15.3 协议作为一种新型的无线个域网标准,物理层主要采用了多带正交频分复用(MB-OFDM)UWB 和直扩码分多址(DS-CDMA)UWB 两种技术。协议允许 245 个无线用户设备同时在几厘米到 100 m 的范围内以最高达 55 Mb/s 的速率接入网络。为固定和移动设备提供在 2.4GHz 频段上的高速率无线连接。IEEE 802.15.3 规定了 5 个原始数据速率,即 11 Mb/s、22 Mb/s、33 Mb/s、44 Mb/s 和 55 Mb/s。所选择的传输速率将会影响到传输距离,如距离为 50 m 时传输速率为 55 Mb/s,距离为 100 m 时传输速率为 22 Mb/s。

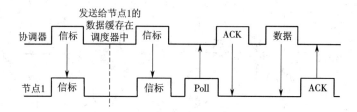

图 5-15　IEEE 802.15.4 MAC 协议

ACK—确认信息；Poll—轮询信息

较高速率(如 55 Mb/s)可以提供低延迟的多媒体连接和大文件传送业务,较低速率(如 11 Mb/s、22 Mb/s)可以提供音频设备间长距离的连接。该标准包含了可靠 QoS 所需的所有元素,使用时分多址(TDMA)技术分配设备间的信道,以避免冲突。

　　IEEE 802.15.3 只定义了物理层和 MAC 层协议,MAC 层协议是从 IEEE 802.11 无线局域网(WLAN)的 MAC 层协议发展来的,所以在自组织网(Ad hoc)结构的基础上,还带有星形网的痕迹,如图 5-16 所示。基于 IEEE 802.15.3 的无线传感器网络以 PicoNet 为基本单元,其中的主设备被称为 PicoNet 协调器(PNC)。PNC 负责提供同步时钟,QoS 控制省电模式和接入控制。作为一种 Ad hoc 网络,PicoNet 只有在需要通信时才存在,通信结束,网络也随之消失。网内的其他设备为无线传感器网络中的通信节点。

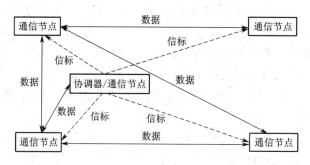

图 5-16　IEEE 802.15.3 WPAN 网络结构

　　无线传感器网络的数据交换在通信节点之间直接进行,但网络的控制信息由 PNC 发出。基于 IEEE 802.15.3 的无线传感器网络的超帧结构如图 5-17 所示,一个超帧包含如下部分。

　　①信标(beacon):包含时钟分配与通信管理信息。

　　②竞争接入段(CAP):用于交换命令和异步传送数据。

　　③信道时间分配段(CTAP):包含若干信道时间分配单元(CTA),其中有些是管理信道时间分配单元(MCTA)。

　　一个 PicoNet 从 PNC 发射信标开始形成,信标携带关于 PicoNet 的信息。即使没有通信节点存在,一个发射信标的 PNC 也可以被看作是一个 PicoNet。当 PicoNet 开始建立的时候,PNC 首先查找到一个可用的信道,发出信标以确定是一个空的信道,然后在这个信道中建立起 PicoNet。当一个 PicoNet 建立后,仍然可以通过切换控制操作改变 PNC。但是 IEEE 802.15.3 协议不支持将两个 PicoNet 融合成一个的功能。

　　PNC 通过发送信标对空中资源进行分配,信标载有网络的控制参数(网络同步、最大传输功率等)、信道时隙分配、超帧中传输的针对每一个业务流的指示信息等。竞争接入段

CAP—竞争接入段;CTA—信道时间分配单元;CTAP—信道时间分配段;MCTA—管理信道时间分配单元

图 5-17　IEEE 802.15.3 的超帧结构

(CAP)使用防碰撞载波检测多址(CSMA/CA)接入的 MAC 机制,信道时间分配段(CTAP)可以使用基本的 TDMA 方式分配给各个设备,管理信道时间分配单元(MCTA)可以采取 TDMA 方式分配或由各设备共享(基于 ALOHA 协议)。

IEEE 802.15.3 MAC 协议由于从 IEEE 802.11 MAC 演变而来,虽然数据在无线传感器设备(主要是指 UWB 设备)之间直接传送,但需要中心控制。这种星形网络结构适用于以 PC(处理能力强、存储空间大)为中心的无线传感器网络,但对消费电子(CE)设备和通信设备支持差,后两种应用需要更简单的支持移动性的连接方式。因此,新的 MAC 层协议仍在演变中。一方面,IEEE 802.15 工作组计划在 IEEE802.15.3b 开展新 MAC 层的研究;另一方面,MB-OFDM 的支持和推动厂家以及研究机构,多带正交频分复用联盟(MBOA)也在制订自己的 MAC 层协议。为了更好地支持 CE 和通信设备,MBOA 协议在支持中心控制网络结构的基础上,开发了支持分布式网络拓扑结构,具有如下特点:任何设备都可以创建网络;可功率控制以减小干扰;接入和数据传送协议简单;可快速建立无线链路,断开无线链路(小于 1 s);安装简单(零设置);支持网络的融合和分裂;支持跨网移动;支持网络间的相互协调;更节省工作能耗;支持同步和异步业务;支持无线格状网(Mesh)拓扑结构。

基于 MBOA 的无线传感器网络拓扑结构以信标组(BG)为单位,所有无线传感器网络节点的超帧帧长统一,但各 BG 的帧结构不同。无线传感器网络节点改变帧结构便可从一个 BG 漫游到另一个 BG。节点也可以同时跟踪两种帧结构,从而成为两个 BG 共有的成员。此外,节点可以在两个中继站之间转发数据。一个真正的无线格状网网络结构由此构成。

在基于 MBOA 的 MAC 协议的超帧结构中,每个设备都发射信标(休眠设备除外)。信标周期可变,以容纳不同数量的设备。设备先搜索其他设备的信标,如未找到,则创建新的信标;如找到,则加入信标并始终使用同一时隙。设备通过在信标中标示不同等级的资源预留以实现不同的 QoS。异步数据采用优先级的竞争接入机制。

2.基于时分复用方式的 MAC 协议

基于时分复用方式的 MAC 协议基本思想是为每个传感器节点分配独立的用于数据收发的时隙,因此此类协议可以有效避免冲突重传问题,并且数据传输时无须额外地控制消息。但它们也有自身固有的缺点:首先,此类协议要求节点间必须保持严格的时钟同步;其次,协议可扩展性较差,无法适应节点失效、移动等网络拓扑变化。本书仅介绍典型的 EA-TDMA(energy-aware TDMA)协议。

针对分簇结构的无限传感器网络,设计出基于 TDMA 机制的能量感知的分簇网络 MAC 协议 EA-TDMA。根据功能的差异,分簇网络主要由 3 类节点组成:簇成员节点(又叫感知节点)、簇头节点和汇聚节点。其中节点的工作状态又分为 4 种:感应(sensing)、转发(relaying)、感应并转发(sensing and relaying)和非激活(inactive)状态。感应状态节点主要负责采集数据并向邻居发送。转发状态节点接收其他节点发送的数据并发送给下一个节点。处于感应并转发状态的节点需要完成上面两种功能。如果节点无数据接收和发送则自动进入非激活状态。此外,该协议将时间帧分为周期性的 4 个阶段,以更好地适应拓扑动态变化。

①数据传输阶段:簇内节点在各自分配时隙内发送采集的数据给簇头。

②更新阶段:簇内节点向簇头报告其当前状态。

③更新引起的重组阶段:在更新阶段之后簇头节点根据簇内节点的当前状态,重新给簇内节点分配时隙。

④事件触发的重组阶段:网络拓扑发生变化时或节点能量低于特定值等事件发生时,簇头就要重新分配时隙。

该协议在更新和重组阶段都需重新分配时隙,才能适应簇内节点拓扑动态变化及节点状态的变化。这样要求簇头节点有较强的计算和通信能力,能耗也较大,因此如何合理选择簇头节点是设计该类 MAC 协议的一个至关重要的关键问题。

3.基于混合复用方式的 MAC 协议

以上 MAC 协议各自具有自身的优点和缺点,因此考虑通过有效结合 FDMA、CDMA、TDMA 等多种接入方式设计混合 MAC 协议。

SMACS/EAR 协议是结合 TDMA 和 FDMA 的基于固定信道分配的无线传感器网络 MAC 协议。其基本思想是为每一对邻居节点分配特有频率进行数据传输,不同节点对间的频率则互不干扰,从而避免在无线信道中同时传输的数据间产生碰撞。

SMACS 协议假设传感器节点静止,当节点启动时通过共享信道广播一个"邀请"消息,通知邻居节点与其建立连接。接收到邀请消息的邻居节点与发送邀请的节点间交互信息,协商并确定两者间通信的通信频率和一对时隙,从而实现两点间有效数据传输。图 5-18 给出了 AD、BC 两节点对间的无线通信链路建立过程。

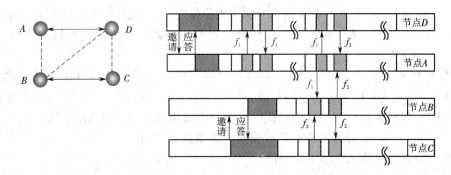

图 5-18　SMACS/EAR 协议的链路建立过程

5.2.5　无线传感器网络路由协议

网络通信协议中的路由协议负责将数据分组从源节点通过网络转发到目的节点,主要包括两个方面的功能:其一是寻找源节点和目的节点间的优化路径;其二是将数据分组沿着优化路径正确转发。

在无线传感器网络中,节点能量有限且一般难以补充,因此路由协议需要高效地利用能量。并且一个传感器网络中往往包含数目众多的传感器节点,节点只能获取局部拓扑结构信息,则要求路由协议能在局部网络信息的基础上选择合适的路径。而且在实际应用中需要考虑数据融合、时钟同步、定位技术等机制的结合,可极大程度地减少通信量,提高网络的性能。

Ad-hoc、无线局域网等传统无线网络的首要目标是提高服务质量和公平高效地利用网络带宽,这些网络路由协议的主要任务是寻找源节点到目的节点间通信延迟小的路径,同时提高整个网络的利用率,避免产生通信拥塞并均衡网络流量等,而能量消耗问题不是这类网络考虑的重点。与传统通信网络的路由协议相比,无线传感器网络的路由协议具有以下特点。

(1)以数据为中心

传统的路由协议通常以地址作为节点的标识和路由的依据。无线传感器网络中大量节点随机部署,所关注的是监测区域的感知数据,而不是具体哪个节点获取的信息,不依赖于全网唯一的标识。传感器网络通常包含多个传感器节点到少数汇聚节点的数据流,按照对感知数据的需求、数据通信模式和流向等,以数据为中心形成消息的转发路径。

(2)能量优先

传统路由协议在选择最优路径时,很少考虑节点的能量消耗问题。而无线传感器网络中的节点能量有限,延长整个网络的生存周期成为传感器网络路由协议设计的重要目标,因此需要考虑节点的能量消耗以及网络能量均衡使用的问题。

(3)基于局部拓扑信息

无线传感器网络为了节省通信能量,通常采用多跳的通信模式,而节点有限的存储资源和计算资源,使得节点不能存储大量的路由信息,也不能进行太复杂的路由计算。在节点只能获取局部拓扑信息和资源有限的情况下,如何实现多点间高效的路由机制是无线传感器网络的一个基本问题。

针对无线传感器网络路由机制的特点,在设计路由算法时需要考虑以下传感器网络路由特有的要求。

①鲁棒性:能量耗尽或环境因素造成传感器节点的失效,周围环境影响无线链路的通信质量以及无线链路本身的缺点,这些不可靠因素要求路由机制具有一定的容错能力。

②能量高效:节能是传感器网络从整体到各细节设计时首要考虑的问题。传感器网络路由协议不仅要选择能量消耗小的消息传输路径,而且要从整个网络角度考虑,选择使整个网络能量均衡消耗的路由。传感器节点的资源有限,路由机制要能够简单而高效地实现信息传输。

③快速收敛性:传感器网络的拓扑结构动态变化,节点能量和通信带宽等资源有限,因此要求路由机制能够快速收敛,以适应网络拓扑的动态变化,减少通信协议开销,提高消息传输效率。

④可扩展性:在无线传感器网络中,监测区域范围、节点部署密度均不相同,则造成网络规模大小不同;节点失效、新节点加入以及节点移动等,都会使得网络拓扑结构动态变化,这就要求路由机制具有可扩展性,能够适应网络结构的变化。

针对不同的传感器应用,研究人员提出了不同的路由协议,但到目前为止,仍然缺乏一个完整清晰的路由协议分类。本书从各种路由协议的本质特点出发,将路由协议分成下面几种。需要说明的是,各个类别并不是互斥的,不同种类的划分通常是你中有我,我中有你。本书关注的并不是划分的标准而是每一类路由协议中表现出的基本特点,表现为无线传感器网络路由协议发展的历程。对现有路由算法的分类分析为设计应用于实际无线传感器网络的路由协议提供理论支持。

1. 传统平面拓扑路由

基于平面网络的路由是最简单的路由形式,其中每一个点都具有对等的功能。最有代表性的算法是泛洪(Flooding)算法和其改进算法(Gossiping 算法)。

泛洪算法:该算法的主要思想是由槽节点发起数据广播,然后任意一个收到广播的节点都无条件将该数据副本广播出去,每一节点都重复这样的过程直到数据遍历全网或者达到规定的最大跳数。算法不用维护网络拓扑结构和路由计算,实现简单,但是也会带来一些问题,最主要的是内爆、重叠以及资源盲点等,如图 5-19 和图 5-20 所示。

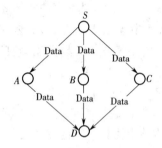

图 5-19　泛洪算法的消息"内爆"问题

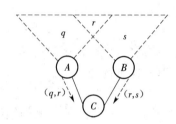

图 5-20　泛洪算法的消息"重叠"问题

Gossiping 算法:该算法是泛洪算法的改进,与泛洪算法不同,每一个节点并不是向所有的邻居节点发送数据包的副本,而是随机选择一个或者几个邻居转发数据包。由于一般无线传感器网络的链路冗余度较大,适当选择转发的邻居数量,可以保证几乎所有节点都可以接收到数据包。

2. 新型层次拓扑路由

这是与平面路由相对的概念,主要特点是出现了分簇的结构。相对平面结构中每一个点都是对等的,具有分簇结构的层次拓扑路由将节点分成若干个集合(簇),每一个簇有一个节点充当簇头节点,簇头节点负责管理簇内事务以及与其他簇进行数据交换。簇内其他节点仅仅与簇头节点进行数据交换,而与其他簇成员不发生联系。这样簇内成员组成一个低层次的节点集合,通过相应算法进行数据交换,所有簇头节点组成一个高层次的节点集合,各个簇头之间再通过相应算法进行数据交换,最有代表性的算法是 LEACH 算法。

LEACH 算法(low energy adaptive clustering hierarchy):该算法是分簇结构的算法,它定义出了轮的概念。每一轮有初始状态和稳定运行状态两种模式,初始状态是根据算法随机选择簇头节点,同时广播自己成为簇头节点的事实,其他节点收到广播信号后通过判断信号的强弱决定加入哪个簇,并告知簇头节点。稳定工作时候,节点将信息传递给簇头节点,然后簇头节点将信息传递给槽节点。当一轮完成后重新选举簇头。该算法通过轮流担任簇头的方式均等地消耗能量,达到延长网络生存周期的目的。但是因为每一个节点都可以成为簇头,即都可以将数据直接传给槽节点,该算法只是适用于单跳的小型网络。

3. 基于数据为中心的路由协议

最有代表性的是定向扩散(directed diffusion,DD)算法和 SPIN 算法,以数据为中心的路由算法与传统网络路由算法最大的区别表现在以下几点。

①以数据为中心,网络中的任务是在对数据进行命名的基础上进行的。

②以 DD 算法为例,数据是在相邻的节点之间进行扩散的,DD 算法中每一个节点均为一个端,均可能是数据的目的节点,可进行数据处理。DD 算法中没有固定的路由路径。

③以 DD 算法为例,节点遵循本地交换的原则,节点只需要与邻居进行数据交换而不需对整个网络的拓扑了解。

定向扩散算法:是以数据为中心的路由协议发展过程的里程碑。算法基于定向扩散模型进行数据分发,它与已有的路由算法的实现机制不同,节点用一组属性值命名它所生成的数据。槽节点向所有传感器发送对任务描述的"兴趣(interest)",即一个任务描述数据包,它是用属性值对描述的。"兴趣"会通过全网逐渐扩散,最终找到匹配请求条件的数据源,与此同时,也建立起从数据源到槽节点的"梯度"。节点会在它的缓存中存储兴趣入口(interest entry),兴趣入口包含时间戳和梯度场,数据源节点会沿梯度最大的方向将数据传回槽节点。图 5-21 展示了兴趣扩散、梯度建立以及数据按照加强的梯度路径传送的 3 个步骤。

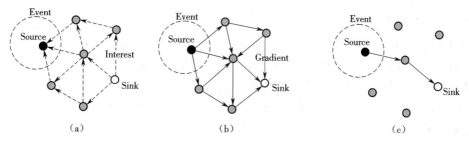

(a)兴趣扩散　(b)梯度建立　(c)数据按照加强的梯度路径传送

Source:数据源　Interest:兴趣　Sink:槽点　Event:事件　Gradient:梯度

图 5-21　DD 算法示意图

SPIN(sensor protocol for information via negotiation)算法:该算法引入两个革新性概念"协商"和"根据资源情况进行调整"。SPIN 在发送数据之前先用握手机制确定是否有数据发送,网络中传输的数据包分为 3 类,分别为 ADV、REQ 和 DATA。前两者用于握手确认,后者为真正传输的数据包。

如 A 向 B 发送数据分为 3 个阶段:第 1 步,A 发送 ADV 包;第 2 步,如果 B 同意接收 A 的数据则 B 向 A 发送 REQ 包;第 3 步,A 向 B 发送真正的数据包 DATA。

当 B 收到了 A 的数据后,如果自己并非最终目的节点则继续转发 ADV,需要的节点会向 B 发送 REQ 包,重复数据的转发过程。在 ADV 包和 REQ 包中存在元数据(meta data),它是实际传输数据的一个抽象,也即能够唯一表征所代表的数据,但是比实际数据小得多,在握手阶段节点通过分析元数据就可以确认本轮定义的数据 DATA 是否已经接收过,避免了重复。

4.基于连通支配集的路由算法

连通支配集的概念出自图论理论,其定义为:D 包含于 $V(G)$ 称为图 G 的一个支配集,若任何顶点 $u \in V(G)$,要么 $u \in D$,要么 u 与 D 内任意一顶点相邻。在支配集概念的基础上又有连通支配集与最小连通支配集,连通支配集要求保证支配集中的节点满足连通的条件,最小连通支配集又要保证连通支配集节点数目最少,寻找最小连通支配集为 NP 完全问题。基于支配集的算法将节点分成两类,支配节点和非支配节点,支配节点作为骨干节点负责日常事务处理,非支配节点在有数据要传输的时候将数据传给支配节点,不需要时可以进入休眠状态,节省能量。代表性算法有 WU-LI、SPAN 等。

SPAN(social participatory allocation network)算法:该算法的特点是通过本地算法将节点分为协调节点和一般节点。通过协调节点组成连通支配集,组网过程就是各个节点判断自己是否可以成为协调节点的过程,具体实现算法如下。

①宣布为协调节点:如果一个普通节点的两个邻居节点既不能直接通信也不能通过一个或两个协调节点通信,则这个节点宣布成为协调节点(coordinators)(不能保证最少的协调节点)。

②退化成为一般节点:每一个协调节点周期性判断自己是否应该退化成为一般节点。如果一个协调节点所有邻居都可以直接联系或者通过其他协调节点可以通信,则该协调节点可以退化为一般节点。

SPAN 算法要实现如下 4 个目标:

①保证选择出足够的协调节点以保证每一个节点在其传输半径范围内至少有一个节点。

②使网络各个节点均衡。

③尝试将协调节点数目降为最低,而不改变其他条件下最大限度延长网络生命。

④只是通过本地决定是否成为协调节点或者处于休眠状态。

基于连通支配集的路由算法与分簇结构的路由算法十分相似,支配节点相当于簇头节点,非支配节点相当于簇内成员节点,只是又要满足支配节点相互连通的要求,这是比分簇结构更高的要求。

5. 基于地理位置的路由

在传感器网络中,节点通常要获取自己的位置信息,这样节点所采集的信息才更有意义。比如检测有毒气体的扩散,不仅仅需要检测到发生毒气体泄漏的事件,而且还要知道毒气体泄漏的影响地点才有意义。

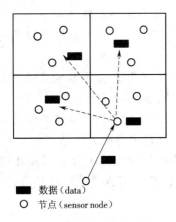

数据(data)
节点(sensor node)

图 5-22 GEAR 中递归的目标域数据传送

GEAR(geographical and energy aware routing)算法:该算法是充分考虑了能源有效性的基于位置的路由协议,它比其他的基于位置的路由协议能更好地应用于无线传感器网络之中。GEAR 算法提出,既然传感器网络中的数据经常包含位置属性信息,那么可以利用这一信息,把在整个网络中扩散的信息传送到适当的位置区域中。同样GEAR 也采用了查询驱动数据传送模式,它传送数据分组到目标域中所有的节点的过程包括两个阶段:目标域数据传送和域内数据传送。目标域数据传送阶段,当节点接收到数据分组,它将邻接点同目标域的距离和它自己与目标域的距离相比较,若存在更小距离,则选择最小距离的邻接点作为下一跳节点;若不存在更小距离,则认为存在孔(hole),节点将根据邻居的最小花销选择下一跳节点。在域内数据传送阶段,可通过两种方式让数据在域内扩散:在域内直接洪泛和递归的目标域数据传送直到目标域剩下唯一的节点(见图 5-22)。GEAR 将网络中扩散的信息局限到适当的位置区域中,减少了中间节点的数量,从而降低了路由建立和数据传送的能源开销,更有效地提高了网络的生命周期。缺点是依赖节点的 GPS 等定位系统提供的定位信息,成本相对较高。

GPSR(greedy perimeter stateless routing for wireless networks)算法:GPSR 运用两种策略完成数据转发工作,贪婪算法推进(greedy forwarding)方式和周游推进(perimeter forwarding)方式。GPSR 在可能的情况下均使用贪婪算法推进方式,其中的贪婪算法要求每一步都在自己的邻居节点之中寻找距离目的节点距离最近的节点,并指定该节点为下一跳节点。当贪婪推进无法进行时采用周游推进策略。节点在自己的邻居中找不到比自己距离目的节点更近的节点了,说明遇到了一个空洞(void),可通过右手定则绕过该空洞寻找下一跳节点。

5.2.6 无线传感器网络传输和应用层协议

无线传感器网络独特的物理特性和典型的应用背景使得其与传统 Internet 网络、无线网络在实现高层协议设计时有着明显不同的要求。

①能量优先设计。传统无线网络传输和应用层设计主要解决信息传送过程中的差错和拥塞控制问题。其主要分享的是有限的带宽资源。而在无线传感器网络中,能量是除带宽外另一个需要考虑的受限资源。无线传感器网络在数据传输中不仅要避免选择拥塞节点,而且要避免选择低能量的节点。因此设计协议时要考虑带宽和能量约束条件。

②基于事件驱动的可靠传输机制。传统的有线和无线网络传输层和应用层均在 IP 层基础上提供可靠的端到端的传输服务。与之不同,无线传感器网络是以事件为驱动的,整个网络的运行是以若干个传感器节点信息进行多信息融合而实现的。因此若仍然采用端到端的传输服务将耗费大量的网络资源。

③基于数据融合机制的传输。正是由于无线传感器网络的多节点协同工作实现事件监测的工作方式,因此反映同一事件的大量数据进行在网的数据融合将有效提高无线传感器网络的工作效率。实验表明,虽然在网数据融合机制的使用可能增加端到端的时延,但是可获取较低的能量消耗和较高的数据整体传输速率。

④协议的简单性、可靠性和可扩展性。为了高效利用有限网络资源,尽可能地压缩不必要的开销以最大程度延长网络生存周期,对于无线传感器网络是极其重要的。因此面向应用的高层协议必须具备简单性。无线传感器网络的动态性以及节点、无线链路的不稳定性同时要求协议具有可靠性和可扩展性,以保证网络的长期稳定运行。

目前,针对无线传感器网络的传输层和应用层协议研究还相对较少,多是针对特定的应用设计专门的协议以最优化网络运行。目前比较完善的协议包括提供可靠的 sink-to-sensors 的反向传输控制协议 PSFQ 和基于 event-to-sink 传输模型的 ESRT(event-to-sink reliable transport)协议。

PSFQ 协议是面向需要可靠数据传输的应用而提出的。针对 WSN 无线信道质量差的缺点,PSFQ 提出逐条(hop-to-hop)的错误恢复机制,保证了协议具有很好的可靠性和容错性。同时,为保证丢失报文有足够的重发时间,PSFQ 提出了快取慢存(pump slowly,fetch quickly)的数据流控制机制,可为无线传感器网络提供低开销的错误恢复服务。仿真结果表明,PSFQ 利用基本传输结构所提供的最小支持,能够保证所有的数据传输给所有的目的接收者,具有很好的容错性、节能性和可扩展性。

ESRT 协议是另一个为无线传感器网络设计的传输协议,首次提出了构建 event-to-sink 的可靠传输模型。该协议使用少的能量费用获得可靠的事件发现。该算法根据用户所需要的可靠性,动态调整信源节点的报告频率,因此对于随机、动态拓扑变化的无线传感器网络,ESRT 具有较强的鲁棒性。

此外,在无线传感器网络多数应用中,最终汇集的数据需要通过 Internet 网络提供给异地的用户,因此需要考虑无线传感器网络与 Internet 的互联问题。其主要研究的问题可归结为利用网关和 IP 节点,屏蔽下层无线传感器网络,向远端 Internet 用户提供实时信息服务的研究。

5.2.7　无线传感器网络其他关键技术

为实现无线传感器网络低能耗可靠工作,除了有效通信协议设计,还需要针对应用所需的其他关键技术的支撑,如定位技术、时间同步、安全技术、数据管理、数据融合及节能技术等。

1.定位技术

节点准确地进行自身定位是无线传感器网络应用的重要条件。由于节点工作区域或者是人类不适合进入的区域,或者是敌对区域,传感器节点有时甚至需要通过飞行器抛撒于工作区域,因此节点的位置是随机、未知的。然而在许多应用中,节点所采集到的数据必须结合其在测量坐标系内的位置信息才有意义,否则,如果不知道数据所对应的地理位置,数据便失去意义。除此之外,无线传感器网络节点自身的定位还可以在外部目标的定位和追踪以及提高路由效率等方面发挥作用。因此,实现节点的自身定位对无线传感器网络有重要的意义。

获得节点位置可利用全球定位系统(GPS)实现。但是,无线传感器网络中使用 GPS 以获得所有节点的位置受到价格、体积、功耗以及可扩展性等因素限制,存在着一定困难。因此目前主要的研究工作是利用传感器网络中少量已知位置的节点获取其他未知位置节点的位置信息。已知位置的节点称作锚节点,它们可能是被预先放置好的,或者采用 GPS 或其他方法得知自己的位置。未知位置的节点称作未知节点,它们需要被定位。锚节点根据自身位置建立本地坐标系,未知节点根据锚节点计算出自己在本地坐标系里的相对位置。

根据具体的定位机制,可以将现有的自身定位方法分为①基于测距的(rangebased)定位方法和②无须测量的(range-free)定位方法。

基于测距的定位机制需要测量未知节点与锚节点之间的距离或者角度信息,然后使用三边测量法、三角测量法或最大似然估计法计算未知节点的位置。常用的基于测距的定位方法包括信号强度测距法、到达时间及时间差测距法、时间差定位法和到达角定位法。虽然基于测距的定位能够实现精确定位,但往往对无线传感器节点的硬件要求较高,出于硬件成本、能耗等考虑,人们提出了距离无关的定位方法。距离无关的定位方法无须距离或角度信息,或者无需直接测量这些信息,仅根据网络的连通性等信息实现节点的定位,降低了对节点硬件的要求。

以下介绍 4 种重要的分布式距离无关的定位算法,分别为质心法、基于距离矢量计算跳数的(DV-Hop)算法、无定形的(amorphous)算法和以三角形内的点近似定位(APIT)算法。

(1)质心法

质心法是一种仅基于网络连通性的室外定位算法。该算法的中心思想是未知节点以所有在其通信范围内的锚节点的几何质心作为自己的估计位置。具体过程为锚节点每隔一段时间向邻居节点广播一个信标信号,信号中包含有锚节点自身的 ID 和位置信息。当未知节点在一段侦听时间内接收到来自锚节点的信标信号数量超过某一个预设的门限后,该节点认为与此锚节点连通,并将自身位置确定为所有与之连通的锚节点所组成的多边形的质心。

质心定位算法的最大优点是简单、计算量小、完全基于网络的连通性,但是需要较多的锚节点。

（2）DV-Hop算法

DV-Hop(distance vector-hop)定位算法的原理类似经典的距离矢量路由算法。在DV-Hop算法中,锚节点向网络广播一个信标,信标中包含有此锚节点的位置信息和一个初始值为1的表示跳数的参数。此信标在网络中被以泛洪的方式传播出去,信标每次被转发时跳数增加1。接收节点在收到关于某一个锚节点的所有信标中,保存具有最小跳数值的信标,丢弃具有较大跳数值的同一锚节点的信标。通过这一机制,网络中所有节点(包括其他锚节点)均获得了到每一个锚节点的最小跳数值。图5-23为示意图,表示了网络中的节点到锚节点A的跳数值。

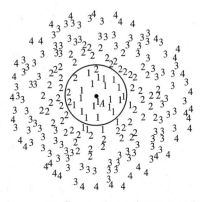

图5-23　信标节点广播分组的传播过程

为了将跳数值转换成物理距离,系统需要估计网络中平均每跳的距离。锚节点具有到网络内部其他锚节点的跳数值以及这些锚节点的位置信息,因此锚节点可以通过计算得到距其他锚节点的实际距离。经过计算,一个锚节点得到网络的平均每跳距离,并将此估计值广播到网络中,称作校正值,任何节点一旦接收到此校正值,便可以估计自己到这个锚节点的距离。

如果一个节点能够获得3个以上锚节点的估计距离,便可以利用三边法估计其自身的位置。

DV-Hop算法与基于测距算法具有相似之处,均需要获得未知节点到锚节点的距离,但是DV-Hop获得距离的方法是通过网络中拓扑结构信息的计算而不是通过无线电波信号的测量。对于基于测距的方法,未知节点只能获得到自己射频覆盖范围内的锚节点的距离,而DV-Hop算法可以获得到未知节点无线射程以外的锚节点的距离,这样可以获得更多的有用数据,提高定位精度。

（3）amorphous算法

amorphous定位算法与DV-Hop算法类似。首先,采用与DV-Hop算法类似的方法获得距锚节点的跳数,称为梯度值。未知节点收集邻居节点的梯度值,计算关于某个锚节点的局部梯度平均值。与DV-Hop算法不同,amorphous算法假定预先知道网络的密度,然后离线计算网络的平均每跳距离,最后当获得3个或更多锚节点的梯度值后,未知节点便计算与每个锚节点的距离,并使用三边测量法和最大似然估计法估算自身位置。

（4）APIT算法

在APIT算法中,一个未知节点从它所有能够与之通信的锚节点中选择3个节点,测试它自身是在这3个锚节点所组成的三角形内部还是在其外部;然后再选择另外3个锚节点进行同样的测试,直到穷尽所有的组合或者达到所需的精度。如果未知节点在某三角形内部,称此三角形包含未知节点;最后,未知节点将包含自己的所有三角形的相交区域的质心作为自己的估计位置。

APIT算法最关键的步骤是测试未知节点是在3个锚节点所组成的三角形内部还是外

部,这一测试的理论基础是三角形内点测试法(perfect point-in-triangulation test,PIT)。PIT 用来测试一个节点是在其他 3 个节点所组成的三角形内部还是在其外部,其原理如图 5-24 所示。假如存在一个方向,沿着这个方向 M 点会同时远离 A、B、C 点,那么 M 位于△ABC 外;否则,M 位于△ABC 内。

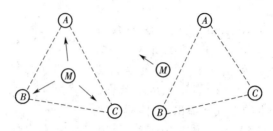

图 5-24　PIT 测试示意图

在无线传感器网络中,节点通常是静止的,即 M 点固定,不能朝着不同的方向移动。此时无法执行 PIT 测试,为此定义 APIT 测试法(approximate PIT):如图 5-25 所示,节点 M 通过与邻居节点 1 交换信息可知,节点 M 接收到信标节点 B、C 的信号强度大于节点 1 接收到信标节点 B、C 的信号强度,而 M 接收到信标节点 A 的信号强度大于节点 1 接收到信标节点 A 的信号强度。若假设 M 运动到节点 1 位置,则是远离信标 B、C 节点,而靠近 A 节点。依次对邻居节点 2、3、4 进行相同判断,则可最终判断出 M 是位于信标节点 A、B、C 所构成的三角形△ABC 内(如图 5-25(a))还是△ABC 外(如图 5-25(b))。

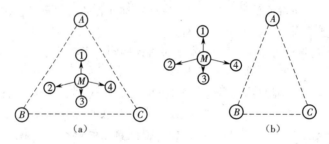

图 5-25　APIT 示意图

这种方法实际上是利用无线传感器网络较高的节点密度模拟节点移动。但当节点 M 比较靠近△ABC 的一条边,或者 M 周围的邻居节点分布不均匀时,APIT 的判断可能会发生错误,当未知节点密度较大时,APIT 判断发生错误的概率较小。

2.时间同步

在 Internet 网络中的计算机时间同步方案中,虽然网络时间协议(NTP)可行,但是它并不是为能量和计算均受限制的传感器节点所设计的;全球定位系统(GPS)的设备相对于廉价的传感器节点来说过于昂贵,并且 GPS 设备受到地域的限制(例如建筑物内或者水下),而且在敌对区域,GPS 信号是不可信的。因此,考虑到复杂度和节能、消耗以及尺寸等方面的因素,传统的时间同步方案已不适用于无线传感器网络。

无线传感器网络具有无全局标识、节点较少移动、多对一通信、数据冗余大和资源受限多等特点。针对无线传感器网络,目前已经从不同角度提出了许多新的时间同步算法,下面讨论几种具有代表性的无线传感器网络时间同步算法。

（1）RBS算法

参考广播同步（reference broadcast synchronization，RBS）算法是根据"第三节点"实现同步的思想而提出的。该算法中，节点发送参考消息给它的相邻节点，这个参考消息并不包含时间戳。相反地，它的到达时间被接收节点用作参考以对比本地时钟。此算法并不是同步发送者和接收者，而是使接收者彼此同步。

由于RBS算法将发送者的不确定性从关键路径中排除（如图5-26），所以获得了比传统的利用节点间双向信息交换实现同步的方法较高的精确度。由于发送者的不确定性对RBS算法的精确度没有影响，误差的来源主要是传输时间和接收时间的不确定性。首先假设单个广播在相同时刻到达所有接收者，因此，传输误差可以忽略。当广播范围相对较小（相对于同步精确度几倍的光速），这种假设是正确的，而且也满足传感器网络的实

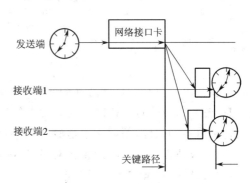

图5-26　RBS时间同步机制的基本原理

际情形，所以在分析这个模型精确度的时候，只需要考虑接收时间误差。

在RBS算法最简单的构成中，节点广播单个脉冲给两个接收者，接收者在收到脉冲的基础上再交换记录的脉冲时间，进而估计节点间相对的相位偏移。这种基本的RBS算法可以扩展为两个方面：通过单个脉冲同步 n 个节点（$n>2$）；通过增加参考脉冲的数目提高精确度。

通过仿真，当同步两个节点时，30个参考广播（对于时间的单同步）能够将精确度从11 s提高到1.6 s，同时可以利用其冗余信息估计时钟歪斜。与通过多个观测值取相位偏移的平均值不同（例如30个参考脉冲平均），RBS算法是通过最小均方线性衰落的方法取得该数据。

（2）TPSN算法

传感器网络时间同步协议（timing-sync protocol for sensor networks，TPSN）分两步：分级和同步。第一步的目的是建立分级的拓扑网络，每个节点有级别，只有一个节点定为零级，称为根节点。在第二步，i 级节点与 $i-1$ 级节点同步，最后所有的节点均与根节点同步，从而达到与整个网络的时间同步。

①分级。该步在网络开始运行一次。首先根节点被确定，这将是传感器网络的网关节点，在这个节点上可以安装GPS接收器，所有网络内的节点可以与外部时间（物理时间）同步。如果网关节点不存在，传感器节点可以周期性地作为根节点，目前已有多种选择算法用于此目的。

根节点被定为零级，通过包含发送者级别的广播分级数据包进行分级。根节点的相邻节点收到该包后，把自己定为1级。然后每个1级节点广播分级数据包。一旦节点被定级，它将拒收分级数据包。该广播链延伸到整个网络，直到所有的节点均被定级。

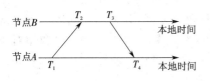

图5-27　节点间的双向消息交换

②同步。同步阶段最基础的一部分是两个节点间双向的消息交换。假设在单个消息交换的很小一

段时间内,两个节点的时钟漂移是不变的,传输延迟在两个方向上也是不变的。如图 5-27 所示的节点 A 和节点 B 之间的双向消息交换,节点 A 在 T_1(根据本地时钟)发送同步信息包,它包含节点 A 的等级和 T_1,节点 B 在 $T_2 = T_1 + \Delta + d$ 收到这个包,其中 Δ 是节点间的相对时钟漂移,d 是脉冲的传输延迟,节点 B 在 T_3 返回确认信息包,信息包包含节点 B 的等级和 T_1、T_2、T_3,然后节点 A 能够计算出时钟漂移和传输延迟,并与节点 B 同步。

$$\left. \begin{aligned} \Delta &= \frac{(T_1 - T_2) - (T_4 - T_3)}{2} \\ d &= \frac{(T_1 - T_2) + (T_4 - T_3)}{2} \end{aligned} \right\} \tag{5-7}$$

同步是由根节点的广播时间同步(time-sync)信息包引起的,1 级节点收到这个包后进行信息交换,每个节点等待随机时间发送信息,为了把信道阻塞的可能性降到最小。一旦它们获得根节点的回应,便调整本地时钟与根节点相同。2 级节点监听 1 级节点和根节点的通信,与 1 级节点产生双向消息交换,然后再一次等待随机时间,以保证 1 级节点完成同步。这个过程最终使所有节点与根节点同步。

TPSN 协议能够实现全网范围内节点间的时间同步,同步误差与跳数距离成正比增长。它实现了短期间的全网节点时间同步,如果需要长时间的全网节点时间同步,则需要周期性执行 TPSN 协议进行重同步,两次时间同步的时间间隔根据具体应用确定。另外,TPSN 协议可以与后同步策略结合使用。TPSN 协议的一个显著不足是没有考虑根节点失效问题。新的传感器节点加入网络时,需要初始化层次发现阶段,级别的静态特性减少了算法的鲁棒性。

(3)Tiny-Sync 算法和 Mini-Sync 算法

Tiny-Sync 算法和 Mini-Sync 算法假设每个时钟能够与固定频率的振荡器近似。如同前面讨论的两个时钟 $C_1(t)$、$C_2(t)$ 在假设下线性相关

$$C_1(t) = a_{12} \cdot C_2(t) + b_{12} \tag{5-8}$$

式中　a_{12}——两个时钟的相对漂移;

　　　b_{12}——两个时钟的相对偏移。

Tiny-Sync 算法和 Mini-Sync 算法采用传统的双向消息设计,以估计节点时钟间的相对漂移和相对偏移。节点 1 给节点 2 发送探测消息,时间戳为 t_0 是消息发送时的本地时钟。节点 2 在接收到消息后产生时间戳 t_b,并且立刻发送应答消息。最后,节点 1 在收到应答消息时产生时间戳 t_r。利用这些时间戳的绝对顺序可以得到下面的不等式

$$t_0 < a_{12} \cdot t_b + b_{12} \tag{5-9}$$

$$t_r > a_{12} \cdot t_b + b_{12} \tag{5-10}$$

3 个时间戳 (t_0, t_b, t_r) 称为数据点。Tiny-Sync 和 Mini-Sync 利用这些数据点进行工作,每个数据点通过双向消息交换进行收集。随着数据点数目的增多,算法的精确度得到提高。每个数据点遵循相对漂移和相对偏移的两个约束条件,图 5-28 描述了数据点加在 a_{12}、b_{12} 上的约束,图 5-28 中描述的直线必须位于每个数据点垂直距离之间,其中的虚线表示满足式 (5-9) 斜率最大的直线,这条直线给出两个时钟相对漂移的上界(直线的斜率 $\overline{a_{12}}$)和相对偏移的下界(直线的 y 轴的截取长度 $\underline{b_{12}}$)。同样,另一条虚线给出了相对漂移的下界 $\underline{a_{12}}$ 和相对偏移的上界 $\overline{b_{12}}$。然后,相对漂移 a_{12} 和相对偏移 b_{12} 被限定为

$$\underline{a_{12}} \leqslant a_{12} \leqslant \overline{a_{12}} \tag{5-11}$$

$$\underline{b_{12}} \leqslant b_{12} \leqslant \overline{b_{12}} \tag{5-12}$$

确切的漂移值和偏移值不能通过这种方法确定(或其他方法,只要消息延迟是不可知的),但是可以进行估计。获得的限制越紧密,估计越好(即同步的精确度越高)。为了加强限制,可以通过求解包含所有数据点限制的线性规划问题,这样可以得到最优化的限制条件。但是,这个方法对于传感器网络过于复杂,因此需要提高计算和存储能力,以保存数据点。最直接的方法是无须观测所有的数据点。例如,考虑到图 5-28 中的 3 个数据点,间隔 $[\underline{a_{12}}, \overline{a_{12}}]$ 和 $[\underline{b_{12}}, \overline{b_{12}}]$ 只是被数据点 1 和 3 限定。因此,数据点 2 是无用的。通过这种方法,Tiny-Sync 只是保留了 4 个限制数据点(能够产生最优的估计边界的那些限制)。虽然算法比解线性规划问题简单,但这种方案并不能总为边界提供最优结果。算法可能忽略一些数据点,认为它们是无用的,但是它们可能和后面出现的数据点一起提供较好的边界条件。由于这种情况的发生,Tiny-Sync 算法并不能得到最优的结果。

如图 5-29 所示,收到前两个数据点 (A_1, B_1) 和 (A_2, B_2) 之后,计算出漂移和偏移的最初估计值。第 3 个数据点 (A_3, B_3) 提高了估计精度,便会丢弃数据点 (A_2, B_2),虽然结合数据点 (A_4, B_4) 与 (A_2, B_2) 能够得到更好的估计,但 (A_2, B_2) 已经丢弃,只能获得一个次优估计。因此,Tiny-Sync 在产生正确结果的同时,可能错过最优的结果。

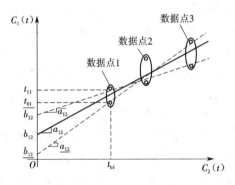

图 5-28　受到数据点约束的情况

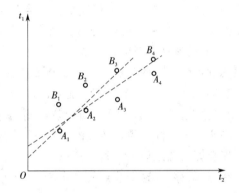

图 5-29　Tiny-Sync 方法丢失
有用数据点的情况

Mini-Sync 算法是为克服 Tiny-Sync 算法中丢失有用数据点的不足而提出的。该算法通过建立约束条件确保仅丢失将来无用的数据点,并且每次获取新的数据点后更新约束条件。如对于新的数据 A_j(如 A_3),如果对于任何满足关系 $1 \leqslant i < j < k$ 的整数 i 和 k 均满足式(5-13),其中 $m(A, B)$ 表示穿过 A、B 两点直线的斜率,说明它不会是有用的数据而被丢弃。

$$m(A_i, B_j) \leqslant m(A_j, B_k) \tag{5-13}$$

这样的任何数据点均可以安全地丢弃,以后不再有用。

Mini-Sync 算法在收到新的数据点以后将检查新的约束是否将删除任何旧的约束,既然删除的是一些不相关的约束,仍能通过剩余的数据点获得最优的结果。只是存储 4 个节点,像 Tiny-Sync 算法是不能产生最优结果的,理论上需要很大数量的点才可产生最优结果,如果节点 1 和节点 2 之间的延迟单调增加,不等式(5-13)能够包含所有的约束。事实上,延时不会永远单调增加,因此,只有一些约束需要存储以获得最优结果。实验表明,存储不超过 40 个数据点的信息,对于无线传感器网络是合理的。

（4）LTS算法

LTS(lightweight tree-based synchronization)算法与其他算法最大的区别是该算法的目的并不是提高精确度,而是减小时间同步的复杂度。该算法在具体应用所需要的时间同步精确度范围内,以最小的复杂度满足需要的精确度。无线传感器网络的最大时间精确度相对较低(在几分之一秒内),所以能够利用这种相对简单的时间同步算法。

多跳网络同步的LTS算法分为两种:一种是集中算法,一种是分布算法。两种算法均需要节点与一些参考节点同步,例如无线传感器网络中的网关节点。

第一种算法是集中算法,首先构造树状图,然后沿着树的 $n-1$ 子叶边缘进行成对同步。希望通过构造树状图使同步精度最大化。因此最小深度的树是最优的。如果考虑时钟漂移,同步的精确度将受到同步时间的影响,为了最小化同步时间,同步应该沿着树的枝干并行进行,这样所有的子叶节点基本同时完成同步。在集中同步算法中,参考节点即为树的根节点,如果需要可以进行"再同步"。通过假设时钟漂移被限定和给出需要的精确度,参考节点计算单个同步步骤有效的时间周期。因此,树的深度影响整个网络的同步时间和子叶节点的精确度误差,为了利用这个信息决定再同步时间,需要把树的深度传给根节点。

第二种多跳LTS算法通过分布式方法实现全网范围内的同步。每个节点决定自己同步的时间,算法中没有利用树结构。当节点 i 决定需要同步(利用预想的精确度,与参考节点的距离和时钟漂移),它发送一个同步请求给最近的参考节点(利用现存的路由机制)。然后,所有沿着从参考节点到节点 i 的路径的节点必须在节点 i 同步以前已经同步。这个方案的优点就是一些节点可以减少传输事件,因此可以不需要频繁的同步。所以,节点可以决定它们自己的同步,节省了不需要的同步。另一方面,让每个节点决定再同步可以推进成对同步的数量,因为对于每个同步请求,沿着参考节点到再同步发起者的路径的所有节点均需要同步。随着同步需求数量的增加,沿着这个路径的整个同步效果将是重大的资源浪费,因此聚合算法应运而生;当任何节点希望同步的时候需要询问相邻节点是否存在未决的请求存在,如果存在,这个节点的同步请求将和未决的请求聚合,减少由于两个独立的同步沿着相同路径引起的资源浪费。

3. 数据融合机制

对于无线传感器网络,数据融合技术主要用于处理同一类型的数据。例如在温度监测的应用中,只需要对多个传感器探测到的环境温度数据进行融合。另外,数据融合技术的作用与传感器网络的应用环境密切相关。

无线传感器网络中,数据融合主要是用来对传感器节点收集到的信息进行网内处理。从应用角度看,无线传感器网络中的信息可分为原始信息和有用信息,原始信息经过处理,去掉无用成分保留了有用成分,成为有用信息。在无线传感器网络中,将多个相对单一的信息,处理后得到单一结果的过程称为无线传感器网络中的数据融合(或数据聚合)。

无线传感器网络中的数据融合实际上就是将多个来自不同节点的信息在中间节点上实现"多入单出"融合处理。如图5-30所示,传感器节点 $A\sim E$ 将各自收集到的信息汇聚到中间节点 M 上,经过中间节点 M 的融合处理,将收到的5条信息加上其本身作为传感器节点收集的信息融合成一项有用信息,再向上级节点 S 汇报。

在无线传感器网络中,数据融合起着十分重要的作用,主要表现在降低网络的能耗、增强所收集数据的准确性以及提高收集数据的效率方面。应用数据融合提高信息准确度、节省网络能量改善网络生存期的同时,是以牺牲网络的其他性能为代价的。主要表现在增加了网络平均延迟和降低了网络的鲁棒性。

①对网络快速性的影响。在数据传输的过程中,寻找恰当的中间节点、在中间节点上进行融合计算以及为等待其他数据到来,均是造成网络延迟的原因。图 5-31 说明了由于等待其他节点到来产生的延迟。假设节点 1 和节点 2 均探测到数据,并已经确定了节点 N 为中间节点。但来自节点 1 和节点 2 的数据未必同时到达中间节点 N,如果不引入恰当的延时,来自节点 1 和节点 2 的数据可能无法融合。在这种情况下,就需要在中间节点 N 上产生一个短暂的延时,等发生融合后,再将融合之后的数据包传递给汇聚节点。

②对网络鲁棒性的影响。一方面,无线传感器网络本身相对于传统的网络有着较高的节点失效率和数据丢失率。另一方面,数据融合大幅度地降低了数据的冗余,丢失相同数量的融合后的数据会丢失更多的信息,因此鲁棒性也相对降低。

因此,注意根据实际需要确定是否在无线传感器网络中使用数据融合,使用哪种融合策略是十分重要的。

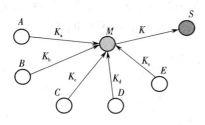

图 5-30　"多入单出"的数据融合模型

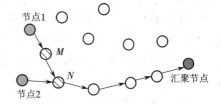

图 5-31　时间延时的必要性

4.无线传感器网络安全机制

由于采用无线传输方式,因此无线传感器网络在应用中存在窃听、恶意攻击、篡改消息等安全问题。尤其是在某些特殊的应用场合,如军事上的敌区监控,我军单兵作战等,安全问题显得尤为重要。同时,由于无线传感器网络的有限能量和有限处理能力、存储能力的特点使得安全机制在无线传感器网络中实施会更加复杂和困难。

与传统网络相同,无线传感器网络同样需要解决,如保密性、点对点消息认证、完整性鉴别、时效性、认证组网和广播以及安全管理问题等网络安全机制所需考虑的共性问题。除此之外,由于无线传感器网络自身特点,在 WSN 实现安全机制时还需考虑特有的问题。

①安全算法的时间和空间复杂度。由于每个传感器节点的计算能力和存储空间有限,对于复杂的安全算法(时间、空间复杂度高)无法移植到传感器节点中运行。因此必须设计复杂度较低的安全算法应用于 WSN。

②安全算法的可扩展性。由于传感器节点是随机布撒的,各个节点事先并不知邻居节点,而且节点间相对连接关系随着节点的实效和增补动态变化。因此无法使用公共密钥安全体系,必须研究具有动态性的安全机制。

③部署区域的物理安全无法保障。对于某些特殊的应用场合,如深入敌区侦测的无线传感器网络本身存在物理上的不安全性,如何及时识别并剔除被俘虏或拒绝伪装节点是一个必须考虑的问题。

④通信和能量资源的局限性。无线传感器网络根本目标是传输监测数据,因此将本已有限的通信和能量资源过多地用于实现安全保证是不现实的。

⑤网络层面的安全研究。无线传感器网络是多节点协同工作完成任务的网络,因此点对点的安全机制对传感器网络不具有关键意义。必须依据具体的应用需求,研究保证整个

网络的安全机制。

目前,在安全协议方面已开展了广泛的研究,并取得了大量的成果。如专门针对无线传感器网络提出的 SNEP(secure network encryption protocol)协议。该协议对节点设定了不同的安全级别,并采用数据鉴别、加密技术实现通信节点间数据的鉴别、加密、刷新。从安全路由角度考虑提出的安全感知的 SAR 路由算法,其思想是找出真实值和节点间的关系,随后利用这些信息生成安全的路由路径。而适用于 Mesh 结构 WSN 的多径路由协议是通过路由选择算法在网络中寻找到多跳数据传输路径,将数据传送到汇聚节点。在汇聚节点采用前向纠错技术对数据进行重建,保证数据的安全性。

无线传感器网络的安全机制是其应用中的关键技术之一,解决安全问题,将极大程度推进无线传感器网络的实际应用进程。

5.2.8 无线传感器网络能量管理机制

无线传感器网络核心的问题是能量有效性。目前研究通过各种方法,包括电源供电、低能耗通信以及低功耗节点设计等,以提高传感器节点的寿命。因此,WSN 中能量管理在无线传感器网络研究中至关重要。

研究人员对无线传感器网络能量管理研究主要包括结合传感器节点设计的 WSN 电源节能机制研究和能量有效性的通信协议研究。

1.无线传感器网络电源节能机制

无线传感器网络电源节能机制研究主要从传感器节点设计入手,控制节点各工作模块对电能的有效使用,从而节省节点的工作能耗。其主要包括动态电源管理策略和动态电压调度策略。

动态电源管理策略(dynamic power management,DPM)的主要思想是在网络运行过程中,尽量关闭不需要工作的传感器节点或部分模块,而当需要时才保持供电,从而有效节省节点电源能量。为实现这一思想,需要一个能够支持 DPM 机制的嵌入式操作系统。该方法将节点的工作周期分为 5 个工作状态:发射激活状态,接收激活状态,休眠状态,关闭状态和空闲状态。在嵌入式操作系统的控制下,节点在各个状态下进行模式切换,从而在完成通信、监测任务情况下有效节省节点能量。

动态电压调度策略(dynamic voltage scheduling,DVS)的主要思想是基于负载状态,处理器单元动态调节供电电压以减小系统功耗。

2.无线传感器网络能量有效性的通信协议

从硬件电路考虑,传感器节点消耗能量的模块包括传感器模块、处理器模块和无线通信模块。基于摩尔定律的集成电路工艺飞速发展了 50 多年,处理器和传感器模块的功能急剧提升,同时功耗已经变得很低,占传感器节点工作时能量消耗的比例很小,从而使绝大部分的能耗集中在无线通信模块上。图 5-32 给出了传感器节

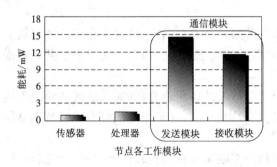

图 5-32　传感器节点各工作模块能量消耗情况

点各工作模块能量消耗的情况。

由图可知,传感器节点的绝大部分能量消耗在无线通信模块。传感器节点传输信息时要比执行计算时更消耗电能,经过实际测量,1 bit 信息传输 100 m 距离需要的能量大约相当于执行 3 000 条计算指令消耗的能量。因此,通信协议的有效性,节点处于接收、发送工作状态的时间将直接影响节点的工作能耗。故研究能量有效的通信协议对无线传感器网络节能是极其重要的。

目前,在无线传感器网络研究领域,重点研究节省能量的 WSN 通信协议。如前所述,它们主要通过增加射频模块休眠时间、减少通信数据量策略实现网络节能。

在物理层,希望采用低功耗的通信方式实现无线通信,节省能量。在 MAC 层研究中,S-MAC 协议和 T-MAC 协议即采用增加射频模块休眠时间的策略,采取周期性监听/休眠的低占空比工作方式,控制节点尽可能处于休眠状态以降低节点能耗。在网络路由层协议研究中,直接扩散(directed diffusion)和 LEACH 路由协议则属于第二种策略,协议利用局部信息,控制数据泛洪的范围,从而减少节点通信数据量,达到节能目的。

此外,利用定位、时钟同步和数据融合等 WSN 关键技术辅助,以减少网络传输数据量以达到节能目的,为此设计了低能耗的通信协议,如基于地理信息的 GEAR 协议和基于数据融合的 LEACH 改进算法 PEGSIS 协议。

5.3　无线传感器网络的典型设计实例

5.3.1　设计简介

传感器网络对于不同的应用要求,应具有不同的网络模型、软件系统和硬件平台,而传感器节点是为传感器网络特别设计的微型计算机系统,是无线传感器网络实现的关键。

传感器节点设计中需要考虑以下问题。

①微型化。无线传感器节点的体积应足够小,针对某些特殊任务,甚至小到不易被人察觉,其涉及软件同样应该尽量精简。

②扩展性和灵活性。无线传感器节点需要定义统一、完整的外部接口,硬件涉及提供扩展功能;软件模块实现组件化和可配置,节点软件甚至可不借助额外设备自动升级。

③稳定性和安全性。硬件的稳定性要求节点的各个部件能够在给定的外部环境变化范围内正常工作。另外,也应具有恶劣环境的适应能力,一方面系统在各种恶劣气候条件下不会损坏;另一方面所有测量探头能够尽量接近检测环境以获得真实的参数信息。

节点的稳定性也需要软件上得到以保证。一方面,软件模块要保证其逻辑上的正确性和完整性;另一方面当硬件出现问题时能够及时感知并采取相应的措施。

④低成本。只有低成本才能大量布置在目标区域,体现传感器网络的优势。

目前,实用化的传感器节点不多,最典型的开发原型是 Smart dust 和 Mote,国内也有部分研究院所开展传感器节点的研制工作。本章重点对 Mote 系列的 Mica2 系统进行分析。

5.3.2　Mica2 节点设计分析

Mica2 节点由运算和通信平台以及传感器平台两部分组成。

1. 运算和通信平台

(1)处理器部分

Mica2 的处理器部分电路如图 5-33 所示。Mica2 使用的处理器是 Atmel 公司的 AT-MEGA128L,该处理器具有丰富的内部资源和外部接口,内部集成了 128kBFlash ROM、4kB 的 SRAM、4kB 的 EEPROM、两个异步串行接口、一个 SPI 接口和 8 通道 10 位 A/D 等,可在 2.7~5.5V 电压范围内正常工作。

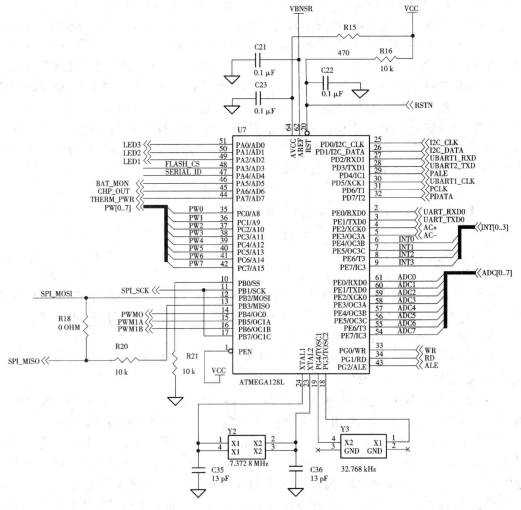

图 5-33 Mica2 的处理器部分电路

(2)电源及电池检测部分

Mica2 有电池和外部两种供电方式,独立工作时使用电池,调试时可使用外部供电。两个二极管防止两种电源供电时电流回灌。实际使用中,为避免二极管导通压降,安装 R1,直接利用电池供电,如图 5-34 所示。

Mica2 作为电池供电的传感器节点,必要时刻需了解电池能量储存情况,因此采用了图 5-35 所示的电压检测电路。需要电压检测时,处理器的 BAT_MON 输出高电平,通过稳压二极管 LM4041-1.2 稳压在 1.2 V,然后通过将 ATMEGA128L 的模数转换器的参考电压在内部参考(2.56 V)和工作电压间切换,计算电池电压值,进而判断电池寿命。

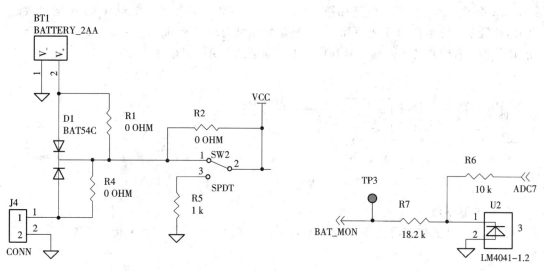

图 5-34 Mica2 的供电电路　　　　图 5-35 Mica2 的电压检测电路

（3）通信接口电路

Mica2 的通信接口电路使用了 Chipcon 公司的 CC1000 芯片（如图 5-36 所示）。SPI_SCK、SPI_MISO 用于 CC1000 数据的收发，PALE、PCLK 和 PDATA 用于 CC1000 内部寄存器的配置。CC1000 内部寄存器定义芯片的工作模式、频点、发射功率和收发速率等。CHP_OUT 用于监控 CC1000 内部的各种调制信号；ADC0 连接 CC1000 的 RSSI 引脚，测试信号的强度。

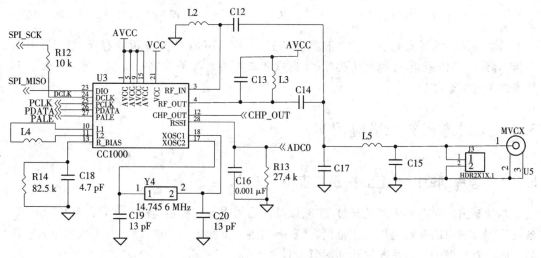

图 5-36 Mica2 的通信接口电路

（4）其他电路

由于无线传感器节点的通信模块传输能力有限，很多数据不可能实时地转发出去，所以必须有一个可管理的存储器存储这些数据，Mica2 使用串行 FLASH ROM（AT45DB041）保存采集的或需要转发的数据，如图 5-37 所示。Mica2 通过软件实现同步串行通信协议完成对 Flash 的操作。

Mica2 节点的身份索引电路如图 5-38 所示。DS2401 芯片是一个包含 48 位随机数的芯片,达拉斯公司生产的任何两片 2401 包含的随机码均不相同。它在 Mica2 中有两个作用,即作为硬件节点的唯一标识号和作为无线通信的 MAC 层地址。

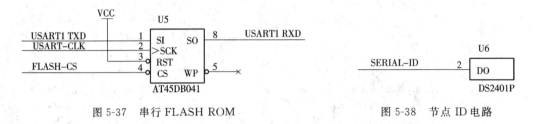

图 5-37　串行 FLASH ROM　　　　　　　　　图 5-38　节点 ID 电路

2.传感器平台

针对 Mica2 的传感器板主要有基本传感器板(图 5-39)和 MICA 传感器板(图 5-40)两种。

图 5-39　基本传感器板

图 5-40　MICA 传感器板

基本传感器板具有光敏传感器和温度传感器;而 MICA 传感器板具有光敏传感器、温度传感器、磁场传感器、加速度传感器、麦克风和蜂鸣器。两种传感器板均可和 Mica2 的运算通信平台配套使用。

5.4　无线传感器网络应用实例

5.4.1　芯片制造厂设备监控系统应用

芯片制造厂对芯片生产的环境、工艺以及产品的质量具有很高的要求,可能由于某个设备在生产过程中的振动超出规定范围,严重影响整个批次的产品的质量,甚至成为不合格产品。因此对设备的振动情况进行实时监测是必要的。

英特尔(lntel)公司为美国俄勒冈州一家芯片制造厂设计了一套设备监测系统,如图 5-41 所示,通过将 200 个传感器节点安装到该厂部分可测设备部件上,以监测这些设备的振动情况,将监测结果进行统计分析,提供给技术人员监测报告,以及时对异常部件进行调整和维修,从而大大降低废品率,提高芯片的制造质量。

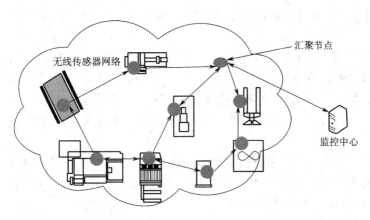

图 5-41 基于无线传感器网络的设备监测系统网络结构图

5.4.2 大鸭岛海燕生活习性监测保护应用

美国加州大学伯克利分校研究人员通过无线传感器网络技术实现对大鸭岛上海燕生活习性的监测,如图 5-42 所示,从而对野外生存海鸟和海岛微环境进行研究。

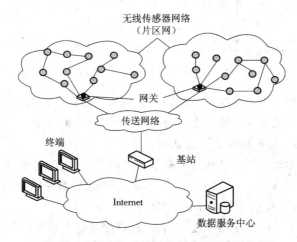

图 5-42 大鸭岛海燕习性监测系统网络结构图

若采用传统的设点人员定期监测的方法将对海岛的生态环境造成严重的影响,而且收集的数据也不全面,最终影响整个监测结果。因此研究人员采用了无线传感器网络技术。研究人员在岛上布设上百个 Mica2 节点,经过定制的传感器模板、笔记本电脑、Stargate 信号接收机以及卫星通信传输系统实现对海燕的监测。

该方案的设计和应用使得从事生态环境研究人员无需到观测区域长期考察,便可在实验室内得到长期稳定的环境监测数据,大大减轻了研究人员的工作强度,节省了资金成本,并且减少了对环境的破坏性,使得生态环境监测工作有了本质的改善。

5.4.3 家庭及办公智能化网络应用

随着科学技术的进步和人们生活水平的提高,现代化的家居用品越来越多地出现在我们的生活中,如电冰箱、空调、传真机和数字电视等。利用无线传感器网络将各种家居设备连网,从而组建成一个家居智能化网络,使它们能够自动运行,相互协作,将能够为居住者提供更加完美舒适的生活环境。

家居智能化网络具有易变的网络拓扑,因此需要进行自组织,自动实现网络配置,从而可保持网络的连通性。同时,在家居环境中,各个电器设备距离较近,但常需要高速稳定的通信带宽,如移动电脑、DVD 放映机与数字电视直接进行的多媒体传输。因此可考虑采用新兴的 ZigBee 技术作为底层无线通信平台,它能够提供短距离高速通信,并支持星形或网状结构拓扑。

可以选择星形拓扑结构,在智能家居中设置一个控制器,它与各个家电间建立起星形网络,同时,控制器与网关之间组成对等网,通过基于 ZigBee 主器件的网关与住宅小区局域网连接,直至与 Internet 连接,如图 5-43 所示。

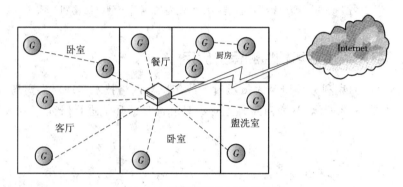

图 5-43　家居智能化网络结构图

此方案中主要需要考虑如何实现无线高速通信和网络安全性两个问题。无线高速通信是居住舒适性的保证。网络安全性则是保证居家安全,防止信道干扰、侵入窃听等。可采用基于 ZigBee 技术的访问控制和安全身份认证。

访问控制主要采用远程授权和拨入服务技术,该技术适应于对客户端和服务器的授权。将该技术应用于家庭无线网络系统中时,由于其固有的远程拨号接入特点与网络漫游服务没有冲突,使得授权过程简化,而且提高了访问控制的安全性。

智能家居网络与 Internet 网络相连,而它又能够控制整个家庭的各项设备,因此若非法用户一旦进入该系统,便等于进入家庭。安全身份认证可有效阻止未通过认证的用户进入网络,可采用非对称加密技术。非对称加密方式可使得通信双方无须事先交换密钥便可以建立安全通信,这样对信息的保护和身份验证便提供了可靠保证。

采用 ZigBee 技术的家居智能化网络,可随时进行扩展。无论家庭成员身在家中还是在办公室,均可通过 Internet 便捷安全地控制家电设备,实现家庭生活智能化。

［练习题］

5-1　简述无线传感器网络特点及其体系结构。

5-2　无线传感器网络通信协议可分为几部分?给出各自名称。

5-3　按部署方式分类,无线传感器网络覆盖算法和协议可分为几类?给出各自名称。

5-4　简述无线传感器网络路由协议具有的特点。

5-5　论述无线传感器网络可应用的领域。

6 移动机器人传感器

6.1 移动机器人传感器概述

6.1.1 移动机器人

　　移动机器人是具有移动能力的机器人。传统的工业机器人(机械手臂)的底座是固定的,因此它的工作空间受限。而移动机器人的底座可移动,这样工作范围比机械手臂大得多。一个完整的移动机器人至少应包括具有某种智能的移动平台和一个机械手臂,移动平台完成感知环境、导航(包括定位、规划路径)等任务,机械手臂根据实际需要完成对物体的抓取、安装、喷涂、焊接等任务。但平时所提到的移动机器人多指移动平台(不含手臂),包括移动机构(如轮、腿等)、传感器、控制器、通信单元、用户接口、能源转换单元等组成部分。移动机器人整个系统相对于环境是移动的,它通过传感器可以感知环境并作出某种反应。

　　移动机器人学是近些年来发展非常迅速的一门交叉学科。其研究涉及机械、传感与控制、信息与通信、计算机软硬件、人工智能等多个领域。广义地讲,移动机器人按其工作环境不同可以分为陆上、空中(如无人机 UAV)和水下(如水下机器人 ROV)3 大类。狭义地理解,移动机器人主要指工作于陆地上的可移动的机器人。与传统的工业机器人相比,移动机器人因其固有的机动特性,可在更多的领域具有更广泛的应用前景。移动机器人的工作环境多是动态的和不确定的,为了更好地适应环境,感知成为移动机器人必不可少的组成部分。

6.1.2 移动机器人感知

　　人类有各种感觉器官,机器人由相应的传感器感觉其自身和外部的刺激;人类大脑对感觉信息进行加工、处理形成知觉,机器人通过计算机对自各个传感器的信息进行处理,从而形成更高一级的认识。感知系统是移动机器人能够实现自主的必备单元。对于移动机器人感知,可简单地理解为利用传感器测量的数据提取关于其自身和环境知识的过程。

　　移动机器人系统分为两种范式:一种是反应范式,即感知—动作方式;另一种是分级范式,即感知—规划—动作方式。不管采用何种范式,感知是移动机器人系统中必不可少的一部分。图 6-1 给出分级范式的组成部分。其中,感知(perception)包括感觉(sensing)、信息处理(information processing)及特征提取(information extraction)3 部分。感知的输入是现实环境和机器人自身的信息,输出是自身及环境的知识库(包括机器人位姿、环境模型等);在此基础上,机器人可以根据人类设定的任务完成路径规划、路径执行、目标趋近等行为。

　　移动机器人感知应包含传感器(用于获取感觉信息)、不确定信息处理和环境表达 3 部分。机器人通过内、外部传感器感觉环境和自身的状态,并将原始的传感器信息进行处理。现实环境是复杂多变的,包含诸多的不确定因素,因此如何对传感器获得的原始不确定信息进行处理至关重要。移动机器人为了可靠地导航,通常需要对环境进行某种程度的认识,比

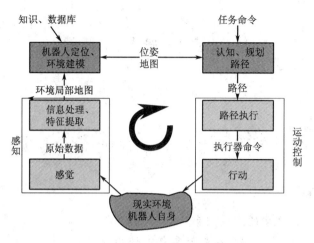

图 6-1　移动机器人分级范式结构

如环境中是否存在障碍物,是否存在某种可用的特征等,这些涉及基于传感信息的环境表达。

6.1.3　移动机器人传感器分类

移动机器人的感觉来自传感器。按照传感器获取信息的来源不同,可将移动机器人传感器分为内部感知(proprioception)和外部感知(perception)。内部传感器主要测量机器人自身的信息,如轮子转速、电池电压、机器人自身负重、整个车体转动角速度等。外部传感器用于获取外部环境信息,如环境中某物体与机器人的相对距离、环境中某物体发射的声、光、气味等信息。

按传感器是否向环境发射能量标准区分,可将移动机器人传感器分为主动传感器和被动传感器两类。主动传感器发射某种形式的能量到环境,然后通过能量的反射获取环境信息,例如超声、红外和激光测距传感器需分别向环境中发射超声、红外线和激光,通过反射能量的时间、相位等信息测量环境中物体与机器人的距离。主动传感器主要问题是容易受到干扰,例如超声测距传感器容易受到其他相同频率超声信号的干扰而引起错误的距离测量。被动传感器自身不向环境发射能量,而是直接检测来自环境的信息,如 CCD 和 CMOS 摄像机靠捕获外界光线获取信息,麦克风靠接收外界的声音信号识别物体或接收指令等。

本章只对移动机器人常用的传感器的工作原理、不确定信息处理方式和常规的环境表达方法作简要介绍,视觉传感器参见第 3 章图像传感器有关内容。此外,本章所述内容主要适用于陆地上的移动机器人,空中和水下移动机器人所涉及的一些特殊传感器不在本章介绍的范围之内。本章涉及的移动机器人不包括操作手臂,因此与操作手臂相关的传感器亦不涉及。

6.2　移动机器人常用内部传感器

6.2.1　编码器

编码器是移动机器人最常用的传感器之一,它主要用于检测运动部件的位置、速度及方向等信息。按测量方式不同,可分为旋转编码器和直线编码器。旋转编码器测量物体的旋转角度并转化为脉冲电信号输出,而直线编码器测量物体的直线行程并将结果转化为脉冲电信号输出。

应用最多的是旋转编码器,它通常安装在轮轴上或与旋转电机固连,用于测量轮轴的角位置、转速或旋转方向,从而可间接计算出机器人的运动速度、位置和姿态等信息。编码器按工作原理不同,可分为光学、磁性、电感式、电容式等类型。光学编码器是移动机器人中最常使用的,这里重点介绍光学旋转编码器。

光学旋转编码器是集光、机、电技术于一体的数字化传感器,按编码方式的不同可分为绝对型和增量型。光学旋转编码器由一个具有环形亮/暗刻线的码盘(也称分度盘)、光电发射和接收器件组成。发射器件一般使用红外发光二极管(LED),接收器件使用红外敏感元件。接收器件输出的正弦信号经过比较电路转换成方波脉冲信号。

码盘的材料有玻璃、金属、塑料等不同类型。玻璃码盘采用化学工艺在玻璃上蚀刻很薄的刻线以阻断光的通过,从而产生光线亮/暗交替的条纹。玻璃码盘热稳定性好,精度高。金属码盘直接在其圆盘上按一定的间隔钻孔以使光通过。金属码盘不易碎,但由于金属的厚度有限,钻的孔太多会影响码盘的刚性,从而精度受到限制。塑料码盘是经济型的,其成本低,但是精度、热稳定性差,且寿命短。编码器的物理分辨率是以轮轴旋转360°提供的亮(或暗)的刻线数计算的,工程上可直接称多少线,一般在每转 5~10 000 线。

1.绝对式编码器

光学码盘式传感器是用光电方法把被测角位移转换成以数字代码形式表示的电信号的转换部件。

图 6-2 为工作原理示意图。由光源 1 发出的光线,经柱面镜 2 变成一束平行光或会聚光,照射到码盘 3 上。码盘由光学玻璃制成,其上刻有许多同心码道,每位码道上按一定规律排列着若干透光和不透光部分,即亮区和暗区。通过亮区的光线经狭缝 4 后,形成一束很窄的光束照射在元件 5 上。光电元件的排列与码道一一对应。当有光照射时,对应于亮区和暗区的光电元件的输出相反,如前者为"1",后者为"0"。光电元件的各种信号组合,反映出按一定规律编码的数字量,代表了码盘转角的大小。由此可见,码盘在传感器中是将轴的转角转换成代码输出的主要元件。

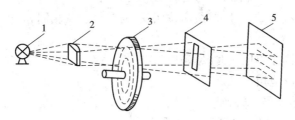

1—光源　2—柱面镜　3—码盘　4—狭缝　5—元件

图 6-2　光学码盘式传感器工作原理

(1)码制与码盘

图 6-3 所示是一个 6 位的二进制码盘。最内圈称为 C_6 码道,一半透光、一半不透光。最外圈称为 C_1 码道,一共分成 $2^6 = 64$ 个黑白间隔。每一个角度方位对应于不同的编码。例如零位对应于 000000(全黑),第 23 个方位对应于 010111。测量时,只要根据码盘的起始和终止位置即可确定转角,与转动的中间过程无关。

二进制码盘具有以下主要特点:

①n 位(n 个码道)的二进制码盘具有 2^n 种不同编码,称其容量为 2^n,其最小分辨率 $\theta_1 = 360°/2^n$,它的最外圈角节距为 $2\theta_1$;

②二进制码为有权码,编码 C_n、C_{n-1}、$\cdots$、C_1 对应于由零位算起的转角为 $\sum\limits_{i=1}^{n} C_i 2^{i-1}\theta_1$;

③码盘转动中,C_K 变化时,所有 $C_j(j<K)$ 应同时变化。

二进制码盘,为了达到 $1''$ 左右的分辨率,需要采用 20 或 21 位码盘。一个刻划直径为 400 mm 的 20 位码盘,其外圈分别间隔为稍大于 1 μm。不仅要求各个码道刻划精确,而且要求彼此对准,这给码盘制作造成很大困难。

二进制码盘,由于微小的制作误差,只要有一个码道提前或延后改变,可能造成输出的粗误差。

为了消除粗误差,可以采用循环码代替二进制码。图 6-4 所示是一个 6 位的循环码码盘。循环码码盘具有以下特点:

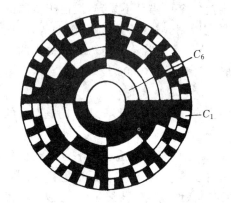

图 6-3   6 位二进制码盘

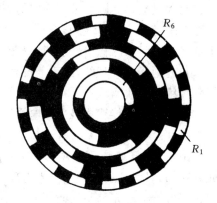

图 6-4   6 位循环码码盘

①n 位循环码码盘,与二进制码一样具有 2^n 种不同编码,最小分辨率为 $\theta_1 = 360°/2^n$,最内圈为 R_n 码道,一半透光、一半不透光,其他第 i 码道相当于二进制码码盘第 $i+1$ 码道向零位方向转过 θ_1 角,它的最外圈 R_1 码道的角节距为 $4\theta_1$;

②循环码码盘具有轴对称性,其最高位相反,而其余各位相同;

③循环码为无权码;

④循环码码盘转到相邻区域时,编码中只有一位发生变化,不会产生粗误差,为此,使得循环码码盘获得了广泛应用。

(2)二进制码与循环码的转换

表 6-1 是 4 位二进制码与循环码的对照表。

表 6-1   4 位二进制码与循环码对照表

十进制数	二进制码	循环码	十进制数	二进制码	循环码
0	0000	0000	8	1000	1100
1	0001	0001	9	1001	1101
2	0010	0011	10	1010	1111
3	0011	0010	11	1011	1110

十进制数	二进制码	循 环 码	十进制数	二进制码	循 环 码
4	0100	0110	12	1100	1010
5	0101	0111	13	1101	1011
6	0110	0101	14	1110	1001
7	0111	0100	15	1111	1000

按表 6-1 所列,可以找到循环码和二进制码之间存在转换关系,

$$\left.\begin{array}{l} C_n = R_n \\ C_i = C_{i+1} \oplus R_i \\ R_i = C_{i+1} \oplus C_i \end{array}\right\} \tag{6-1}$$

图 6-5 所示为将二进制码转换为循环码的电路。图(a)为并行变换电路;图(b)为串行变换电路。

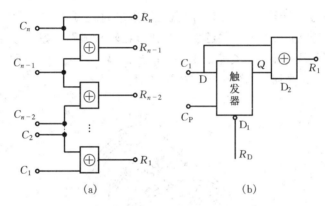

图 6-5　二进制码转换为循环码的电路
(a)并行变换电路　(b)串行变换电路

采用串行电路时,工作之前先将 D 触发器 D_1 置零,$Q=0$。在 C_i 端送入 C_n,异或门 D_2 输出 $R_n = C_n \oplus 0 = C_n$;随后加 C_P 脉冲,使 $Q = C_n$;在 C_i 端加入 C_{n-1},D_2 输出 $R_{n-1} = C_{n-1} \oplus C_n$。重复上述过程,可依次获得 R_n、R_{n-1}、$\cdots$、R_2、R_1。

图 6-6 所示为将循环码转换为二进制码的电路。图(a)为并行变换电路,图(b)为串行变换电路。采用串行变换电路时,开始之前先将 JK 触发器 D 复零,$Q=0$。将 R_n 同时加到 J、K 端,再加入 C_P 脉冲后,$Q = C_n = R_n$。以后若 Q 端为 C_{i+1},在 J、K 端加入 R_i,根据 JK 触发器的特性,若 J、K 为"1",则加入 C_P 脉冲后 $Q = \overline{C_{i+1}}$;若 J、K 为"0",则加入 C_P 脉冲后保持 $Q = \overline{C_{i+1}}$。其逻辑关系可写成

$$Q = C_i = R_i \overline{C_{i+1}} + \overline{R_i} C_{i+1} = C_{i+1} \oplus R_i \tag{6-2}$$

重复上述步骤,可以依次获得 C_n、C_{n-1}、$\cdots$、C_2、C_1。

循环码是无权码,直接译码有困难,一般先把它转换为二进制码后再译码。并行转换速度快,所用元件较多;串行转换所用元件少,但速度慢,只能用于速度要求不高的场合。

2.增量式编码器

增量式编码器是指随转轴旋转的码盘给出一系列脉冲,然后根据旋转方向用计数器对这些脉冲进行加减计数,以此表示转过的角位移量。增量式光电编码器结构示意图如图

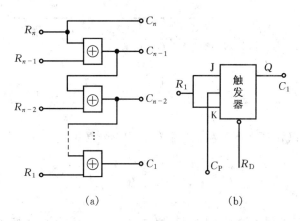

图 6-6　循环码转换为二进制码的电路

(a)并行变换电路　(b)串行变换电路

6-7 所示。光电码盘与转轴连在一起。码盘可用玻璃材料制成,表面镀上一层不透光的金属铬,然后在边缘制成向心的透光狭缝。透光狭缝在码盘圆周上等分,数量从几百条到几千条不等。这样,整个码盘圆周上被等分成 n 个透光的槽。增量式光电码盘也可用不锈钢薄板制成,然后在圆周边缘切割出均匀分布的透光槽。

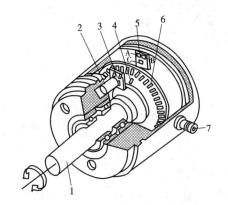

1—转轴　2—发光二极管　3—光栅板　4—零标志位光槽　5—光敏元件　6—码盘　7—电源及信号线连接座

图 6-7　增量式光电编码器结构示意图

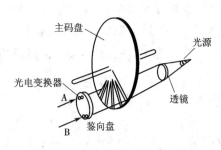

图 6-8　增量式编码器工作原理

增量式编码器的工作原理如图 6-8 所示。它由主码盘、鉴向盘、光学系统和光电变换器组成。在图中的主码盘(光电盘)周边上刻有节距相等的辐射状窄缝,形成均匀分布的透明区和不透明区。鉴向盘与主码盘平行,并刻有 A、B 两组透明检测窄缝,它们彼此错开 1/4 节距,以使 A、B 两个光电变换器的输出信号在相位上相差 90°。工作时,鉴向盘静止不动,主码盘与转轴一起转动,光源发出的光投射到主码盘与鉴向盘上。当主码盘上的不透明区正好与鉴向盘上的透明窄缝对齐时,光线被全部遮住,光电变换器输出电压为最小;当主码盘上的透明区正好与鉴向盘上的透明窄缝对齐时,光线全部通过,光电变换器输出电压为最大。主码盘每转过一个刻线周期,光电变换器将输出一个近似的正弦波电压,且光电变换器 A、B 的输出电压相位差为 90°。

光电编码器的光源最常用的是自身有聚光效果的发光二极管。当光电码盘随工作轴一起转动时,光线透过光电码盘和光栏板狭缝,形成忽明忽暗的光信号。光敏元件将此光信号转换成电脉冲信号,通过信号处理电路后,向数控系统输出脉冲信号,也可由数码管直接显示位移量。

光电编码器的测量准确度与码盘圆周上的狭缝条纹数 n 有关,能分辨的角度 α 为 $360°/n$,分辨率为 $1/n$。例如,码盘边缘的透光槽数为 1 024 个,则能分辨的最小角度 $\alpha=360°/1\ 024=0.352°$。

为了判断码盘旋转的方向,必须在光栏板上设置两个狭缝,其距离是码盘上的两个狭缝距离的 $(m+1/4)$ 倍 (m 为正整数),并设置了两组对应的光敏元件,如图 6-7 的 A、B 光敏元件,也称为 cos 元件、sin 元件。当检测对象旋转时,同轴或关联安装的光电编码器便会输出 A、B 两路相位相差 90° 的数字脉冲信号。光电编码器的输出波形如图 6-9 所示。为了得到码盘转动的绝对位置,还须设置一个基准点,如图 6-7 中的"零标志位光槽"。码盘每

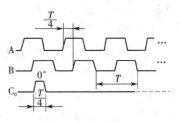

图 6-9　光电编码器的输出波形

转一圈,零标志位光槽对应的光敏元件产生一个脉冲,称为"一转脉冲",见图 6-9 中的 C_0 脉冲。

图 6-10 给出了编码器正反转时 A、B 信号的波形及其时序关系,当编码器正转时,A 信号的相位超前 B 信号 90°,如图 6-10(a) 所示;反转时则 B 信号相位超前 A 信号 90°,如图 6-10(b) 所示。A 和 B 输出的脉冲个数与被测角位移变化量成线性关系,因此,通过对脉冲个数计数即可计算出相应的角位移。根据 A 和 B 之间的关系正确地解调出被测机械的旋转方向和旋转角位移/速率就是所谓的脉冲辨向和计数。脉冲的辨向和计数既可用软件实现也可用硬件实现。

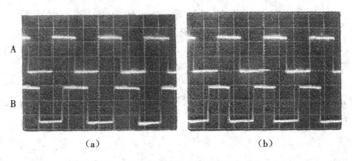

(a)　　　　　　　　　　(b)

图 6-10　光电编码器的正转和反转波形

(a)A 超前于 B,判断为正向旋转　　(b)A 滞后于 B,判断为反向旋转

6.2.2　惯性传感器

惯性导航是随着惯性传感器的发展而兴起的一门导航技术,它所具有的完全自主、输出信息量大、输出信息实时性强等优点使其在军用航行载体和民用相关领域获得了广泛应用。

这里的"惯性"包含两层含义:陀螺仪和加速度计服从牛顿力学,基本工作原理是动量矩

定理和牛顿第二定律,即基本惯性原理;作为测量元件时,惯性传感器的输出量是相对惯性空间的。

惯性导航也称自主导航,它在移动机器人导航方面发挥着重要作用。惯性导航不依赖外部信息,只靠对载体自身的惯性测量完成导航任务。惯性导航使用的主要传感器是陀螺仪(角速度传感器)和加速度计。陀螺仪用来测量运动载体的角运动,加速度计用来测量运动载体的加速度。陀螺仪由于其结构复杂、制造困难且其漂移误差对惯性导航系统的精度影响大,从而成了惯性传感器的重点研究对象。从广义上讲凡是能测量载体相对惯性空间旋转的装置均可称为陀螺仪。随着技术的发展,相继发现了多种物理效应可以实现这一要求,因而出现了许多不同型号和不同结构的陀螺仪。惯导系统的精度、成本主要取决于惯性传感器的精度和成本。

1.角速度传感器

角速度传感器(陀螺仪)是用于测量机器人相对惯性空间 3 个方向角运动的传感器。3维空间中运动的机器人(如无人飞机、水下机器人或野外不平坦路面作业的移动机器人)需要测量和控制 3 个方向(即横滚、俯仰和偏航)的转动(包括转角和转动角速度)。对于工作在平坦路面的移动机器人,一般只需测量偏航角。

传统意义上的陀螺仪是指框架式转子陀螺仪,它最早要追溯到 1852 年法国物理学家傅科(Jean Foucault)为演示地球旋转而发明的陀螺仪。传统的转子陀螺仪的主要特性表现在定轴性和进动性。现代陀螺仪不使用旋转转子部件,因此不是基于角动量原理工作的。现代陀螺仪主要基于萨格纳克效应(Sagnac effect)或哥氏效应(Coriolis effect)工作。典型的光学陀螺仪(包括激光陀螺仪和光纤陀螺仪)主要遵从萨格纳克效应,振动陀螺仪的工作原理主要是哥氏效应。

对于转子陀螺仪,根据框架的数目,可分为单自由度陀螺仪(单个框架)和双自由度陀螺仪(两个框架)。根据单自由度陀螺仪中所使用的反作用力矩的性质,又可分为速率陀螺(弹性力矩)和积分陀螺(阻尼力矩)。若按支撑方式划分,转子陀螺又分为框架、液浮、气浮、磁浮、动调(动力调谐)、静电等类型。光学陀螺仪主要包括激光和光纤陀螺。振动陀螺仪包含音叉振动、半球谐振、压电振动及硅微陀螺仪等,它们均是基于振动原理工作的。本章只简述 3 种典型陀螺仪的工作原理,有兴趣的读者可参考相关文献。

(1)框架式转子陀螺仪

它由陀螺转子、内环、外环和基座(壳体)组成。图 6-11 为陀螺仪的原理结构图,陀螺仪有 3 根在空间互相垂直的轴。x 轴是陀螺的自转轴,陀螺本身是一只对称的转子,由电机驱动绕自转轴高速旋转。陀螺转子轴(x 轴)支承在内环上。y 轴是内环的转动轴,亦称内环轴。内框带动转子一起可以绕内环轴相对外环自由旋转。z 轴为外环轴的转动轴,它支承在壳体上,外环可绕该轴相对壳体自由旋转。转子轴、内环轴和外环轴在空间交于一点,称为陀螺的支点。内外环构成陀螺"万向支架"从而使得陀螺转子轴在空间具有 2 个自由度。由此可见,整个陀螺可以绕着支点在空间作任意方向的转动,陀螺仪可绕 3 轴自由转动,即具有 3 个自由度。通常把内、外环支承的陀螺仪称为 3 自由度陀螺仪,把仅用一个环支承的陀螺仪称为 2 自由度陀螺仪。

陀螺仪是利用惯性原理工作的。当陀螺转子高速旋转后,便具有了惯性,因而表现出两个重要的特性。

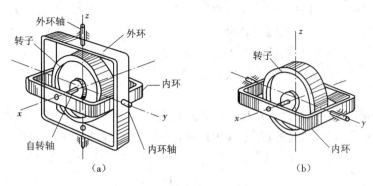

图 6-11　陀螺仪原理结构

(a)3 自由度陀螺　(b)2 自由度陀螺

1)稳定性

3 自由度陀螺仪保持其自转轴在惯性空间的方向不发生变化的特性,称为陀螺的稳定性。3 自由度陀螺仪的稳定性有两种表现形式,即定轴性和章动。图 6-12 为陀螺稳定性示意图。

①定轴性。当陀螺转子高速旋转后,若不受外力的作用,不管机座如何转动,支承在万向支架上的陀螺自转轴指向惯性空间的方位不变,这种特性称为定轴性,如图 6-12(a)所示。

②章动。当陀螺高速旋转受到瞬时冲击力矩作用后,自转轴在原方位附近作微小的圆锥运动,且转子轴的方向基本保持不变,这种现象称为陀螺的章动,如图 6-12(b)所示。图 6-12(b)表示,不论基座在空间如何转动,陀螺自转轴(x 轴)在惯性空间的方位不变。陀螺内环转动轴上在 Δt 的瞬时内受到一个冲击力矩 $M_{\Delta t}$,陀螺转子轴作圆锥运动,这种圆锥运动的频率比较高,振幅比较小,很容易衰减,当章动的圆锥角为零时即是定轴。所以章动是陀螺稳定性的一般形式,定轴是陀螺稳定性的特殊形式。

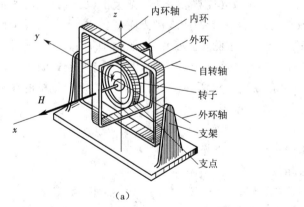
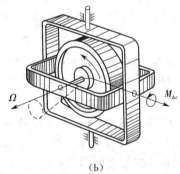

图 6-12　陀螺稳定示意

(a)定轴性　(b)章动

陀螺研究表明,陀螺仪的稳定性与下列因素有关。

①陀螺的稳定性与陀螺转子的自转角速度 Ω 和转子相对于自转轴的转动惯量 J 的大小有关。自转角速度 Ω 越高,或转动惯量 J 越大,则转子的角动量 $H=J\Omega$ 越大,表明转子的惯性越大,要改变它的位置愈加困难,因此稳定性越高。

②陀螺稳定性与陀螺自转轴与外环之间的垂直度有关,两轴的垂直度越高稳定性越好,两轴不垂直稳定性降低。当陀螺自转轴与外环轴方向一致时,3 自由度陀螺就失掉了一个自由度,变成了 2 自由度陀螺,陀螺就失去了稳定性。因此,要想提高陀螺的稳定性,就必须加大陀螺的角动量和提高 3 轴的垂直度。

2)进动性

当 3 自由度陀螺受到外加力矩作用时,陀螺仪并不在外力矩所作用的平面内产生运动,而是在与外力矩作用平面相垂直的平面内运动,陀螺仪的这种特性称为进动性。

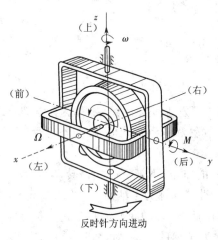

反时针方向进动

图 6-13　陀螺的进动性

①进动方向。陀螺的进动方向与转子自转方向和外力矩方向有关。其规律是:陀螺受外力矩作用时自转轴的角速度矢量 $\boldsymbol{\Omega}$ 沿最短的路线向外力矩矢量 $\boldsymbol{M}$ 方向运动;如图 6-13 所示,即进动角速度矢量 $\boldsymbol{\omega}=\boldsymbol{\Omega}\times\boldsymbol{M}$。

②进动角速度的大小。陀螺进动角速度 ω 的大小与转子角动量 H 和外力矩 M 有关,其一般关系为

$$\omega=M/H\cos\phi \qquad (6\text{-}3)$$

(2)激光陀螺仪

激光陀螺仪是以光学干涉原理为基础发展起来的新型光电惯性敏感仪器,它无须机电陀螺仪所必需的高速转子,是一种没有自旋质量的固态陀螺。同传统陀螺仪相比,激光陀螺仪具有性能稳定、抗干扰能力强、精度高、动态范围宽、线性度好、寿命长和启动迅速等诸多优点。激光陀螺仪的工作原理是基于 Sagnac 效应测量载体相对于惯性坐标系的转速和方位。

激光陀螺仪主要有两大类:一类是干涉式激光陀螺仪,通过测量正、反两束光之间的相位差得到载体的角速度,精度相对较低;另一类是谐振腔式激光陀螺仪,把光路设计成闭合的谐振腔,使正反两束光在谐振状态下工作,通过测量正反两束光之间的拍频得到载体的转动角速度,测量拍频的灵敏度要比测量相位差高好几个数量级,因此,谐振腔式激光陀螺精确度较高。谐振腔式激光陀螺仪又分为有源和无源两种,有源谐振腔式激光陀螺的激光源在谐振腔内,无源谐振腔式陀螺的激光源在谐振腔外。

1)萨格纳克(Sagnac)效应

所谓 Sagnac 效应是指在任意几何形状的闭合光路中,从某一观察点出发的一对光波沿相反方向运行一周后又回到该观察点时,这对光波的相位(或光程)将由于闭合环形光路相对于惯性空间的旋转而产生差异。其光程差(或相位差)的大小与闭合光路的转动速率成正比。

在图 6-14 中,当环路相对惯性空间没转动时,固连在环路上的观测点 P 发出的顺时针(CW)与逆时针(CCW)方向的两光束每圈的光程是相等的,经历的时间也相等。如果环路以恒定转速 Ω 相对于惯性空间绕垂

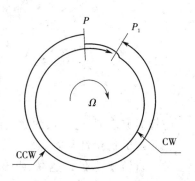

图 6-14　Sagnac 效应示意

直于环路平面的轴线旋转,那么当与角速度 Ω 同向而行的光束运行一周后返回至 P 点时,原来的 P 点已位移到 P_1 处,因此要比一个圆周多跑 $\overset{\frown}{PP_1}$ 弧长的距离才能返回至固连在环路上的观测点 P;而沿相反方向运行的光束则要比一个圆周少跑 $\overset{\frown}{PP_1}$ 弧长的距离。设 Ω 顺时针为正,环路半径为 R,光速为 c,则两束光返回至观测点所需的时间分别为

$$\left. \begin{array}{l} t_{CW}=\dfrac{2\pi R}{c-R\Omega} \\[3mm] t_{CCW}=\dfrac{2\pi R}{c+R\Omega} \end{array} \right\} \tag{6-4}$$

由于 $c \gg R\Omega$,则两束光波传播一周所用的时间差可计算为

$$\Delta t = t_{CW}-t_{CCW}=\frac{4\pi R^2\Omega}{c^2-R^2\Omega^2}$$

$$=\left[1+\frac{R^2\Omega^2}{c^2}+\frac{R^4\Omega^4}{c^4}+\cdots\right]$$

$$\approx\frac{4\pi R^2\Omega}{c^2}=\frac{4A}{c^2}\Omega \tag{6-5}$$

式中　A——环形光路所包围的面积。

相应的光程差为

$$\Delta L=c\Delta t=\frac{4A}{c}\Omega \tag{6-6}$$

而两束光之间的相位差可确定为

$$\Delta\Phi=\frac{2\pi}{\lambda}\Delta L=\frac{8\pi A}{\lambda c}\Omega \tag{6-7}$$

式中　λ——激光波长。

2)测速原理

谐振腔式激光陀螺仪利用振荡光的频率差感测载体的转动角速度,其精度比光程差的干涉测量可提高 5 个数量级。根据激光谐振腔的性质,在腔内振荡的激光必须满足相同条件,即

$$L=n\lambda \tag{6-8}$$

式中　L——谐振腔环形腔长;

　　　λ——激光波长;

　　　n——正整数。

设激光频率为 $f=\dfrac{c}{\lambda}$,则可得

$$Lf=nc \tag{6-9}$$

由于 n 和 c 为常数,当 L 有一变化量 ΔL 时

$$f\Delta L=L\Delta f \tag{6-10}$$

将式(6-6)代入上式,可得谐振腔式激光陀螺的输入输出关系式为

$$\Delta f=\frac{4Af}{cL}\Omega=\frac{4A}{\lambda L}\Omega \tag{6-11}$$

因此,只要比例因子 $K=\dfrac{4A}{\lambda L}$ 已知,则可通过测量激光陀螺仪中两束光的频差 Δf 感知陀螺相对于惯性空间的角速度。

3)谐振腔式激光陀螺仪

图 6-15(a)所示为 6 个镜面组成 3 个环状谐振腔的三轴激光陀螺仪的结构示意图。由镜面 4、6、3、5 组成的谐振腔回路可用于测量绕 X 轴的旋转角速度和角度;由镜面 5、1、6、2 组成的谐振腔回路可用于测量绕 Y 轴的旋转角速度和角度;由镜面 2、3、1、4 组成的谐振腔回路可用于测量绕 Z 轴的旋转角速度和角度。谐振腔为带有增益管的有源腔,增益管内具有可通过电激发的氦—氖气体。因此,采用这种机构的激光陀螺仪为有源谐振腔式激光陀螺仪。这种陀螺仪主要缺陷是由于光学器件因素而产生闭锁效应,即当角速度低于某种程度时,正反两束光的频率相同,无差频信号输出,从而产生一定的死区。只有当角速度大于某值时才能保持良好的输入输出线性关系。为此,将激光器置谐振腔外,如图 6-15(b)所示,即为无源谐振腔式激光陀螺仪的机构示意图。

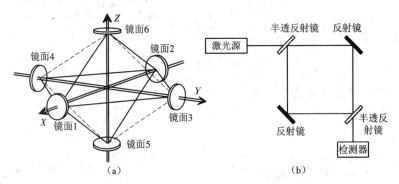

图 6-15　谐振腔式激光陀螺仪结构示意
(a)有源谐振腔三轴激光陀螺仪　(b)无源谐振腔激光陀螺仪

(3)光纤陀螺仪

光纤陀螺仪的基本原理是 Sagnac 效应中的相位差特性。这种陀螺仪利用光纤线圈构成谐振腔环路,因此也是一种无源谐振腔式激光陀螺仪。基于干涉测量法的光纤陀螺仪的结构示意图如图 6-16 所示。通过增加光纤的长度可以提高光纤陀螺仪的灵敏度。但随着光纤长度的增加,激光信号的衰减也会变大,从而降低系统的性能;此外光纤长度的增加也意味着陀螺仪成本的增加。通过增加反馈环节实现闭环结构的光纤陀螺仪可以在很大程度上提高其测量精度。

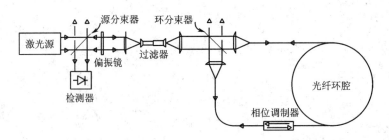

图 6-16　基于干涉测量法的光纤陀螺仪结构示意

2.加速度传感器

线加速度传感器是基于牛顿第二定律,通过检测一定质量的物体所受的力或力矩来计算其加速度。

若物体的质量为 m，在外力 F 的作用下，产生加速度 a，根据牛顿第二定律有

$$F = ma \qquad (6\text{-}12)$$

因此，质量 m 一定时，可通过检测施加于物体上的力确定物体的加速度。

随着微机械加工技术（micro-electro-mechanical system，MEMS）的迅猛发展，基于 MEMS 技术的加速度传感器得到快速发展。MEMS 加速度传感器具有体积小、质量轻、成本低、功耗低、可靠性高等特点，易于实现数学化、智能化，在汽车、医药、导航和控制、生化分析、工业检测等方面得到广泛应用。

(1)微电容式加速度传感器

微电容式加速度传感器是利用 MEMS 工艺在硅片内形成的立体结构，单元结构由质量块、可动臂、固定臂组成，单元结构图如图 6-17 所示。质量块是微电容式加速度传感器的执行器，可动臂和固定臂形成电容结构，作为微电容式加速度传感器的感应器。其中的弹簧是由硅材料经过立体加工形成的一种力学结构。

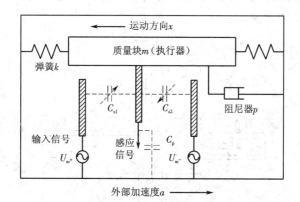

图 6-17　微电容式加速度传感器结构示意

当加速度传感器连同外界物体（该物体的加速度即为待测的加速度）一起加速运动时，质量块受到惯性力的作用向相反的方向运动，质量块发生的位移受到弹簧和阻尼器的限制。显然，该位移与外界加速度具有一一对应的关系：外界加速度固定时，质量块具有确定的位移；外界加速度变化时（只要变化不是很快），质量块的位移也发生相应的变化。另一方面，当质量块产生位移时，可动臂和固定臂（即感应器）之间的电容发生相应的变化。如果测得感应器输出电压的变化，等同于测得了执行器（质量块）的位移。执行器的位移与待测量加速度具有确定的一一对应关系，即输出电压与外界加速度也具有确定的关系，可通过输出电压测得外界加速度。

采用 MEMS 有关工艺制成的微电容式加速度传感器，其敏感芯片的体积仅为 $5~\mathrm{mm}^2$，比采用精密机械加工的加速度传感器小 $1 \sim 2$ 个数量级。由于其质量小，因此能承受高冲击，基于 MEMS 的微加速度传感器在不加电状态下 x、y、z 三个方向可以承受数百乃至数千个重力加速度（g）以上的冲击。

(2)微压阻式加速度传感器

微压阻式硅加速度传感器的结构形式多样，有单悬臂梁、双悬臂梁、四梁和五梁结构等，这些结构的传感器均采用微机械加工技术形成梁—岛结构，利用压阻效应检测加速度。图 6-18 为四梁结构的传感器示意。

传感器主要由 4 根梁固支的质量块、顶盖、底盖组成。在每一根梁上的适当位置置入 2

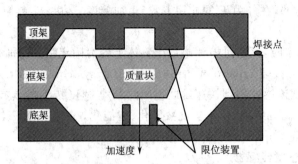

图 6-18　四梁微压阻式加速度传感器结构示意

个电阻,互连后即形成惠斯通电桥,如图 6-19 所示。当传感器受到加速度时,质量块产生上下移动,4 根梁受到应力作用,从而使 4 根梁上的 4 个电阻阻值增大,而另外 4 个电阻的阻值减小。电桥的输出电压产生变化,输出电压变化与外加的加速度成正比。测量出电桥的输出,即可得到被测的加速度。

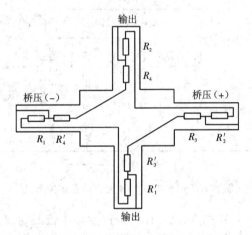

图 6-19　传感器的电桥电路

(3)微谐振式加速度传感器

微谐振式传感器的独特优点在于,其准数字量输出可直接用于复杂的数字电路而免去了其他类型传感器在信号传递方面的诸多不便。微谐振式传感器的敏感元件为谐振子,其固有谐振特性决定了该类型传感器具有很高的灵敏度和分辨率,这使得微谐振式传感器具有低成本、高性能的特点。

微谐振式加速度传感器的核心部分如图 6-20 所示,双端固定音叉谐振器由两根平行的硅梁组成,它们的两端分别合并后再与其他结构相连接,每根音叉臂的侧壁和激励电极硅片的侧臂形成电容。当在激励电容极板之间外加激励电压时,静电力的作用使音叉臂侧向(Ox 方向)弯曲,通过调整激励电压的频率可以使音叉产生谐振。由于音叉的两个臂振动频率相同,方向相反,所以两个音叉臂在它们的合并处所产生的应力和力矩相互抵消,从而使整个音叉在振动时具有自隔振的特性。

当沿 Oy 方向的外部加速度作用时,质量块的惯性力通过悬臂梁作用在音叉的轴向上,使音叉的固有频率发生变化,通过在音叉臂上扩散或淀积压敏电阻,即可检测音叉谐振频率的变化,从而可以检测外部加速度。

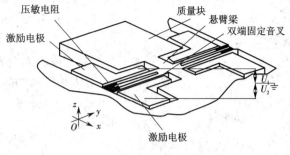

图 6-20 传感器结构

6.3 移动机器人航位推算模型

航位推算(dead reckoning)是移动机器人最基本的一种导航方法。导航技术是引导运动载体(如机器人、飞机、船舶、车辆等)安全、准确地沿着选定的路线到达目的地的一种手段。航位推算法解决机器人定位问题。移动机器人航位推算主要使用编码器(也可使用角速度和加速度传感器),在已知机器人前一时刻位置和姿态的情况下,根据编码器等传感器测量两个时刻之间机器人的运动信息,从而推算当前时刻机器人的位置和姿态。惯性导航本质上也可看作航位推算,主要使用陀螺仪和加速度计。需强调的是,航位推算适用于在短时间内对移动机器人进行定位。因其存在着累计误差,因此要想对移动机器人精确定位,一般还需辅以外部传感信息(如距离传感器)、采用适当的方法(如卡尔曼滤波、粒子滤波)定期地对航位推算的结果做校正。

6.3.1 差速驱动移动机器人

1.世界坐标系

令差速驱动的轮式移动机器人轮子的半径(假设两轮的半径相等)为 r;ω_L、ω_R 分别为左、右驱动轮的角速度(可通过编码器测得);V_L、V_R 分别为左、右轮的线速度;D 为两差速驱动轮的间距。则有如下关系:

$$V_L = r\omega_L, \quad V_R = r\omega_R$$

$$\omega = \frac{V_R - V_L}{D}, \quad v = \frac{V_R + V_L}{2}$$

式中 ω——机器人整体(两后轮连线中点)的角速度;

v——机器人整体(两后轮连线中点)的线速度。

据上式可得世界坐标系下差速驱动移动机器人的航位推算模型为

$$\begin{bmatrix} \dot{x} \\ \dot{y} \\ \dot{\theta} \end{bmatrix} = \begin{bmatrix} \cos\theta & 0 \\ \sin\theta & 0 \\ 0 & 1 \end{bmatrix} \begin{bmatrix} v \\ \omega \end{bmatrix} \tag{6-13}$$

式中 (x, y, θ)——机器人在世界坐标系下的位置和姿态。

2.机器人坐标系

设世界坐标系用 X_b-Y_b 表示;机器人坐标系用 X_m-Y_m 表示,如图 6-21 所示。机器人坐标系和世界坐标系之间可通过如下的坐标变换获得

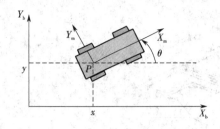

图 6-21　世界坐标系与机器人坐标系

$$R(\theta) = \begin{bmatrix} \cos\theta & \sin\theta & 0 \\ -\sin\theta & \cos\theta & 0 \\ 0 & 0 & 1 \end{bmatrix} \quad (6\text{-}14)$$

用如上的变换矩阵右乘世界坐标系下的航位推算模型,可得机器人坐标系的航位推算模型为

$$\begin{bmatrix} v_x(t) \\ u_y(t) \\ \dot{\theta}(t) \end{bmatrix} = \begin{bmatrix} \cos\theta & \sin\theta & 0 \\ -\sin\theta & \cos\theta & 0 \\ 0 & 0 & 1 \end{bmatrix} \begin{bmatrix} \cos\theta & 0 \\ \sin\theta & 0 \\ 0 & 1 \end{bmatrix} \begin{bmatrix} v \\ \omega \end{bmatrix}$$

$$= \begin{bmatrix} 1 & 0 \\ 0 & 0 \\ 0 & 1 \end{bmatrix} \begin{bmatrix} v \\ \omega \end{bmatrix} = \begin{bmatrix} r/2 & r/2 \\ 0 & 0 \\ -r/D & r/D \end{bmatrix} \begin{bmatrix} \omega_L(t) \\ \omega_R(t) \end{bmatrix} \quad (6\text{-}15)$$

6.3.2　类车或三轮移动机器人

三轮和类车移动机器人的航位推算模型可以认为是相同的,如图 6-22 所示。若将类车移动机器人的两个前轮用一个位于两轮中心点的虚拟轮代替,类车机器人便成了三轮机器人。令两后轮之间的距离为 D;前后轮之间的距离为 L;两个前轮的导向角分别为 ϕ_i、ϕ_o,虚拟轮的导向角为 ϕ。导向角、距离 D、L 之间的关系可表达为

$$\cot\phi_o - \cot\phi_i = \frac{D}{L}$$

$$\cot\phi = \cot\phi_o - \frac{D}{2L}$$

$$\cot\phi = \cot\phi_i + \frac{D}{2L}$$

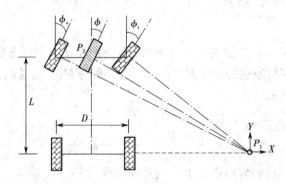

图 6-22　三轮或类车移动机器人模型

1. 世界坐标系

世界坐标系下类车移动机器人航位推算模型为

$$\begin{bmatrix} \dot{x} \\ \dot{y} \\ \dot{\theta} \end{bmatrix} = \begin{bmatrix} \cos\theta & 0 \\ \sin\theta & 0 \\ 0 & 1 \end{bmatrix} \begin{bmatrix} v \\ \omega \end{bmatrix} \quad (6\text{-}16)$$

式中　v——两后轮连线中点处的线速度,它可以通过编码器测量;

　　　ω——机器人的角速度,可以通过陀螺仪测量。

若已知机器人虚拟前轮的导向角和线速度,则 v 和 ω 为

$$v = v_\mathrm{f} \cos \phi \qquad (6\text{-}17)$$

$$\omega = \frac{v_\mathrm{f}}{L} \sin \phi \qquad (6\text{-}18)$$

式中　v_f——两前轮连线中点处的线速度；

　　　ϕ——虚拟前轮的导向角。

2. 机器人坐标系

采用类似的方法可得类车移动机器人在机器人坐标系下的航位推算模型为

$$\left.\begin{aligned} v_x(t) &= v_\mathrm{f}(t) \cos \phi(t) \\ v_y(t) &= 0 \\ \dot{\theta}(t) &= \frac{v_\mathrm{f}(t)}{L} \sin \phi(t) \end{aligned}\right\} \qquad (6\text{-}19)$$

6.4　移动机器人常用外部传感器

6.4.1　触觉传感器

在工业机器人领域,触觉传感器主要有检测和识别功能。检测功能包括对操作对象的状态、机械手与操作对象的接触状态、操作对象的物理性质进行检测。识别功能是在检测的基础上提取操作对象的形状、大小、刚度等特征,以进行分类和目标识别。

触觉传感器用以判断机器人本体或者机械手是否接触到外界物体,如有可能并提供接触点的位置和方向。通常情况下,传感器输出信号为 0 或 1,以表示是否同物体接触。常用的触觉传感器有机械式、弹性式以及光纤式等几种。

机械式触觉传感器利用触点的接触和断开获取信息,通常采用微动开关进行辨别,如图6-23(a)所示。该种传感器由于结构关系无法实现高密度阵列。

弹性式触觉传感器由弹性元件、导电触点和绝缘体构成。如采用导电性石墨化碳纤维、氨基甲酸乙酯泡沫、印制电路板和金属触点构成的传感器,碳纤维被压后与金属触点接触,开关导通。也可由弹性海绵、导电橡胶和金属触点构成,导电橡胶受压后,海绵变形,导电橡胶和金属触点接触,开关导通。也可由金属和铍青铜构成,被绝缘体覆盖的青铜箔片被压后与金属接触,触点闭合。图 6-23(b)所示为一种含碳海绵式触觉传感器的结构图。如图6-23(c)所示,光纤式触觉传感器由光源、感光元件、光纤构成的入射光缆和反射光缆以及一个可变形的反射面构成。光通过入射光缆投射到可变形的反射材料上,反射光按相反方向通过反射光缆返回,由感光元件检测其变化。如果反射表面是平的,则反射光缆中每条光纤所返回的光的强度是相同的。如果反射表面因与物体接触受力而变形,则反射的光强度不同。用高速光扫描技术进行处理,即可得到反射表面的受力情况。

6.4.2　接近觉传感器

接近觉传感器介于触觉传感器与视觉传感器之间,不仅可以测量距离和方位,而且可以融合视觉和触觉传感器的信息。接近觉传感器可以辅助视觉系统的功能,判断对象物体的方位、外形,同时识别其表面形状。因此,为准确定位抓取部件,对机器人接近觉传感器的精度要求比较高,接近觉传感器的作用可归纳如下:

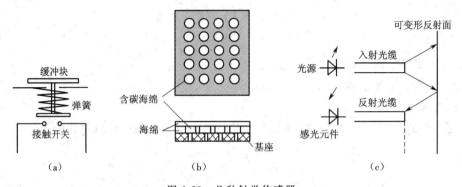

图 6-23　几种触觉传感器

(a)微动开关　(b)含碳海绵式触觉传感器　(c)光纤式触觉传感器

①发现前方障碍,限制机器人的运动范围,以避免与障碍物发生碰撞;

②在接触对象物前得到必要信息,如与物体的相对距离、相对倾角,以便为后续动作做准备;

③获取对象物表面各点间的距离,从而得到有关对象物表面形状的信息。

机器人接近觉传感器分为接触式和非接触式,测量周围环境的物体或被操作物体的空间位置。机器人接近觉传感器可以分为机械式、感应式、电容式、超声波、光电式等。

1.触须式接近觉传感器

触须式接近觉传感器与昆虫的触须类似,在机器人上通过以微动开关和相应机械装置(探头、探针等)相结合而实现一般非接触测量距离的作用。这种触须式的传感器可以安装在移动机器人的四周,用以发现外界环境中的障碍物。图 6-24 所示为猫胡须传感器,其控制杆采用柔软弹性物质制成,相当于微动开关,如图 6-24(a)所示,当触及物体时接通输出回路,输出电压信号。图 6-24(b)为应用实例,在机器人脚下安装多个猫胡须传感器,依照接通的传感器个数检测机器脚在台阶上的具体位置。

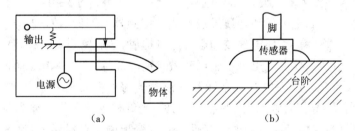

图 6-24　猫胡须传感器

(a)机构　(b)应用实例

2.感应式接近觉传感器

感应式接近觉传感器主要包括基于电磁感应、霍尔效应和电涡流原理 3 种类型,主要用于近距离、小范围内的测量。

(1)电磁感应接近觉传感器

如图 6-25 所示,电磁感应接近觉传感器的核心由线圈和永久磁铁构成。当传感器远离铁磁性材料时,永久磁铁的原始磁力线如图 6-25(a)所示;当传感器靠近铁磁性材料时,引起永久磁铁磁力线变化,如图 6-25(b)所示,从而在线圈中产生电流。这种传感器在与被测物体相对静止的条件下,由于磁力线不发生变化,因而线圈中没有电流,因此,电磁感应传感器只是在外界物体与之产生相对运动时,才能产生输出。同时,随着距离的增大,输出信号明显减弱,因而这种类型的传感器只能用于短距离的测量,一般仅为零点几毫米。

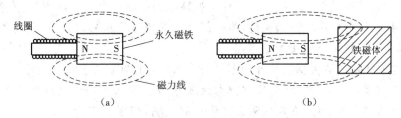

图 6-25　电磁感应接近觉传感器的工作原理
(a)原始磁力线　(b)磁力线的变化

(2)电涡流接近觉传感器

电涡流接近觉传感器主要用于检测由金属材料制成的对象物体。它是利用一个导体在非均匀磁场中移动或处在交变磁场内,导体内会出现感应电流即为电涡流,电涡流接近觉传感器的最简单的形式只包括一个线圈。图 6-26 所示为电涡流接近觉传感器的工作原理,线圈中通入交变电流 I_1,在线圈的周围产生交变磁场 H_1。当传感器与外界导体接近时,导体中感应产生电流 I_2,形成一个磁场 H_2,其方向与 H_1 相反,削弱了 H_1 的磁场,从而导致传感器线圈的阻抗发生变化。传感器与外界导体的距离变化能够引起导体中所感应产生电流 I_2 的变化。通过适当的检测电路,可从线圈中耗散功率的变化得出传感器与外界物体之间的距离。这类传感器的测距范围一般

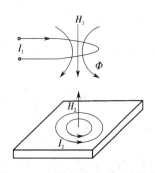

图 6-26　电涡流接近觉传感器的工作原理

在零到几十毫米之间,分辨率可达满量程的 0.1%。电涡流传感器可安装在弧焊机器人上用于焊缝自动跟踪,这种传感器外形尺寸和测量范围的比值较大,在其他方面应用较少。

(3)霍尔效应接近觉传感器

霍尔效应接近觉传感器原理如图 6-27 所示,由霍尔元件和永久磁体以一定方式联合使用构成,可对铁磁体进行检测。当附近没有铁磁物体时,霍尔元件感受一个强磁场;铁磁体靠近接近觉传感器时,磁力线被旁路,霍尔元件感受的磁场强度减弱,引起输出的霍尔电动势变化。

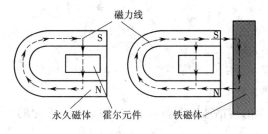

图 6-27　霍尔效应接近觉传感器的工作原理

3.电容式接近觉传感器

感应式接近觉传感器仅能检测导体或铁磁性材料,电容式接近觉传感器能够检测任何

固体和液体材料,这类传感器通过检测外界物体靠近传感器所引起的电容变化来反映距离信息。

电容式传感器最基本的元件是由一个参考电极和敏感电极所组成的电容,外界物体靠近传感器时,引起电容的变化。将该电容作为振荡电路中的一个元件,只有在传感器电容值超过某一阈值时,振荡电路才开始振荡,将此信号转换成电压信号,即可表示是否与外界物体接近,该电路可以提供二值化的距离信息。

双极板电容式接近觉传感器原理如图 6-28 所示,它由两个置于同一平面上的金属极板 1、2 构成,厚度忽略不计,宽度为 b,长度视为无限,安置两个极板的绝缘板通过屏蔽板接地。若在极板 1 上施加交变电压,在极板附近产生交变电场,当目标接近时,阻断了两个极板之间连续的电力线,电场的变化使极板 1、2 间耦合电容 C_{12} 改变。由于激励电压幅值恒定,所以电容的变化又反映为极板 2 上电荷的变化。将极板 2 上的电荷转化为电压输出,并导出电压与距离的对应关系,便可根据实测电压值确定当前距离,而不需要测量电容。

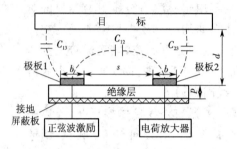

图 6-28 双极板电容式接近觉传感器原理

由于距离 p 非常小,由极板 1 出发的电力线大部分进入接地屏蔽板,到极板 2 的电力线很少,所以极板 2 与极板 1 在极板下方的耦合电容很小,可以忽略。

电容式接近觉传感器只能用检测很短的距离,一般仅为几个毫米,超过这个距离,传感器的灵敏度将急剧下降。同时,不同的材料引起传感器电容的变化大小相差很大。

4. 超声波接近觉传感器

超声波传感器实质上是一种可逆的换能器,它将电振荡的能量转变为机械振荡,形成超声波,或者由超声波能量转变为电振荡。超声波传感器由声波发射器、声波接收器、定时电路和控制电路等部分构成。声波发射器和接收器分别将电能转化为超声波以及将超声波转化为电能。超声波传感器利用超声波检测距离,其工作原理如下:由发射器发射超声波,当超声波碰到物体后反射回来,被接收器接收,同时测定超声波从发射到接收的时间 T。因此,测量的距离 L 为

$$L = \frac{aT}{2} \tag{6-20}$$

式中 a——超声波速度,m/s;

  T——一个来回的时间,s。

由于超声波在空气中的传播速度与温度有关,因此 a 是变化的。另外,超声波的定向性较差,测量精度不高。

5. 光纤传感器

光纤传感器是一种新型的光电传感器,具有抗电磁干扰能力强、灵敏度高、响应快、便于远距离遥测等特点,在智能机器人中用作接近觉传感器。利用光纤制作非接触式接近觉传

感器如图 6-29 所示的 3 种不同形式结构。图 6-29(a)所示为射束中断型传感器。当物体遮断光束时,传感器便能检测出物体的存在。值得注意的是,这种传感器不能检测透光或半透光材料制作的物体。应用高增益放大器和减噪设计,该传感器可检测出零点零几毫米到几厘米的物体,但不能获得绝对位置信息。第二种类型是回射型,如图 6-29(b)所示。不透光物体进入光纤束末端和靶体之间时,到达接收器的反射光强度大为减少,故可检测到进入到该区域的物体。同前一种方式相比,此类型的传感器可感知用透光材料制作的物体。回射型光纤传感器的设计利用了 Y 型光纤束,因此入射光和反射光应由同一组光纤传送。这样可以排除光纤束的准直困难,但必须用一个独立的靶才能使传感器检测障碍物。图 6-29(c)所示为不需要回射靶的光纤接近传感器。这种传感器可测量远离光纤束几厘米的物体反射的光。因为大部分材料均能反射一定量的光,故这种"扩散"器件可检测透光或半透光的物体。如反射光接近探测器,这种器件在理想条件下能监控绝对位置,但也存在前述光纤传感器的问题。这种光纤敏感模式无靶、结构严密、质量轻和价格低廉,是一种最通用的传感器。

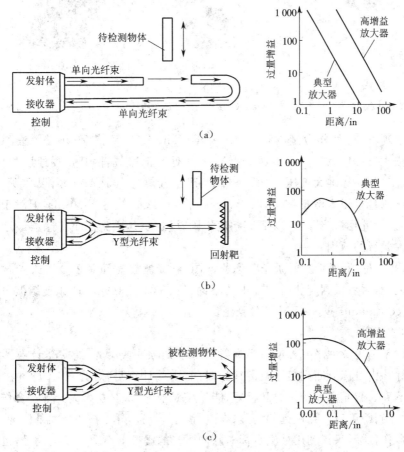

图 6-29 光纤传感器的结构(注:1 in=25.4 mm)
(a)射束中断型 (b)回射型 (c)扩散型

6.4.3 测距传感器

测距传感器用于获取机器人和环境物体之间的距离信息。在移动机器人领域,用于测量机器人与障碍物之间或机器人与机器人之间距离信息的传感器主要基于超声波、红外和激光 3 种形式。这 3 种传感器均属于主动传感器,即分别向环境发射超声、红外和激光,通过分析回收信号实现测距。超声和红外传感器较便宜,激光传感器较贵,尤其是激光扫描仪(如用得较广的德国 Sick 系列)价格昂贵。超声传感器(如用得较广的 Polaroid 系列)的测距范围一般在几十厘米到十米;红外传感器(如用得较广的 Sharp GP 系列)一般可测量 10~80 cm;激光传感器(如德国 Sick LMS 系列)最远可以测量百米左右,见图 6-30。

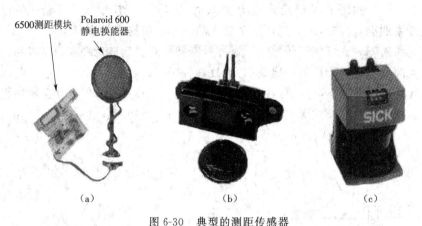

图 6-30　典型的测距传感器

(a)Polaroid 超声测距传感系统　(b)Sharp GP 系列红外测距传感器　(c)Sick LMS-200 激光扫描仪

　　按测距原理不同,可分为渡越时间(time of flight,TOF)法测距和三角法测距。TOF 法也称时差法、飞行时间法,其距离 $d=ct/2$。对于超声波来说,因其传播速度相比激光(电磁波)要慢很多(如在标准大气压、20 ℃条件下,声速近似为 343 m/s),所以 TOF 法比较容易实现。同样测量相距 5 m 的物体,对于超声传感器,TOF 约等于 30 ms,但对于激光来说只有约 30 ns。因此用激光测量 TOF 其精度更困难,这也是激光测距传感器最近几年才用于移动机器人领域的原因之一。

　　为了获得 TOF,根据所发射激光状态的不同,激光渡越时间测距分为激光脉冲测距和连续波激光测距,后者根据起止时刻标识的不同又分为相位测距和调频连续波(frequency-modulated　continuous wave,FMCW)测距。

　　(1)脉冲法测距

　　工作原理是利用脉冲激光器向目标发射单个激光脉冲或激光脉冲串,计数器测量激光脉冲到达目标并由目标返回到接收机的往返时间,由此计算目标的距离。脉冲法测量距离的精度一般不高。激光脉冲持续时间极短,能量相对集中,瞬时功率大。基于合作目标的情况下,脉冲激光测距可以达到极远的测程;在进行几千米的近程测距时,如果精度要求不高,即使不使用合作目标,只是利用被测目标对脉冲激光的漫反射所取得反射信号,也可以进行测距。一个典型的脉冲飞行时间激光测距系统通常由以下 5 个部分组成:激光发射单元、一个或两个接收通道、时刻鉴别单元、时间间隔测量单元和处理控制单元。脉冲激光测距机既可在军事上用于对各种非合作目标的测距,也可在气象上用于测定能见度和云层高度,以及应用在对人造卫星的精密距离测量等领域。

　　(2)相位法测距

　　其原理是首先向目标发射一束经过幅度调制的连续波激光束,光束到达目标表面后被反射,通过测量发射的调制激光束与接收机接收的回波之间的相位差,可得出目标与测距机之间的距离。相位式激光测距仪使用的是无线电波段的频率,对激光束进行幅度调制并测定调制光往返一次所产生的相位延迟,再根据调制光的波长,将此相位延迟换算为所代表的距离。相位法测距仪的精度一般可达毫米级,主要应用在精密测距中。由于其为了有效地反射信号,并使测定的目标限制在与仪器精度相称的某一特定点上,对这种测距仪配置了被称为合作目标的反射镜。影响激光相位测距精度除大气温度、气压和湿度等外在因素外,还包括测距仪自身的光发射功率、测量平均次数和调制频率及其稳定性等参数。另外,电子噪声特别是由大功率调制引入的电子相干噪声对探测精度影响较大。

(3)调频连续波(FMCW)测距

从天线发射的受锯齿波信号调制的调频连续波信号,碰到被测物体表面后发生反射,反射回波被接收机接收,并与发射机直接耦合过来的发射信号进行混频,在电波传播到被测物体表面并返回天线的时间内,发射机频率较之于回波频率发生了改变,因此在混频器上便会有差频电压输出,通过差频电压的频率可直接导出目标距离。FMCW 测距实质即是对差拍信号的频率进行估计,即 FMCW 信号处理的基本任务是估计出差拍信号的频率,然后利用差频和距离之间的线性关系达到测距目的。

相位法和 FMCW 法均是基于间接方法测定出 TOF。与脉冲激光测距机相比,连续波激光测距机发射的(平均)功率较低,因而最大测程受到限制。但因其具有的小型固态化、高距离分辨率、大时间带宽积、高灵敏度以及抗有源干扰能力等优点,在工程上得到广泛的应用。如德国 Sick 的 LMS200 激光扫描仪使用的即是相位法测距。LMS200 内部带有一个转动镜,可以在 180°范围内以 0.5°的分辨力扫描环境。

图 6-31 给出了光学三角测距的原理图。图 6-31(a)示出了三角测距传感器的组成部分,包括光发射器件(发出的可以是激光也可以是红外),发出的光遇到障碍物经漫反射到达传感器的接收部分。接收部分包括一个透镜和一个位置敏感器件(如 PSD 或线阵 CCD)。图 6-31(b)给出了测距的原理示意图,其中 d 表示要测量的距离;L 是透镜中心点和发射光束(基线)之间的距离;α 为透镜光轴和发射光束之间的夹角;f 为透镜的焦距;x 为对应障碍物距离的影像位置;β 是透镜光轴与反射光束之间的夹角。由图可得障碍物距离为

$$d = \frac{L}{\tan(\alpha - \beta)} \tag{6-21}$$

式中只有角度 β 是未知的,其计算可由式(6-22)得

$$\beta = \arctan\left(\frac{x}{f}\right) \tag{6-22}$$

光学三角测距中可以使用激光,也可使用红外。图 6-30(b)中所示的 Sharp GP 系列测距传感器使用的为红外光。当然位置敏感器件也可使用 2D 的接收器,如用 CCD 或 CMOS 摄像机,那样即可对传感器前方多点进行测距。光学三角测量一般适用于近距离测量,当距离较远时误差较大。

超声传感器因其价格低廉、硬件接口简单等优点,目前基本上已成为移动机器人必备的传感器种类,但超声传感器有着其自身的不足。

①相对红外和激光,声速很慢。

②声速受环境温度影响较大,导致测距精度不易保证。

③超声换能器的波束角一般较大,所以导致测距的角度分辨力较差。

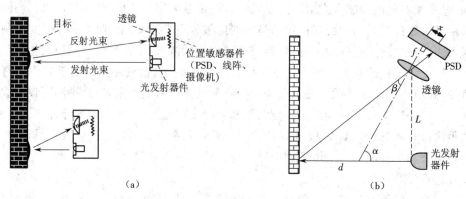

图 6-31 光学三角测距原理

(a)三角测距传感器组成　(b)三角测距原理示意

④超声波对光滑表面存在镜面反射现象,导致测距结果常与实际不符。所谓光滑表面,是指环境物体表面的粗糙度与超声波长相比很大。

⑤超声的串扰问题。基于这些问题,超声传感器主要用于移动机器人避障使用,对于要求精确导航和定位的场合,超声传感器不太适用。

为了获取周围更多的环境信息,采用多个超声传感器组成阵列是一种比较普遍的方法,如移动机器人系统经常采用超声传感器环来避开 360°范围的障碍物。多个相同频率的超声换能器同时工作会带来串扰问题。所谓串扰,是指一个超声换能器接收到其他换能器发射的超声波。根据发射换能器和接收换能器是否属于同一个超声传感器阵列,串扰又可分为内部串扰和外部串扰。所谓内部串扰,是指换能器接收到的超声回波是由同一个超声传感器阵列内的其他换能器发射的超声遇到障碍物后返回的;而外部串扰是指换能器接收到的超声波是由本超声传感器阵列以外的其他换能器发射的超声波。通常,机器人超声传感器系统中的换能器检测到回波后,若回波信号的幅度累计值超过阈值,便认为这个回波有效。但接收超声传感器无法判断回波是否来本身发射的,因此在串扰发生的情况下会导致错误的渡越时间测量,从而距离测量不够准确。当前的移动机器人系统为尽量避免超声串扰现象,多数采用交替发射或在某一时刻只允许一路超声工作(顺序发射)的方式。

消除超声串扰,根本的方法是给每个超声换能器赋予唯一的编码,然后通过相关技术识别本身的回声。当前,用于超声串扰消除的编码主要包括伪随机编码法(如 M 序列、Golay 互补序列对、Barker 码及其他二进制编码)和混沌编码,其调制方法主要包括线性或非线性调频、调相和脉冲位置调制等。

6.5　主动嗅觉感知

6.5.1　机器人嗅觉

机器人嗅觉可分为被动嗅觉和主动嗅觉。通常意义的电子鼻是一种被动气味/气体感知系统,可看作被动嗅觉。被动嗅觉的研究涉及气味/气体的识别与分类问题,即基于气味/气体传感器阵列,研究采用怎样的算法对环境中存在的气味/气体的种类进行有效的识别和分类。识别技术主要包括人工神经网络、主元分析、统计模式识别、距离分析、群分析和主元

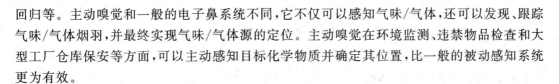

回归等。主动嗅觉和一般的电子鼻系统不同,它不仅可以感知气味/气体,还可以发现、跟踪气味/气体烟羽,并最终实现气味/气体源的定位。主动嗅觉在环境监测、违禁物品检查和大型工厂仓库保安等方面,可以主动感知目标化学物质并确定其位置,比一般的被动感知系统更为有效。

6.5.2 机器人嗅觉常用气味/气体传感器

1.电化学气体传感器

电化学气体传感器利用电极之间的化学电位差,一个在气体中测量气体浓度,另一个是固定的参比电极。分为液体电解质和固体电解质,而液体电解质又分为电位型和电流型。电位型是利用电极电势和气体浓度之间的关系进行测量;电流型采用极限电流原理,利用气体通过薄层透气膜或毛细孔扩散作为限流措施,获得稳定的传质条件,产生正比于气体浓度或分压的极限扩散电流。电化学式气体传感器是一种化学传感器,主要用于检测毒气和氧气。按照其工作原理,一般分为下面几种类型。

(1)恒电位电解式气体传感器

当保持电极和电解质溶液的界面为某恒电位时,将气体直接氧化或还原,并将流过外电路的电流作为传感器的输出。

(2)伽伐尼电池式气体传感器

伽伐尼电池式气体传感器与上述恒电位电解式一样,通过测量电解电流检测气体浓度。但由于传感器本身是电池,所以不需要由外界施加电压。这种传感器主要是用于氧气的检测。

(3)离子电极式气体传感器

将溶解于电解质溶液并离子化的气态物质的离子作用于离子电极,将由此产生的电动势作为传感器输出,此电动势的大小反映了气体的浓度。

(4)电量式气体传感器

将气体与电解质溶液反应而产生的电解电流作为传感器输出检测气体浓度,其作用电极、参比电极一般为铂电极。

(5)浓差电池式气体传感器

不用电解质溶液,而用有机电解质、有机凝胶电解质、固体电解质、固体聚合物电解质等材料制作传感器,基于这些产生的浓差电势进行测量。

电化学传感器性能比较稳定、寿命较长、耗电很小、分辨率一般可以达到 0.1×10^{-6}(即 0.1 ppm,随传感器不同有所不同)。其温度适应范围也比较宽(有时可以在 $-40 \sim 50$ ℃间工作)。然而,它的读数受温度变化的影响比较大,所以很多基于电化学气体传感器的仪器一般通过软硬件进行温度补偿。

2.金属氧化物半导体传感器

半导体气体传感器元件有多种,从材料分有金属氧化物半导体和有机半导体两类;从作用机理分有表面控制型和体积控制型两大类。金属氧化物半导体传感器是目前机器人嗅觉用得较多的传感器,主要原因是价格便宜。

(1)表面电阻控制型

SnO_2 和 ZnO 属于此种类型,即 N 型半导体气敏器件。该类型气敏传感器主要利用气体吸附于半导体表面而产生电导率变化检测气体。当氧化型气体吸附到 N 型半导体上时,将使载流子减少从而电阻增大;相反,当还原型气体吸附到 N 型半导体上时,将使载流子增多从而电阻下降。其典型的敏感元件多为测定可燃性气体。该类敏感元件的特点是构造简单、检测灵敏度高、反应速度快(T_{90}反应时间在 10 s 以内)等。目前在市场上出售的半导体气体敏感元件大部分属于这种。

表面电阻控制型气敏传感器中,SnO_2系列目前是世界上生产量最大、应用最为广泛的,如日本的费加罗(Figaro)公司生产的 TGS 系列和我国的 QM-N5 型气敏传感器均属此种类型。这类气敏元件多用来测量丙烷(液化石油气)、甲烷(煤矿井下天然气)、一氧化碳、氢气、醇类、硫化氢等可燃性气体,其适宜的工作温度通常为 200~400 ℃,因测定对象不同而有所区别。与 SnO_2系列相比,ZnO 系列气敏传感器对一般还原性气体的检测灵敏度较低,且其工作温度偏高。

(2)体电阻控制型

利用半导体物质与气体反应时体积发生变化、进而呈现电导率变化的元件被称为体积控制型敏感元件。以 γ-Fe_2O_3 气敏传感器为例,当与气体接触时,随着气体浓度的增高,γ-Fe_2O_3 变为 Fe_3O_4,材料的电导率发生变化,体电阻减小。这种变化是可逆的,当被检测气体离开时,又恢复到 Fe_2O_3 的原来状态。此种传感器的适宜工作温度为 400~420 ℃,温度过高会失去敏感性。

(3)表面电位型

利用半导体吸附气体后而产生表面电位或界面电位变化的气体敏感元件,称为表面电位型气体敏感元件。主要利用半导体表面的电荷层或金属—半导体接触面势垒的变化,导致半导体的伏安特性变化检测气体。此类型主要包括 Pd-MOSFET 型气体敏感元件和贵金属—半导体二极管型敏感元件,其中 Pd-MOSFET 型对氢气的选择性较好。

半导体式传感器最大的优点是体积小、结构简单、价格便宜,其缺点是受环境温湿度影响较大且选择性较差。

Lilienthal 等采用 Figaro 公司的金属氧化物半导体传感器 TGS 2600、TGS 2610 和 TGS 2620 研制的 MarkⅢ型移动电子鼻如图 6-32 所示。它由两个"鼻孔"(或称管道)组成,每个鼻孔包括 6 个金属氧化物气体传感器,每 3 个一组分别放在管道中,每个管道还包括一个吸力风扇,用来降低传感器的恢复时间;两个管道中间安放隔板,可以保持移动电子鼻对浓度梯度的灵敏性。Ishida 和他的同事使用类似的传感器构造了用以指明气味/气体源方位的气味/气体指南针。

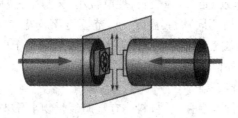

图 6-32 MarkⅢ型移动电子鼻

3.催化燃烧式气体传感器

催化燃烧式气体传感器利用催化燃烧特性检测空气中可燃气含量,为可燃气体专用传感器。由于它的性能好、成本低,是当前国内外使用最多、最广泛的可燃气体传感器。

催化燃烧式气体传感器具有如下优点：

①对所有可燃气体的响应具有广谱性，在空气中对可燃气体爆炸下限浓度(LEL)以下的含量，其输出信号接近线性(60%LEL以下线性度更好)；

②对非可燃气体没有反应；

③传感器结构简单、成本低；

④不受水蒸气影响，对环境的温湿度影响不敏感，适于室外使用。

但是，它也存在如下一些缺点：

①工作温度高，一般元件表面温度$200\sim300\ ℃$，内部可达$700\sim800\ ℃$，传感器不能制作本安型结构，只能设计隔爆型；

②工作电流较大，功耗大，不易进行总线连接；

③元件易受硫化物、卤素化合物等中毒的影响，降低使用寿命；

④在缺氧环境下检测指示值误差较大。

4.光离子检测器(PID)

PID使用了一个紫外灯(UV)光源将有机物击碎成可被检测器检测到的正负离子(离子化)。检测器测量被离子化的气体的电荷并将其转换为电流信号，电流被放大并显示出浓度值。检测后，离子重新复合成原来的气体或蒸气。主要用于挥发性有机化合物(VOC)的测量，过程如图6-33所示。

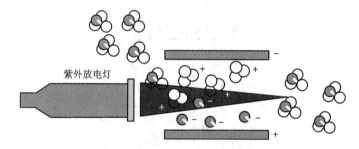

图6-33 光离子检测器原理示意图

PID传感器具有如下一些特点：

①灵敏度和分辨率高，适用于绝大多数有机气体的检测；

②无选择性，适于已知有机气体种类时的检测，对一般无机气体无反应；

③无中毒问题，使用寿命长；

④反应速度快，一般小于$3\ s$，适于快速应急情况的检测；

⑤安全可靠，防爆性好；

⑥结构复杂，成本高。

所有的元素和化合物均可以被离子化，即被击碎为带有电荷的小碎片。但各种化合物的结构不同，被击碎所需的能量也有所不同。所谓"击碎"，就是用能量把化合物中的电子从其中分离出来，即将化合物离子化。每个化合物被离子化所需的能量便称之为"电离单位(IP)"，它以电子伏特(eV)为计量单位。如果待测气体的IP低于紫外灯的输出能量，那么，这种气体便可以被离子化。若将灯的能量和气体的能量(IP)统一为同一个单位"eV"表示，IP(电离单位)实际表示的是化合物中键的强度。

绝大多数可以被PID检测的是含碳的有机化合物，包括芳香类(苯环的系列化合物，如苯、甲苯、萘等)、酮类和醛类(如丙酮等)、氨和胺类(含 N 的碳氢化合物,如二甲基胺等)、卤代烃类(如二氯乙烯等)、硫代烃类(如硫化氢、甲硫醇等)、不饱和烃类(如烯烃等)、醇类(如乙醇);除了有机物,PID 还可以测量一些不含碳的无机气体,如氨气、溴和碘类等。

5.质量型

(1)石英晶体微量天平(QCM)

石英晶体用来充当测量气味/气体分子质量的敏感天平。为了称重某一种气味/气体分子,在石英表面涂一层可以"捕获"此种分子的化学涂层,如使用聚硅酮 OV-17 测量樟脑的气味。捕获的气味/气体分子增加了石英晶体的质量从而降低它的共振频率。

受到蜜蜂采蜜方式的启发,Russell 等研制了基于石英晶体微量天平的气味/气体传感系统,其原理如图 6-34 所示。首先使用真空泵将空气与气味/气体混合物吸入管道,增加气味/气体与传感器的接触速度。但同时也会将一些远距离的气味/气体吸入管道。为了解决此问题,在吸入管道的外面加一层出气管道作为空气窗帘(aircurtain)向外吹气,这样传感器避免了远距离气味/气体的干扰,能可靠地检测并精确地确定地面的气味标记。Russell 还基于标签笔的原理独创性地发明了气味涂抹器,机器人携带有涂抹器可以将气味涂抹到地面上,让其他机器人进行跟踪。

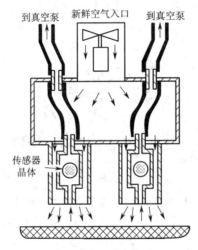

图 6-34　基于石英晶体微量天平的气味/气体传感器系统剖切视图

(2)声表面波(SAW)型

声表面波(surface acoustic wave,SAW)气体传感器是基于声表面波波速和频率随外界大气组分变化而发生漂移的原理制作成的一种新型传感器,它将非电量的气体浓度信息转化为声表面波振荡器频率的变化。声表面波传感器的关键是 SAW 振荡器,它由压电材料基片和沉积在基片上不同功能的叉指换能器所组成,包括延迟型和振子型两种振荡器。SAW 传感器自身固有振荡频率,当外界待测量变化时,会引起振荡频率的变化,从而测出气体浓度。SAW 气体传感器比一般用电压、电流输出的传感器的测量精度高,且不需要 A/D 转换而直接用于数据处理。另外,SAW 传感器具有体积小、频率高、成本低、灵敏度高、易于集成化和智能化,能实现远距离检测等多种优点。经过 20 多年的发展,SAW 已成为一类新的检测化学毒剂和爆炸物的传感器技术,近年来受到广泛关注,并得到飞速发展。

6.5.3 常用风速/风向传感器

在气味/气体烟羽搜索过程中,风向成为一个很重要的信息,在风向传感器的配合下可使搜索工作得到简化。用于气象方面的风速/风向检测仪器体积大、功耗大、造价高,且对低风速(室内环境一般小于 20 cm/s)测量不敏感,所以不适于移动机器人主动嗅觉。目前用于机器人主动嗅觉的有代表性的风速/风向传感器包括基于热金属丝冷却的电热调节器风速计、人工胡须气流传感器、小型旋转叶片气流传感器和超声风速/风向传感器等。

1.电热调节器风速计

Ishida 等使用了 Shibaura Electronics 公司的 F6201－1 电热调节器型风速计测量风速。当风速在 0～20 cm/s 范围内时,输出电压与风速基本呈线性关系。为了测量风向,4个风速传感器被放置在一个方块四周,方块的高度高于传感器的高度。粗略判断风向的一个简易方法是选择一个输出最小的风速计,因为风被方块阻隔,因此至少可以知道风的方向应该是此风速计所在方位的 90°的倍数。为了较精确地测量风向,在离线状态下,每隔 45°风向测量 4 个传感器的输出,并将结果存储在计算机里。机器人在线工作时,通过计算存储和测量向量的欧氏距离决定风向。

2.人工胡须气流传感器

气流感应胡须如图 6-35(a)所示。敏感元件为一个 3 mm 宽的镀铝塑料薄膜带,带的振动可由光学传感器检测。为了兼顾刚度和尺寸恒定性,使用 25 μm 厚的聚偏氟乙烯薄膜(PVdF)。在胡须的尾部弯曲 90°形成一个突出部分,用以隔断槽型光学开关(EE-SX1109)的光柱。光学开关的输出连接到一个施密特反相器,0.04 mm 的运动对应反相器的一个逻辑输出。反相器给出一个逻辑的摆动信号,正的逻辑转换通过微处理器计数,这些计数形成了传感器的输出。此系统可以测量的风速范围是 0.1～1 m/s。

3.小型旋转叶片气流传感器

低速下测量风速和方向是很困难的,Russell 等开发了一个独特的用于微型移动机器人的主动气流速度和方向传感器。传感器的关键部分是一个扁平的盘子(或称之为桨),通过精密的直流电动机带动旋转,见图 6-35(b)。在无风的情况下,桨的旋转速度是稳定的;在有风的环境下,当逆风运动时桨的旋转速度降低,顺风时桨的旋转速度升高。桨旋转速度的变化通过光学编码器测量。桨旋转的最大和最小速度之间的差别与风强有关。当桨与风同方向时将产生最大速度,据此可确定风向。此传感器的特点是结构简单、功耗低,可用于微

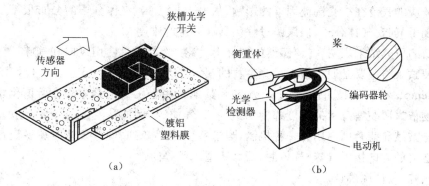

图 6-35 两种气流传感器示意图

(a)人工胡须气流传感器 (b)小型旋转叶片气流传感器

型机器人系统,缺点是只能工作在低风速条件下。

4. 超声风速/风向传感器

超声水平风速/风向测量是基于超声的渡越时间差。超声波从一个探头传送到另一个探头所需要的时间与风速及超声通路有关。若双向测量渡越时间,在零风速时发送和返回的传输时间相等。超声通道之间顶风传输时间递增,而顺风传输时间则递减。通过对这两种传输时间的测量,可计算通路间的风速。采用多对摆放于不同朝向的超声探头可测量风向。

6.5.4 气味/气体源搜寻策略

Hayes 将此问题描述为如何使用移动机器人在一个封闭的二维区域有效地发现单个气味源,并将其分解为 3 个子任务,即烟羽发现(plume finding)、烟羽横越(plume traversal)和气味源确认(odor source declaration)。所谓烟羽,是指从气味/气体源释放的气味/气体分子被风吹散,像羽毛在空气中飘扬形成的轨迹一样。图 6-36 给出了一个在风洞中通过 TiCl₄ 钛烟尘可视化的烟羽。

图 6-36　风洞中通过 TiCl₄ 烟尘可视化的烟羽

发现烟羽是一个与气味/气体接触的过程,它是一个基本的搜索过程。但由于烟羽的随机和湍动特性,简单的顺序搜索一般不能奏效,从而使得此过程的复杂性增加,它要求机器人有更"专业"的行为,一方面是要朝着气味/气体源方向运动,另一方面还不能脱离气味/气体烟羽的覆盖范围。气味/气体源确认是指移动机器人到达气味/气体源头附近时对源头位置的准确声明。当然,确认过程不一定非要使用气味/气体信息,因为典型的气味/气体源在短距离内也可通过其他方式确定。

1. 烟羽发现及跟踪策略

如何发现并跟踪烟羽是主动嗅觉研究的关键。在恒定气流的实验条件下,烟羽的形状相对比较规则,因此一旦发现烟羽,可以结合风向和气味/气体浓度梯度等信息跟踪烟羽。但现实环境的气流往往受湍流因素的影响,从而导致气味/气体分子的分布很不均匀,因此即使发现了气味/气体分子,但跟踪过程仍具有一定的难度。

目前的研究结果表明,在传感器的选择上,多数学者同时使用风向和气味/气体两种传感器。搜索策略主要是通过模拟一些生物的嗅觉行为。算法的使用上汲取了生物的化学趋向性(chemotaxis)、风趋向性(anemotaxis)及其他一些启发式搜索方法。所谓化学趋向性,是指生物依靠所获信息素的浓度梯度到达气味/气体源,例如黏液菌(slime mold)即采用此种方法。蚕蛾和蓝蟹则使用另一种机制,当这些生物感知到气味/气体时就逆流而上,沿着逆风或逆流的方向接近气味/气体源,即为所谓的风趋向性。

2. 气味/气体源确认

气味/气体源的确认可由其他传感器(如视觉等)完成,这里介绍的主要是采用气味/气体和风向传感器。所谓气味/气体源的确认,是指在烟羽发现及跟踪的基础上,通过一定的

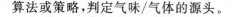

算法或策略,判定气味/气体的源头。

[练习题]

6-1　如何理解主动、被动传感器? 内部、外部传感器有何区别?

6-2　增量型和绝对型光学旋转编码器各有何特点?

6-3　理解陀螺仪的 4 个重要概念:定轴性、进动性、萨格纳克效应、哥氏效应。

6-4　什么是航位推算? 如何理解导航这个概念?

6-5　推导差速和类车轮式移动机器人在世界坐标系和机器人坐标系下的航位推算模型。

6-6　触觉和接近觉在移动机器人中的作用各是什么?

6-7　解释渡越时间法和三角法测距的基本原理。

6-8　超声测距传感器是移动机器人普遍使用的传感器种类,它有何优点和缺点?

6-9　如何理解机器人主动嗅觉?

6-10　移动机器人常用的感知气味/气体的传感器有哪些种类? 各自的主要工作原理是什么?

6-11　用于机器人主动嗅觉的常用风速/风向传感器有哪些? 简述各自的工作原理。

7 智能传感技术

7.1 智能传感器概述

智能传感器(intelligent sensor 或 smart sensor)最初由美国宇航局于 1978 年在开发宇宙飞船的过程中形成的。为保证整个太空飞行过程的安全,要求传感器的精度高、响应快、稳定性好,同时具有一定的数据存储和处理能力,能够实现自诊断、自校准、自补偿及远程通信等功能,而传统传感器在功能、性能和工作容量方面显然不能满足这样的要求,于是智能传感器便应运而生。

智能传感器具有以下特点。

①高精度,由于智能传感器采用自动调零、自动补偿、自动校准等多项新技术,因此其测量精度及分辨率得到大幅提高。

②多功能,能进行多参数、多功能测量。例如,瑞士 Sensirion 公司研制的 SHT11/15 型高精度、自校准、多功能智能传感器,能同时测量相对湿度、温度和露点等参数,兼有数字温度计、湿度计和露点计三种仪表的功能,可广泛用于工农业生产、环境监测、医疗仪器、通风及空调设备等领域。

③自适应能力强,智能传感器具有较强的自适应能力。美国 Microsemi 公司最近相继推出能实现人眼仿真的集成化可见光亮度传感器,可代替人眼感受环境的亮度变化,自动控制 LCD 显示器背光源的亮度,以充分满足用户在不同时间、不同环境中对显示器亮度的需要。

④高可靠性与高稳定性。

⑤超小型化、微型化、微功耗。

结构上,智能传感器系统将传感器、信号调理电路、微控制器及数字信号接口结合为一整体,其框图如图 7-1 所示。传感元件将被测非电量信号转换成为电信号,信号调理电路对传感器输出的电信号进行调理并转换为数字信号后送入微控制器,由微控制器处理后的测量结果经数字信号接口输出。智能传感器系统不仅有硬件作为实现测量的基础,还有强大的软件支持保证测量结果的正确性和高精度。以数字信号形式作为输出易于和计算机测控系统接口,并具有很好的传输特性和很强的抗干扰能力。

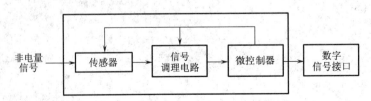

图 7-1　智能传感器系统功能框图

7.2　智能传感器的实现

7.2.1　非集成化结构

非集成化智能传感器是将传统的经典传感器(采用非集成化工艺制作的传感器,仅具有获取信号的功能)、信号调理电路及带数字总线接口的微处理器组合为一整体而构成的一个智能传感器。其框图如图 7-2 所示。

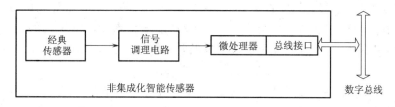

图 7-2　非集成化智能传感器框图

图 7-2 中信号调理电路用来调理传感器的输出信号,即将传感器输出信号进行放大并转换为数字信号后送入微处理器,由微处理器通过数字总线接口挂接在现场数字总线上。例如美国罗斯蒙特公司、SMAR 公司生产的电容式智能压力(差)变送器系列产品,就是在原有传统式非集成化电容式变送器基础之上附加一块带数字总线接口的微处理器插板后组装而成的。同时,开发配备可进行通信、控制、自校正、自补偿、自诊断等智能化软件,从而形成智能传感器。

7.2.2　集成化结构

这种智能传感器系统采用微机加工技术和大规模集成电路工艺技术,利用硅作为基本材料制作敏感元件、信号调理电路、微处理器单元,并把它们集成在一块芯片上而构成,故又可称为集成智能传感器(integrated smart/intelligent sensor)。其外形如图 7-3 所示。

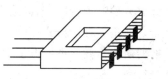

图 7-3　集成智能传感器结构示意图

随着微电子技术的飞速发展、微米/纳米技术的问世,大规模集成电路工艺技术的日臻完善,集成电路器件的密集度越来越高,已成功地使各种数字电路芯片、模拟电路芯片、微处理器芯片、存储器电路芯片的价格性能比大幅度下降。反过来,它又促进了微机加工技术的发展,形成了与传统的经典传感器制作工艺完全不同的现代传感器技术。

现代传感器技术是指以硅材料为基础,采用微米级的微机械加工技术和大规模集成电路工艺实现各种仪表传感器系统的微米级尺寸化。国外也称其为专用集成微型传感技术(ASIM)。由此制作的智能传感器具有以下特点。

①微型化。微型压力传感器已经可以小到放在注射针头内送进血管,测量血液流动情况,或安装在飞机发动机叶片表面,测量气体的流速和压力。美国最近研制成功的微型加速度计可以使火箭或飞船的制导系统质量从几千克下降至几克。

②结构一体化。压阻式压力(差)传感器最早实现一体化结构。传统的做法是先分别宏观机械加工金属圆膜片与圆柱状环,然后将二者粘贴形成周边固支结构的"金属杯",再在圆

膜片上粘贴应变片而构成压力（差）传感器。因此，不可避免地存在蠕变、迟滞、非线性特性。采用微机械加工和集成化工艺，不仅"硅杯"一次整体成型，而且应变片与硅杯完全一体化，进而可在硅杯非受力区制作调理电路、微处理器单元，甚至微执行器，从而实现不同程度的、乃至整个系统的一体化。

③精度高。与分体结构相比，结构一体化后传感器迟滞、重复性指标将大为改善，时间漂移极大减小，精度提高。后续的信号调理电路与敏感元件一体化后可以有效减小由引线长度带来的寄生变量影响，这对电容式传感器更有特别重要的意义。

④多功能。微米级敏感元件结构的实现特别有利于在同一硅片上制作不同功能的多个传感器，如美国霍尼韦尔公司 20 世纪 80 年代初生产的 ST—3000 型智能压力（差）和温度变送器，即是在一块硅片上制作感受压力、压差及温度 3 个参量的敏感元件结构的传感器，不仅增加了传感器功能，而且可以通过采用数据融合技术消除交叉灵敏度的影响，提高传感器的稳定性和精度。

⑤阵列式。微米技术已经可以在 $1 cm^2$ 大小的硅芯片上制作含有几千个压力传感器的阵列。例如，丰田中央研究所半导体研究室用微机械加工技术制作的集成化应变计式面阵触觉传感器，在 8 mm×8 mm 的硅片上制作了 1 024 个（32×32）敏感触点（桥），基片四周还制作了信号处理电路，其元件总数约 16 000 个。

敏感元件构成阵列后，配合相应图像处理软件，可以实现图像显示，构成多维图像传感器。敏感元件组成阵列后，通过计算机或微处理器解耦运算、模式识别、神经网络技术的应用，有利于消除传感器的时变误差和交叉灵敏度的不利影响，提高传感器的可靠性、稳定性与分辨率。

⑥全数字化。通过微机械加工技术可以制作各种形式的微结构。其固有谐振频率可以设计成某种物理量（如温度或压力）的单值函数。因此，可以通过检测谐振频率检测被测物理量。这是一种谐振式传感器，直接输出数字量（频率）。其性能稳定，精度高，不需要 A/D 转换器便能与微处理器方便地接口，免去了 A/D 转换器，对节省芯片面积、简化集成化工艺十分有利。

⑦使用方便，操作简单。没有外部连接元件，外接连线数量极少，包括电源、通信线可以少至 4 条，因此，接线极其简便，还可以自动进行整体自校准，无须用户长时间地反复多环节调节与校验。"智能"含量越高的智能传感器，其操作使用越简便，用户只需编制简单的使用主程序。

根据以上特点可以看出，通过集成化实现的智能传感器，为达到高自适应性、高精度、高可靠性与高稳定性，其发展主要有以下两种趋势：其一是多功能化与阵列化，加上强大的软件信息处理功能；其二是发展谐振式传感器，加上软件信息处理功能。

例如，压阻式压差传感器是采用微机械加工技术最先实用化的集成传感器，但是它受温度与静压影响，总精度只能达到 0.1%。温度性能改善方面的研究长时间无重大进展，因此有的厂家改为研制谐振式压力传感器，而美国霍尼韦尔公司发展多功能敏感元件，通过软件进行多信息数据融合处理以改善稳定性，提高精度。

7.2.3 标度变换技术

各种不同传感器具有不同的量纲和数值，被测信号转换成数据量后往往要转换成人们熟悉的工程量，这是因为被测对象各种数据的量纲同 A/D 转换的输入值不同。例如，压力

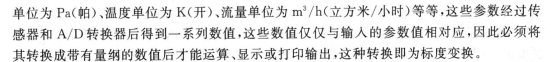

单位为 Pa(帕)、温度单位为 K(开)、流量单位为 m³/h(立方米/小时)等等,这些参数经过传感器和 A/D 转换器后得到一系列数值,这些数值仅仅与输入的参数值相对应,因此必须将其转换成带有量纲的数值后才能运算、显示或打印输出,这种转换即为标度变换。

(1)线性参数的标度变换

这种标度变换的前提是参数值与 A/D 转换结果之间为线性关系,其变换公式为

$$y=y_0+(y_m-y_0)\frac{x-N_0}{N_m-N_0} \tag{7-1}$$

式中 y——参数测量值;

y_m——参数量程最大值;

y_0——参数量程最小值;

N_m——y_m 对应的 A/D 转换后的数字量;

N_0——量程起点 y_0 所对应的 A/D 转换后的数字量;

x——测量值 y 所对应的 A/D 转换值。

若有一个数字电阻表,量程为 $1\sim1\,000\,\Omega$,则 $y_0=1\,\Omega$,$y_m=1\,000\,\Omega$,而且当 $y_0=1\,\Omega$ 时,$N_0=0$,$y_m=1\,000\,\Omega$ 时,$N_m=1\,876$,则

$$y=1+(1\,000-1)\times\frac{x-0}{1\,876-0}=1+0.532\,5x$$

一般情况下,在编写程序时,y_m、y_0、N_m、N_0 均为已知值,因此可以把式(7-1)写成

$$y=a_0+a_1x \tag{7-2}$$

上式为一次多项式,其中 a_0、a_1 系数在编程前应根据 y_m、y_0、N_m、N_0 先算出来。然后按上述多项式编写程序来计算 y。

【例 7.1】 温度传感器量程范围是 $200\sim800\,℃$,在某一时刻微处理器取样并经数字滤波后的数字量为 CDH,求此时温度值为多少?

解:温度传感器输出的为电压信号,显示的是输入传感器的物理量温度值的大小。设 $y_0=200\,℃$,$y_m=800\,℃$,$N_{20}=CDH=(205)_D$,$N_m=FFH=(255)_D$(满量程值),此时温度为

$$y_x=\frac{N_{20}}{N_m}(y_m-y_0)+y_0=\frac{205}{255}\times(800-200)+200=682(℃)$$

(2)非线性参数的标度变换

例如,在流量测量中,流量(Q)与压差(ΔP)的平方根成正比,即

$$Q=K\sqrt{\Delta P} \tag{7-3}$$

式中 K——流量系数。

由式(7-3)的关系可得到测量流量时的标度变换关系

$$y=y_0+(y_m-y_0)\sqrt{\frac{x-N_0}{N_m-N_0}} \tag{7-4}$$

式中各参数的意义与式(7-1)的相同。在编写程序时,这个公式可以像前面一样变换成如下形式

$$y=a_0+a_2\sqrt{x-a_1} \tag{7-5}$$

上式中,a_0、a_1、a_2 均由 y_m、y_0、N_m、N_0 按式(7-4)计算得出。

(3)多项式变换法

应用中,许多传感器输出的数据与实际各参数之间不仅是非线性关系,而且无法用一个

简单式子表达,或难以直接计算,这时可采用多项插值法进行标度变换。

在进行非线性标度变换时,应先决定多项式的次数 N,然后选取 $N+1$ 个测量点数据,测出这些实际参数值 y_i 与传感器输出经 A/D 转换后的数值 $x_i(i=0\sim N)$,代入多项式

$$y_i = A_0 + A_1 x + A_2 x^2 + \cdots + A_i x^i \tag{7-6}$$

再应用多项式计算子程序完成实际标度变换。

7.2.4 混合实现

将系统各个集成化环节,如敏感单元、信号调理电路、微处理器单元、数字总线接口以不同的组合方式集成在两块或三块芯片上,并装在一个外壳里,如图 7-4 所示。

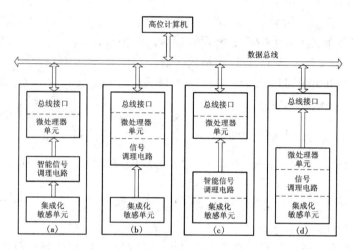

图 7-4　智能传感器的混合集成实现结构

集成化敏感单元包括弹性敏感元件及变换器。信号调理电路包括多路开关、放大器、基准、模/数转换器(ADC)等。

微处理器单元包括数字存储器(EEPROM、ROM、RAM)、I/O 接口、微处理器、数/模转换器(DAC)等。

图 7-4(a),三块集成化芯片封装在一个外壳里;图 7-4(b)、(c)、(d)中,两块集成化芯片封装在一个外壳里。

图 7-4(a)、(c)中的智能信号调理电路具有部分智能化功能,如自校零、自动进行温度补偿,因为这种电路带有零点校正电路和温度补偿电路。

7.3　数据处理及软件实现

实现传感器智能化功能以及建立智能传感器系统,成为传感器克服自身不足,获得高稳定性、高可靠性、高精度、高分辨率与高自适能力的必然趋势。不论非集成化实现方式还是集成化实现方式,或是混合实现方式,传感器与微处理器/微计算机赋予智能的结合所实现的智能传感器系统,均是在最少硬件条件基础上采用强大的软件优势"赋予"智能化功能的。这里仅介绍实现部分基本的智能化功能常采用的智能化技术。

7.3.1 非线性校正

实际应用中的传感器绝大部分是非线性的,即传感器的输出信号与被测物理量之间的关系呈非线性。造成非线性的原因主要有两方面。第一,许多传感器的转换原理是非线性的。例如在温度测量中,热电阻及热电偶与温度的关系就是非线性的。第二,采用的转换电路是非线性的。例如,测量热电阻所用的四臂电桥,当电阻的变化引起电桥失去平衡时,将使输出电压与电阻之间的关系为非线性。

如果将与被测量 x 呈非线性关系的传感器输出 y 直接用于驱动模拟表头(如图 7-5 中虚线所示连接方法),将造成表头显示刻度与被测量 x 之间的非线性。这不仅使读数不便,而且在整个刻度范围内的灵敏度不一致。为此,常采用图 7-5 中实线连接方式,即将传感器的输出信号 y 通过校正电路后再和模拟表头相连。图中校正电路的功能是将传感器输出 y 变换成 z,使 z 与被测量之间呈线性关系,即 $z=\Phi(y)=k'x$。这样便可得到线性刻度方程。图中校正电路可以是模拟的,也可以是数字的,但它们均属硬件校正,因此其电路复杂、成本较高,并且有些校正难以实现。

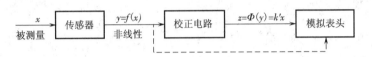

图 7-5　传统仪器仪表中的硬件非线性校正原理

在以微处理器为基础构成的智能传感器中,可采用各种非线性校正算法(查表法、线性插值法、曲线拟合法等)从传感器数据采集系统输出的与被测量呈非线性关系的数字量中提取与之相对应的被测量,然后由 CPU 控制显示器接口以数字方式显示被测量,如图 7-6 所示。图 7-6 中所采用的各种非线性校正算法均由传感器中的微处理器通过执行相应的软件完成,显然比采用的硬件技术方便并且具有较高的精度和广泛的适应性。

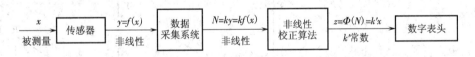

图 7-6　智能仪器的非线性校正技术

（1）查表法

如果某些参数计算非常复杂,特别是计算公式涉及指数、对数、三角函数和微分、积分等运算时,编制程序相当麻烦,用计算法计算不仅程序冗长,而且费时,此时可采用查表法。

这种方法即是把测量范围内参量变化分成若干等分点,然后由小到大顺序计算或测量出这些等分点相对应的输出数值,这些等分点和对应的输出数据组成一张表格,将这张表格存放在计算机的存储器中。软件处理方法是在程序中编制一段查表程序,当被测参量经采样等转换后,通过查表程序,直接从表中查出其对应的输出量数值。

实际测量时,输入参量往往并不正好与表格中数据相等,一般介于某两个表格数据之间,若不作插值计算,仍然按其最相近的两个数据所对应的输出数值作为结果,必然产生较大的误差。所以查表法大都用于测量范围比较窄、对应输出量间距比较小的列表数据,例如测量室温用的数字温度计等。不过,此法也常用于测量范围大但对精度要求不高的情况下。

应该指出这是一种常用的基本方法。

查表法所获得数据线性度除与 A/D(或 F/D)转换器的位数有很大关系之外,还与表格数据多少有关。位数多和数据多则线性度好,但转换位数多则价格贵;数据多则要占据相当大的存储容量。因此,工程上常采用插值法代替单纯的查表法,以减少标定点,对标定点之间的数据采用各种插值计算,以减小误差,提高精度。

(2)插值法

图 7-7 是某传感器的输出—输入特性,X 为被测参量,Y 为输出电量,它们是非线性关系,设 $Y = f(X)$。把图中输入 X 分成 n 个均匀的区间,每个区间的端点 X_k 对应一个输出 Y_k,把这些 X_k、Y_k 编制成表格存储起来。实际的测量值 X_i 一定会落在某个区间 (X_k, X_{k+1}) 内,即 $X_k < X_i < X_{k+1}$。插值法就是用一段简单的曲线,近似代替这段区间里的实际曲线,然后通过近似曲线公式,计算出输出量 Y_i。使用不同的近似曲线,便形成不同的插值方法。传感器线性化中常用的插值方法有下列几种。

1)线性插值

线性插值是在一组 (X_i, Y_i) 中选取两个有代表性的点 (X_0, Y_0)、(X_1, Y_1),然后根据插值原理,求出插值方程

$$P_1(X) = \frac{(X - X_1)}{(X_0 - X_1)} Y_0 + \frac{(X - X_0)}{(X_1 - X_0)} Y_1$$
$$= \alpha_1 X + \alpha_0 \tag{7-7}$$

式中的待定系数 α_1 和 α_0 分别为

$$\alpha_1 = \frac{Y_1 - Y_0}{X_1 - X_0}, \quad \alpha_0 = Y_0 - \alpha_1 X_0 \tag{7-8}$$

当 (X_0, Y_0)、(X_1, Y_1) 取在非线性特性曲线 $f(X)$ 或数组两端点 A、B(如图 7-8 所示)时,线性插值即为最常用的直线方程校正法。

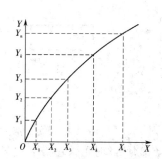

图 7-7 某传感器的输出—输入特性

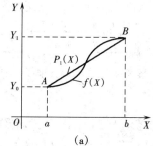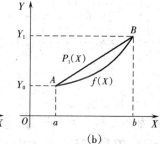

图 7-8 非线性特性的直线方程校正

设 A、B 两点的数据分别为 $[a, f(a)]$ 及 $[b, f(b)]$,则根据式(7-8)可以求出其校正方程 $P_1(X) = \alpha_1 X + \alpha_0$,式中 $P_1(X)$ 表示对 $f(X)$ 的近似值。当 $X \neq X_0$、X_1 时,$P_1(X)$ 与 $f(X)$ 有拟合误差 V_i,其绝对值

$$V_i = |P_1(X_i) - f(X_1)|, \quad i = 1, 2, \cdots, n \tag{7-9}$$

在全部 X 的取值区间 $[a, b]$ 中,若始终有 $V_i < \varepsilon$ 存在,ε 为允许的拟合误差,则直线方程 $P_1(X)$ 即为理想的校正方程。实时测量时,每采样一个值,便用该方程计算 $P_1(X)$,并把 $P_1(X)$ 当作被测值的校正值。

以镍铬—镍铝热电偶为例,说明这种方程的具体应用。

0～490 ℃的镍铬—镍铝热电偶分度表如表7-1所示。

表 7-1 镍铬—镍铝热电偶分度表

温度/℃	0	10	20	30	40	50	60	70	80	90
	热电势/mV									
0	0.00	0.40	0.80	1.20	1.61	2.02	2.44	2.85	3.27	3.68
100	4.10	4.51	4.92	5.33	5.73	6.14	6.54	6.94	7.34	7.74
200	8.14	8.54	8.94	9.34	9.75	10.15	10.56	10.97	11.38	11.80
300	12.21	12.62	13.04	13.46	13.87	14.29	14.71	15.13	15.55	15.97
400	16.40	16.82	17.24	17.67	18.09	18.51	18.94	19.36	19.79	20.21

现要求用直线方程进行非线性校正,允许误差小于 3 ℃。

取 $A(0,0)$ 和 $B(20.21,490)$ 两点,按式(7-2)可求得 $\alpha_1 \approx 24.245$,$\alpha_0 = 0$,即 $P_1(X) = 24.245X$,即为直线校正方程。可以验证,在两端点,拟合误差为 0,而在 $X = 11.38$ mV 时,$P_1(X) = 275.91$ ℃,误差达到最大值 4.09 ℃。240～360 ℃范围内拟合误差均大于 3 ℃。

显然,对于非线性程度严重或测量范围较宽的非线性特性,采用上述直线方程进行校正往往很难满足仪器的精度要求。这时可采用分段直线方程进行非线性校正。分段后的每一段非线性曲线用一个直线方程来校正,即

$$P_{1i}(X) = \alpha_{1i}X + \alpha_{0i}, \quad i = 1,2,\cdots,N \tag{7-10}$$

折线的节点有等距与非等距两种取法。

①等距节点分段直线校正法。等距节点的方法适用于非线性特性曲率变化不大的场合。每段曲线均用一个直线方程代替。分段数 N 取决于非线性程度和传感器的精度要求。非线性越严重或精度要求越高,则 N 越大。为了实时计算方便,常取 $N = 2^m$,$m = 0,1,\cdots$。式(7-10)中的 α_{1i} 和 α_{0i} 可离线求得。采用等分法,每段折线的拟合误差 V_i 一般各不相同。拟合结果应保证

$$\max[V_{i\max}] \leqslant \varepsilon, \quad i = 1,2,\cdots,N \tag{7-11}$$

$V_{i\max}$ 为第 i 段的最大拟合误差,求得 α_{1i} 和 α_{0i} 存入 ROM 中。实时测量时只要先用程序判断输入 X 位于折线的哪一段,然后取出该段对应的 α_{1i} 和 α_{0i} 进行计算,即可得到被测量的相应近似值。

②非等距节点分段直线校正法。对于曲率变化大和切线斜率大的非线性特性,若采用等距节点法进行校正,欲使最大误差满足精度要求,分段数 N 就会取得很大,而误差分配却不均匀。同时,N 增加使 α_{1i} 和 α_{0i} 的数目相应增加,占用内存较多,这时宜采用非等距节点分段直线校正法。即在线性较好的部分节点间距离取得大些,反之则取得小些,从而使误差达到均匀分布,如图7-9所示,用不等分的三段折线达到了校正精度。

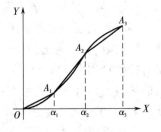

图 7-9 非等距节点
分段直线校正

$$P_1(X) = \begin{cases} \alpha_{11}X + \alpha_{01}, & 0 \leqslant X < \alpha_1 \\ \alpha_{21}X + \alpha_{02}, & \alpha_1 \leqslant X < \alpha_2 \\ \alpha_{31}X + \alpha_{03}, & \alpha_2 \leqslant X \leqslant \alpha_3 \end{cases} \tag{7-12}$$

下面仍以表 7-1 所列数据为例说明这种方法的具体应用。

在表 7-1 中所列出的数据中取 3 点(0,0)、(10.15,250)和(20.21,490),现用经过这 3 点的两个直线方程来近似代替整个表格,并可求得方程为

$$P_1(X) = \begin{cases} 24.63X, & 0 \leqslant X < 10.15 \\ 23.86X + 7.85, & 10.15 \leqslant X \leqslant 20.21 \end{cases} \tag{7-13}$$

可以验证,用这两个插值方程对表 7-1 所列的数据进行非线性校正,每一点的误差均不大于 2 ℃。第一段的最大误差发生在 130 ℃处,误差值为 1.278 ℃;第二段最大误差发生在 340 ℃处,误差值为 1.212 ℃。

由于非线性特性的不规则,在两个端点间取的第 3 点有可能不合理,导致误差不能均匀分布。尤其是当非线性严重,用一段或两段直线方程进行拟合而无法保证拟合精度时,往往需要通过增加分段数来满足拟合要求。在这种情况下,应当合理确定分段数和分段节点。

2)抛物线插值

抛物线插值是在数据中选取 3 点(X_0,Y_0)、(X_1,Y_1)、(X_2,Y_2),相应的插值方程为

$$P_2(X) = \frac{(X-X_1)(X-X_2)}{(X_0-X_1)(X_0-X_2)}Y_0 + \frac{(X-X_0)(X-X_2)}{(X_1-X_0)(X_1-X_2)}Y_1 + \frac{(X-X_0)(X-X_1)}{(X_2-X_0)(X_2-X_1)}Y_2 \tag{7-14}$$

其几何意义如图 7-10 所示。

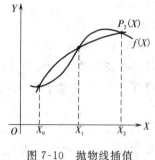

图 7-10　抛物线插值

现仍以表 7-1 所列数据为例,说明这种方法的具体应用。

节点选择(0,0)、(10.15,250)和(20.21,490)3 点,根据式(7-14)求得

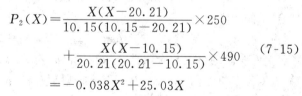

$$P_2(X) = \frac{X(X-20.21)}{10.15(10.15-20.21)} \times 250 + \frac{X(X-10.15)}{20.21(20.21-10.15)} \times 490 \tag{7-15}$$
$$= -0.038X^2 + 25.03X$$

可以验证,用这一方程进行非线性校正,每一点误差均不大于 3 ℃,最大误差发生在 130 ℃处,误差值为 2.277 ℃。

多项式插值的关键是决定多项式的次数,需根据经验描点观察数据的分布。在决定多项式的次数 n 后,应选择 $n+1$ 个自变量 X 和函数 Y 值。由于一般给出的离散数组函数关系对的数目均大于 $n+1$,故应选择适当的插值节点 X_i 和 Y_i。插值节点的选择与插值多项式的误差大小有很大关系,在同样的 n 值条件下,选择合适的(X_i,Y_i)值可减小误差。实际计算时,多项式的次数一般不宜选择得过高。对一些难以靠提高多项式次数以提高拟合精度的非线性特性,可采用分段插值的方法加以解决。

3)最小二乘法

运用 n 次多项式或 n 个直线方程(代数插值法)对非线性特性进行逼近,可以保证在 $n+1$ 个节点上校正误差为零,即逼近曲线恰好经过这些节点。但是如果这些数据是实验数

据,含有随机误差,则这些校正方程并不一定能反映实际函数关系。即使能够实现,往往会因为次数太高,使用起来不方便。因此对于含有随机误差的实验数据的拟合,通常选用最小二乘法实现直线拟合和曲线拟合。

以表 7-1 所列数据为例,说明用最小二乘法来建立校正模型的方法。

用该法求上述数据的线性拟合方程,仍取 3 个节点(0,0)、(10.15,250)和(20.21,490)。设两段直线方程分别为

$$Y_1 = a_{01} + K_1 X, \quad 0 \leqslant X < 10.15 \tag{7-16a}$$

$$Y_2 = a_{02} + K_2 X, \quad 10.15 \leqslant X < 20.21 \tag{7-16b}$$

根据第 1 章式(1-19)和式(1-20)可分别求出 a_{01}、K_1、a_{02}、K_2:

$$a_{01} = -0.122, \quad K_1 = 24.57; \quad a_{02} = 9.05, \quad K_2 = 23.83$$

可以验证第一段直线最大绝对误差发生在 130 ℃处,误差值为 0.836 ℃。第二段直线最大绝对误差发生在 250 ℃处,误差值为 0.925 ℃。对比(7-7)式用两段折线校正的结果,采用最小二乘法所得的校正方程的绝对误差要小得多。

曲线拟合可以用其他函数如指数函数、对数函数、三角函数等拟合。另外拟合曲线还可以用这些实验数据点作图,从各个数据点的图形分布形状分析,选配适当的函数关系或经验公式进行拟合。当函数类型确定之后,函数关系中的一些待定系数,仍常用最小二乘法确定。

7.3.2　自校零与自校准技术

假设一传感器系统经标定实验得到的静态输出(Y)与输入(X)特性如下:

$$Y = a_0 + a_1 X \tag{7-17}$$

式中　a_0——零位值,即当输入 $X = 0$ 时之输出值;

　　　a_1——灵敏度,又称传感器系统的转换增益。

对于一个理想的传感器系统,a_0 和 a_1 应为保持恒定不变的常量。但实际上,由于各种内在和外来因素的影响,a_0 和 a_1 不可能保持恒定不变。譬如,决定放大器增益的外接电阻的阻值会因温度变化而变化,因此引起放大器增益改变,从而使系统总增益改变,即系统总的灵敏度发生变化。设 $a_1 = K + \Delta a_1$,其中 K 为增益的恒定部分,Δa_1 为变化量;又设 $a_0 = A + \Delta a_0$,A 为零位值的恒定部分,Δa_0 为变化量,则

$$Y = (A + \Delta a_0) + (K + \Delta a_1) X \tag{7-18}$$

式中　Δa_0——零位漂移;

　　　Δa_1——灵敏度漂移。

由式(7-18)可见,由零位漂移将引入零位误差,灵敏度漂移会引入测量误差($\Delta a_1 X$)。

自校准功能实现的原理框图如图 7-11 所示。该实时自校准环节不含传感器。标准发生器产生的标准电压 U_R、零点标准值与传感器输出参量 U_X 为同类属性。如果传感器输出参量为电压,则标准发生器产生的标准值 U_R 即为标准电压,零点标准值为地电平。多路转换器为可传输电压信号的多路开关。微处理器在每一特定的周期内发出指令,控制多路转换器执行三步测量法,使自校环节接通不同的输入信号,即输入信号为零点的标准值,输出值为 $Y_0 = a_0$;输入信号为标准值 U_R,输出值为 Y_R;输入信号为传感器的输出值 U_X,输出值为 Y_X。

于是被校环节的增益 a_1 可根据式(7-18)得出

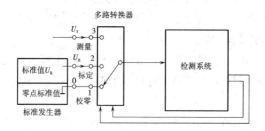

图 7-11　检测系统自校准原理框图

$$a_1 = K + \Delta a_1 = \frac{Y_R - Y_0}{U_R} \tag{7-19}$$

被测信号 U_X 则为

$$U_X = \frac{Y_X - Y_0}{a_1} = \frac{Y_X - Y_0}{Y_R - Y_0} U_R \tag{7-20}$$

可见,这种方法是实时测量零点,实时标定灵敏度 a_1。

图 7-12 所示的自校准功能实现的原理框图,能够实时自校准包含传感器在内的整个传感器测量系统,标准发生器产生的标准值 X_R、零点标准值 X_0 与传感器输入的目标参数 X 的属性相同。如输入压力传感器的目标参量是压力 $P = X$,则由标准压力发生器产生的标准压力 $P_R = X_R$,若传感器测量的是相对大气压 P_B 的压差(表压力),那么零点标准值即通大气压 $P_B = X_0$,多路转换器则是非电型的可传输流体介质的气动多路开关。同样,微处理器在每一特定的周期内发出指令,控制多路转换器执行校零、标定、测量三步测量法,可得传感器系统的灵敏度 a_1 为

$$a_1 = K + \Delta a_1 = \frac{Y_R - Y_0}{X_R} \tag{7-21}$$

被测目标参量 X 为

$$X = \frac{Y_X - Y_0}{a_1} = \frac{Y_X - Y_0}{Y_R - Y_0} X_R \tag{7-22}$$

式中　Y_X——被测目标参量 X 为输入量时的输出值;

　　　　Y_R——标准值 X_R 为输入量时的输出值;

　　　　Y_0——零点标准值 X_0 为输入量时的输出值。

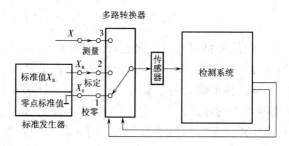

图 7-12　检测系统自校准原理框图

整个传感器系统的精度由标准发生器产生的标准值的精度决定。只要被校系统的各环节,如传感器、放大器、A/D 转换器等,在三步测量所需时间内保持短暂稳定,在三步测量所

需时间间隔之前和之后产生的零点、灵敏度时间漂移、温度漂移等均不会引入测量误差。这种实时在线自校准功能，可以采用低精度的传感器、放大器 A/D 转换器等环节，达到高精度的测量结果。

7.3.3 噪声抑制技术

传感器获取的信号中常常夹杂着噪声及各种干扰信号。作为智能传感器系统不仅具有获取信息的功能而且还具有信息处理功能，以便从噪声中自动准确地提取表征被测对象特征的定量有用信息。如果信号的频谱和噪声的频谱不重合，则可用滤波器消除噪声；当信号和噪声频带重合或噪声的幅值比信号大时就需要采用其他的噪声抑制方法，如相关技术、平均技术等来消除噪声。

当信号和噪声频谱不重合时，采用滤波器可以使信号的频率成分通过，阻止信号频率分量以外的噪声频率分量。滤波器可分为由硬件实现的连续时间系统的模拟滤波器和由软件实现的离散时间系统的数字滤波器。比较起来，后者实时性较差，但稳定性和重复性好，调整方便灵活，能在模拟滤波器不能实现的频带下进行滤波，故得到越来越广泛的应用。尤其是在智能传感器系统中，数字滤波器是主要的滤波手段。

常用的数字滤波算法有程序判断、中位值滤波、算术平均滤波、递推平均滤波、加权递推平均滤波、一阶惯性滤波和复合滤波等。

(1)程序判断法

程序判断法又称限幅滤波，由于测控系统存在随机脉冲干扰，或由于传感器不可靠而将尖脉冲干扰引入输入端，从而造成测量信号的严重失真。对于这种随机干扰，限幅滤波是一种十分有效的方法。其基本方法是比较相邻（n 和 $n-1$ 时刻）的两个采样值 Y_n 和 $\overline{Y}_{n-1}$，如果它们的差值过大，超过了参数可能的最大变化范围，则认为发生了随机干扰，并视后一次采样值 Y_n 为非法值，应予剔除。Y_n 作废后，可以用 $\overline{Y}_{n-1}$ 代替 Y_n；或采用递推方法，由 $\overline{Y}_{n-1}$、$\overline{Y}_{n-2}$（$n-1$ 和 $n-2$ 时刻的滤波值）近似递推，其相应算法为

$$\Delta Y_n = |Y_n - \overline{Y}_{n-1}| \begin{cases} \leqslant \alpha, & \overline{Y}_n = Y_n \\ > \alpha, & \overline{Y}_n = \overline{Y}_{n-1} \text{ 或 } \overline{Y}_n = 2\overline{Y}_{n-1} - \overline{Y}_{n-2} \end{cases} \tag{7-23}$$

式(7-23)中，α 表示两个采样值之差的最大可能变化范围。上述限幅滤波法很容易用程序判断的方法实现，故称程序判断法。

(2)中位值法

中位值法是对某一点连续采样三次，以其中间值作为本次采样时刻的测量值，其算法为：若 $Y_1 \leqslant Y_2 \leqslant Y_3$ 则取 Y_2。

中位值法能有效地滤除脉冲干扰。如果被测模拟量的变化并不十分快，而又没有干扰时，则连续三次采样值显然十分接近。如果在三次采样中有任一次受到干扰，则中位值法会将干扰剔除。如果在三次采样中有任二次受到干扰，且干扰的方向相反时，则中位值法同样可以将此干扰剔除。唯有产生二次或三次同向干扰时，中位值法便失效。缓慢变化的过程变量，中位值法具有良好的滤除随机干扰的能力，但它不适宜于快速变化的过程变量。

(3)算术平均滤波法

算术平均滤波法就是连续取 n 个采样值进行算术平均，其数学表达式为

$$\overline{Y} = \frac{1}{N} \sum_{i=1}^{N} Y_i \tag{7-24}$$

算术平均滤波法适用于对一般具有随机干扰的信号进行滤波。这种信号特点是有一个平均值,信号在某一数值范围附近上下波动,在这种情况下取一个采样值作为依据显然是不准确的。算术平均滤波法对信号的平滑程度取决于 N。当 N 较大时,平滑度高,但灵敏度低;当 N 较小时,平滑度低,但灵敏度高。应视具体情况选取 N,以便既少占用计算时间,又达到最好的效果。

(4)递推平均滤波法

对于算术平均滤波法,每计算一次数据,需测量 N 次。对于测量速度慢或要求数据计算速度较高的实时系统,该方法无法实现。

递推平均滤波法把 N 个测量数据看成一个队列,队列的长度固定为 N,每进行一次新的测量,把测量结果放到队尾,而扔掉原来队首的一次数据,这样在队列中始终有 N 个最新的数据。计算滤波值时,只要把队列中的 N 个数据进行算术平均,便可以得到新的滤波值。这样每进行一次测量,可计算得到一个新的平均滤波值。这种滤波算法称为递推平均滤波法,其数学表达式为

$$\bar{Y}_n = \frac{1}{N} \sum_{i=0}^{N-1} Y_{n-i} \tag{7-25}$$

式中 $\bar{Y}_n$——第 n 次采样值经滤波后的输出;

Y_{n-i}——未经滤波的第 $n-i$ 次采样值;

N——递推平均项数。

这里第 n 次采样的 N 项递推平均值是 $n,n-1,\cdots,n-N+1$ 次采样值的算术平均,与算术平均值法相似。

递推平均滤波算法对周期性干扰有良好的抑制效果,平滑度高,灵敏度低;但对偶然出现的脉冲性干扰的抑制效果差,因此它不适合用于脉冲干扰比较严重的场合,而适用于高频振荡的系统。

(5)一阶惯性滤波法

对于模拟量输入通道等硬件电路中,常用一阶惯性 RC 模拟滤波器抑制干扰,当以这种模拟方法实现对低频干扰滤波时,首先遇到的问题是要求滤波器有大的时间常数和高精度的 RC 网络。时间常数 T_f 越大,要求 R 值越大,其漏电流也随之增大,从而使 RC 网络的误差增大,降低了滤波效果。而一阶惯性滤波算法是一种以数字形式通过算法实现动态的 RC 滤波方法,能很好地克服上述模拟滤波器的缺点,在滤波常数要求大的场合,此法更为实用。

一阶惯性滤波算法为

$$\bar{Y}_n = (1-\alpha)Y_n + \alpha\bar{Y}_{n-1} \tag{7-26}$$

式中 Y_n——未经滤波的第 n 次采样值;

α——实验确定,只要使被测信号不产生明显的波纹即可。

$$\alpha = \frac{T_f}{T + T_f}$$

式中 T_f——滤波时间常数;

T——采样周期。

(6)复合滤波法

智能传感器实际应用中所面临的随机扰动往往不是单一的,有时既要消除脉冲扰动,又

要求数据平滑。因此常常可以将前面介绍的两种以上的方法结合使用,形成复合滤波,例如防脉冲扰动平均值滤波算法。这种算法的特点是先用中位值滤波算法滤掉采样值中的脉冲性干扰,然后把剩余的各采样值进行递推平均滤波。其基本算法为

如果 $Y_1 \leqslant Y_2 \leqslant \cdots \leqslant Y_n$,其中 $3 \leqslant n \leqslant 14$($Y_1$ 和 Y_n 分别是所有采样值中的最小值和最大值),则

$$\overline{Y}_n = (Y_2 + Y_3 + \cdots + Y_{n-1})/(n-2) \tag{7-27}$$

由于这种滤波方法兼容了递推平均滤波算法和中位值滤波算法的优点,所以无论是对缓慢变化的过程变量,还是对快速变化的过程变量,均能起到较好的滤波效果,从而提高控制质量。

(7)相关技术

当信号和噪声频带重叠或噪声幅值比信号大时,相关技术是将信号从噪声中提取出来的有力工具。

相关函数是描述随机过程中的两个不同时间相关性的一个重要统计量。

假设两个函数:

$$\begin{cases} X_1(t) = S_1(t) + n_1(t) \\ X_2(t) = S_2(t) + n_2(t) \end{cases} \tag{7-28}$$

式中　$S_1(t)$——待测信号;

　　　$n_1(t)$——与 $S_1(t)$ 混在一起的噪声;

　　　$S_2(t)$——与 $S_1(t)$ 有一定关系的已知信号;

　　　$n_2(t)$——与 $S_2(t)$ 混在一起的噪声。

那么 $X_1(t)$ 和 $X_2(t)$ 两函数的相关函数为

$$R_{12}(\tau) = \lim_{T \to \infty} \frac{1}{T} \int_0^T X_1(t) X_2(t-\tau) \mathrm{d}t \tag{7-29}$$

将式(7-28)代入式(7-29)中得

$$R_{12}(\tau) = \lim_{T \to \infty} \frac{1}{T} \int_0^T [S_1(t)S_2(t-\tau) + n_1(t)n_2(t-\tau) + S_1(t)n_2(t-\tau) + n_1(t)S_2(t-\tau)] \mathrm{d}t$$

$$= R_{s_1 s_2}(\tau) + R_{n_1 n_2}(\tau) + R_{s_1 n_2}(\tau) + R_{n_1 s_2}(\tau) \tag{7-30}$$

式中　$R_{s_1 s_2}(\tau)$——$S_1(t)$ 与 $S_2(t-\tau)$ 的互相关函数;

　　　$R_{n_1 n_2}(\tau)$——噪声之间的互相关函数;

　　　$R_{s_1 n_2}(\tau), R_{n_1 s_2}(\tau)$——信号与噪声之间互相关函数。

在式(7-30)中,只有第一项 $S_1(t)$ 与 $S_2(t-\tau)$ 之间有一定关系,其余 3 项相乘的结果均为零。因为信号与噪声是相互独立的,噪声之间也是相互独立的,所以后 3 项乘积在 T 内积分平均值均为零。所以

$$R_{12}(\tau) = \lim_{T \to \infty} \frac{1}{T} \int_0^T S_1(t) S_2(t-\tau) \mathrm{d}t = R_{s_1 s_2}(\tau) \tag{7-31}$$

例如,设 $S_1(t)$ 和 $S_2(t)$ 为两个同频率信号

$$\begin{cases} S_1(t) = A_1 \cos \omega t \\ S_2(t) = A_2 \cos \omega t \end{cases} \tag{7-32}$$

则

$$S_2(t-\tau)=A_2\cos\omega(t-\tau)=A_2\cos(\omega t-\phi) \tag{7-33}$$

式中 $\phi=\omega\tau$ 是 $S_1(t)$ 和 $S_2(t-\tau)$ 之间的相位差,将式(7-32)中 $S_1(t)$ 和式(7-33)代入式(7-31)得

$$R_{12}(\tau)=\frac{1}{\tau}A_1A_2\cos\phi \tag{7-34}$$

可见 $R_{12}(\tau)$ 为一个直流量。这个结果说明:两个同频率的信号,虽然均与噪声混在一起,但只要通过相关接收后,便可滤去噪声,其输出大小与两信号振幅的乘积及两信号之间的相位差(即两信号间的延迟时间)的余弦有关。

7.3.4 自补偿、自检验及自诊断

智能传感器系统通过自补偿技术可以改善其动态特性,当不能进行实时自校准的情况下,可以采用补偿法消除因工作条件、环境参数发生变化后引起系统特性的漂移,如零点漂移、灵敏度漂移等。同时,智能传感器系统能够根据工作条件的变化,自动选择改换量程,定期进行自检验、自寻故障及自行诊断等多项措施保证系统可靠地工作。

(1)自补偿

温度是传感器系统最主要的干扰量。对传感器与微处理器/微计算机相结合的智能传感器系统,可采用监测补偿法,通过对干扰量的监测由软件实现补偿,如压阻式传感器的零点及灵敏度温漂的补偿。

1)零位温漂的补偿

传感器的零点,即输入量为零时的输出量 U_0 随温度而漂移,传感器类型不同,其零位温漂特性也各异。只要该传感器的温漂特性具有重复性便可以补偿。若传感器的工作温度为 T,则应在传感器输出值 U 中减掉 T ℃时的零位值 $U_0(T)$。关键是要事先测出 U_0-T 特性,存在内存中,大多数传感器的零位输出 U_0 与温度关系特性呈非线性,如图7-13所示。故由温度 T 求取该温度的零位值 $U_0(T)$,实际上类似于非线性校正的线性化处理问题。

2)灵敏度温度漂移的补偿

对于压阻式压力传感器,当输入压力保持不变的情况下,其输出值 $U(T)$ 将随温度的升高而下降,如图 7-14 所示。图中温度 $T>T_1$,其输出 $U(T)<U(T_1)$。如果 T_1 是传感器校准标定时的工作温度,而实际工作温度却是 $T>T_1$,若仍按工作温度 T 时的输入(P)—输出(U)特性进行刻度转换求取被测输入量压力的数值是 P',而真正的被测输入量是 P,将会产生较大的测量误差,其原因是输入量 P 为常量时,传感器的工作温度 T 升高,$T>T_1$ 传感器的输出由 $U(T_1)$ 降至 $U(T)$,即工作点由 B 点降至 A 点,输出电压减少量 ΔU 为

$$\Delta U=U(T_1)-U(T)$$

故
$$U(T_1)=U(T)+\Delta U \tag{7-35}$$

由式(7-35)可见,当在工作温度 T 时测得的传感器输出量 $U(T)$,给 $U(T)$ 加一个补偿电压 ΔU 后,再按 $U(T_1)$-P 反非线性特性进行刻度变换求取输入量压力值即为 P。因而问题归结为如何在各种不同的工作温度 T,获得所需要的补偿电压 ΔU。

(2)自检验

自检验是智能传感器自动开始或人为触发开始执行的自我检验过程。可对系统出现的软硬件故障进行自动检测,并给出相应指示,从而大大提高了系统的可靠性。

自检验通常有 3 种方式。

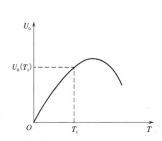

图 7-13　零位温漂特性

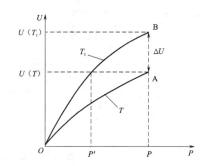

图 7-14　压阻式压力传感器的灵敏度温度漂移

1）开机自检

每当电源接通或复位之后，要进行一次开机自检，以后的测控工作中不再进行。这种自检一般用于检查显示装置、ROM、RAM 和总线，有时也用于对插件进行检查。

2）周期性自检

若仅在开机时进行一次性的自检，而自检项目又不能包括系统的所有关键部位，难以保证运行过程中智能传感器始终处于最优工作状态。因此，大部分智能传感器均在运行过程中周期性地插入自检操作，称作周期性自检。这种自检中，若自检项目较多，一般应把检查程序编号，并设置标志和建立自检程序指针表，以此寻找子程序入口。周期性自检完全是自动的，在测控的间歇期间进行，不干扰传感器的正常工作。除非检查到故障，周期性自检并不为操作者所觉察。

3）键控自检

键控自检是需要人工干预的检测手段。对那些不能在正常运行操作中进行的自检项目，可通过操作面板上的"自检按键"，由操作人员干预，启动自检程序。例如，对智能传感器插件板上接口电路工作正常与否的自检，往往通过附加一些辅助电路，并采用键控方式进行。该种自检方式简单方便，人们不难在测控过程中找到一个适当的机会执行自检操作，且不干扰系统的正常工作。

智能传感器内部的微处理器具有强大的逻辑判断能力和运行功能，通过技术人员灵活的编程，可以方便地实现各种自检项目。

（3）自诊断

传感器故障诊断的早期主要采用硬件冗余的方法（hardware redundancy）。硬件冗余方法是对容易失效的传感器设置一定的备份，然后通过表决器方法进行管理。硬件冗余方法的优点是不需要被测对象的数学模型，而且鲁棒性非常强。其缺点是设备复杂，体积和质量大，而且成本较高。

由于计算机的普及和计算机技术的强大作用，使得建立更加简单、便宜且有效的传感器故障诊断体系成为可能。众所周知，对同一对象测量不同的量时，测量结果之间通常存在着一定的关联。也就是说，各个测量量对被测对象的状态均有影响。这些量是由系统的动态特性所表征的系统固有特性决定的。于是我们可以建立一个适当的数学模型表示系统的动态特性，通过比较模型输出同实际系统输出之间的偏差判断是否发生传感器故障。这种方法称为解析冗余方法（functional or analytical redundancy）或模型方法。如图 7-15 所示。

解析冗余方法的大致步骤。

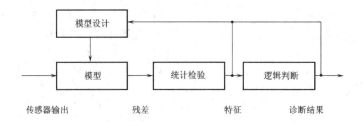

图 7-15 传感器故障诊断的解析冗余方法原理图

①模型设计。根据被控对象的特征、传感器的类型、故障类型以及系统的要求等,建立相应的被控对象的数学模型。

②设计与传感器故障相关的残差。在相同的控制量作用下,传感器输出信号和由模型所得值之差,称为残差。在没有传感器故障时,残差为零。当传感器有故障时,残差不再为零,即残差中包含了传感器故障信号。

③进行统计检验和逻辑分析。用统计检验和逻辑分析方法可以诊断某些类型的传感器故障。

7.4 微机电系统

7.4.1 微机电系统概述

微系统是指集成了微电子和微机械的系统以及将微光学、化学、生物等其他微元件集成在一起的系统(集成微光机电生化系统)。它以微米尺度理论为基础,用批量化的微电子技术和三维加工技术制造,以完成信息获取、处理及执行的功能(信息系统)。也称为微机电系统(micro-electro-mechanical systems,MEMS),见图 7-16,它包括传感器阵列、执行元件阵列、信号处理、与外部的接口。比它更小的,在纳米范围的类似技术称为纳机电系统。

微系统的集成是一种结构的集成,即需集成电子电路、微传感器、微机械、微电动机、微阀、单片微系统等。不同的结构需要不同的工艺方法,由此决定了微系统的集成特点是半成品的再集成和三维集成。微系统技术是微电子技术向非电子领域发展的必然结果,微结构技术为微系统技术的发展提供基础。一个完整的微系统由传感器模块、执行器模块、信号处理模块、定位机构、支撑结构、工具等机械结构和外部环境接口模块等部分构成。

在当前 MEMS 所能达到的尺度下,宏观世界基本的物理规律仍然起作用,但由于尺寸缩小带来的影响(scaling effects),许多物理现象与宏观世界产生较大区别,因此许多原来的理论基础会发生变化,如力的尺寸效应、微结构的表面效应、微观摩擦机理等,因此,需要对微动力学、微流体力学、微热力学、微摩擦学、微光学和微结构学进行深入的研究。

7.4.2 MEMS 特点

通过 MEMS 加工技术制备的新一代传感器件,具有小型化、集成化的特点。

①可以极大地提高传感器性能。在信号传输前即可放大信号,从而减小干扰和传输噪声,提高信噪比;在芯片上集成反馈线路和补偿线路,可改善输出的线性度和频响特性,降低

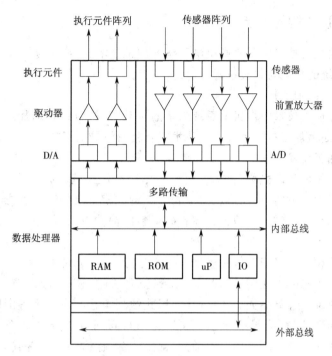

图 7-16 微系统示意

误差,提高灵敏度。

②具有阵列性。可以在一块芯片上集成敏感元件、放大电路和补偿线路。可将多个相同的敏感元件集成在同一芯片上。

③具有良好的兼容性,便于与微电子器件集成与封装。

④利用成熟的硅微半导体工艺加工制造,可以批量生产,成本低廉。

7.4.3 MEMS 分类

MEMS 一般可以其核心元件分为传感型 MEMS 及致动型 MEMS(图 7-17)。

微执行器是基于 MEMS 工艺将电信号(电能)转换为机械能等其他形式能量输出的器件,通常由致动元件和传输元件组成。

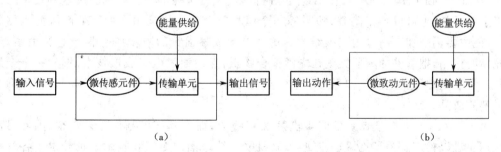

图 7-17 MEMS 分类
(a)传感型 MEMS (b)致动型 MEMS

与传统势动器相比,微执动器的特点:微系统加速快,速度高;仅需极小的驱动力;随元器件尺寸的微型化,热膨胀、振动等环境干扰因素小。

7.4.4 微机电系统的关键技术

微机电系统的关键技术主要是微机电系统的加工技术、微传感器技术、微执行器和微机构技术、微机电系统的装配与封装技术等。

(1)微机电系统的加工技术

微机电系统的加工技术是微机电系统工艺的基础,微机电系统的加工技术主要分为硅体微加工技术、表面微加工技术和 LIGA 技术以及精密机械加工技术。

1)硅体的微加工技术

硅体的微加工技术是以光刻、化学蚀刻为主要工艺手段,有选择地通过腐蚀(蚀刻)的办法在硅衬底上去除大量材料,从而形成梁形、模片、沟和槽等结构。这种方法获得的微结构的尺寸相对较大,力学性能较好,但也存在着硅材料的浪费较大、与集成电路兼容性不好等缺点。

根据腐蚀剂的相态可以把硅体的微加工技术分为两类:干式蚀刻技术和湿式蚀刻技术,即采用气态和等离子态的干法腐蚀工艺,采用液态腐蚀剂的湿法腐蚀工艺。

根据腐蚀的速率与硅单晶面的关系,硅的湿式蚀刻工艺又可分为各向同性蚀刻和各向异性蚀刻。各向同性蚀刻在各个晶面上的腐蚀速率相同,而各向异性蚀刻在各个晶面上腐蚀的速率不同。各向同性蚀刻多用湿式蚀刻,常用的腐蚀液为 HNA 系统,是一种由氢氟酸(HF)、硝酸(HNO_3)在水或醋酸(CH_3COOH)中稀释的混合液体。各向异性蚀刻剂有无机碱性蚀刻剂如 KOH 和有机酸性蚀刻剂如 EPW 系统,还有联胺等。各种蚀刻剂的蚀刻现象类似,但对不同的晶体取向的蚀刻速率不同。

2)硅的表面微加工技术

硅的表面微加工技术与硅体微加工不同,这种工艺不必在硅衬底上蚀刻掉较大部分的硅材料,而是硅基片上采用不同的薄膜沉淀和蚀刻方法,在硅表面上形成较薄的结构。表面微加工技术需要依靠牺牲层技术。所谓的牺牲层技术是在微结层中嵌入一层材料,即所谓的牺牲材料,然后再利用化学蚀刻的方法将这层材料腐蚀掉,从而达到分离结构和衬底,制作各种可变形或可运动的微结构。

3)LIGA 技术

LIGA 一词来源于德语光刻(lithographie)—电铸(galvanoformung)—成形(abformung)3 个单词的缩写,是一种用 X 射线进行深层光刻电铸的加工技术。用这种技术可以加工金属材料,也可以加工陶瓷、塑料等非金属材料。它最初是用来批量生产微型机械部件,目前主要用来加工高深的三维结构。这种技术依赖强大的同步加速器产生 X 射线,通过掩模的作用,把部件的图形蚀刻在光敏聚合物上,然后通过电铸成形技术,形成一个金属结构。常常是把这种金属结构当作一个模子,在这个模子里浇注其他材料,如塑料,可形成该材料的成品。

由于 LIGA 技术需要昂贵的同步辐射 X 射线源,而且其掩模制作工艺复杂,因此目前的应用还难以推广。为了克服这些缺点,微机电系统方面的专家和技术人员开发了各种准 LIGA 技术,其中具有代表性的是借用常规的紫外光刻设备和掩模进行厚光刻胶光刻,其流程只有光刻胶和掩模,与标准的 LIGA 工艺相同。虽然利用这种方法不能达到 LIGA 工艺水平,但却能满足许多微电机的加工要求。

（2）微传感器技术

微机电系统技术起源于微型硅传感器的发展，微传感器已经成为微机电系统的三大组成部分之一。根据微传感器检测对象所属分类的不同，可将传感器分为物理量传感器、化学量传感器以及生物量传感器，而其中每一大类又包含许多小类，如物理量传感器包括力学的、光学的、热学的、声学的、磁学的等多种传感器，化学量传感器又分为气敏传感器和离子敏传感器，而生物传感器可分为酶传感器、免疫传感器、微生物传感器、细胞传感器、组织传感器和 DNA 传感器等。

目前，由于微电子技术的发展，很多微传感器已能大批量生产，而且部分微传感器，如力学传感器已取得了巨大的商业成功，形成产业化。由于微机电系统的发展需要，微传感器正在向集成化、智能化的方向发展。

（3）微机构和微执行机构

微机构和微执行机构是微机电系统研究的重要内容之一。微执行机构是微机电系统中实现微操作的关键驱动部件，根据系统的控制信号完成各种微机械运动，如用微型泵抽取液体，微型机械手移动手术刀等。微执行器按照其工作原理主要可分为 5 类：电学执行器、磁学执行器、流体执行器、热执行器和化学执行器等。

微型机构常常是用硅微加工得到的，微机构常用来作为传动或驱动件。常见的微型机构有微型连杆机构、微型齿轮机构、微型平行四边形机构、微型梳状机构等。

（4）微机电系统的装配与封装技术

微机电系统装配（assembly）与封装（packaging）技术是微机电系统研究的一项重要内容。目前，已生产的微机电系统设备价格昂贵，主要原因是微机电系统的装配和封装的成本高。特别是一些复杂的微系统，其装配和封装所需的费用往往是设备生产费用的几十上百倍。

微机电系统元件的装配必须定位非常精确，目前微机电系统的装配常用各种不同的技术达到自动校准和自动装配，如利用表面张力把两个微型板吸在一起形成所需的微机构。随着制造工艺的发展，微系统的装配受到越来越多的关注和研究。如日本政府近年来正在投资一项微机械研究项目，发展桌面顶端微机械工厂（a desk-top micromachines factory）。

微机电系统的封装主要用来保护在恶劣环境中使用的设备，避免其受到机械损坏、化学侵蚀或电磁干扰等。

一般电子系统封装等级分为 4 级，如图 7-18 所示。第 1 等级是芯片模块等级，即硅片上的集成电路封装成一个模块；第 2 等级是卡级阶段，模块被封装在功能卡片上以发挥不同的特殊作用；第 3 等级涉及卡组装成板；第 4 等级是将不同的插板组装成系统。

同微电子系统封装等级不同，微系统封装可分成 3 级：即 1 级为芯片级；2 级为器件级；3 级为系统级。3 级封装技术之间的关系如图 7-19 所示。图中所表示的微系统封装的第 1 级类似于微电子封装的第 1 级和第 2 级，微系统封装的另外两级则与微电子封装第 3、4 级相似。

1）芯片级封装

芯片级封装包括组装和保护微型装置中众多的细微元件，许多 MEMS 和微系统芯片级封装也涉及电信号转换和传递的引线键合，如将压阻传感器嵌入压力传感器中并且用电路将它们联系起来，如图 7-20 所示。

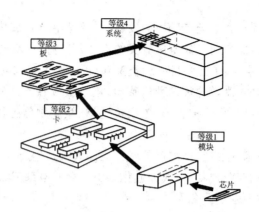

图 7-18 微电子封装的 4 个等级

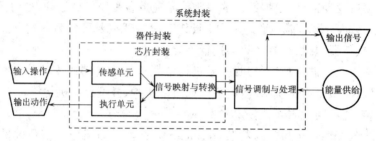

图 7-19 微系统封装的 3 个级别

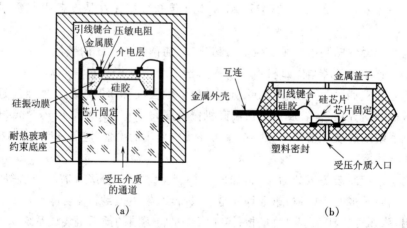

图 7-20 微压力传感器的芯片级封装
(a)用金属壳封装 (b)用塑料封装

2)器件级封装

器件级封装如图 7-21 所示,需要包含适当的信号调节和处理电路,大多数情况下,还包含电桥和信号调节电路等。

3)系统级封装

系统级封装主要是对芯片和核心元件以及主要的信号处理电路的封装。系统封装需要对电路进行电磁屏蔽、适当的力和热隔离。金属外罩避免机械和电磁影响,具有保护作用。

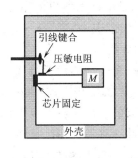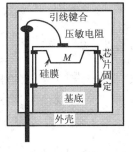

图 7-21　微加速度计的器件级封装

7.4.5　典型微机电传感器

(1)伺服式加速度微传感器

伺服式(也称为0位平衡式)加速度微传感器是采用反馈原理设计而成。这类加速度微传感器中,敏感加速度的质量块始终被保持在接近0位移的位置,主要是通过能感受偏离0位的位移并产生一个与此位移成比例且是阻止质量块偏离0位的力实现的。

如图 7-22 所示为伺服式硅电容加速度微传感器原理结构。图中加速度微传感器部分采用玻璃—硅—玻璃封装结构,如图 7-22(a)所示。作为电容器活动极板的惯性敏感质量由两根悬臂硅梁支撑,并夹在两个固定玻璃极板之间,组成一差动平板电容器。当有加速度 a 作用时,活动极板将产生偏离0位(即中间位置)的位移,引起电容变化。变化量 ΔC 的检测电路(如开关—电容电路)检测并放大输出,再由脉冲宽度调制器感受且产生两个调制信号 U_E 和 $\overline{U}_E$,并反馈到电容器的活动和固定电极上,引起一个与偏离位移成正比且总是阻止活动极板偏离0位的静电力 $F(t)=\dfrac{1}{2}U(t)^2\dfrac{\partial C}{\partial x}$,便构成了脉宽调制的静电伺服系统,如图 7-22(b)所示。

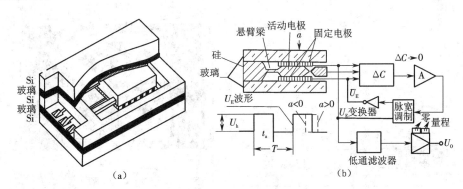

图 7-22　伺服式硅电容加速度微传感器

(a)硅电容加速微传感器结构　(b)脉宽调制静电伺服系统

在此系统中,脉冲宽度正比于加速度 a。经过低通滤波器的脉冲宽度调制信号 U_E 正比于传感器输出电压 U_o,实现了通过脉冲宽度测量加速度 a。

(2)微陀螺

微机械陀螺又称为微机械振动陀螺。振动陀螺的工作原理是基于科氏效应,通过一定形式的装置产生并检测科氏加速度。科氏加速度是由法国科学家科里奥利(G.G.Coriolis)

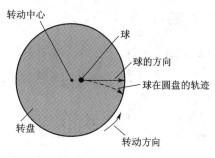

图 7-23 科氏效应示意图

于 1835 年首先提出的出现在旋转坐标系中的表征加速度,其与旋转坐标系的旋转速度成正比,如图 7-23 所示。

一个转动的盘子上从中心向边缘作直线运动的球,其在盘子上所形成的实际轨迹为一曲线。该曲线的曲率与转动速率相关,实际上,如果从盘子上面观察,则会看到球有明显的加速度,即科氏加速度。此加速度 a_c 由盘子的角速度矢量 $\boldsymbol{\Omega}$ 和球作直线运动的速度矢量 $\boldsymbol{v}$ 的矢积得出

$$a_c = 2\boldsymbol{v} \times \boldsymbol{\Omega} \tag{7-36}$$

因此,尽管并无实际力施加于球上,但对于盘子上方的观察点而言,产生了明显的正比于转动角速度的力,这个力即为科氏力。若球的质量为 m,则科氏力的值可表示为

$$F_c = 2m \cdot (\boldsymbol{v} \times \boldsymbol{\Omega}) \tag{7-37}$$

图 7-24 是梳状谐振轮式陀螺结构图,在玻璃基底上制作检测电极、闭环反馈极及连接引线。基底中心处键合一固定支座为梳状轮旋转轴。梳状轮式谐振微结构是其核心部件,与其底间隙为 $1 \sim 2~\mu\mathrm{m}$。该微谐振器与十字簧片梁键合后支承在支座上的中心轮毂上,梳式轮外缘用两轴线与辅振动轴线重合的片簧扭杆与框架连线。在直流偏置和交流分量作用下,梳状谐振轮成为静电梳状驱动器,使梳状谐振轮绕 Z 轴、在 X-Y 平面内作弯曲振动,称作主振动模态。当梳状谐振轮被迫产生绕 X 轴的转动时,将产生哥氏力。由于片簧扭杆在垂直 X-Y 平面内抗弯刚度高而抗扭刚度低,所以哥氏力仅能使硅框架绕检测 Y 轴作扭转振动,称作辅助(检测)振动模态。这样谐振器既可绕 Z 轴作弯曲振动,又使硅框架绕 Y 轴作扭转振动,两者之间是独立的,即主振动与检测振动机械隔离。通过调节十字片簧梁和扭杆片簧的刚度,使主振与辅振的振动频率一致或非常接近,实现高灵敏度检测。

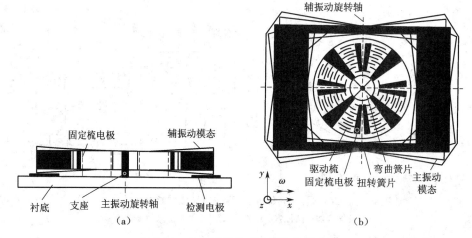

图 7-24　梳状谐振轮式陀螺结构示意图
(a)正视剖面　(b)俯视剖面

7.5 网络传感器

随着计算机技术和网络通信技术的飞速发展,传感器的通信方式从传统的现场模拟信号方式转为现场级全数字通信方式,即传感器现场级的数字化网络方式。基于现场总线、互联网等的传感器网络化技术及应用迅速发展起来,因而在 FCS(fieldbus control system)中得到了广泛应用,成为 FCS 中现场级数字化传感器。

7.5.1 网络传感器及其特点

网络传感器是指在现场级就实现了 TCP/IP 协议(这里,TCP/IP 协议是一个相对广泛的概念,还包括 UDP、HTTP、SMTP、POP3 等协议)的传感器,这种传感器使得现场测控数据可就近登临网络,在网络所能及的范围内实时发布和共享。

具体地说,网络传感器就是采用标准的网络协议,同时采用模块化结构将传感器和网络技术有机地结合在一起的智能传感器。它是测控网中的一个独立节点,其敏感元件输出的模拟信号经 A/D 转换及数据处理后,可由网络处理器根据程序的设定和网络协议封装成数据帧,并加上目的地址,通过网络接口传输到网络上。反之,网络处理器又能接收网络上其他节点传给自己的数据和命令,实现对本节点的操作。网络传感器的基本结构如图 7-25 所示。

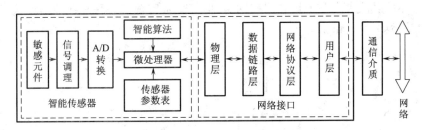

图 7-25 网络传感器的基本结构

网络化智能传感器是以嵌入式微处理器为核心,集成了传感单元、信号处理单元和网络接口单元的新一代传感器,与其他类型传感器相比,该传感器有如下特点。

①嵌入式技术和集成电路技术的引入,使传感器的功耗降低、体积小、抗干扰性和可靠性提高,更能满足工程应用的需要。

②处理器的引入使传感器成为硬件和软件的结合体,可根据输入信号值进行一定程度的判断和制定决策,实现自校正和自保护功能。非线性补偿、零点漂移和温度补偿等软件技术的应用,则使传感器具有很高的线性度和测量精度。同时,大量信息由传感器进行处理减少了现场设备与主控站之间的信息传输量,使系统的可靠性和实时性提高。

③网络接口技术的应用使传感器方便地接入网络,为系统的扩充和维护提供了极大的方便。同时,传感器可就近接入网络,改变了传统传感器与特定测控设备间的点到点联接方式,从而显著减少了现场布线的复杂程度。

由此可见,网络化智能传感器使传感器由单一功能、单一检测向多功能和多点检测发展;从孤立元件向系统化、网络化发展;从就地测量向远距离实时在线测控发展。因此,网络化智能传感器代表了传感器技术的发展方向。

7.5.2 网络传感器的类型

网络传感器研究的关键技术是网络接口技术。网络传感器必须符合某种网络协议,使现场测控数据能直接进入网络。由于工业现场存在多种网络标准,因此也随之发展起来了多种网络传感器,具有各自不同的网络接口单元类型。目前,主要有基于现场总线的网络传感器和基于互联网(Internet)协议的网络传感器两大类。

(1)基于现场总线的网络传感器

现场总线正是在现场仪表智能化和全数字控制系统的需求下产生的,连接智能现场设备和自动化系统的数字式、双向传输、多分支结构的通信网。其关键标志是支持全数字通信,其主要特点是高可靠性。它可以把所有的现场设备(仪表、传感器与执行器)与控制器通过一根线缆相连,形成现场设备级、车间级的数字化通信网络,可完成现场状态监测、控制、信息远传等功能。

由于现场总线技术具有明显的优越性,在国际上已成为热门研究开发技术,各大公司都开发出自己的现场总线产品,形成了各自的标准。目前,常见的标准有数十种,它们各具特色,在各自不同的领域中得到了应用。但由于多种现场总线标准并存,现场总线标准互不兼容,不同厂家的智能传感器又都采用各自的总线标准,因此,目前智能传感器的控制系统之间的通信主要是以模拟信号为主或在模拟信号上叠加数字信号,很大程度上降低了通信速度,严重影响了现场总线式智能传感器的应用。图 7-26 为现场总线测控系统示意图,现场总线控制系统可以认为是一个局部测控网络,但其只是实现了各种总线通信协议,尚未实现真正意义上的网络通信协议。

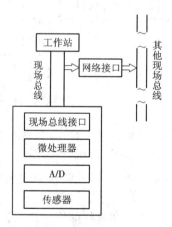

图 7-26 现场总线测控系统示意

(2)基于互联网协议的网络传感器

随着计算机网络技术的快速发展,将互联网直接引入测控现场成为一种新的趋势。由于互联网技术开放性好、通信速度快和价格低廉等优势,人们开始研究基于互联网(即基于 TCP/IP)的网络传感器。该类传感器通过网络介质可以直接接入 Internet 或 Intranet,还可做到"即插即用"。在传感器中嵌入 TCP/IP 使传感器成为 Internet/Intranet 上的一个节点。

7.5.3　网络传感器通用接口标准

构造一种通用智能化传感器的接口标准是解决传感器与各种网络相连的主要途径。从1994年开始,美国国家标准技术局(the National Institute of Standard Technology,NIST)和 IEEE 联合组织了一系列专题讨论会商讨智能传感器通用通信接口问题和相关标准的制定,这就是 IEEE1451 的智能变送器接口标准(standard for a smart transducer interface for sensors and actuators)。其主要目标是定义一整套通用的通信接口,使变送器能够独立于网络与现有基于微处理器的系统、仪器仪表和现场总线网络相连,并最终实现变送器到网络的互换性与互操作性。现有的网络传感器配备了 IEEE1451 标准接口系统,也称为 IEEE1451 传感器。

符合 IEEE1451 标准的传感器和变送器能够真正实现现场设备的即插即用。该标准将智能变送器划分成两部分:一部分是智能变换器接口模块(smart transducer interface module,STIM);另一部分是网络适配器(network capable application processor,NCAP),亦称网络应用处理器。二者之间通过一个标准的 10 线制传感器数字接口(transducer independence interface,TII)相连接,如图 7-27 所示。

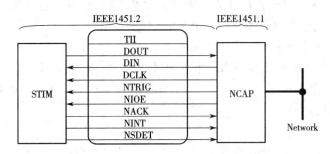

图 7-27　符合 IEEE1451 标准的智能变送器示意图

表 7-2 描述了 IEEE1451 智能变送器接口标准协议族各成员的名称及描述。

表 7-2　IEEE1451 智能变送器系列标准体系

代　　号	名称与描述
IEEE1451.0	智能变送器接口标准
IEEE1451.1-1999	网络应用处理器(NCAP)信息模型
IEEE1451.2-1997	变送器与微处理器通信协议和 TEDS 格式
IEEE1451.3-2003	多点分布式系统数字通信与 TEDS 格式
IEEE1451.4-2004	混合模式通信协议与 TEDS 格式
IEEE1451.5	无线通信协议与 TEDS 格式
IEEE1451.6	CANopen 协议变送器网络接口
IEEE1451.7	带射频标签(RFID)的换能器和系统接口

IEEE1451.1 标准通过定义两个软件接口实现智能传感器或执行器与多种网络的连接,并可以实现具有互换性的应用。图 7-28 为 IEEE1451.1 的实现。

IEEE1451.2 标准定义了电子数据表格式(TEDS)和一个 10 线变送器独立接口(TII)以及变送器与微处理器间通信协议,使变送器具有即插即用能力。图 7-29 为 IEEE1451.2 的实现。

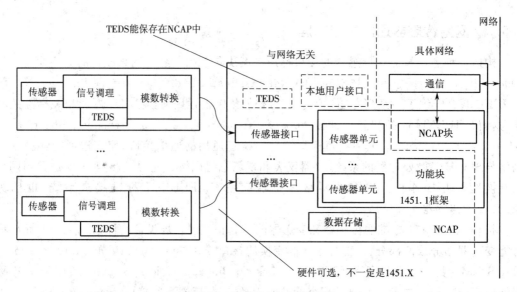

图 7-28 IEEE1451.1 的实现

STIM 模块：现场 STIM 模块构成了传感器的节点部分，主要包括了传感器接口、功能模块、核心控制模块、电子数据表格(TEDS)以及数字接口(TII)5 部分。STIM 模块主要完成了现场数据的采集功能。

NCAP 模块：此模块用于从 STIM 模块中获取数据，并将数据转发至互联网等网络。由于 NCAP 模块不需要完成现场数据采集功能，因此，这个模块中只需要数字接口部分(TII)和网络通信部分即可。

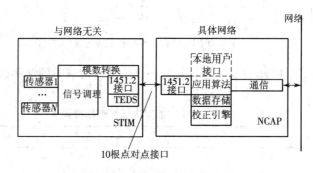

图 7-29 IEEE1451.2 的实现

7.5.4 网络传感器的发展形式

(1)从有线形式到无线形式

在大多数测控环境下，传感器采用有线形式使用，即通过双绞线、电缆、光缆等与网络连接。然而在一些特殊测控环境下使用有线形式传输传感器信息是不方便的。为此，可将 IEEE1451.2 标准与蓝牙技术结合起来设计无线网络化传感器，以解决有线系统的局限性。

蓝牙技术是指 Ericsson、IBM、Intel、Nokia 和 Toshiba 等公司于 1998 年 5 月联合推出的一种低功率短距离的无线连接标准。它是实现语音和数据无线传输的开放性规范，其实质是建立通用的无线空中接口及其控制软件的公开标准，使不同厂家生产的设备在没有电线或电缆相互连接的情况下，能近距离(10 cm～100 m)范围内具有互用、互操作的性能。

蓝牙技术具有工作频段全球通用、使用方便、安全加密、抗干扰能力强、兼容性好、尺寸小、功耗低及多路多方向链接等优点。基于 IEEE1451.2 标准的蓝牙协议的无线网络传感器结构框图如图 7-30 所示。

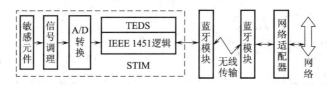

图 7-30　基于 IEEE1451.2 标准的蓝牙协议的无线网络传感器结构

(2)从现场总线形式到互联网形式

现场总线控制系统可认为是一个局部测控网络,基于现场总线的智能传感器只实现了某种现场总线通信协议,还未实现真正意义上的网络通信协议。只有让智能传感器实现网络通信协议(IEEE802.3、TCP/IP 等),使它能直接与计算机网络进行数据通信,才能实现在网络上任何节点对智能传感器的数据进行远程访问、信息实时发布与共享以及对智能传感器的在线编程与组态,这才是网络传感器的发展目标和价值所在。

图 7-31 是一种基于互联网 IEEE802.3 协议的网络传感器结构框图。这种网络传感器仅实现了 OSI 七层模型的物理层和数据链路层功能及部分用户层功能,数据通信方式满足 CSMA/CD 即载波侦听多路存取冲突检测,并可通过同轴电缆或双绞线直接与 10 M 互联网连接,从而实现现场数据直接进入互联网,使现场数据能实时在互联网上动态发布和共享。

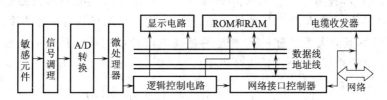

图 7-31　基于互联网 IEEE802.3 协议的传感器结构

若能将 TCP/IP 协议直接嵌入网络传感器的 ROM 中,在现场级实现 Intranet/Internet 功能,则构成测控系统时可将现场传感器直接与网络通信线缆连接,使得现场传感器与普通计算机一样成为网络中的独立节点,如图 7-32 所示。此时,信息可跨越网络传输到所能及的任何领域,进行实时动态的在线测量与控制(包括远程)。只要有诸如电话线类的通信线缆存在的地方,即可将这种实现了 TCP/IP 协议功能的传感器就近接入网络,纳入测控系统,不仅节约大量现场布线,还可即插即用,给系统的扩充和维护提供极大的方便。这是网络传感器发展的最终目标。

［练习题］

7-1　什么是智能传感器?说明其主要功能。

7-2　简要说明传统传感器与智能传感器实现非线性校正的主要区别。

7-3　与硬件滤波相比,采用数字滤波有何优点?目前常采用的数字滤波算法有哪些?

7-4　为什么智能传感器要具备自检功能?自检方式有哪几种?常见的自检内容有哪些?

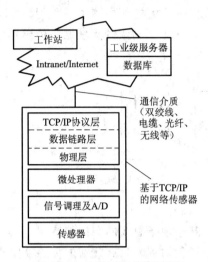

图 7-32 基于 TCP/IP 的网络
传感器测控系统

7-5 简述微机械加工技术的特点及主要内容。

7-6 目前工业中常用的微制造技术有哪些？它们主要应用在哪些场合？

7-7 什么是网络传感器？它有什么特点？

7-8 多传感器数据融合和单传感器技术相比有哪些优点？常用多传感器数据融合算法有哪些？

7-9 试分析习题图 7-1 所示零漂替代法自校准测量电压电路的工作原理。ε 为折算到放大器输入端的增益及漂移变化的等效信号影响；G 为放大器增益；U_{REF} 为基准电压；U_X 为被测信号。

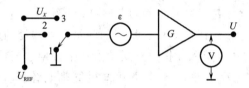

习题图 7-1

7-10 试分析习题图 7-2 所示零点漂移和增益变化自校正电路的检测原理。如图所示，设有 n 个传感器，它们输出电压范围相差较大，为保证被测量具有最佳的放大状态，采用程控放大器 PGA，其放大倍数有 6 挡，相应的基准电压 U_{REF} 也有 6 挡。程控放大器及多路模拟开关和 A/D 转换器均由 CPU 指令控制。

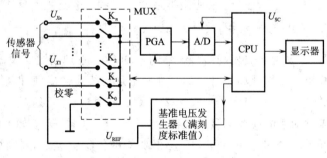

习题图 7-2

226

8 多源传感器信息融合技术

信息融合是 20 世纪 80 年代发展起来的一门新技术。它是人类模仿自身信息处理能力的结果,已经广泛地应用于目标跟踪和识别、图像处理、智能检测、自动控制等几乎所有的工程领域,并已取得了丰硕的成果。

概括讲,信息融合即是将多个信息源的信息进行综合处理,从而得出准确、深入和全面的结论。这里的信息源是广义的,是指各种数据获取系统(如传感器等)和相关数据库等。

8.1 信息融合技术的基本概念和分类

信息融合技术应用极其广泛,因此很难给出一个准确的定义,就像很难给"信息"下定义一样。但一般性地讲,信息融合是利用计算机技术对按时序获得的若干传感器的观测信息在一定准则下加以自动分析、优化综合,以完成所需的决策和估计任务。信息融合的加工对象是多源信息,信息融合的核心是协调优化和综合处理,而信息融合技术的理论基础是信息论、检测与估计理论、统计理论、模糊数学、认知工程、系统工程等。信息融合技术可以从结构方式、融合层次、融合次序和应用目的等几方面研究和表示,如表 8-1 所示。

表 8-1　信息融合的几种描述和表达

基本步骤	结构形式	融合层次	融合次序	应用目的
位置配准(关联)	集中式融合	数据级融合	串行	状态和参数估计
特征提取	分布式融合	特征级融合	并行	身份识别
综合决策	混合式融合	决策级融合	混合	态势和威胁估计

结构形式是从信息融合的组成出发,说明信息融合系统的软硬件组成、相关数据交换、系统与外部环境的人机界面。应用目的依赖于信息融合算法和推理逻辑。应用目的从融合过程出发,描述信息融合包括哪些主要功能、数据库以及进行信息融合时系统各组成部分之间的相互作用过程。

(1)结构形式

集中式融合利用所有传感器的信息进行状态估计、速度估计和预测值的计算等。分布式融合首先对于每个传感器进行局部滤波,而送给融合中心的数据是当前的状态估计,融合中心与各个传感器所提供的局部估计进行融合,最后给出融合结果,即全局估计。混合式融合则兼有上述两种结构。在一些特定场合中,信息源还具有串联的连接方式,即后一个信息源基于前一个信息源的输出进行工作。而与此相对应是并联式连接,目前常用的连接方式都是并联式的,与当前大型并行处理的要求相适应。

(2)融合层次

多源信息通常具有不同的时序和更复杂的形式,而且可以在不同的信息层次上出现,这些信息抽象层次包括数据层(特征提取以前)、特征层(属性说明之前)和决策层(即证据层)。

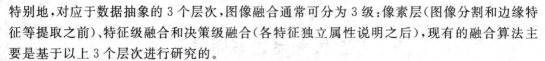

特别地,对应于数据抽象的 3 个层次,图像融合通常可分为 3 级:像素层(图像分割和边缘特征等提取之前)、特征级融合和决策级融合(各特征独立属性说明之后),现有的融合算法主要是基于以上 3 个层次进行研究的。

（3）融合次序

典型的特征级数据融合串行处理流程中,经过传感器局部估计、数据预处理、时空一致性分析、合成和识别等,各功能模块按严格顺序处理,前一级处理单元的最终输出是下一级处理单元所需的输入信息;内部各级处理之间数据和控制相互依赖,高度耦合。而数据融合的并行化可以采取数据并行和控制并行两类方法,对于实时性要求较强的数据融合来说应以数据并行为主、控制并行为辅。要提高并行性能就必须解决融合顺序性和数据耦合性这两大难题,这也是当前数据融合的重点和难点。

（4）应用目的

信息融合技术首先应用于军事领域,然后逐渐发展到非军事领域。它是一个在多个级别上对传感器数据进行综合处理的过程,每个处理级别均反映了对原始数据不同程度的抽象,包括从检测到威胁判断、武器分配和通道组织的完整过程。其结果表现为在较低级别对状态和属性的评估和在较高层次上对整个态势、威胁的估计。这一过程强调信息融合的核心是指对来自多个传感器的数据进行多级别、多方面、多层次的处理,从而产生新的有意义的信息。对于非军事应用领域,信息融合是对多个传感器和信息源所提供的关于某一环境特征的不完整信息加以综合和提升,以形成相对完整、深入和一致的感知和认识,从而实现更加准确的识别和判断功能。

并非多个信息源进行融合总是能够得到更好的和有用的信息。应用的信息融合方法是十分关键的,它直接决定融合质量。信息融合最基本的方法是将所有的输入数据在一个公共空间内进行有效描述,同时对这些数据进行适当综合,最后以适当的形式输出和表达这些数据。应用的基本方法包括概率统计、卡尔曼滤波、(有序)加权平均、证据理论、神经网络和人工智能等许多解决途径。

8.2 贝叶斯(Bayes)估计

贝叶斯方法用于多传感器信息融合时,是将多传感器提供的各种不确定性信息表示为概率,并利用 Bayes 条件概率公式对其进行融合,从而形成决策的一种方法。

8.2.1 Bayes 条件概率公式

设 $A_1, A_2, \cdots, A_m$ 为样本空间 S 的一个划分,即满足

① $A_i \cap A_j = \varnothing (i \neq j)$;

② $A_1 \cup A_2 \cup \cdots \cup A_m = S$;

③ $P(A_i) > 0 (i = 1, 2, \cdots, m)$。

则对任一事件 $B, P(B) > 0$,满足下面的 Bayes 公式

$$P(A_i | B) = \frac{P(A_i B)}{P(B)} = \frac{P(B | A_i) P(A_i)}{\sum_{i=1}^{m} P(B | A_i) P(A_i)}, \quad i = 1, 2, \cdots, m \tag{8-1}$$

8.2.2 基于 Bayes 方法的信息融合原理

Bayes 方法用于多传感器信息融合时,要求系统可能的决策相互独立,这样就可以将这些决策看作一个样本空间 S 的划分,使用 Bayes 条件概率公式解决系统的决策问题。设系统可能的决策为 $A_1, A_2, \cdots, A_m$,当某一传感器对系统进行观察时,得到观察结果 B,如果能够利用系统的先验知识及该传感器的特性得到各先验概率 $P(A_i)$ 和条件概率 $P(B|A_i)$,则利用式(8-1),根据传感器的观测将先验概率 $P(A_i)$ 更新为后验概率 $P(A_i|B)$;当系统有两个传感器对其进行观测时,即除了上面介绍的传感器观测 B 外,另有一个传感器也对系统进行了观测并得出结果为 C,它关于各决策 A_i 的条件概率为 $P(C|A_i)(i=1,2,\cdots,m)$,当假设 A_i、B、C 之间相互独立时,条件概率公式可表示为

$$P(A_i|BC) = \frac{P(B|A_i)P(C|A_i)P(A_i)}{\sum_{i=1}^{m} P(B|A_i)P(C|A_i)P(A_i)} \tag{8-2}$$

一般地,当有 n 个传感器,观测结果分别为 $B_1, B_2, \cdots, B_n$ 时,Bayes 方法的主要步骤如下。

①将每个传感器关于目标的观测转化为目标身份的分类与说明,$D_1, D_2, \cdots, D_n$。

②计算每个传感器关于目标身份说明或判定不确定性,即

$$P(D_j|A_i), \quad j=1,2,\cdots,m; \quad i=1,2,\cdots,n \tag{8-3}$$

③计算目标身份的融合概率密度为

$$P(A_i|D_1,D_2,\cdots,D_n) = \frac{P(D_1,D_2,\cdots,D_n|A_i)P(A_i)}{\sum_{i=1}^{n} P(D_1,D_2,\cdots,D_n|A_i)P(A_i)} \tag{8-4}$$

当 $D_1, D_2, \cdots, D_n$ 相互独立时,则得

$$P(D_1,D_2,\cdots,D_n|A_i) = P(D_1|A_i)P(D_2|A_i)\cdots P(D_n|A_i), \quad i=1,2,\cdots,m \tag{8-5}$$

④系统的决策通过一定规则给出,例如,取具有最大后验概率的决策。

基于 Bayes 方法多传感器的信息融合过程可用图 8-1 表示。

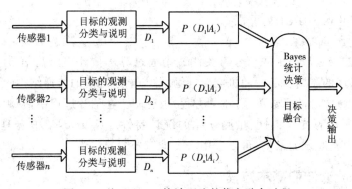

图 8-1　基于 Bayes 统计理论的信息融合过程

Bayes 推理在许多领域有广泛的应用,但是存在着几个困难。

①一个证据 A 的概率是在大量的统计数据的基础上得出的,当所处理的问题比较复杂时,这种统计和计算十分困难。

②Bayes 推理要求各个证据间是不相容或是相互独立的,这在真实环境中往往是不现

实的。

③Bayes 方法事实上要求传感器的信息源之间具有线性可加关系,因此不能处理非线性关系。

④Bayes 方法缺乏对不确定信息利用的总的分配机能。目前,已有许多方法克服这些问题,其中本章 8.5 节介绍的证据理论是解决后两个问题的一个有效办法。

【例 8.1】 设有两个传感器,一个是敌—我—中识别(IFFN)传感器,另一是电子支援测量传感器(ESM)。设目标共有 m 种可能的机型,分别用 $O_1, O_2, \cdots, O_m$ 表示,先验概率 $P_{IFFN}(x|O_j)$ 已知,其中 x 表示敌(a)、我(b)、中(c)3 种情形。对于传感器 IFFN 的观测 z,使用全概率公式,计算得

$$P_{IFFN}(z|O_j) = P_{IFFN}(z|a)P(a|O_j) + P_{IFFN}(z|b)P(b|O_j) + P_{IFFN}(z|c)P(c|O_j)$$

对于 ESM 传感器,能在机型级识别飞机属性,从而有

$$P_{ESM}(z|O_j) = \frac{P_{ESM}(O_j|z)P(z)}{\sum\limits_{j=1}^{m} P(O_j|z)P(z)}, \quad j = 1, 2, \cdots, m$$

基于两个传感器的融合似然函数为

$$P(z|O_j) = P_{IFFN}(z|O_j)P_{ESM}(z|O_j)$$

$$P(O_j|z) = \frac{P(z|O_j)P(O_j)}{\sum\limits_{j=1}^{m} P(z|O_j)P(O_j)}, \quad j = 1, 2, \cdots, m$$

从而得

$$P(a|z) = \sum_{j=1}^{m} P(O_j|z)P(a|O_j)$$

$$P(b|z) = \sum_{j=1}^{m} P(O_j|z)P(b|O_j)$$

$$P(c|z) = \sum_{j=1}^{m} P(O_j|z)P(c|O_j)$$

8.3 卡尔曼(Kalman)滤波

Kalman 滤波器是从被提取信号有关测量中通过算法估计出所需信号,其中被估计信号是由带有白噪声的激励引起的随机响应,激励源与响应之间的传递结构(系统方程)已知,被测量与被估计量之间的函数关系(量测方程)也已知。在估计过程中,利用了系统方程、量测方程、白噪声激励的统计特性、量测误差的统计特性。Kalman 滤波器是在时域内设计的,所用的信息也是时域测量值,可以适用于多维信号的滤波器。

8.3.1 Kalman 滤波的基本方程

一般而言,有确定性控制时的 n 维动态系统与 m 维($m \leqslant n$)观测系统的离散系统(见图 8-2)的状态方程和量测方程可以分别描述为

$$\boldsymbol{X}_k = \boldsymbol{A}\boldsymbol{X}_{k-1} + \boldsymbol{B}\boldsymbol{U}_{k-1} + \boldsymbol{W}_{k-1} \tag{8-6}$$

和

$$\boldsymbol{Z}_k = \boldsymbol{H}\boldsymbol{X}_k + \boldsymbol{V}_k \tag{8-7}$$

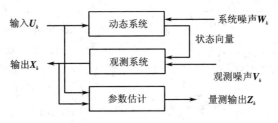

图 8-2 Kalman 系统描述

式中　$X_k(X_{k-1})$——$t_k(t_{k-1})$ 时刻系统的 $n \times 1$ 状态向量；

A——$n \times n$ 矩阵，是 t_k 至 t_{k-1} 时刻的一步状态转移矩阵；

B——系统控制作用矩阵；

Z_k——t_k 时刻的 $m \times 1$ 状态观测向量；

H——$m \times n$ 矩阵，状态向量与观测向量之间的联系矩阵；

U_k——第 k 时刻对系统的控制量；

W_k——$n \times 1$ 的系统噪声向量，均值为 $E(W_k)=0$，协方差为

$$E(W_i W_k^T) = \begin{cases} Q_k, & i=k \\ 0, & i \neq k \end{cases}$$

V_k——$m \times 1$ 向量，均值为 $E(V_k)=0$，协方差为

$$E(V_i V_k^T) = \begin{cases} R_k, & i=k \\ 0, & i \neq k \end{cases}$$

系统的观测噪声 V_k 和 W_k 不相关。

　　Kalman 滤波利用反馈控制系统设计运动状态；滤波器估计某一时间的状态，并获得该状态的预测值。也就是说，Kalman 滤波公式分为两部分：预测和修正。预测公式利用当前的状态和误差协方差估计为下一步时间状态得到先验估计；而修正公式基于反馈部分的信息更新先前的估计。其基本方程表示如下

$$X_k = AX_{k-1} + W_{k-1} \text{（预测方程）} \tag{8-8}$$

其一步预测的协方差矩阵由以下公式给出

$$\hat{P}_k = AP_{k-1}A^T + Q_{k-1} \text{（预测协方差）} \tag{8-9}$$

观测模型利用信息矢量中所包含的新信息修正预测的状态。信息矢量（残差）E_k 定义为实际观测矢量与预测观测矢量之差，即

$$E_k = Z_k - H_k \tilde{X}_k \tag{8-10}$$

最后，式(8-8)中的预测状态向量和式(8-9)中的预测误差协方差矩阵被修正为

$$X_k = \tilde{X}_k + K_k E_k \text{（状态估计）} \tag{8-11}$$

$$P_k = (I - K_k H)\tilde{P}_k \text{（估计协方差）} \tag{8-12}$$

式中　I——单位阵；

K_k——滤波器增益。

　　K_k 是预测误差方程矩阵的函数

$$K_k = P_k H_k^T (H_k \tilde{P}_k H_k^T + R_k)^{-1} \text{（卡尔曼滤波增益）} \tag{8-13}$$

Kalman 滤波算法如图 8-3 所示。

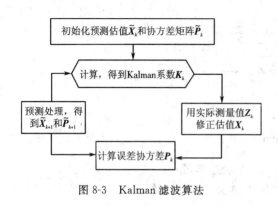

图 8-3　Kalman 滤波算法

卡尔曼滤波器的上述推导原理,事实上与经典的估值器的推导相一致,以下通过一个例子说明推导的基本思想。

【例 8.2】　假定用 z_k 表示观测值,x 表示恒定信号或称被估参量;n_k 表示白噪声采样,即 $E(n_k)=0$,$E(n_k^2)=\sigma_n^2$。则滤波器的输出和估计误差分别为

$$\hat{X}=\sum_{i=1}^{m}h_i z_i$$
$$P=E\big[(\hat{X}-x)^2\big]$$

$$=E\Big[\Big(\sum_{i=1}^{m}h_i z_i-x\Big)^2\Big]$$

这里 $h_1,h_2,\cdots,h_m$ 是滤波器的参数。对于上述 m 个参数逐一求导,并令其等于零,可得到状态估计和最小均方误差

$$\hat{X}=\frac{1}{m+b}\sum_{i=1}^{m}z_i$$
$$P=\frac{1}{m+b}\sigma_n^2$$

其中,$b=\sigma_n^2/\sigma_x^2$,$\sigma_x^2=D(x)$。这种最小均方误差准则下的线性滤波,即为维纳滤波。

8.3.2　基于 Kalman 滤波器的数据融合方法在高温炉检测系统中的应用

在高温炉的测温系统中,大多数采用传统的测量方法——单一传感器(热电偶、比色高温计等)加上滤波方法,但是由于工业现场的复杂性,干扰的不确定性,测量难以达到令人满意的效果。同时这些方法只能测高温炉内某一点的温度,无法知道整个炉内温度场的分布,因而给某些工艺分析带来不便。

随着计算机技术的发展,利用彩色工业摄像机和工业电视检测高温炉窑的技术取得迅速发展。这种光学测量方式具有非接触、高灵敏度及宽时空动态范围等特点。来自彩色工业摄像机所拍摄的高温炉内部图像的每个像素由红(R)、绿(G)、蓝(B)3 基素组成。为了克服干扰影响常采用比色测温的原理,即从 R、G 及 B 中任取两值相比,根据比值确定每个像素对应的温度。然而这种组合有 3 组,其中任意两组都是相互独立的。也就是说,可以得到两个互不相关的测量值,但是大多数用这种数字图像测温方法是任取其中一组组合,计算出每一个像素点的温度。这样既浪费了测量系统的容量,又降低了测量精度。通过对氧化铝烧成回转炉的控制系统设计,可以采用数据融合中的 Kalman 滤波法从两个互相独立的测量值中融合出更精确的测量值。

在彩色工业摄像机的成像中,任意一个像素的 R、G 及 B 值是该像素显示窑内小区域的光谱辐射亮度的函数,分别表示为

$$R=CC_1\varepsilon(T)A\int_{550}^{700}\lambda^{-5}\exp\Big(-\frac{C_2}{\lambda T}\Big)\bar{r}(\lambda)\,\mathrm{d}\lambda$$

$$B=\frac{1}{0.060\,1}CC_1\varepsilon(T)A\int_{400}^{500}\lambda^{-5}\exp\Big(-\frac{C_2}{\lambda T}\Big)\bar{b}(\lambda)\,\mathrm{d}\lambda$$

$$G=\frac{1}{4.590\,7}CC_1\varepsilon(T)A\int_{500}^{600}\lambda^{-5}\exp\Big(-\frac{C_2}{\lambda T}\Big)\bar{g}(\lambda)\,\mathrm{d}\lambda$$

式中　λ——辐射光波长,mm;

　　　T——该区域温度,K;

　　　$\varepsilon(T)$——温度为 T 时物体的光谱发射率;

　　　C_1——普朗克第一辐射常数,$C_1=3.742\times10^{-16}\mathrm{W\cdot m^2}$;

　　　C_2——普朗克第二辐射常数,$C_2=1.438\times10^{-2}\mathrm{m\cdot K}$;

　　　C——辐射点的辐射特性和几何因素有关,与 λ 和 T 无关;

　　　A——测量区域成像到摄像机广靶过程中光学系统的几何度因素(与 λ、T 无关,与该区域及其像素点的位置有关);

　　　$\overline{r}(\lambda),\overline{g}(\lambda),\overline{b}(\lambda)$——工业摄像机的分色光谱系数。

由上面 3 个式子分别相除可以得到

$$Q_1=0.060\,1\dfrac{\displaystyle\int_{550}^{700}\lambda^{-5}\exp\left(-\dfrac{C_2}{\lambda T}\right)\overline{r}(\lambda)\mathrm{d}\lambda}{\displaystyle\int_{400}^{500}\lambda^{-5}\exp\left(-\dfrac{C_2}{\lambda T}\right)\overline{b}(\lambda)\mathrm{d}\lambda}$$

$$Q_2=4.590\,7\dfrac{\displaystyle\int_{550}^{700}\lambda^{-5}\exp\left(-\dfrac{C_2}{\lambda T}\right)\overline{r}(\lambda)\mathrm{d}\lambda}{\displaystyle\int_{500}^{600}\lambda^{-5}\exp\left(-\dfrac{C_2}{\lambda T}\right)\overline{g}(\lambda)\mathrm{d}\lambda}$$

很明显,已知 Q_1、Q_2 可以根据上述公式分别求出 T_1、T_2,如果理想情况下有 $T_1=T_2$,但是由于干扰的存在,T_1 和 T_2 不可能相等,因而需要进行融合处理。

氧化铝烧成回转窑温度控制系统中,炉温是一个缓慢变化过程。假定在短时间内温度不变,因而由 Kalman 滤波法的状态方程和观测方程表达式,可以写出测量系统的动态方程以及测量方程分别为

$$T_{11}=T_{10}$$
$$T_{20}=T_{10}+V_1$$

根据递推形式 Kalman 滤波方程式可以写出炉温估计值 $\hat{T}_{11}$ 及其方差 P_{11}^{-1} 的表达式为

$$\hat{T}_{11}=T_{10}+P_0(P_0+R_2)^{-1}(T_{20}-T_{10})$$
$$P_{11}^{-1}=P_0^{-1}+R_2^{-1}$$

考虑到 Q_1 和 Q_2 的精度互补性,首先由已知 Q_1 求出 T_{10},将其方差 R_1 作为 P_0,然后由已知 Q_2 求出 T_{20},其方差作为 R_2,最后得出 $\hat{T}_{11}$ 及其方差 P_{11}^{-1} 的计算。

现在分析如何得到 R_1。如果 Q_1 有微小变动,增量为 δ,那么 T_{10} 随之产生波动 ΔT_{10},将 ΔT_{10} 视为 R_1,ΔT_{10} 与 δ 的关系为

$$\Delta T_{10}=\dfrac{\delta}{\mathrm{d}Q_1/\mathrm{d}T_{10}}$$

令

$$B_1(T_{10})=\dfrac{1}{\mathrm{d}Q_1/\mathrm{d}T_{10}}$$

所以

$$\Delta T_{10}=\delta B_1(T_{10})$$

那么

$$P_0=R_1=\delta^2 B_1^2(T_{10})$$

同理,令

$$B_2(T_{20})=\dfrac{1}{\mathrm{d}Q_2/\mathrm{d}T_{20}}$$

$$R_2=\delta^2 B^2(T_{20})$$

最后得

$$\hat{T}_{11} = T_{10} + \delta^2 B_1^2(T_{10})[\delta^2 B_1^2(T_{10}) + \delta^2 B_2^2(T_{20})]^{-1}(T_{20} - T_{10})$$

$$= T_{10} + \frac{B_1^2(T_{10})}{B_1^2(T_{10}) + B_2^2(T_{20})}(T_{20} - T_{10})$$

$$= \frac{B_2^2(T_{20})}{B_1^2(T_{10}) + B_2^2(T_{20})}T_{10} + \frac{B_1^2(T_{10})}{B_1^2(T_{10}) + B_2^2(T_{20})}T_{20}$$

$$P_{11}^{-1} = [\delta^2 B_1^2(T_{10})]^{-1} + [\delta^2 B_2^2(T_{20})]^{-1}$$

上述公式的物理意义表明,当 Q_1-T_1 曲线的变化平坦时,$B_1 > B_2$,检测系统对于 T_{10} 分辨率不高,检测误差大;而当 Q_2-T_2 曲线的变化陡峭时,$B_l < B_2$,检测系统对于 T_{20} 有较高的灵敏度,检测误差较小,因而 T_{20} 的权重应该比 T_{10} 的权重大。同时从以上的公式可以看出,$\hat{T}_{11}$ 的方差小于 T_{10} 和 T_{20} 的方差。

8.4 自适应加权平均和有序加权平均算法

自适应加权平均是最简单的信息融合方法,很多复杂的信息融合模型均可视作加权平均方法的推广和提升。

8.4.1 自适应加权平均

对于不同传感器的测量数据,为了权衡各数据的不同精度或可信度,可引用标志数据重要性的特征数字"权重"W,即各测量数据的相对重要程度。重要程度高的数据误差小,权重大;而重要程度低的数据误差大,权重应小。将测量列的各个数据按照其精度分别乘以权重再进行平均值处理,无疑有利于提高测量的准确性。因此,对于不等精度测量所得的数据,正确地给定权重非常重要。常用的确定权重的方法包括根据经验确定、根据历史或观测数据进行权重确定及综合以上方法。

根据经验的确定方法,如投票法等,这类确定方法易于操作并可以充分利用人类经验。但往往较为粗糙和主观。而根据数据的确定方法无须先验知识,仅依据测量数据的测量精度确定不同数据的相应权重,即可计算出均方误差最小的融合值。这类方法描述如下。

设 n 个信息源系统 $\boldsymbol{X} = [\boldsymbol{X}_1, \boldsymbol{X}_2, \cdots, \boldsymbol{X}_n] \in \mathbf{R}^{d \times n}$,引入加权因子 $\boldsymbol{w} = [w_1, w_2, \cdots, w_n]^{\mathrm{T}}$ 后,输出值为

$$\hat{\boldsymbol{X}} = \sum_{i=1}^{n} w_i \boldsymbol{X}_i, \text{s. t.} \sum_{i=1}^{n} w_i = 1 \tag{8-14}$$

总均方误差为

$$\sigma^2 = \sum_{i=1}^{n} w_i^2 \sigma_i^2 \tag{8-15}$$

式中,σ_i^2 是各加权因子 w_i 的多元二次函数,表示数据的拟合误差。根据多元函数求极值理论,可求得当 $w_i = \left[\sigma_i^2 \sum_{i=1}^{n} (1/\sigma_i^2)\right]^{-1}$ 时,σ^2 达到最小值

$$\sigma_i^2 = 1 / \left[\sum_{i=1}^{n} (1/\sigma_i^2)\right] \tag{8-16}$$

被测参数的真值是客观存在的常量,可以根据已有的测量数据的平均值进行估计。设

$$\overline{X}_i(k) = \frac{1}{k} \sum_{q=1}^{k} X_q, \quad i = 1, 2, \cdots, n \tag{8-17}$$

此时的估计值为

$$\hat{X} = \sum_{i=1}^{n} w_i \overline{X}_i \tag{8-18}$$

总均方误差为

$$\overline{\sigma_i^2} = \frac{1}{k} \sum_{i=1}^{n} w_i^2 \sigma_i^2 \tag{8-19}$$

此时 $\overline{\sigma}^2 = \sigma_{\min}^2 / k$。

根据上面公式,自适应加权数据融合的算法如下:

①根据式(8-17)求出 $\overline{X}_i(k)$;

②求出最优加权因子;

③计算出融合估计 $\hat{X}$。

8.4.2 有序加权平均算子(ordered weighted averaging,OWA)

让 $\boldsymbol{w} = (w_1, w_2, \cdots, w_n)^{\mathrm{T}}$,$w_i \in [0,1]$,且 $\sum_{i=0}^{1} w_i = 1$,对于 n 个信息源,决策值 y 为

$$y = \mathrm{OWA}(x_1, x_2, \cdots, x_n) = \sum_{i=1}^{n} w_i b_i \tag{8-20}$$

式中,$\boldsymbol{B} = (b_1, b_2, \cdots, b_n)^{\mathrm{T}}$,$b_1, b_2, \cdots, b_n$ 为数组 $(x_1, x_2, \cdots, x_n)$ 的降序排列,则称 y 为 n 个输入源的有序加权平均,有序加权平均满足如下:

①当 $\boldsymbol{w} = (1, 0, \cdots, 0)$ 或 $(0, 0, \cdots, 1)$ 时,$y = \max(x_1, x_2, \cdots, x_n) = b_1$ 或 $y = \min(x_1, x_2, \cdots, x_n) = b_n$,此时有序加权平均算子分别相当于模糊运算中的 or 或 and 算子。

②当 $\boldsymbol{w} = (1/n, 1/n, \cdots, 1/n)$ 时,此时有序加权平均算子还原成算术平均。

③设 $(a_1, a_2, \cdots, a_n)$ 和 $(b_1, b_2, \cdots, b_n)$ 是任意两个向量,且 $a_i \leqslant b_i$,$i = 1, 2, \cdots, n$,则

$$\mathrm{OWA}(a_1, a_2, \cdots, a_n) \leqslant \mathrm{OWA}(b_1, b_2, \cdots, b_n) \text{(单调性)} \tag{8-21}$$

④设 $b_j (j = 1, 2, \cdots, n)$ 是 $a_i (i = 1, 2, \cdots, n)$ 一个位置的置换,则

$$\mathrm{OWA}(a_1, a_2, \cdots, a_n) = \mathrm{OWA}(b_1, b_2, \cdots, b_n) \text{(交换性)} \tag{8-22}$$

⑤设 $a_j = a$,$j = 1, 2, \cdots, n$,则

$$\mathrm{OWA}(a_1, a_2, \cdots, a_n) = a \text{(幂等性)} \tag{8-23}$$

【例8.3】 某投资银行拟对某市 4 家企业 $x_i (i = 1, 2, 3, 4)$ 进行投资,抽取下列 5 项指标进行评估:u_1,产值;u_2,投资成本;u_3,销售额;u_4,国家收益比重;u_5,环境污染程度。投资银行考察了上年度 4 家企业的上述指标,得到评估结果。表 8-2 显示了这些评估归一化后的结果,试确定最佳投资方案。

表 8-2 OWA 用于决策分析

企 业	u_1	u_2	u_3	u_4	u_5
x_1	0.745 5	0.934 3	0.681 1	1.000 0	0.764 7
x_2	0.677 7	1.000 0	0.742 6	0.792 6	1.000 0
x_3	1.000 0	0.618 9	1.000 0	0.719 5	0.866 7
x_4	0.874 9	0.990 4	0.987 1	0.902 4	0.464 3

投资者根据以往经验和偏好对于各个属性形成相应的权值,依次为 0.36,0.16,0.16,

0.16,0.16。使用 OWA 算子,得 4 个企业的对应值为:0.859 6,0.871 2,0.872 8,0.873 1。据此对 4 个企业的排名为 $x_1 < x_2 < x_3 < x_4$。

一般地,加权平均算法和有序的加权平均算法的参数个数均为 n 个,因此它们的参数辨识程序类似。但是,有序加权平均算法具有更为优秀的品质。事实上,有序加权平均把 n 个信息源的定义域划分成 $n!$ 个子空间,在每个子空间上都对应权系数的一种排列,因此,其逼近性能远优于加权平均算法。

8.5 登普斯特—谢弗(Dempster-Shafer)证据理论

定义 8.1 设 $X = \{x_1, x_2, \cdots, x_n\}$ 是任意 n 个元素的集合,则其所有子集构成的集合称为 X 的幂集(或称为权集),表示为 $P(X)$ 或者 2^X。幂集中的子集个数共有 2^n 个。

【例 8.4】 设 $X = \{a, b, c, d\}$,则 X 的幂集中共有包含空集 $\varnothing$ 在内的 16 个子集:
$$\varnothing, \{a\}, \{b\}, \{c\}, \{d\}, \{a,b\}, \{a,c\}, \{a,d\}, \{b,c\}, \{b,d\}, \{c,d\}, \{a,b,c\},$$
$$\{a,b,d\}, \{a,c,d\}, \{b,c,d\}, \{a,b,c,d\}$$

8.5.1 证据理论基本模型和性质

Dempster-Shafer(D-S)证据理论最基本的概念是所建立的辨识框架(frame of discernment),记作 θ,辨识框架定义为一个互不相容事件的完备集合,在数据融合中可以将其看作平台数据库。这里 θ 表示对某些问题的可能答案的一个集合,但其中只有一个是正确的。Bayes 推理是对 θ 中元素进行运算,而 D-S 证据理论则是对 2^θ 中的元素进行运算。在概率论中,把一个事件 A 以外的事件,均看作 $\overline{A}$。D-S 证据理论对它进行了修正,它不采用事件—概率的概念,而引入了命题—信任度的概念,认为对命题 A 的信任度和命题 $\overline{A}$ 的信任度之和可以小于 1。

在证据理论中,若辨识框架 θ 中的元素满足互不相容的条件,命题 A 对基本概率赋值函数 m 的赋值 $m(A)$ 是集合 2^θ 到 $[0,1]$ 的映射,即若 $m: 2^\theta \rightarrow [0,1]$,必须满足下列条件:

① $m(\varnothing) = 0$;

② $\sum_{A \subseteq 2^\theta} m(A) = 1$。

其中,$m(A)$ 称为事件 A 的基本概率赋值,有时也将其称作质量函数,早期称为概率片。它表示了对命题 A 的支持程度,$\varnothing$ 表示空集。显然,上面两个公式中,前者表示对不可能命题 $\varnothing$ 的支持程度为零,后者表示对所有子集 θ 的集合 2^θ 中的全部元素的支持程度之和为 1。可见,对命题 A 的基本概率赋值相当于概率中的事件 A 出现的概率。

在证据理论中,定义另一个函数 Bel,如果满足如下条件
$$Bel(\varnothing) = 0, \quad Bel(\theta) = 1$$
$$Bel(A) = \sum_{B \subseteq A} m(B), \quad \forall A \subseteq \theta$$
则称 Bel 函数为信任函数,称 $Bel(A)$ 为命题 A 的信任度。显然,它表示了对命题 A 总的信任程度。因此,基本概率赋值可表示为
$$m(A) = \sum_{B \subset A} (-1)^{|A-B|} Bel(B), \quad \forall A \subseteq \theta \tag{8-24}$$
从这种意义上说,基本概率赋值和信任函数精确地传递同样的信息。如果辨识框架 θ

的一个子集为 A，且 $m(A)>0$，则称 θ 的子集 A 为信任函数 Bel 的焦元。信任函数全部焦元的并集称为信任函数的核（core）。在证据理论所定义的第 3 个函数 Pl，如果满足如下条件

$$Pl(A)=1-Bel(\overline{A}) \tag{8-25}$$

$$Pl(A)=\sum_{A\cap B\neq\varnothing} m(B),\quad \forall A\subseteq\theta \tag{8-26}$$

则称 Pl 为似真函数，称 $Pl(A)$ 为命题的似真度，它与信任函数传递的是同样信息。当证据拒绝 A 时，$Pl(A)$ 等于零。当没有证据反对 A 时，它为 1。由此得

$$Bel(A)\leqslant Pl(A) \tag{8-27}$$

这样，信任度和似真度概括了证据对具体的命题 A 的关系，它们之间的关系如图 8-4 所示。从图中可看出，它构成了一个完整的证据区间，区间 $[0,Bel(A)]$ 中的 $Bel(A)$ 为支持证据区间的上限；区间 $[0,Pl(A)]$ 为似真区间，似真度 $Pl(A)$ 是似真区间的上限，同时也是拒绝证据区间 $[Pl(A),1]$ 的下限，区间 $[Bel(A),Pl(A)]$ 称为中性（uncommitted）证据区间或信任度区间，此区间既不支持，也不拒绝命题 A。

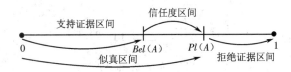

图 8-4 Bel 和 Pl 函数的关系图

如果 $[Bel(A),Pl(A)]$ 为零，表明 D-S 证据推理与 Bayes 推理一致；如果 $[Bel(A),Pl(A)]$ 等于 $[0,1]$，那么在整个区间上，均为信任度区间，子集 A 的信息没有利用价值。如果该区间为 $[0,0]$，则表示整个区间均为拒绝证据区间，对命题 A 全然不支持；如果该区间为 $[1,1]$，则表示整个区间均为支持证据区间，对命题 A 的支持程度最大。但在更多的情况下，Bayes 推理和 D-S 证据理论有如下关系

$$Bel(A)\leqslant P(A)\leqslant Pl(A) \tag{8-28}$$

因此，证据理论是 Bayes 推理的推广，并且信任度和似真度满足如下关系。

$Bel(\varnothing)=Pl(\varnothing)$：对空集 $\varnothing$，信任度和似真度均为零。

$Bel(A)\leqslant Pl(A)$：似真度大于等于信任度。

$Bel(\theta)=Pl(\theta)=1$：接受框架内的全部命题，信任度和似真度均等于 1。

$Pl(A)=1-Bel(\overline{A})$：似真度等于 1 与拒绝命题 A 信任度之差。

$Bel(A)=1-Pl(\overline{A})$：信任度等于 1 与拒绝命题 A 似真度之差。

$Bel(A)+Bel(\overline{A})\leqslant 1$：接受命题 A 和拒绝命题 A 的信任度之和可以小于 1，这就是与概率理论的重要差别。

$Pl(A)+Pl(\overline{A})\geqslant 1$：接受命题 A 和拒绝命题 A 的似真度之和可以大于 1。

8.5.2 证据理论的组合规则

证据理论给出了多源信息的组合规则，即所谓的 Dempster 组合规则。它综合了来自多源的基本概率赋值，得到了一个新的基本概率赋值作为输出，组合规则称为正交和规则，用 $\oplus$ 表示。

假设 m_1 和 m_2 是两个相同辨识框架 θ 上的基本概率赋值，如果 Bel_1 的 s 个焦元是 B_1，

$B_2, \cdots, B_s, Bel_2$ 的 t 个焦元是 $C_1, C_2, \cdots, C_t$ 应用正交和规则 $m(A) = m_1 \oplus m_2$，组合输出为

$$m(A) = K^{-1} \sum_{B_i \cap C_j = A} m_1(B_i) m_2(C_j) \qquad (8\text{-}29)$$

其中 $A \neq \varnothing$，$K = 1 - \sum\limits_{B_i \cap C_j = \varnothing} m_1(B_i) m_2(C_j)$ 是一个归一化常数，如果 $K \neq 0$，则 $m(A)$ 也是一个基本概率赋值，且满足 $\sum\limits_{A \subseteq \theta} m(A) = 1$，称为 m_1 和 m_2 的综合概率赋值；当 $K = 0$ 时，$m_1 \oplus m_2$ 无定义，$m(A)$ 不存在，这时称 m_1 和 m_2 为冲突项。

证据区间可通过如下的方法进行组合：假定有命题 A 和 B，它们的信任区间分别为

$$EI_1(A) = [Bel_1(A), Pl_1(A)] \text{ 和 } EI_2(B) = [Bel_2(B), Pl_2(B)] \qquad (8\text{-}30)$$

组合后的信任区间为

$$EI_1(A) \oplus EI_2(B) = [1 - K_{EI}(1 - Bel_1(A))(1 - Bel_2(B)), K_{EI} Pl_1(A) Pl_2(B)]$$

$$(8\text{-}31)$$

式中，$K_{EI} = \{1 - [Bel_1(A) Bel_2(\overline{B}) Bel_1(\overline{A}) Bel_2(B)]\}^{-1}$。

对于多个基本概率赋值函数，$m(A) = m_1 \oplus m_2 \oplus m_3 \oplus \cdots \oplus m_n$，组合以后的综合概率赋值为

$$m(A) = K^{-1} \sum_{\cap A_j = A} \prod_{1 \leqslant i \leqslant n} m(A_i) \qquad (8\text{-}32)$$

式中，$A \neq \varnothing$，$K = \sum\limits_{\cap A_j = \varnothing} \prod\limits_{1 \leqslant i \leqslant n} m(A_i)$。如果 $K \neq 0$，则 $m(A)$ 为 $m_1, m_2, m_3, \cdots, m_n$ 的正交和，是一个基本概率赋值，否则 $m_1, m_2, m_3, \cdots, m_n$ 之间冲突，解不存在。

8.5.3　证据理论的进一步说明

使用 D-S 证据理论，量化不确定性成为可能，不确定性是使用者提交量化证据到代表 3 个简单假设的整个辨识框架。而这在概率方法中是不可能实现的。即使使用者对一个假设一无所知，基于此知识对每个简单假设也能分配。因此，在 D-S 组合后关于给出假设的证据没有改变，不过对于复合假设连同忽略量可以大为减少。这意味着在融合两个信息源后不精确和不确定度均极大降低了。注意使用经典概率方法是不能处理复合假设和未知概念。

然而，D-S 证据论本身存在着不完善，特别是难以解决下面的典型问题。

（1）难以解决证据完全冲突的情况

设样本空间为 $\Omega = \{a, b, c, d\}$，$A = \{a\}$，$B = \{b\}$，$C = \{a, b\}$，如果两证据 e_1 和 e_2 分别为 $Bel(A) = Pl(A) = 1.0$ 和 $Bel(B) = Pl(B) = 1.0$，即两个同等重要的证据有着完全不同的结论，这是证据冲突的极端情况。利用 D-S 证据理论合成法则时，组合公式的分母为零，无法对证据进行合成，也就是说 D-S 规则无法处理完全不一致的证据，而这在智能信息处理系统的证据推理中十分重要。

（2）难以辨识合成证据的模糊程度

证据理论中所涉及的证据模糊度主要来自证据中各子集的模糊度，由信息论观点可知，子集中的元素个数越多，子集的模糊度越大，对证据模糊度的处理归结为能否有效地辨识子集中元素数目的多少。设样本空间为 $\Omega = \{a, b, c, d\}$ 存在两组证据 m_1 和 m_2，Θ 表示证据中未知部分。

①设 $A = \{a\}$，$B = \{a, b\}$，$m_1(A) = 0.8$，$m_1(\Theta) = 0.2$；$m_2(B) = 0.6$，$m_2(\Theta) = 0.4$。组合

后的结果为 $m(A)=0.8,m(B)=0.12,m(\Theta)=0.08$。

②设 $A=\{a\},B=\{a,b,c,d\},m_1(A)=0.8,m_1(\Theta)=0.2;m_2(B)=0.6,m_2(\Theta)=0.4$。组合后的结果为 $m(A)=0.8,m(B)=0.12,m(\Theta)=0.08$。

显然,证据理论合成规则不能辨别子集中元素个数的多少。按照直观的理解,①中合成后 $\{a\}$ 的置信度应该比②合成的大。然而利用 D-S 规则,两者却是相等的,原因是该规则的使用条件是有条件的,即必须假设证据合成具有某种独立性,因此忽略了所涉及的集合大小以及集合间的相交程度。这说明 D-S 规则无法根据子集的大小决定合成的权重。

另一方面,从前面的定义知道,在辨识框架 θ 内,如果基数即信息源 $N=10$,将有 2^N-1 个,即 1 023 个基本概率数,如果 N 再增加,计算量和复杂度等均迅速增加,不仅使概率分配造成困难,而且可能使推理几乎变成不可能。因此,多年来不断有人对其进行改进与完善并提出了许多有效的方法。

【例 8.5】 已知 $\theta=\{a,b,c\},m_1(\{a,b\})=0.5,m_1(\theta)=0.5,m_1(其他)=0,m_2(\{b,c\})=0.4,m_2(\theta)=0.6,m_2(其他)=0$,计算 $m_1\oplus m_2$。

解:首先写出 θ 的幂集:$2^\theta=\{\varnothing,\{a\},\{b\},\{c\},\{a,b\},\{b,c\},\{a,c\},\{a,b,c\}\}$,则

$$K=\sum_{x\cap y=\varnothing}m_1(x)m_2(y)=m_1(\{a\})m_2(\{b,c\})+m_1(\{b\})m_2(\{a,c\})+m_1(\{c\})m_2(\{a,b\})$$
$$+m_1(\{a,c\})m_2(\{b\})+m_1(\{a,b\})m_2(\{c\})+m_1(\{b,c\})m_2(\{a\})$$
$$+m_1(\{\varnothing\})m_2(\{a,b,c\})+m_1(\{a,b,c\})m_2(\{\varnothing\})=0$$

因此,有

$$(m_1\oplus m_2)(\{a\})=\frac{1}{1-K}[m_1(\{a\})m_2(\{a,c\})+m_1(\{a\})m_2(\{a,b\})+m_1(\{a,b\}),m_2(\{a\})$$
$$+m_1(\{a,c\})m_1(\{a\})+m_1(\{a\})m_2(\{a,b,c\})+m_1(\{a,b,c\})m_2(\{a\})$$
$$+m_1(\{a,c\})m_2(\{a,b\})+m_1(\{a,b\})m_2(\{a,c\})]$$
$$=1\times(0+0+0\times0.6+0.5\times0+0+0.5\times0+0+0.5\times0)=0$$

$$(m_1\oplus m_2)(\{b\})=\frac{1}{1-K}[m_1(\{b\})m_2(\{b,c\})+m_1(\{b\})m_2(\{a,b\})+m_1(\{a,b\}m_2(\{b\})$$
$$+m_1(\{b,c\})m_2(\{b\})+m_1(\{b\})m_2(\{a,b,c\})+m_1(\{a,b,c\})m_2(\{b\})$$
$$+m_1(\{a,b\})m_2(\{b,c\})+m_1(\{b,c\})m_2(\{a,b\})]$$
$$=1\times(0\times0.4+0+0\times0.6+0.5\times0+0+0.5\times0+0.5\times0.4+0)$$
$$=0.2$$

$$(m_1\oplus m_2)(\{c\})=\frac{1}{1-K}[m_1(\{c\})m_2(\{a,c\})+m_1(\{c\})m_2(\{b,c\})+m_1(\{a,c\})m_2(\{c\})$$
$$+m_1(\{b,c\})m_2(\{c\})+m_1(\{c\})m_2(\{a,b,c\})+m_1(\{a,b,c\})m_2(\{c\})$$
$$+m_1(\{a,c\})m_2(\{b,c\})+m_1(\{b,c\})m_2(\{a,c\})]$$
$$=1\times(0+0\times0.4+0\times0.6+0+0+0.5\times0+0\times0.4+0)=0$$

$$(m_1\oplus m_2)(\{a,b\})=\frac{1}{1-K}[m_1(\{a,b\})m_2(\{a,b\})+m_1(\{a,b\})m_2(\{a,b,c\})$$
$$+m_1(\{a,b,c\})m_2(\{a,b\})]$$
$$=1\times(0.5\times0+0.5\times0.6+0.5\times0)=0.3$$

$$(m_1\oplus m_2)(\{a,c\})=\frac{1}{1-K}[m_1(\{a,c\})m_2(\{a,c\})+m_1(\{a,c\})m_2(\{a,b,c\})$$
$$+m_1(\{a,b,c\})m_2(\{a,c\})]$$

$$=1\times(0+0\times0.6+0.5\times0)=0$$

$$(m_1\oplus m_2)(\{b,c\})=\frac{1}{1-K}[m_1(\{b,c\})m_2(\{b,c\})+m_1(\{b,c\})m_2(\{a,b,c\})$$

$$+m_1(\{a,b,c\})m_2(\{b,c\})]$$

$$=1\times(0\times0.4+0\times0.6+0.5\times0.4)=0.2$$

$$(m_1\oplus m_2)(\{a,b,c\})=\frac{1}{1-K}[m_1(\{a,b,c\})m_2(\{a,b,c\})]=1\times(0.5\times0.6)=0.3$$

8.5.4　基于 D-S 证据理论的指纹图像分割融合方法

图像分割的一般方法是基于图像灰度特性,但这种方法并不适用于具有较强纹理方向的指纹图像。对于指纹图像的分割,基于方向信息的方法更为合适,其中具有代表性的是方向图分割方法。该方法的分割效果依赖于所求点方向图及块方向图的可靠性,而对图像对比度的高低并不敏感。但是对于纹线不连续、单一灰度等方向难以正确估计的区域以及中心、三角附近方向变化剧烈的区域,方向图分割则往往难以取得令人满意的效果。

因此,目前用于指纹分割的特征各有利弊,因而采用单一特征的指纹分割算法难以达到理想的效果。要提高分割精度,利用各个分割算法之间的互补性,使用 D-S 证据理论融合多个特征分割算法的结果成为一种可行的方案。本实验在割除非指纹区的前提下,首先根据指纹图像的特点,选取对比度和纹理方向两个有效的特征将区域块进行分类,然后利用 D-S 证据理论的合成法则将各分类器的结果相结合进行统一判决。首先利用双门限分割方法割除图像中的非指纹区,然后根据指纹图像的特点,选取对比度和纹理方向分别作为两个分类器的有效特征。由于从所处理的图像区域中提取的证据特征往往不确定,为表述与处理这种不确定性,本实验采用变量的隶属度函数表示命题的可信度,从而得到两个分类器的 mass 函数值,最后利用证据理论的合成法则将各分类器的结果结合起来进行统一判决,得到指纹清晰区、噪声严重区和模糊区。

1. 归一化处理

归一化处理是对原始指纹图像中每一像素点的一种操作,目的是降低指纹脊线和谷线间的灰度偏差,使图像中纹线灰度均值和方差接近于给定的期望均值 M_0 和期望方差 VAR_0。灰度图像归一化并不改变指纹纹理的清晰度。记指纹图像大小为 $M\times N$,$\boldsymbol{I}$ 为其灰度矩阵,$I(i,j)$ 表示第 i 行第 j 列像素点对应的灰度值,$Mean$ 和 Var 分别为图像灰度的均值和方差,对输入的原始指纹图像作归一化处理

$$G(i,j)=\begin{cases}M_0+\sqrt{\dfrac{VAR_0\ (I(i,j)-Mean)^2}{Var}},&I(i,j)>Mean\\[4mm]M_0-\sqrt{\dfrac{VAR_0\ (I(i,j)-Mean)^2}{Var}},&\text{其他}\end{cases}$$

式中 M_0 和 VAR_0 为给定常数。

2. 双门限分割

由于非指纹区的特点为灰度均值很低,而且由于没有纹线峰和谷的变化,因此方差也很小。鉴于上述特点,把 $M\times N$ 的指纹图像划分成多个不相重叠的图像块作为分割的基本单位,图像块如果太大,对指纹的中心、三角区域描述不准确;如太小,又对图像噪声过于敏感。因此,本试验采用 16×16 图像块大小,定义以下两种特征量:

①块灰度均值,其中第 m 行 n 列的块均值为

$$Mean(m,n)=\frac{1}{16\times16}\sum_{i=0}^{15}\sum_{j=0}^{15}I(i+16m,j+16n)$$

②块灰度方差,第 m 行 n 列的块方差由下式计算

$$Var(m,n)=\frac{1}{16\times16}\sum_{i=0}^{15}\sum_{j=0}^{15}(I(i+16m,j+16n)-Mean(m,n))^2$$

非指纹块的判决如下:当 $Mean(m,n)<T_1$ 且 $Var(m,n)<T_2$ 时,该块判决为非指纹块,其中 T_1、T_2 为自适应判决门限,例如,分别为 $0.25Mean$ 和 $0.25Var$。

3.利用 D-S 证据理论进行分割

对指纹图像中指纹清晰区、噪声严重区以及模糊区 3 类区域的分割正确与否不但对其后的处理有着较大的影响,而且直接影响到预处理特征提取的精度。例如,把噪声严重区误分为指纹清晰区就容易在二值化和细化后造成大量假分叉点和端点;把指纹清晰区误分为噪声严重区则会导致特征点的丢失;而进行正确判决的前提则是要寻求能较好反映纹线清晰与模糊的判据以及能进行合理判决的决策机制。在线形纹理图像中,局部呈现出一致的方向性,而从总体上来看,图像的方向是连续的,其取值范围为 $[0,\pi]$。为了减少计算时间和节约存储空间,需要对连续方向进行量化。这里采用了等间距量化,并令量化间隔与图像中曲线的曲率成反比,使方向变化越快的图像量化方向数越多,以保证滤波过程中方向选择的准确度。由于邻域点的方向性大致相同,因此可将图像分成 16×16 个互不重叠的图像块,然后统计图像块内点方向分布情况,对应像素点最多的方向称为该块的块方向。在这一步分割中,这里使用的分割算法主要使用灰度和纹理方向两类信息,其中方向信息采用均分一周角形成的 8 个量化方向的处理方法。

分别使用两个分类器:基于方向信息和基于对比度的分类器,焦元分别为指纹清晰 (A_1)、噪声严重 (A_2) 和模糊 (A_3),下面讨论各分类器的 mass 计算。

(1)基于方向信息的分类器

$$D(m,n)=\sum_{i=0}^{7}w(|i-BlockDirection|)\times sum(i,m,n)$$

式中　$BlockDirection$——第 m 行第 n 列块的块方向;

$sum(i,m,n)$ 表示该块中方向为第 i 个量化方向的像素点数;

w——加权系数。

w 取值为

$$w(x)=\begin{cases}8, & x \mod 8=0\\6, & x \mod 8=1.7\\4, & x \mod 8=2.6\\2, & x \mod 8=3.5\\0, & x \mod 8=5\end{cases}$$

由 $D_{min}(m,n)$,$D_{max}(m,n)$ 定义 3 个模糊集合 F_1、F_2 和 F_3,分别代表图像的指纹清晰块、噪声严重块和模糊块。为了计算方便采用三角形隶属函数,计算隶属度的表达式为

$$\mu_{F_k}(D(m,n))=\frac{D(m,n)-D_{min}(m,n)}{D_{max}-D_{min}(m,n)}, \quad k=1,2$$

$$\mu_{F_3}(D(m,n)) = \begin{cases} \dfrac{2D(m,n)}{D_{\max}(m,n)}, & 0 \leqslant D(m,n) < \dfrac{1}{2}D_{\max}(m,n) \\[2ex] \dfrac{2(D_{\max}(m,n) - D(m,n))}{D_{\max}(m,n)}, & \dfrac{1}{2}D_{\max}(m,n) \leqslant D(m,n) < 1 \end{cases}$$

将它们 3 个值归一化后分别作为 A_1、A_2 和 A_3 的 mass 值

$$m_1(A_i) = \frac{\mu_{F_i}(D(m,n))}{\sum\limits_{i=1}^{3} \mu_{F_i}(D(m,n))}, \quad i = 1,2,3$$

（2）基于对比度的分类器

为了简化计算,这里采用对比度 $contrast(m,n)$ 作为特征,表示为

$$Z(m,n) = \frac{contrast(m,n)}{Mean(m,n)}$$

其中

$$contrast(m,n) = \frac{t_1}{n_1} - \frac{t_2}{n_2}$$

式中,n_1,t_1 分别表示块中灰度值大于或等于块灰度均值的像素点数以及相应的灰度值之和;n_2,t_2 为块中灰度值小于块灰度均值的像素点数和相应的灰度值之和。显然,$contrast(m,n)$ 的最大、最小值分别为 255 和 0。类似前面的计算方法,先求出 3 个隶属度函数,然后再分别求出 A_1、A_2 和 A_3 的 mass 值:$m_2(A_1)$,$m_2(A_2)$ 和 $m_2(A_3)$。

（3）融合判决

由于图像的方向性和对比度之间相关性较小,因此可以假设两个分类器产生的证据结果是独立的。通过 D-S 合成规则进行融合,首先得到 $m = m_1 \oplus m_2$,得到融合后的 mass 值后,由正交法则计算出信度区间 $[Bel(A_i), Pl(A_i)]$。

针对每一个图像块,定义以下规则来确定该图像块所属类别:

① 目标类别应该具有较高的信任度值;

② 目标类别与其他类别的信任度值之差应该大于某一阈值;

③ 模糊的 mass 值应该小于某一域值;

④ 目标类别的信任度值必须大于模糊性 mass 值。

为了验证 D-S 方法在分割融合应用的有效性,表 8-3 给出了两种分类器融合的结果,结果表明利用 D-S 融合理论提高了分割的准确性。

表 8-3　两种分类器融合结果示例

待判决图像块	分类器	A_1	A_2	A_3	结　果
图像块	方向分类器	0.333	0.222	0.445	模糊
	对比度分类器	0.571	0.143	0.286	清晰
	融合结果	0.653	0.192	0.155	清晰
图像块	方向分类器	0.289	0.237	0.474	模糊
	对比度分类器	0.382	0.206	0.412	清晰
	融合结果	0.483	0.287	0.230	清晰

8.6 神经网络信息融合方法

基于神经网络的多种传感器信息融合是近几年来发展的热点。神经网络使用大量简单的处理单元(即神经元)处理信息,神经元按层次结构的形式组织,每层上的神经元以加权的方式与其他层上的神经元连接,采用并行结构和并行处理机制,因而网络具有很强的容错性以及自学习、自组织和自适应能力,能够模拟复杂的非线性映射。神经网络的这些特性和强大的非线性处理能力,恰好满足了多传感器信息融合技术处理的要求,可以利用神经网络的信号处理和自动推理功能实现多传感器信息融合技术。

将多种神经网络分类器相融合,可以增加识别信息的可用量,减少信息的不确定性,是提高整个系统精度和鲁棒性的有效途径。具体地讲,采用多分类器融合主要有以下3方面原因。

①不同类型或相同类型但参数设置不同的分类器,在处理各自特定的问题时,取得了不同程度的成功。如果将这些不同类型或相同类型但参数设置不同的分类器组合起来,吸收它们各自的优点,则可以提高整个识别系统的性能。

②为了提高识别系统的性能,可能在一个系统里同时采用多种特征提取方法。对不同特征提取方法得到的特征矢量,会有更适合于处理的相应不同的神经网络分类器。这些分类器在结构上、参数的设置上不尽相同。因此,从结构上讲,必须采用多种形式的神经网络。

③用某一方法提取的特征,其维数可能很高,直接分类不仅导致计算复杂,而且会引起系统的运行问题以及精度问题。若采用多种神经网络分类器,可将高维矢量分成几个低维矢量,用几个分类器处理这些低维矢量。然后,用某种方式将几个分类器的分类结果组合起来,以构成整个识别系统。

基于神经网络融合的算法通常可以分为两类:低级融合和高级融合。低级融合指的是对传感器数据直接进行集成,实质上就是进行参数和状态估计。高级融合指的是在一个层次化的结构中,对不同模块提供的信息进行分配或集成,从而对传感器数据进行间接融合。图 8-5 显示了一个应用中的多源传感器的信息融合结构。

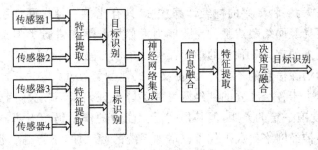

图 8-5 多源传感器的信息融合结构

集成的结构主要是并联式。并联式是指各个识别子系统独立地接收原始图像并给出自己的识别结果,然后基于相互独立的识别结果得到最终的答案,并行集成的方法主要有投票的方法、贝叶斯方法和神经网络合成方法。并联形式的各分类器是独立设计的,组合的目的是将各个单一分类器的结果以适当的方式综合成为最终识别结果。以并联形式组合时,各分类器提供的信息可以是分类类别,也可以是有关类别的度量信息(如距离或概率等)。实际应用中,由于各个独立的神经网络并不能保证错误不相关,因此,神经网络集成的效果与理想值相比有一定的差距,但其提高泛化能力的作用明显。

8.6.1 单个 BP 网络的建立

考虑多层 BP(back propagation)神经网络。设 w 为任意多层 BP 网络的连接权值(包括阈值),即 $w=(w_1,w_2,\cdots,w_n)$,初值为 w_0。样本空间为 (X,Y),X 为样本输入,Y 为样本输出(期望输出),如图 8-6 所示。误差函数定义为

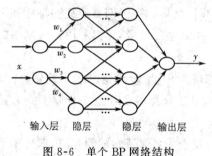

图 8-6 单个 BP 网络结构

$$E=\parallel Y_r-Y \parallel^2 \tag{8-33}$$

其中 $\parallel \cdot \parallel$ 为某一范数,Y_r 为神经网络的实际输出。由于当样本空间确定以后,E 只是权值向量 w 的函数,故上式可改写为 $E=E(w)$。通常,训练多层神经网络的 BP 算法标准形式为

$$w^{k+1}=w^k-h\triangle E(w^k) \tag{8-34}$$

式中,h——学习步长,$h>0$;

$w^0=w_0$;

$\triangle E(w^k)=\left[\dfrac{\partial E}{\partial w_1},\dfrac{\partial E}{\partial w_2},\cdots,\dfrac{\partial E}{\partial w_n}\right]^{\mathrm{T}}$——$E(w^k)$ 在点 w^k 的梯度。

8.6.2 多个 BP 网络的集成

神经网络集成一般地定义为:"神经网络集成是用有限个神经网络对同一个问题进行学习,集成在某输入示例下的输出由构成集成的各神经网络在该示例下的输出共同决定。"神经网络的集成可以由 BP 网络采用相对多数投票法构成。假设当前的任务是利用 N 个神经网络组成的集成对 $f:R^m\to C$ 进行近似,其中 C 可以是类标号集等决策量,最终结果由诸个体子网络经相对多数投票生成,即某个传感器的输出成为最终结果当且仅当该输出收到的投票数最多。更加复杂的方案是利用 Boosting 方法生成集成网络个体等。

神经网络集成作为一种新兴的神经计算方法,具有比单一神经网络系统更强的泛化能力,实际上就是利用神经网络集成强的泛化能力对原始数据集进行类似于平滑去噪等作用的加工,使其包含更多的有助于预测的信息。经过集成与融合的多传感器系统能完善地、精确地反映环境特征,消除信息的不确定性,提高传感器的可靠性。

在实际应用中,由于各个独立的神经网络并不能保证错误不相关,因此,神经网络集成的效果与理想值相比有一定的差距,但其提高泛化能力的作用仍相当明显。大量的应用实践表明,使用适当的神经网络集成不仅可以增加系统的健壮性,还能提高准确性。

例如,对移动机器人多传感器信息融合及对障碍物的识别,避开障碍物是移动机器人导航中重要的一部分。本实验是某实验室提出的一种基于神经网络集成的传感器信息融合算法,并应用在 HEBUT-Ⅰ型机器人上实现对障碍物的识别。要识别的障碍物有球体、长方体、正三棱锥、圆柱体,如表 8-4 所示。

表 8-4　障碍物类型

障碍物	训练集（每 10°采集）	测试集 A（每 15°采集）	测试集 B（每 20°采集）
正三棱锥	边长＝0.5 cm	边长＝0.3 cm	边长＝0.2 m
长方体	长＝0.5 cm，宽＝0.2 m，高＝0.3 m	长＝0.5 cm，宽＝0.2 m，高＝0.3 m	长＝1.0 cm，宽＝0.3 m，高＝0.6 m
圆柱体	高＝0.5 cm，直径＝0.4 m	高＝0.5 cm，直径＝0.4 m	高＝0.5 cm，直径＝0.4 m
球体	直径＝0.2 m	直径＝0.2 m	直径＝0.2 m

在 HEBUT-Ⅰ型机器人上有 3 大传感器组，CCD 摄像机、红外传感器、超声波测距传感器。正如视觉给人类提供了 70％以上的所需信息并为人类的正常生活和工作提供了必要保障一样，视觉系统为移动机器人提供了大量的信息。给移动机器人配备视觉装置（CCD摄像机结构），可以使移动机器人在行走时能够识别其前方的障碍物，这对移动机器人实现智能化行驶具有重要意义。该实验中采用以形心为基点，沿边界各像素跟踪的方法，由形心到各边界点的直线距离构成边心距序列，经归一化后作为各输入目标模式的分类特征。边心距序列具有一些很重要的性质：周期性、平移不变性、旋转不变性、比例性。边心距序列的上述特性使其可用于图像识别。当物体的形状通过用边心距表示时，一个二维图像可表示成一个一维的曲线波形。这里用这个方法对实验中获得的边心距序列与参考波形作比较以识别平面图像。

若超声波测距传感器在有效测距范围内存在被测物，则在后一路超声波束发出之前应当接收到前一路发回的反射波，否则认为前一路无被测物。该实验的估算是基于特征点和形心与它们所在的区域的关系而采取的一种简单方法：特征点的距离估算为其所在区域的距离值。通过坐标转换获得了在摄像机坐标系统中的 9 个点的距离值。

红外传感器作为一种重要的被动传感器，具有较强的抗干扰能力；同时，由于目标不可避免地要辐射热量，又为使用红外传感器对目标探测和跟踪创造了条件。在子网络中采用质心及质心偏移测量的红外目标跟踪方法，这种方法除具有能精确跟踪目标的优点外，还具有线性测量模型特点。

融合神经网络用于对单个传感器检测到的信息进行处理，提取有用信息，作为融合神经网络的输入，融合神经网络对得到的信息在一定的层次上进行融合处理，以得到更全面、更准确的信息。即分别搭建识别各种障碍物的子网络，以并行集成的方式把每个个体网络组合起来，获得一个高性能的识别系统。每一个单元 BP 网络可以很好地进行图像预处理、降维等特征提取。对于每一个传感器的目标向量 X 的每一分量，可以对应 BP 神经网络的每一个输入，经过训练集的数据学习应用测试集的测试，将结果作为集成网络的输入。

仿真实验利用 VC＋＋6.0 编程，BP 网的输入节点 17 个，输出节点为 4 个，隐含层节点为 16 个，要识别的障碍物有球体、长方体、正三棱锥、圆柱体。当移动机器人移动时，超声波发射器每隔一固定的时间段发射一次超声波。当移动机器人进行到适当的位置时，采样开始。在取样过程中，小车绕着障碍物转，每隔 10°取样一次。神经网络用这些训练数据进行离线训练。在测试中，设计两组测试数据验证系统的有效性。仿真中用到的这些数据集如表 8-4 所示。移动机器人以 0.45 m/s 的速度前进，对障碍物的识别率作为主要的性能指标。对于以上列举的 4 个障碍物，单个 BP 子网络的平均识别率依次为：91.12％，91.08％，90.12％，92.91％。而集成后的网络识别率依次为：92.94％，93.35％，93.98％，94.5％。当实验次数增加时，识别率还将提高。该实验显示使用集成的神经网络融合方法是实用而有效的，移动机器人可以实时地识别出障碍物类型。从实验结果分析和比较可以证明，基于神经网络集成的多传感器融合信号识别要比单个网络具有更高的健壮性,识别能力更强,这样给机器人对陌生环境的辨识和决策提供了更有力的科学依据。

8.7 数据关联的基本概念和方法

8.7.1 数据关联的概念

数据关联是建立单一的传感器测量与以前测量数据的关系,以确定它们是否有一个公共源的处理过程。数据关联是数据融合的关键问题之一,特别是多目标跟踪的核心问题。

所谓数据关联是把来自一个或多个传感器的观测 $Z_i, i=1,2,\cdots,N$,与 j 个已知或已经确认的事件或对象(集合)联系起来,使它们分别属于 j 个事件的集合,满足每个时间集合所包含的观测以较大的概率或接近 1 的概率均来自同一个对象。

数据关联过程通常包含 3 部分内容:首先将传感器的观测值进行门限过滤,利用先验知识过滤掉那些门限以外的观测值,利用门限内的输出形成有效的观测对;并据此建立关联矩阵,用以度量各个观测与事件集合的接近程度;最后,将最接近预测位置的点迹按照赋值策略分别赋予相对应的航迹。

1.数据关联算法中门限过滤

这里特别提出关联门选择问题。关联门是指当把观测值与特定对象联系起来时确定的有效区域。例如,当判断某个点迹是不是某条航迹的延伸点,需要根据目标的最大运动速度、机动变化情况和雷达的各种测量误差,为预计航迹位置确定一个窗口(区域),而窗口的大小被称为门限。使用设计的门限即可过滤掉不相关的点迹和干扰。门限过滤是数据关联中常用的方法,门限的大小对关联产生重大影响。由于不同的传感器可以有不同的工作机制,探测精度各不相同,加之目标的机动,关联门的选择变得更加复杂。并且工程应用中还必须解决关联跟踪过程中(捕获和维持的不同阶段)关联门的自适应调整问题,包括波门的形状,波门的尺寸(周期不等、群跟踪、机动情况),数据平滑等。通常最常用的是矩形关联门和椭圆形关联门。确定了关联门,也就确定了一个"感兴趣"的邻域。关联门内的点迹称为有效点迹,门限外的信息不被考虑。门限的大小必须考虑,门限小了,覆盖不了可靠的目标,而门限大了,则起不到抑制其他目标和干扰的作用。而使用极大似然法是目前最常用的确定最佳门限的方法。

2.关联矩阵

关联矩阵表示的是两个实体之间相似性的度量。例如,对于每一个可行观测-航迹对必须计算关联矩阵。为了进行这种度量,必须选择合适的距离测度。这里使用的距离测度必须满足对称性、归一性和三角不等式,最常用的距离如表 8-5 所示。

表 8-5 常用的相似性度量

度量名称	数学表达式	注释和说明
加权欧氏距离	$[(Y-Z)W(Y-Z)]^{1/2}$	用 W 加权的向量 Y 与 Z 之间的距离,当 W 取单位矩阵时的欧氏距离
Mahalanobis 距离	$(Y-Z)^{-1}R^{-1}(Y-Z)$	加权欧氏距离,其中的权等于逆协方差矩阵
相关系数	$Y \cdot Z/\{\|Y\| \|Z\|\}$	描述了两个矢量的几何距离适合任何类型数据

度量名称	数学表达式	注释和说明
集合距离	$\lvert A \cap B \rvert / \lvert A \cap B \rvert$	描述了两个集合 A 与 B 的距离
概率距离	$g_{ij} = \mathrm{e}^{-d_{ij}^2/2} \left[(2\pi)^{M/2} \sqrt{\lvert \boldsymbol{S}_{ij} \rvert} \right]^{-1}$	概率距离, M 是维数

这里,概率度量是信息关联关系分析中的一个典型的相似性度量。该度量基于下面条件:假定残差为高斯分布的随机变量,已知将度量 j 赋给航迹 i 的似然函数由表格中概率距离表达式给出,其中 d_{ij} 是任意的距离度量,$\boldsymbol{S}_{ij}$ 是残差协方差矩阵。对于表达式的两端取对数,忽略常数项,得到似然函数的最大值为 $d_{\max}^2 = d_{ij}^2 + \ln\lvert\boldsymbol{S}_{ij}\rvert$,所以这种类型的度量与其他度量不同,它不是由两个矢量值直接确定的,而是取决于基本过程的先验统计分布,在高斯分布情况下,它与通常欧氏距离只相差一个常数项。

8.7.2 "最近邻"法

到目前为止,已经有许多有效的数据关联算法,其中提出最早也是最简单的数据关联方法是"最近邻"法。这里所谓"最近"往往表示统计距离最小或者残差概率密度最大,统计距离一般采用欧氏距离

$$d^2[\boldsymbol{z}(k)] = [\boldsymbol{z}(k) - \hat{\boldsymbol{z}}(k \mid k-1)]^{\mathrm{T}} \boldsymbol{P}^{-1}(k) [\boldsymbol{z}(k) - \hat{\boldsymbol{z}}(k \mid k-1)] \tag{8-35}$$

式中 $\hat{\boldsymbol{z}}(k \mid k-1)$ ——目标的预测位置;

$\boldsymbol{P}(k)$ —— $\boldsymbol{z}(k) - \hat{\boldsymbol{z}}(k \mid k-1)$ 的协方差。

可以证明,这种方法在极大似然意义上是最优的。事实上,如果设残差的似然函数为

$$g_{ij} = \frac{\mathrm{e}^{-d^2/2}}{(2\pi)^{M/2} \sqrt{\lvert \boldsymbol{P}(k) \rvert}} \tag{8-36}$$

为了得到残差的似然函数最大,对上式先取对数,再取导数,即可导出其似然函数的最大等效于残差最小。然而,"最近邻"方法的本质是一种"贪心"算法,并不能在全局意义下保持最优,该算法选择离关联波门中心最近的量测对目标航迹进行更新,而离中心最近的量测未必就是正确的目标量测,因此,"最近邻"法往往会发生误跟和丢失目标的现象。概括起来说,"最近邻"方法的优点是运算量小,易于理解和实现;而主要缺点是在目标密度较大时,易于跟错目标等。

【例 8.6】 假定有一航迹 i,关联门为二维矩形门,其中除了预测位置之外,还包含了 3 个观测点迹 1、2、3,如图 8-7 所示。使用"最近邻"方法确定进一步的点迹。

解:直观地看,在 3 个观测点迹 1、2、3 中,点迹 2 离预测的位置最近。实际上,使用欧氏距离可以计算出点迹 2 应为最近邻点迹。

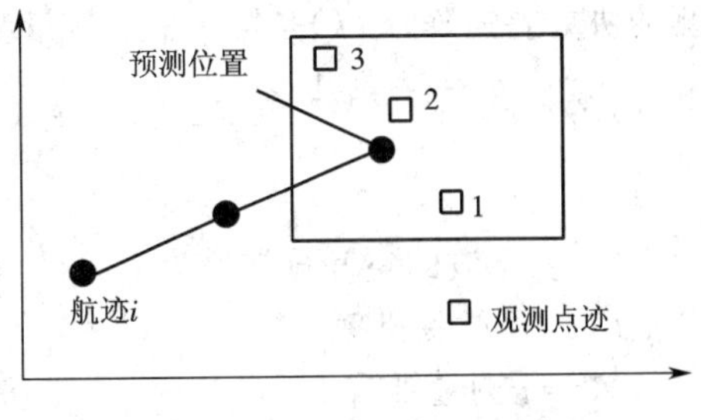

图 8-7 最近邻数据关联示意图

8.7.3 概率数据关联滤波器

概率数据关联理论的基本假设是,在杂波环境下仅有一个目标存在,并且这个目标的轨迹已经形成。如果每个时刻的有效回波只有一个,则关联问题就变成经典的卡尔曼滤波问题。但是,在杂波环境下,由于各种因素的影响,任一时刻,每一个给定目标的有效回波往往

不止一个。这样就产生一个无法回避的问题:究竟哪一个有效回波是来自目标的? 为解决这个问题可以采用上面的"最近邻"法。然而,这个方法在有效回波较多的情况下往往不精确。另一个方法认为所有的有效回波都可能源自目标,只是每个有效回波源于目标的概率有所不同,这便是这里介绍的概率数据关联算法(probability data association filter,PDAF)。

设系统描述为

$$X(k+1)=\boldsymbol{\Phi}(k)X(k)+V(k)$$
$$Z(k)=H(k)X(k)+W(k) \tag{8-37}$$

式中　$X(k)$——k 时刻的状态向量;

　　　$Z(k)$——k 时刻的观测向量;

　　　$\boldsymbol{\Phi}(k)$——状态转移矩阵;

　　　$H(k)$——量测矩阵;

　　　$V(k)$ 和 $W(k)$——零均值相互独立的白色高斯过程噪声,它们分别对应协方差矩阵为 $R(k)$ 和 $Q(k)$。

根据全概率公式可以证明,目标在第 k 时刻均方意义下的最优估计为

$$\hat{X}(k|k)=\sum_{i=0}^{m_k} P_i(k)\hat{X}_i(k|k) \tag{8-38}$$

式中　m_k——第 k 时刻的回波数;

　　　$i=0$ 对应项 $\hat{X}_0(k|k)$——所有回波均来自干扰或者杂波的目标状态估计值;

　　　$\hat{X}_i(k|k)(i>0)$——所有回波均来自目标的条件下目标状态的估计值;

　　　$P_i(k)$——第 k 时刻第 i 个回波均为正确的概率。

为了确定该最优估计必须确定 $P_{ij}(k)$ 与 $\hat{X}_i(k|k)$ 的值。因此,概率数据关联的基本思想是:不真正确定哪个有效回波真的源于某个目标,而是认为所有的有效回波均有可能来自目标或杂波,在统计的意义上计算每个有效回波对目标状态估计所起的作用,并以此为权重,给出整体目标的估计。确定 $P_{ij}(k)$ 是基于下面 Balom 提出的概率关联理论的结果,它使用两个基本假设。

①正确量测服从正态分布或均匀分布。

②在杂波环境下仅有一个目标存在,并且这个目标的航迹已经形成。

Balom 基于以上假设,给出了不同干扰模型下的关联概率的计算公式。设符号 $S(k)$ 是量测的协方差矩阵,$e_i(k)$ 是第 i 个有效量测的误差函数,并记

$$a_i(k)=P_\mathrm{D}\exp\left\{-\frac{1}{2}e_i(k)S(k)^{-1}e_i(k)^\mathrm{T}\right\},\quad a_i(0)=(2\pi)^{M/2}\lambda\sqrt{|S(k)|}\frac{1-P_0 P_\mathrm{D}}{P_0} \tag{8-39}$$

式中　λ——杂波的空间分布密度;

　　　P_D——检测概率;

　　　M——测量维数。

对于非参数模型的概率数据关联滤波算法,k 时刻有 m 个量测落入有效探测范围内,第 i 个有效量测 $z_i(k)$ 源自目标的概率为

$$P_i(k)=\frac{a_i(k)}{a_i(0)+\sum_{s=1}^{m_k} a_i(k)},\quad i=1,2,\cdots,m_k \tag{8-40}$$

在 k 时刻 m 个量测中没有一个是来自目标的量测的概率为

$$P_0(k) = \frac{a_i(0)}{a_i(0) + \sum_{s=1}^{m_k} a_i(k)} \tag{8-41}$$

在许多应用中,为了计算简便,取 $P_0 = 1$。

PDAF 算法中的目标状态估计由下面能够同时滤波和预测的方程式(8-42)更新

$$\hat{\boldsymbol{X}}(k|k) = \hat{\boldsymbol{X}}(k|k-1) + \boldsymbol{K}(k)\boldsymbol{W}(k) \tag{8-42}$$

式中　$\hat{\boldsymbol{X}}(k|k)$——状态更新估计;

$\hat{\boldsymbol{X}}(k|k-1)$——从 $1 \sim k-1$ 时刻的所有量测数据对 k 时刻数据 $\boldsymbol{X}(k)$ 所做的预测;

$\boldsymbol{K}(k)$——卡尔曼增益;

$\boldsymbol{W}(k)$——组合信息。

$\boldsymbol{W}(k)$ 的计算公式为

$$\boldsymbol{W}(k) = \sum_{i=1}^{m} \beta_i(k) \boldsymbol{v}_i(k) \tag{8-43}$$

$$\boldsymbol{v}_i(k) = z_i(k) - \boldsymbol{H}(k)\hat{\boldsymbol{X}}(k|k-1) \tag{8-44}$$

其中 $\beta_i(k)$ 表示第 i 个量测来自第 k 个目标这一事件的概率(量测 i 源于目标 k 的概率)。目标更新估计的协方差由下式确定

$$\boldsymbol{P}(k|k) = \beta_0 \boldsymbol{P}(k|k-1) + (1-\beta_0)\boldsymbol{P}'(k) + \boldsymbol{P}''(k) \tag{8-45}$$

这里

$$\boldsymbol{P}'(k) = \boldsymbol{P}(k|k-1) - \boldsymbol{K}(k)\boldsymbol{S}(k)\boldsymbol{K}^{\mathrm{T}}(k) \tag{8-46}$$

$$\boldsymbol{P}''(k) = \boldsymbol{K}(k)\left[\sum_{i=1}^{m} \beta_i \boldsymbol{v}_i(k)\boldsymbol{v}_i^{\mathrm{T}}(k) - \boldsymbol{v}(k)\boldsymbol{v}^{\mathrm{T}}(k)\right]\boldsymbol{K}^{\mathrm{T}}(k) \tag{8-47}$$

根据 PDAF 推导的 3 个假设,PDAF 算法在杂波环境中具有较好的跟踪性能,适用于杂波环境中单个目标的跟踪。PDAF 算法是在独立一致空间分布的情况下,将所有不正确的量测建立为"随机干扰"模型。因此对于多目标情况下,近邻目标的存在会引起建模不正确,其性能急剧下降。Bar-Shalom 等在 PDAF 算法的基础上,提出了适用于跟踪多个目标的一种数据关联算法,即为著名的联合概率数据关联滤波(joint probability data association filter,JPDAF)算法。有兴趣的读者可以参考相关书籍。

8.7.4　模糊数据关联

类似于上述概率数据关联算法中的基本思想,模糊数据关联认为所有的有效回波均有可能来自目标或杂波,在属性的意义上计算每个有效回波对目标状态估计所起的作用,并以此为权重,给出整体目标的估计。计算属性权重依赖于任何一个有效的模糊聚类算法,其中最早也是使用最频繁的模糊聚类算法是模糊 C-均值(fuzzy c-means,FCM)算法。FCM 算法定义如下目标函数

$$\mathrm{Min}\ J(U,V) = \sum_{i=1}^{c}\sum_{j=1}^{n} u_{ij}d_{ij}^2, \quad d_{ij} = \|x_j - v_i\|, \quad 0 < \sum_{j=1}^{n} u_{ij} \leqslant N \tag{8-48}$$

式中　v_i——第 i 个类的中心;

u_{ij}——第 j 个模式(回波)对于第 i 个类(目标)的归属度。

用 Lagrange 乘子寻优算法可以导出目标函数式(8-48)的最优隶属函数和最佳中心分别为

$$u_{ij} = \frac{1}{\sum\limits_{r=1}^{n}\left(\dfrac{d_{ij}}{d_{rj}}\right)^{2/(m-1)}}, \quad v_i = \frac{\sum\limits_{j=1}^{n} u_{ij}x_j}{\sum\limits_{j=1}^{n} u_{ij}} \tag{8-49}$$

在多传感器多目标跟踪系统中,C 为目标的个数,n 为接受的观测总数,x_j 表示观测向量,$j=1,2,\cdots,n$,v_i 是目标 i 的预测向量,$i=1,2,\cdots,C$。使用 FCM 的目的就是在第 i 条航迹的预测值($i=1,2,\cdots,C$)已知的情况下,将每个航迹 x_j 与 C 个可能的航迹按照隶属度联系起来。

模糊数据关联方法的具体步骤如下:

①对于固定的 v_i,$i=1,2,\cdots,C$,计算下列隶属度划分矩阵 $\boldsymbol{U}=\{u_{ij}\}$,划分矩阵中的每个元素 $u_{ij}(i=1,2,\cdots,C;j=1,2,\cdots,n)$ 代表航迹 i 与观测 j 之间的关联度量,该矩阵使得任何一个观测均以非零的隶属度对应不同的航迹。

②对于最大的隶属度值 $u_{i_M j_M}$ 进行搜索,将观测 j_M 赋予航迹 i_M。

③在划分矩阵 $\boldsymbol{U}$ 中消去上述观测航迹对,得到一个降阶的矩阵。

④对其余的观测和航迹,重复②和③,一直到 n 个观测赋予 C 个当前的航迹。

【例 8.7】 已知雷达站工作时,在时刻 t 有 4 个目标,即 $C=4$。它们的预测位置分别为 v_1,v_2,v_3 和 v_4,与此对应的 4 个点迹分别是 x_1,x_2,x_3,x_4,即 $n=4$。假设正确的相关是把观测/点迹 j 赋予航迹 $i(i,j=1,2,3,4)$。利用 FCM 算法,对于已知预测矢量得到下面的划分

$$\boldsymbol{U} = \begin{bmatrix} u_{11} & u_{12} & u_{13} & u_{14} \\ u_{21} & u_{22} & u_{23} & u_{24} \\ u_{31} & u_{32} & u_{33} & u_{34} \\ u_{41} & u_{42} & u_{43} & u_{44} \end{bmatrix} = \begin{bmatrix} 0.25 & 0.55 & 0.15 & 0.21 \\ 0.10 & 0.25 & 0.05 & 0.12 \\ 0.60 & 0.05 & 0.70 & 0.27 \\ 0.05 & 0.15 & 0.10 & 0.40 \end{bmatrix}$$

其中 $\boldsymbol{U}$ 中行表示航迹,列表示观测/点迹。对于最大的 u_{ij} 进行搜索,得 $u_{i_M j_M} = u_{33} = 0.70$,于是将观测/点迹 3 分配给航迹 3。将 0.70 对应的行与列从 $\boldsymbol{U}$ 中划去得

$$\boldsymbol{U}_1 = \begin{bmatrix} 0.25 & 0.55 & 0.21 \\ 0.10 & 0.25 & 0.12 \\ 0.05 & 0.15 & 0.40 \end{bmatrix}$$

按照同样的方法,找到 $u_{i_M j_M} = u_{12} = 0.55$,于是将观测/点迹 2 分配给航迹 1。将 0.55 对应的行与列从 $\boldsymbol{U}_1$ 中划去,得

$$\boldsymbol{U}_2 = \begin{bmatrix} 0.10 & 0.12 \\ 0.05 & 0.40 \end{bmatrix}$$

在 $\boldsymbol{U}_2$ 中这时找到 $u_{i_M j_M} = u_{44} = 0.40$,于是将观测/点迹 4 分配给航迹 4。将 0.44 对应的行与列从 $\boldsymbol{U}_2$ 中划去,得 $\boldsymbol{U}_3 = [u_{21}] = [0.10]$。实际上,它只有一个元素,即 $u_{21} = 0.10$,自然只能分配给航迹 2 了。

8.7.5 多传感器的模糊聚类融合技术

假设观测空间包含 n 个观测对象的集合 X 上有 M 个传感器,每个传感器可以视作 X 中所有对象的一个分类器,不同的分类器必然导致对 X 中对象的不同分类或划分,或者说 M 个分类对应着 M 种不同的划分结果,最佳的方法是融合这些分类结果得到最优的划分。常用的划分方法是对 X 中所有对象进行聚类分析。

对于一个包含两个类的对象集合,一个对象对两个类的归属判断问题上最不确定的情形是这个对象对这两个类的隶属度均等于 0.5。这种情况可以推广到 3 个或者更多个类的情况。假设对象集合 X 被划分为 C 个类,为此首先定义一个评价向量如下:

$$\boldsymbol{P}=(1/C,\cdots,1/C)(\text{共 }C\text{ 个类}) \tag{8-50}$$

这里 $\boldsymbol{P}$ 的含义是当一个对象对 C 个类的隶属为 $(1/C,\cdots,1/C)$,即对于 C 个类的隶属度均相等时,其对于各个类的归属性是最不确定的,因为很难确定它到底归属于哪个类。反过来,如果这个对象的隶属度形如 $(0,0,\cdots,1,0,\cdots,0)$ 的 0-1 单位向量形式,即只对一个类的隶属度为 1 而其余均为 0,则该对象对于 C 个类的归属性是确定的,即确定地属于隶属度为 1 所对应的类。作为一个例子,以下用一组包含 3 个类且具有 100 个二维对象(向量)的集合说明这种情形,如图 8-8 所示。

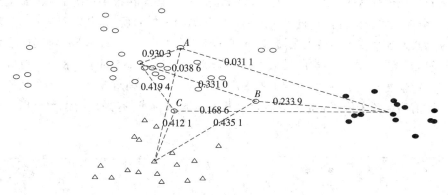

图 8-8　用红绿蓝 3 色标记的 A、B、C 3 个点对于 3 个类的归属关系
○—红　△—蓝　●—绿

应用模糊聚类后,根据最大隶属度的原则,所有的数据点均将被划分到 3 个类,如图所示用红绿蓝 3 色标记的 3 个区域。点 A、B、C 是非常具有代表性的 3 个点,其中点 A 离"红"类的类中心最近,它归属于"红"类的可能性要比其他两个类大,其对应的隶属度向量为 $(0.930\ 3,0.031\ 1,0.038\ 6)^{\mathrm{T}}$,与评价向量 $(1/3,1/3,1/3)^{\mathrm{T}}$ 的距离是最大的,所以可以非常确定地把点 A 划分到"红"类;点 B 到 3 个类的类中心距离几乎一样,其对应的隶属度向量为 $(0.331\ 0,0.233\ 9,0.435\ 1)^{\mathrm{T}}$,与评价向量 $(1/3,1/3,1/3)^{\mathrm{T}}$ 的距离是最小的,它对 3 个类的归属关系很难确定;点 C 与点 A 和点 B 的情况又均不一样,它的隶属度向量为 $(0.419\ 4,0.412\ 1,0.168\ 6)^{\mathrm{T}}$,与评价向量 $(1/3,1/3,1/3)^{\mathrm{T}}$ 的距离较小,介于 A、B 点之间,它到"红"类和"蓝"类的类中心距离几乎一样,且均小于到"绿"类的距离,在这种情况下,我们倾向于把点 C 划分到"红"类和"蓝"类的组合中而不是"绿"类中。以上例子说明,通过计算隶属度向量到评价向量的距离可以度量一个对象的归属性的确定性。

一般地,假设包含 n 个对象的集合中存在 m 个分类器,其中第 m 个分类器把 X 中所有的对象划分到 C 个类:$C_1^m,C_2^m,\cdots,C_c^M,m=1,2,\cdots,M$。定义 u_{ij}^m 为经第 m 个分类器划分后第 j 个对象对第 i 个类的隶属度,$m=1,2,\cdots,M,j=1,2,\cdots,N$。任何一个对象经不同分类器进行划分后对应的一组隶属度构成一个隶属度向量 $U_j^m(x_j)=(u_{k_1,j}^m,u_{k_2,j}^m,\cdots,u_{k_s,j}^m)^{\mathrm{T}}$,任何一个对象在第 m 个分类器中的分类结果的不确定性度量按照以下权重定义为

$$w_j^m=1-d(U_j^m,P),\quad j=1,2,\cdots,N;\quad m=1,2,\cdots,M \tag{8-51}$$

因此,任何一个对象对于所有 C 个类的归属性可以按照以下加权平均或者最大值的方

法确定,对应权重越大说明区分度越好,而赋予另一种激励模式较小的权值,利用权重可以判断一个对象在 M 个传感器下对应的隶属度哪个具有区分度,一个对象对于 M 个传感器中任意一个的不确定性可以按照以下加权平均的形式计算:

$$u_{ij}=\sum_{m=1}^{M} w_j^m u_{ij}^m, \quad i=1,2,\cdots,c; \quad j=1,2,\cdots,N \tag{8-52}$$

如果按照最大隶属度原则,则最终的隶属度计算为

$$u_{ij}=\arg \max_j\{w_j^1,w_j^2,\cdots w_j^M\}, \quad i=1,2,\cdots,c; \quad j=1,2,\cdots,N \tag{8-53}$$

利用上述公式,所有的对象的隶属度被完全确定,最终得到一个隶属度矩阵。利用此矩阵可以最优的方式得到各个对象对于所有类的归属性。

然而,以上不同传感器分类结果的融合,均假设各个传感器(分类器)的最高隶属度是1,这意味着各个传感器的状态或重要度是等同的。这个假设在很多情况下是不成立的。例如,假设3个传感器(分类器)各自对应的确定区间如图8-9(a)所示(分别用"○""+"和"◇"表示),这里假设各个传感器最大隶属度(重要程度)均为1,按照式(8-53)对应的最大隶属度原则。然而,当"+"对应的类的最大隶属度降为0.8时,图8-9(b)显示"+"对应类的确定范围有一定幅度的减小,从而对应类的重用度降低。因此,确定各个传感器的工作状态十分重要。当前确定各个传感器的重要性涉及状态自确认技术,有兴趣的读者可以参看相关文献。

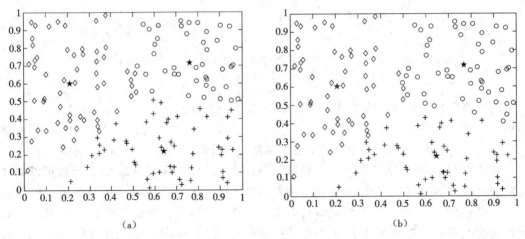

图 8-9　不同可靠性的传感器对应融合范围
(a)具有同样重要性的传感器　(b)具有不同重要性的传感器

8.8　多传感器目标检测

8.8.1　问题的描述

早期数据融合的研究工作主要是关于多传感器目标检测方面。每个传感器的检测结果反映了单个传感器输入信号与假定目标之间特征量匹配的数目及程度。最后融合输出的结果取决于传感器的数目、分辨率、每个传感器所采用的算法以及各个传感器输出融合的结构等。多个传感器的分布和检测结果的融合形成一个检测空间。当前,主要研究内容包括融

合检测率和虚警率与各个传感器的检测率和虚警率的关系,所取得的成果对于应用检测规则以提高融合中心的检测效率具有重要的意义。与单一传感器检测系统不同,多传感器目标检测系统可在传感器和融合节点之间分配从检测到估计的判定重要度。这种检测—融合判定在传感器和融合节点之间的分配,使得多传感器目标检测包含了两种拓扑形式:集中式和分布式。

在集中式方法中,局部传感器直接将所有的观测传送到融合节点以进行决策处理。这一方法的通信传输通常受到系统内部信息通信带宽的约束,检测器采样信息难以完整地传送到融合中心,并且在多数情况下,融合中心没有足够的处理器。

与集中式方法不同,分布式传感器检测系统不需要很大的通信开销,但其性能却由于在融合节点没有接收到所有的传感器观测而被降低,而其可靠性、耐久性和决策时间短等优点在价值上超过了性能的损失。因此,目前分布式系统在各种场合备受推崇。

在分布式检测系统中,每一个局域传感器基于自己的局域探测独立地完成同一决策任务,这些局域决策(而不是观测向量)被送到融合中心构成融合中心的观测向量 $\boldsymbol{u} = (u_1, u_2, \cdots, u_n)$,信息融合中心基于 $\boldsymbol{u}$ 获得全局决策。

假设检验是进行判决的极其重要的统计工具之一。考虑二值假设检验问题,令

$$H_0 : 信号未出现; \quad H_1 : 信号出现 \tag{8-54}$$

$P(H_0), P(H_1)$ 分别表示假设 H_0 和假设 H_1 为真的先验概率,$y_i (1 \leqslant i \leqslant n)$ 表示第 i 个传感器的探测结果,$u_i (1 \leqslant i \leqslant n)$ 表示第 i 个传感器基于 y_i 的决策

$$u_i = \begin{cases} 1, 如果 H_0 为真 \\ 0, 如果 H_1 为真 \end{cases} \tag{8-55}$$

当局部观察得到处理后,决策融合中心即可根据每一个局域决策确定系统的全局决策

$$u = \begin{cases} 1, 如果 H_0 为真 \\ 0, 如果 H_1 为真 \end{cases} \tag{8-56}$$

所得 $P_f = P(u=1 | H_0)$,$P_m = P(u=0 | H_1)$ 分别称为融合中心的虚警率(probability of false alarm)和漏探率(probability of miss)。一般地,对于考察对象所对应元素集(如回波等),若已知:

① 非目标元素定为非目标的数目;

② 非目标元素定为目标的数目;

③ 目标元素定为非目标的数目;

④ 目标元素定为目标的数目。

则检测率是判定为目标元素的数目占总的目标元素的数目的百分比;虚警率是自非目标元素错误判定为目标的数目占总的自非目标元素的数目的百分比;漏探率是把目标元素错误判定为非目标的数目占总的来自目标元素数目的百分比。在应用中,必须考虑如何在它们之间找到一种平衡。

为了判断哪一个假设为真,一个合理的准则是:选择一次观测最可能出现的那个假设,即给定一个抽样后,问哪一个假设最可能是真的。令 $P(H_i | u)$ 表示在给定全局观测 u 的前提下,H_i 为真的概率,则应判定正确的假设为这两个概率较大者所对应的假设。因此当

$$P(H_1 | u) > P(H_0 | u) \tag{8-57}$$

则根据上述判别法则将选择 H_1,否则将选择 H_0。上述规则可写为

$$\frac{P(H_1 \mid u)}{P(H_0 \mid u)} > 1? \quad H_1 : H_0 \tag{8-58}$$

上式所表示的规则为最大后验概率规则。

应用贝叶斯法则得

$$P(H_i \mid u) = \frac{P(u \mid H_i) P(H_i)}{P(u)}, \quad i = 0, 1 \tag{8-59}$$

故

$$\frac{P(H_1 \mid u)}{P(H_0 \mid u)} = \frac{P(u \mid H_1) P(H_1)}{P(u \mid H_0) P(H_0)} \tag{8-60}$$

从而得

$$\frac{P(u \mid H_1)}{P(u \mid H_0)} > \frac{P(H_0)}{P(H_1)}? \quad H_1 : H_0 \tag{8-61}$$

$\wedge(u) = P(u \mid H_1)/P(u \mid H_0)$ 称为似然比。以这个比值为根据的检验称为似然比检验，函数 $P(u \mid H_1)$ 和 $P(u \mid H_0)$ 统称为似然函数。

8.8.2 检测空间的划分与信任级别

图 8-10 用文氏图表示了一个由 4 个传感器所组成的多传感器的检测空间。

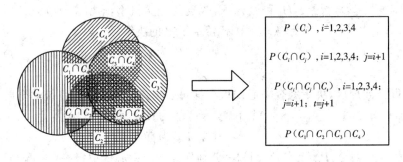

图 8-10 4 传感器系统的检测空间和对应检测率

检测空间是由一系列检测单元组成，即图中分别标出了从 1 个传感器到 4 个传感器的输出结果融合的区域。检测单元因此为多个传感器输出结果的某种组合。在检测单元的组合模式中至少应包含 2 个传感器，以避免单个传感器由于出现干扰等引起的虚警。一旦各个检测单元确定后，可利用布尔代数推导多传感器系统的检测率和虚警率的计算表达式。例如对于上面 4 个传感器的系统，可由 1 个传感器到 4 个传感器组成不同的检测单元，因此系统的检测率可以计算为

$$P_d = P\{C_1 C_2 C_3 C_4 \bigcup C_1 C_2 C_3 \bigcup \cdots \bigcup C_2 C_3 C_4 \bigcup \cdots \bigcup C_1 C_2 \bigcup \cdots \bigcup C_3 C_4 \bigcup C_1 \bigcup \cdots \bigcup C_4\}$$
$$\tag{8-62}$$

上式只要反复使用下面的布尔代数展开式

$$P\{X \bigcup Y\} = P\{X\} \bigcup P\{Y\} - P\{XY\} \tag{8-63}$$

可展开成各个单项传感器检测率的逐项计算表达式。特别地，如果各个传感器响应来自不同物理现象的信号，则各个传感器的检测率之间应该是独立的，这样计算更加简化。

通常传感器的上述检测空间和传感器的信任级别空间是不一样的，可以用如下几项指标定义信任级别：

①传感器处理算法及特征量的数目；

②输入传感器的信号与被检测目标特征的匹配程度；

③信号/噪声比。

信号/噪声比可以看成是信噪比的推广。每个传感器的信任级别的进一步划分数目通常取决于两个数目，一是系统中传感器的数目，二是从传感器数据中抽取的特征量与特定级别目标相关联的正确程度。传感器级别越高，越容易获得融合算法正确的输出结果，使在相当宽的工作条件下满足系统的检测率和虚警率的要求。另一方面，传感器信任级别数目越多，越难定义一套特征量清晰地表示检测到的特征量和信任级别之间的关系。如何确定信任级别最终主要取决于设计者的经验和知识以及对传感器收集的数据的分析。

设第 j 个传感器对应第 s 个信任级别的固有检测率为 $P'(C_{js})$，$j=1,2,\cdots,J,s=1,2,$ $\cdots$。从信任级别空间到对应检测率空间的映射主要是通过条件概率实现的。该条件概率是指目标在已经被检测到的条件下满足某个特定信任级别的概率。因为信号/噪声比在各个信任级别是不同的，所以各个信任级别中的固有检测率也应该是不同的。这样第 j 个传感器在第 s 个信任级别的目标检测率为

$$P\{C_{js}\}=P'\{C_{js}\}P\{C_{js}|已检测到目标\} \tag{8-64}$$

【例8.8】 考虑一个3传感器检测系统，要求系统的检测率必须大于或者等于0.8。在这个例子中，传感器 A 假设是一个毫米波雷达。相对于传感器 A，目标有3型转弯机动属性；假设传感器 B 是激光雷达，相对于传感器 B 目标表现为2型转弯机动属性；假设传感器 C 为红外图像仪，相对于传感器 C 目标没有出现机动属性。最后假定在各个传感器的各信任级别间具有不同的门限值。设通过离线实验确定每一个传感器在各信任级别下检测到的目标数目，见表8-6。各传感器能检测到的数目取决于门限值的大小、信号处理的方法以及各传感器的目标特征判别函数等。如从表8-6可以看出，对于传感器 A，1 000个被检测到的目标中有600个通过信任级别为 A_2 的门限，而只有400个超过其信任级别为 A_3 的门限。所有这些数据决定了级别表8-6中的条件概率。传感器在各个级别下的检测率可以通过各个级别下的固有虚警率、信号/噪声比、被分析信号的采样点数以及适当考虑目标机动属性等因素来计算。在这个例子中，选定的信号/噪声比和相对应的虚警率只要求在一个采样间隔周期内满足整个系统的检测率要求的条件。为了简化计算，可以把噪声当作有限干扰来处理。每个传感器不同级别下的信号/噪声比列在表8-6中。

表 8-6 传感器在各信任级别下检测到的目标数及信号/噪声比

传感器	A			B			C	
信任级别	A_1	A_2	A_3	B_1	B_2	B_3	C_1	C_2
检测到目标数	1 000	600	400	1 000	500	300	1 000	500
条件概率	1.0	0.6	0.4	1.0	0.5	0.3	1.0	0.5
（信号/噪声比）/dB	10	13	16	14	17	20	11	15

可以用这个比值定义传感器的信任级别。各环节的检测率结果见表8-7。表中各信任级别的第1个数是各传感器的固有虚警率（括号中）。通过这个固有虚警率来确定门限，从而得到各个传感器的固有检测率。表格中各信任级别的第2个数为计算出来的各个传感器的检测率。

表 8-7　3 传感器中各信任级别下各检测单元的检测率

检测单元	传感器 A	传感器 B	传感器 C	固有概率
$A_2B_1C_1$	(0.016)0.80	(0.016)0.91	(0.001)0.53	0.39
A_2C_2	(0.001 6)0.51	—	(0.000 5)0.48	0.24
B_2C_2	—	(0.002 0)0.44	(0.000 5)0.48	0.21
A_3B_3	(0.001 2)0.38	(0.001 7)0.28	—	0.11

因此,多传感器的整体检测率可以通过公式计算为

$$P = P(A_2B_1C_1) + P(A_2C_2) + P(B_2C_2) + P(A_3B_3) - P(A_2B_2C_2)$$
$$= 0.39 + 0.24 + 0.21 + 0.11 - 0.11 = 0.84$$

至此,整个系统的检测率大于 0.80。如果该条件没有满足的话,需要重新选择条件概率、传感器的固有虚警率及需要综合分析采样的点数。

8.8.3　分布式检测多传感器系统结构

分布式检测多传感器系统结构的优点是在不增加系统通信带宽的情况下,可以较大幅度地提高系统的检测性能,其系统结构见图 8-11。

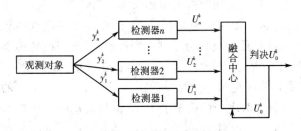

图 8-11　分布式检测系统结构

图 8-11 中 $y_1^k, y_2^k, \cdots, y_n^k(k=0, 1, 2, \cdots)$ 表示各检测器第 k 次的观测数据。n 为检测器的个数;$U_i^k \in \{0, 1\}(i=1, 2, \cdots, n)$ 为各检测器的局部判决结果,i 为检测器序号,U_0^k 为融合中心作出的最终判决。设 $U^k = \{U_1^k, U_2^k, \cdots, U_n^k\}$ 为第 k 步局部判决集合。通常的研究是基于以下假设进行。

①各局部检测器的观测在时间和空间上是统计独立的,各局部检测器间无通信;

②对于假设检验问题,观测目标在系统每次作出的判决时间间隔上保持不变。

对于二元分布式检测系统,设其二元假设分别为 H_1(目标存在假设)和 H_0(无目标假设),观测空间中目标出现与否的概率分别为 $P(H_0)$ 和 $P(H_1)$。假设第 i 个局部检测器在第 k 步的检测概率、虚警概率和漏警概率分别为 P_{Di}^k、P_{Fi}^k 和 P_{Mi}^k。第 k 步全局虚警概率、检测概率和漏警概率分别为 P_D^k、P_F^k 和 P_M^k。根据前面的假设,可以得到第 k 步各局部检测器的虚警概率和漏警概率的表达式

$$P_{Fi}^k = \int_{\gamma_i}^{\infty} f_{i0}(y_i^k \mid H_0) \mathrm{d}y_i^k \tag{8-65}$$

$$P_{Mi}^k = 1 - \int_{\gamma_i}^{\infty} f_{i1}(y_i^k \mid H_1) \mathrm{d}y_i^k \tag{8-66}$$

式中　γ_i——该检测器的观测空间拒绝域;

y_i^k——该局部检测器的第 k 次观测值;

$f_{i1}(y_i^k \mid H_1)$——假设目标存在时的观测概率密度;

$f_{i0}(y_i^k \mid H_0)$——目标不存在时的观测概率密度。

在融合算法中,各检测器将局部判决结果传送到融合中心,融合中心根据给定的融合规则对所有局部判决结果进行综合,将综合以后的结果作为整个系统的判决输出。这里以

S/N 规则为例,对系统融合算法进行说明:在 S/N 规则中,融合中心采用 N 中取 S 的融合规则,在送入融合中心的 N 个传感器决策 $U_i^k \in \{0,1\}$(这里 $N=n$)中,当至少有 k 个倾向于假设 H_1 时,融合中心才给出决策 $U_0^k=1$,判定假设 H_1 为真。其融合中心在第 k 步的 S/N 检验规则可以表示为

$$\Lambda(U^k) = \begin{cases} 1, \sum\limits_{i=1}^{N} U_i^k \geqslant S \\ 0, \sum\limits_{i=1}^{N} U_i^k < S \end{cases} \tag{8-67}$$

式中　$\Lambda(\cdot)$——融合中心的融合规则。

根据式(8-67)所给出的融合规则,在各检测器性能相同的条件下,各检测器的检测性能(P_{Di}^k, P_{Fi}^k)与融合中心性能(P_D^k, P_F^k)间的关系为

$$P_D^k = \sum_{l=k}^{N} C_N^l \cdot (P_{Di}^k)^l \cdot (1-P_{Di}^k)^{N-l} \tag{8-68}$$

$$P_F^k = \sum_{l=k}^{N} C_N^l \cdot (P_{Fi}^k)^l \cdot (1-P_{Fi}^k)^{N-l} \tag{8-69}$$

式中　C_N^l——N 中取 l 的组合。

由于所有的检测器性能相同,在性能不变的情况下,式(8-68)与式(8-69)中的检测步数标志 k 可以省略。

从式(8-68)、式(8-69)可看出,检测系统的全局检测性能与每一个局部检测器的检测性能密切相关。对于给定的分布式检测系统,在各检测器的性能和检测器数量已经给定的情况下,迄今已经有许多学者提出一般性的方法,确定使系统性能达到最优的 S/N 规则中的优化 S 值。但是从应用角度来看,当某个局部检测器发生故障时,如果依旧按照原来的方法计算系统的优化 S 值便会导致系统性能下降。为了解决该问题目前已经提出很多不同类型的具有反馈的融合算法。

8.9　基于案例的推理技术在数据融合中的应用

从信息融合使用中的 3 个层次(位置/身份估计,态势评定,威胁估计)来看,第 2 层和第 3 层要处理大量的反映数据间关系、含义的抽象数据(如符号、范畴性数据等),因此不可避免地要使用推断或推理技术。而这正是基于案例的推理技术可以解决的问题。在人工智能技术中,基于案例库的推理技术常常被用于数据融合的过程。

基于案例的推理(case-based reasoning,CBR)是人工智能领域中越来越受到人们重视的一个分支。其基本原理为:以实例为基础进行推理,把人们以往的经验作为每个的实例,当面临新的问题时,可以对实例库进行搜索,找到合适的实例作为参考,这其实是实现经验的重用;如果对找到的实例有不满意之处,可进行修改以适应当前情况,修改后的实例将被再次存入实例库,以便下次使用时作为参考,这其实是实现经验的自学习。CBR 模仿了人们在问题求解过程中,习惯回忆过去处理类似问题的经验和获取的知识,再针对新旧情况的差异作相应的调整,从而得到新问题的解并形成新的知识过程。因此,CBR 是一种智能化的推理求解模式,不仅使知识获取更加简便、快捷,而且极大地改善了推理的速度和质量。当前,CBR 已经应用在医疗诊断、法律咨询、工程规划、故障诊断、环保和交通等很多领域,

并且越来越受到人们的重视,尤其在不容易总结专家知识的领域中有着广泛的应用前景。同时,基于案例库的推理技术也是针对基于规则的推理系统的不足而提出来的。

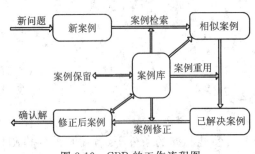

图 8-12　CBR 的工作流程图

8.9.1　基于案例推理的基本原理

CBR 是通过重用以往问题的解决方案以解决新问题的。理解 CBR 的处理循环对于理解 CBR 的工作原理和基本思想尤为重要。一般地,CBR 解决问题的流程被看作是由以下 4 个 R 组成的循环过程(简称为 4R 过程),如图 8-12 所示。

①检索(retrieve):对于新的问题,检索出与之最相似的案例或案例集。

②重用(reuse):把相似案例或案例集中的解决方案作用于新问题从而得到新问题的解决方案。重用的两种方式包括简单的复制和复杂的案例调整。

③修正(revise):在需要的情况下对得到的解决方案进行评估,修补其中的错误。

④保留(retain):把修正后的解决方案保存到案例库中,以备将来的重用。保存过程即为一个学习的过程。

在 CBR 处理循环中,对一个新问题的描述定义了一个新案例,该新案例是整个 CBR 循环的起点,经过案例检索过程,从以往案例集中检索出与该新案例相似的案例或案例集。在此基础上进行案例重用,提出新问题的建议解。建议解可能包含错误或者不适合新问题之处,于是还要经过案例修正的过程,这样得到的确认解才会更加符合新问题的情形。最后将在解决该问题过程中获得的新知识和新经验保存起来,作为以后解决类似问题的基础,上述的 4R 过程可以从以下 6 个方面进一步说明。

(1)案例表示

案例采用特定的结构表达特定的知识,CBR 是在这种特定结构以及其所表示的知识的基础上进行推理的。案例表示是基于案例推理的基础,案例表示的优劣直接决定了 CBR 进行推理的能力和效率。在基于案例推理中,案例通常都是用一种结构化的方式表达了一种经验知识,一个典型的案例表示应该包括如下以下部分:

①问题(problem),描述了案例发生时的客观世界状态;

②解决方案(solution),从该问题引出的解决方案。

每个案例均由问题描述和解两部分组成,它们分别被称为问题空间和解空间。当一个新问题提出之后,首先对该问题进行描述,然后按照一定的相似检索算法从问题空间中检索出相似的以往案例问题描述,根据这些相似的以往案例的解,经过案例调整得到新问题的解。CBR 概念模型默认为在问题空间和解空间中存在一个直接的一一映射,即如果在问题空间中一个新问题位于一个已知问题的左下方,则在解空间中,那么新问题的解也应该位于该已知问题对应解的左下方。在案例表示中可以包含各种类型的数据,如整型、浮点型、布尔型和文本型等,也可以包含图像、音频和视频等多媒体数据。

(2)案例存储

案例存储是设计高效的 CBR 系统的重要问题之一。案例存储应该反映案例表示的概念视图,并且需要考虑表征案例的索引结构。案例库应该组织成一个可管理的结构,用以支持高效的案例检索方法。案例存储通常有两种模型:动态存储模型和类别—范例模型。

(3)案例检索

案例推理的第一步是要检索出与目标案例相似的案例或案例集。案例检索的目标是快速有效地从案例库中找到与问题描述最相似的案例。常用的案例检索方法有最近邻算法、归纳法、知识引导法以及基于神经网络的检索算法等。其中最近邻算法和归纳法是两种在商用 CBR 系统中广泛使用的案例检索算法。

①最近邻算法:最近邻案例检索算法比较简单,即要找出在问题空间与目标问题最接近的案例。设当前案例 $T=(f_1^T,f_2^T,\cdots,f_n^T)$;其中 f_i^T 为当前案例的第 i 个属性($i=1,2,\cdots,n$),类似地,历史案例 $S=(f_1^S,f_2^S,\cdots,f_n^S)$,则最近邻算法的案例检索步骤如下:

步骤1,计算新案例和历史案例在第 i 个属性上的局部相似度

$$\text{localsim}(f_i^T,f_i^S),\quad i=1,2,\cdots,n \tag{8-70}$$

针对不同的属性,可以采用不同的相似度量方法。

步骤2,确定新案例和历史案例在第 i 个属性上的局部相似度权重 w_i。

步骤3,新案例和历史案例的全局相似度为

$$\text{Sim}(T,S)=\frac{\sum_{i=1}^{n}w_i\times\text{localsim}(f_i^T,f_i^S)}{\sum_{i=1}^{n}w_i} \tag{8-71}$$

②归纳法:归纳法的基本思路是判断哪些是可将案例区别开的属性,从而构造决策树组织案例库中的案例。当一个单一的案例属性作为解决方案并且该案例属性依赖于其他属性时,归纳法是一种可行的案例检索算法。

(4)案例重用

对于检索到的相似历史案例,需要把其解决方案重用到新问题中,从而得到新问题的解决方案。案例重用包括简单的案例复制和比较复杂的案例调整两种情形。案例复制的一种方式是直接把相似历史案例的解决方案复制到新案例中,作为新案例的解决方案;另一种方式是产生相似历史案例解决方案的方法的复制。调整需要考虑历史案例和新案例的差异,调整历史案例的解决方案中相应的部分,从而得到与新案例相匹配的解决方案。

在实际应用中,由于新问题与相似问题很少有完全相同的情况,此时简单的案例复制是远远不能满足要求的,而需要进行复杂的案例调整。由于案例复制是一种最简单的案例重用方式,无须深究。然而大多数 CBR 系统仅仅停留在案例检索层面,涉及案例调整的较少,或者进行案例的手工调整。案例调整所关注的3个问题:

①应该对哪些方面进行调整?

②什么样的调整是合理的?

③如何控制案例调整的过程?

CBR 系统通常用来执行案例调整的两种方式:

①重用存储于检索到的案例(或案例集)中的解决方案,这称为转换式调整(transformational adaptation),或者简单称为方案调整。

②重用产生解决方案的规则,这通常称为诱导式调整或方法调整。

(5)案例修正

在 CBR 中,案例修正包括如下两个方面的工作。

①解决方案评估:对经过案例重用得到的建议解进行评估,看其是否存在需要修正的错误。如果建议解是比较成功的,通过案例保留把这种成功的案例保存起来,否则使用领域特

定的知识对该建议解进行修正。解决方案评估可以是专家评估或模型评估,甚至是通过实施该方案进行现实评估。

②错误修正:检查出解决方案中存在错误的地方,并使用领域知识对其进行修正,使其更加符合新问题。

案例修正在 CBR 系统是很重要的,尤其是随着 CBR 系统应用的不断深化,案例库中案例的数量不断增加,从案例库中检索到的相似案例的某些部分已经不适应当前的情形,由此经过重用得到的解决方案会与当前问题存在较大的偏差,因而进行案例的修正显得尤为重要。案例修正与案例调整的区别在于:案例调整是基于历史案例或案例集产生新案例的解决方案;而案例修正是对不适应新案例的错误情形进行修补,得到更加符合当前新问题的解决方案。

(6)案例保留

新案例的保留是 CBR 系统具有学习能力的基础。案例评估和可能的修补结束后,将触发案例保留过程,学习确认解中的成功或失败之处。案例保留需要解决的问题是从案例中选择哪些信息加以保留,以什么形式保留,如何建立这些保留案例的索引以及如何把新案例集成到案例存储结构中。相应地,案例保留可以划分为信息抽取、索引建立和案例集成 3 个子任务。

8.9.2 一个基于案例推理的应用实例

层流冷却装置的传热特性受喷水冷却以及工况的影响,关键参数随生产工况而变化,传热参数的估计是提高建模精度的关键和难点。克服此问题的一个有效方法是结合层流冷却过程的动态模型和案例推理技术,利用案例推理 CBR 估计模型参数,从而建立层流冷却过程的动态模型。通过某钢厂热轧层流冷却过程的实验研究表明,所提的建模方法具有随工况变化的自适应自学习功能,明显提高了层流冷却过程的建模精度。CBR 的运用过程说明如下。

首先,层流冷却过程的工况按照一定的结构进行组织并以案例的形式存储于案例库中。每个案例由工况描述和解组成,带钢的导热系数作为物性参数,受带钢材质和温度的影响;同时,厚度也影响带钢内部的热传导,此外,换热系数与带钢的运行速度和喷水强度有关。由于喷水强度已知,因而将工况描述选为硬度等级 G_r、带钢温度 T_h、厚度 d_h 和速度 v_h,分别用 f_1,f_2,f_3 和 f_4 表示,而层流冷却过程的动态模型中的参数 y_1,y_2,y_3,y_4 和 y_5 分别以 fs_1、fs_2,fs_3,fs_4 和 fs_5 表示。案例的信息存储结构见表 8-8。

表 8-8 案例结构

工况 F				解 F_S				
f_1	f_2	f_3	f_4	fs_1	fs_2	fs_3	fs_4	fs_5
G_r	T_h	d_h	v_h	y_1	y_2	y_3	y_4	y_5

推理系统根据工况描述,即硬度等级、表面温度、厚度和速度进行案例检索和匹配。由于硬度等级和厚度对模型参数的影响较大,作为主索引,速度和温度作为从索引。在检索过程中,利用库的索引结构,计算相似度函数,检索出满足匹配阈值的所有案例。首先定义层流冷却过程的当前运行工况为 F,定义 F 的工况描述为 $F=(f_1,f_2,f_3,f_4)$,定义案例库中的案例为 $C_1,C_2,C_3,\cdots,C_m$,其中案例 $C_k(k=1,2,\cdots,m)$ 的工况描述为 $F_k=(f_k^1,f_k^2,f_k^3,$

$f_k^4),C_k$ 的解为

$$F_{S_k}=(fs_k^1,fs_k^2,fs_k^3,fs_k^4,fs_k^5)$$

工况描述特征 f_1 与 f_k^1 的相似度函数为

$$\text{sim}(f_1,fs_k^1)=\begin{cases}1, & f_1=fs_k^1 \\ 0.9, & 1<|f_1-fs_k^1|\leqslant 3 \\ 0.7, & 3<|f_1-fs_k^1|\leqslant 10 \\ 0.3, & 10<|f_1-fs_k^1|\leqslant 25 \\ 0, & |f_1-fs_k^1|>25\end{cases}$$

工况描述特征 f_l 与 $fs_k^l(l=2,3,4,5)$ 的相似度函数为

$$\text{sim}(f_l,fs_k^l)=1-\frac{|f_l-fs_k^l|}{\max(f_l-fs_k^l)},\quad k=1,2,\cdots,m$$

当前工况 F 与库中案例 $C_k(k=1,2,\cdots,m)$ 的相似度函数为

$$\text{SIM}(F,C_k)=\frac{\sum\limits_{l=1}^{4}w_l\text{sim}(f_l,f_k^l)}{\sum\limits_{l=1}^{4}w_l},$$

$$\text{SIM}_{\max}=\sum\limits_{k\in\{1,2,\cdots,m\}}(\text{SIM}(F,C_k))$$

式中　w_l——工况描述特征的加权系数。

根据经验知识和试凑计算出相似度后,库中与给定工况的相似度达到某设定阈值的所有历史工况均被检出作为匹配案例。

由于一般情况下库中不存在与当前工况完全匹配的工况,因而检索出的匹配工况的解参数并不能直接作为当前工况的传热参数,这时需要对检索得到的相似案例解进行重用。即 CBR 系统将根据新案例的具体情况对检索到的存储案例解进行调整以得到输入案例的解。案例调整是根据输入工况的情况与检索到的存储工况之间的最主要差异,利用已有的过程知识得出当前工况的传热参数。假设在库中共检索到 r 个匹配案例,$\{C_1^R,C_2^R,\cdots,C_r^R\}$,其中 $C_k^R,k=1,2,\cdots,r$ 与当前工况的相似度为 SIM_k,不妨设 $\text{SIM}_1\leqslant\text{SIM}_2\leqslant\cdots\leqslant\text{SIM}_r\leqslant1$,其对应的案例解为

$$Fs_k=(fs_k^1,fs_k^2,fs_k^3,fs_k^4,fs_k^5),\quad k=1,2,\cdots,r$$

当前工况的案例解为 $Fs_k=(fs_k,fs_k,fs_k,fs_k,fs_k)$,　其中

$$fs_l=\frac{\sum\limits_{k=1}^{r}w_k\times fs_k^l}{\sum\limits_{k=1}^{r}w_k},\quad l=1,2,\cdots,5$$

其中权系数叫 $w_k,k=1,2,\cdots,r$,确定如下

若 $\text{SIM}_r=1$,则 $w_k=1(k=r)$ 或 $0(k\neq r)$

否则

$$w_k=\text{SIM}_k,\quad k=1,2,\cdots,r$$

为验证案例重用所得到的换热参数的有效性,需要对其进行评价。首先根据案例重用的解计算换热系数和导热系数,并利用上述公式计算各采样点的卷取温度,然后由下式计算 ΔT

$$\Delta T = \sum_{i=1}^{N} |T_0(i) - T_{cm}(i)| / N$$

式中　　N——带钢的卷取温度采样次数；

　　　　$T_0(i)$——案例重用后模型预测的卷取温度；

　　　　$T_{cm}(i)$——采样点 $i(i=1,2,\cdots,N)$ 的卷取温度采样值。

如果 $\Delta T < 10\ ℃$，则直接转入案例库保存，如果 $\Delta T \geqslant 10\ ℃$，则需要进行案例修正以改善模型的精度，修正后的案例将保存到案例库中。事实上是一个案例修正的过程，整个系统的建模精度在运行过程中随着案例库中积累的工况和知识的增加而不断改善，从而实现了对运行工况变化的自适应。

8.10　粗集理论与信息融合

粗集理论是一种刻画不完整性和不确定性的数学工具，能有效分析和处理不精确、不一致、不完整等各种不完备信息，并从中发现隐含的知识，揭示潜在的规律。该理论由波兰学者 Z. Pawlak 教授在 1982 年提出，1991 年 Z. Pawlak 出版了第一本关于粗集的专著，系统全面地阐述了粗集理论，奠定了严密的数学基础。目前粗集理论已成为人工智能的研究热点，并且在机器学习、决策分析、信息融合、数据挖掘和知识发现等领域得到具体应用和发展。

8.10.1　粗集的基本概念

首先直观地说明粗集理论的基本思想。假设有 8 个积木构成了一个集合 U，并且记 $U = \{x_1, x_2, x_3, x_4, x_5, x_6, x_7, x_8\}$，每个积木块均有颜色属性，按照颜色的不同，人们能够把这堆积木分成 $R_1 = \{红，黄，蓝\}$ 3 个大类，那么所有红颜色的积木构成集合 $X_1 = \{x_1, x_2, x_6\}$，黄颜色的积木构成集合 $X_2 = \{x_3, x_4\}$，蓝颜色的积木是 $X_3 = \{x_5, x_7, x_8\}$。按照颜色属性把积木集合 U 进行了一个划分（所谓 U 的划分即是指对于 U 中的任意一个元素必然属于且仅属于一个分类），这里涉及的颜色属性即为一种知识。在这个例子中不难看到，一种对集合 U 的划分对应着关于 U 中元素的一个知识，假如还有其他的属性，比如还有形状属性集 $R_2 = \{三角，方块，圆形\}$，大小属性集 $R_3 = \{大，中，小\}$，这样加上 R_1 属性对 U 构成的划分分别为

$$U/R_1 = \{\{x_1, x_2, x_6\}(红), \{x_3, x_4\}(黄), \{x_5, x_7, x_8\}(蓝)\}(颜色分类)$$

$$U/R_2 = \{\{x_1, x_2\}(三角), \{x_5, x_8\}(方块), \{x_3, x_4, x_6, x_7\}(圆形)\}(形状分类)$$

$$U/R_3 = \{\{x_1, x_2, x_5\}(大), \{x_6, x_8\}(中), \{x_3, x_4, x_7\}(小)\}(大小分类)$$

上面这些所有的分类合在一起形成了一个基本的知识库。这些子集进行交和并的运算可以表示新的概念，如 $\{x_1, x_2, x_5\} \cap \{x_1, x_2\} = \{x_1, x_2\}$ 表示大的且是三角形的积木集合，$\{x_5, x_7, x_8\} \cap \{x_3, x_4, x_7\} \cap \{x_3, x_4, x_6, x_7\} = \{x_7\}$ 表示蓝色的小的圆形积木集合，还可以蓝色的或者中的积木集合 $\{x_5, x_7, x_8\} \cup \{x_6, x_8\} = \{x_5, x_6, x_7, x_8\}$ 等。所有的这些能够用交、并表示的概念以及加上前面的 3 个基本知识 $(U/R_1, U/R_2, U/R_3)$ 一起就构成了一个知识系统，该系统的所有知识是下面所有产生的交集 $\{\{x_1, x_2\}, \{x_3\}, \{x_4\}, \{x_5\}, \{x_6\}, \{x_7\}, \{x_8\}\}$ 以及所有的并集。

下面考虑近似概念。假设给定了一个 U 上的子集合 $X = \{x_2, x_5, x_7\}$，容易看到，无论

是单属性知识还是由几个知识进行交、并运算合成的知识,均不能得到这个新的集合(它实际上就是所谓的粗集)。于是人们只能用已有的知识去近似它。也就是在所有的现有知识里找出与它最像的两个集合,一个作为下近似,一个作为上近似。于是可以选择{x_5,x_7}(对应"蓝色的大方块或者蓝色的小圆形"这个概念)作为 X 的下近似。选择{x_1,x_2,x_5,x_7,x_8}(对应"三角形或者蓝色的"这个概念)作为它的上近似。值得注意的是,下近似集是在那些所有的包含于 X 的知识库中的子集中接近 X 的最大子集,而上近似则是将那些包含 X 的知识库中的最小子集。一般地,可以用图 8-13 来表示上、下近似的概念。

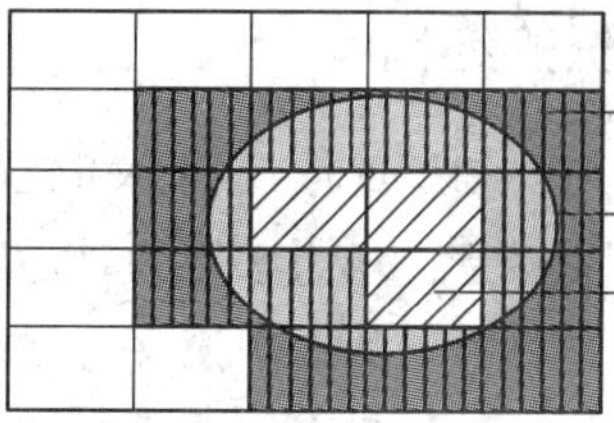

图 8-13　粗集的概念

其中椭圆曲线包围的区域对应 X 的区域,内部的斜线表示的方框是内部参考消息,为下近似,而竖线方框加上斜线方框即为上近似集。其中各个小方块可以被看成是论域上的知识系统所构成的所有划分。粗集理论的核心即为上面所说的有关知识、集合的划分、近似集合等概念。

定义 8.2　一个近似空间(或知识库)定义为一个关系系统(或二元组)

$$K=(U,R) \tag{8-72}$$

式中,$U\neq\varnothing$($\varnothing$为空集)是一个被称为全域或论域的所有要讨论的个体的集合 $W=\{x_1,x_2,\cdots,x_n\}$,R 是 U 上等价关系的一个族集,如前面例子中 R_1,R_2,R_3 构成的关系集合。

定义 8.3　设 $P\subseteq R$ 且 $P\neq\varnothing$,P 中所有等价关系的交集称为 P 上的一种不可分辨的关系(或称不可区分关系),记作 $ind(P)$,即

$$[x]_{ind(P)}=\bigcap_{R\in P}[x]_R \tag{8-73}$$

注意,$ind(P)$ 也是一种等价关系且是唯一的。$[x]_R$ 或 $R(x)$ 表示关系 R 中包含元素 $x\in U$ 的概念或等价类,即在关系 R 下划分到同一类的个体集合,如前面的例子中 $[x_2]_{R_1}$ 表示子集{x_1,x_2,x_6},表示概念"红色的积木"。

定义 8.4　给定近似空间 $K=(U,R)$,子集 $X\subseteq U$ 称为 U 上的一个概念,空集 $\varnothing$ 也视为一个概念;非空子集 $P\subseteq R$ 所产生的不可分辨关系 $ind(P)$ 的所有等价类关系的集合即 $U/ind(P)$,称为基本知识,相应的等价类称为基本概念;特别地,若关系 $Q\in R$,则关系 Q 即称为初等知识,相应的等价类就称为初等概念。根据上述定义,概念即对象的集合,基于概念的分类即为 U 上的知识,U 上分类的族集可以认为是 U 上的一个知识库,或说知识库即是分类方法的集合。

8.10.2　粗集

定义 8.5　设集合 $X\subseteq U$,R 是 U 上的等价关系,称 $\underline{R}X=\{x\in U|R(x)\subseteq X\}$ 为 X 的下近似,$\overline{R}X=\{x\in U|R(x)\bigcap X\neq\varnothing\}$ 为 X 的上近似,$bn_R(X)=\overline{R}X-\underline{R}X$ 为 X 的边界或边界区域。

显然,若 $bn_R(X)\neq\varnothing$ 或 $\overline{R}X\neq\underline{R}X$,则集合 X 即为一个粗集概念。下近似包含了所有那些可能是属于 X 的元素。上近似与下近似的差即为此概念的边界区域,它由不能肯定分类

到这个概念或其补集中的所有元素组成。

由上可知,模糊性是由不确定的或近似的概念来定义的,粗集概念可以通过两个精确概念(上近似和下近似)近似地定义,这就可以精确地描述不精确的概念。另外,用隶属函数、上近似、下近似还可以定义粗集的包含关系与相等关系等。

8.10.3 知识的约简

知识的约简与知识的依赖性是粗集理论中两个最基本的问题。知识约简是研究近似空间中每个等价关系是否均为必要的,以及如何删去不必要的知识,它在信息系统分析与数据挖掘等领域均具有重要的应用意义。知识之间的依赖性决定知识是否可以进行约简,根据依赖性所定义的知识的重要性正是知识约简的重要启发式信息。

(1)一般约简

定义 8.6 设 R 是等价关系的一个族集,且设 $r \in R$。若 $ind(R) = ind(R - \{r\})$,则称关系 r 在族集 R 之中是可省的,否则即为不可省的。若族集 R 中的每个关系 r 均为不可省的,则称族集 R 是独立的,否则就是依赖的或非独立的。

定义 8.7 若 $Q \subseteq P$ 是独立的,并且 $ind(Q) = ind(P)$,则称 Q 是关系族集 P 的一个约简。在族集 P 中所有不可省的关系的集合称为 P 的核,以 $core(P)$ 表示。

显然,族集 P 有多个约简(约简的不唯一性)。用 $red(P)$ 表示 P 的所有约简的族集,则有如下结论:族集 P 的核等于 P 的所有约简的交集,即

$$core(P) = \bigcap red(P) \tag{8-74}$$

由此可知,核的概念具有两个方面的意义。第一,核可作为计算所有约简的基础,因为核包含于每一个约简之中,并且其计算是直接的。第二,核是知识中最重要部分的集合,在知识约简时不能删除。一般产生约简的方法是逐个向核中添加可省的关系,并进行检查。

(2)相对约简

为推广约简与核的概念,先定义一个分类关于另一个分类的正区域概念。

定义 8.8 设 P 和 Q 是全域 U 上的等价关系的族集,所谓族集 Q 的 P-正区域,记作 $pos_P(Q)$,定义为

$$pos_P(Q) = \bigcup_{x \in U/Q} \underline{P}X \tag{8-75}$$

族集 Q 的 P-正区域是全域 U 的所有那些使用分类 U/P 所表示的知识,能够正确地分类于 U/Q 的等价类之中的对象的集合。而一个等价关系 Q 相对于另一个等价关系 P 的正区域的概念是解决分类 Q 的等价类(一般视为决策类)之中的那些对象可由分类 P 的等价类(一般视为条件类)来分类的问题。作为对比,一个集合 X 相对于一个等价关系 P 的正区域即为这个集合的下近似 $\underline{P}X$。

定义 8.9 设 P 和 Q 是全域 U 上的等价关系的族集,$r \in P$。若

$$pos_{ind(P)}(ind(Q)) = pos_{ind(p-\{r\})}(ind(Q)) \tag{8-76}$$

则称关系 r 在族集 P 中是 Q-可省的,否则称为 Q-不可省的;如果在族集 P 中每个关系 r 均为 Q-不可省的,则称 P 关于 Q 是独立的,否则就称为是依赖的。

定义 8.10 $S \subseteq P$ 称为 P 的 Q-约简,当且仅当 S 是 P 的 Q-独立的子集,且 $pos_S(Q) = pos_P(Q)$;族集 P 中的所有 Q-不可省的初等关系的集合,称为族集 P 的 Q-核,记作

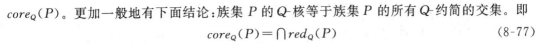

$core_Q(P)$。更加一般地有下面结论:族集 P 的 Q-核等于族集 P 的所有 Q-约简的交集。即

$$core_Q(P) = \bigcap red_Q(P) \tag{8-77}$$

式中　$red_Q(P)$——族集 P 的所有 Q-约简的族集。

如果整个知识 P 对于将对象分类于知识 Q 的概念中均为必要的,那么知识 P 即为 Q-独立的,知识 P 的 Q-核是知识 P 的本质部分,是不能被删除的。如果知识 P 仅仅只有一个 Q-约简,则知识 P 是确定的。当知识 P 为不确定的,即知识 P 有多个 Q-约简,将对象分类于 Q 概念时,一般就有多种使用知识 P 的方式。若核为空,则这种不确定性尤其严重。

（3）知识依赖性

定义 8.11　设 $K=(U,R)$ 是一个近似空间,$P,Q \subseteq R$。

①知识 Q 依赖于知识,当且仅当 $ind(P) \subseteq ind(Q)$,记作 $P \Rightarrow Q$。

②知识 P 和知识 Q 是等价的,当且仅当 $P \Rightarrow Q$ 且 $Q \Rightarrow P$,即 $ind(P)=ind(Q)$,记作 $P=Q$,明显地,$P=Q$ 当且仅当 $ind(P)=ind(Q)$。

③知识 P 和知识 Q 是独立的,当且仅当 $P \Rightarrow Q$ 且 $Q \Rightarrow P$ 均不成立,记 $P \neq Q$。

依赖性也可以是部分成立的,即为从知识 P 能推导出知识 Q 的一部分知识,或者说知识 Q 只有一部分依赖于知识 P 的,部分依赖性（部分可推导性）可以由知识的正区域来定义。

定义 8.12　设 $K=(U,R)$ 是一个知识库,$P,Q \subseteq R$,称知识 Q 以依赖度 $k(0 \leq k \leq 1)$ 依赖于知识 P,记作 $P \Rightarrow_k Q$,当且仅当

$$k=r_P(Q)-card(pos_P(Q))/card(U)(card \text{ 表示集合的基数}) \tag{8-78}$$

①当 $k=1$,则称知识 Q 完全依赖于知识 P,$P \Rightarrow Q$ 也记作 $P \Rightarrow Q$。

②当 $0<k<1$,则称知识 Q 部分依赖于知识 P。

③当 $k=0$,则称知识 Q 完全独立于知识 P。

由定义可知,若 $k=1$,则全域的所有元素均能用知识 P 来分类于 U/Q 的概念之中。若 $k \neq 1$,则仅仅是全域之中属于正区域的那些元素能够用知识 P 分类于 U/Q 的概念之中。特别地,若 $k=0$,则全域的所有元素均不能够用知识 P 分类于 U/Q 的概念之中。因此系数 $r_P(Q)$ 可以理解为知识 P 和知识 Q 之间的依赖程度。

8.10.4　基于粗集理论的多传感器融合

在多传感器数据融合过程中,常常会碰到数据超载问题,在应用诸如 D-S 证据理论进行信息融合时,往往会出现组合爆炸,如何综合处理这些大量的传感器数据,寻求高效快速的融合算法是亟待解决的问题。而粗集理论提供了解决该问题的新途径,可以把每次传感器采集的数据看作一个等价类,利用粗集理论化简核和相容性等概念,对大量的传感器数据进行分析,剔除相容信息,求出大量数据的最小不变核,找出对决策有用的决策信息,得到最快的融合算法,为提高融合速度,解决数据超载问题提供了方法。

由于粗集理论只能处理离散性信息,因此需要对传感器的测量值进行离散化。离散化可以把一个信息系统的最优分类性质作为选择离散化的基本原则。采用粗集理论进行信息融合的具体步骤如下:

①编码,将传感器信息按某种准则离散化;

②将编码后的信息构建成信息表的形式,以便于处理;

③根据 $r_P(Q)$ 是否等于1简化信息表属性；

④求出信息表的核值表；

⑤由核值表求出信息表的简化形式；

⑥从简化表中求出最小决策算法，即最快融合算法。

以 SCARA 型机器人为例，假设有4种传感器所测得的值分别为 a,b,c,d，目的是通过4种传感器识别工作台上的4种工件。通常，识别待测工件时，首先要根据工件的特征，利用专家的经验知识，建立工件特征库。然后将传感器测得值与特征库进行匹配，并得出结论。特征库的建立是一项极为费时费力的工作，这里采用4种传感器分别对4种工件进行多次测量，用粗集理论分析这些测量，得出决策融合算法。为此，先对 a,b,c,d 4种测量值依据一定的准则进行编码，把 a,b,c 值分为4挡，d 为3挡。如 c 值表示物体表面的粗糙度，表示范围为

1，0.58～1.12；　2，1.13～1.67；　3，1.68～2.22；　4，2.22～2.77。

d 特征值表示工件重量，范围为

1，0.93～1.58；　2，1.59～2.24；　3，2.25～2.90。

零件 e 的编码为

1，A 物体；　2，B 物体；　3，C 物体；　4，D 物体。

根据机器人多次测量的数据，用编码值得出表 8-9 的机器人识别物体的信息表。

表 8-9　机器人物体识别信息表

U	a	b	c	d	e	U	a	b	c	d	e
1	1	3	2	2	1	8	1	3	2	1	3
2	1	1	2	2	1	9	4	3	2	1	3
3	1	1	2	3	1	10	4	3	4	1	4
4	3	1	2	3	2	11	4	4	4	1	4
5	3	1	2	2	2	12	4	4	4	2	4
6	3	3	2	2	2	13	4	3	4	2	4
7	1	1	2	1	3	14	4	1	4	2	4

令 $P=\{a,b,c,d\}$ 是条件属性，Q 是 P 的等价类，$F=\{e\}$ 为决策属性。信息表即由决策属性和条件属性组成的，用粗集理论进行信息融合即是对信息表化简、寻求最小决策算法的过程。下面首先考虑相容性问题，根据粗集理论可以考虑 $r_P(Q)=1$ 是否存在，因为所有的条件是不同的，考虑 Q 和 P 的依赖性或表 8-9 的相容性即是判断表中的行为是否由某些条件唯一确定。从表 8-9 中去掉条件 a 得到表 8-10。

表 8-10　去掉条件属性 a 的信息表

U	b	c	d	e	U	b	c	d	e
1	3	2	2	1	8	3	2	1	3
2	1	2	2	1	9	3	2	1	3
3	1	2	3	1	10	3	4	1	4
4	1	2	3	2	11	4	4	1	4
5	1	2	2	2	12	4	4	2	4
6	3	2	2	2	13	3	4	2	4
7	1	2	1	3	14	1	4	2	4

从表 8-10 中可以发现下列决策规则对是不相容的:

$b_1c_2d_3 \Rightarrow e_1$（第 3 行）　　$b_1c_2d_3 \Rightarrow e_2$（第 4 行）

$b_1c_2d_2 \Rightarrow e_1$（第 2 行）　　$b_1c_2d_2 \Rightarrow e_2$（第 5 行）

所以,表 8-10 是不相容的,条件属性 a 是必须的。从表 8-9 中去掉条件属性 b 得到表 8-11。

表 8-11　去掉条件属性 b 的信息表

U	a	c	d	e	U	a	c	d	e
1	1	2	2	1	8	1	2	1	3
2	1	2	2	1	9	4	2	1	3
3	1	2	3	1	10	4	4	1	4
4	3	2	3	2	11	4	4	1	4
5	3	2	2	2	12	4	4	2	4
6	3	2	2	2	13	4	4	2	4
7	1	2	1	3	14	4	4	2	4

从表 8-11 中可以看到

$a_1c_2d_2 \Rightarrow e_1$（第 1 行）　　$a_1c_2d_2 \Rightarrow e_1$（第 2 行）

$a_1c_2d_1 \Rightarrow e_3$（第 7 行）　　$a_1c_2d_1 \Rightarrow e_3$（第 8 行）

$a_4c_4d_1 \Rightarrow e_4$（第 10 行）　　$a_4c_4d_1 \Rightarrow e_4$（第 11 行）

$a_4c_4d_2 \Rightarrow e_4$（第 12 行）　　$a_4c_4d_2 \Rightarrow e_4$（第 13 行）

第 1 行和第 2 行、第 7 行和第 8 行、第 10 行和第 11 行、第 12 行和第 13 行的决策规则是相容的,所以表 8-11 是相容的,属性 b 是冗余的,可以省略。采用同样的方法对属性 c 和属性 d 进行分析,可以发现属性 c 和属性 d 是不可省略的。因此,属性 a,c,d 是 Q 不可省略的,属性 b 是 Q 可省略的,即 $\{a,c,d\}$ 是 P 的 Q 核和唯一简化。通过删除重复的实例,删除多余的属性,得到新的决策表 8-12。

表 8-12　机器人工件识别新的决策表

U	a	c	d	e	U	a	c	d	e
1	1	2	2	1	5	1	2	1	3
2	1	2	3	1	6	4	2	1	3
3	3	2	3	2	7	4	4	1	4
4	3	2	2	2	8	4	4	2	4

进行了属性约简后,还要进行值的约简,以求出核值和简化值。故需要寻找区别所有决策所必需的那些属性值,保持表的相容性。以计算表 8-12 中第一决策规则 $a_1c_2d_2 \Rightarrow e_1$ 的核值和简化值为例,该决策中 a_1 和 d_2 是不可省略的,因为下列规则对是不相容的。

$c_2d_2 \Rightarrow e_1$（第 1 行）　　$c_2d_2 \Rightarrow e_2$（第 4 行）

$a_1c_2 \Rightarrow e_1$（第 1 行）　　$a_1c_2 \Rightarrow e_3$（第 5 行）

而属性 c_2 是可省略的,因为决策规则 $a_1d_2 \Rightarrow e_1$ 是相容的。于是 a_1 和 d_2 是表 8-12 中第一个规则 $a_1c_2d_2 \Rightarrow e_1$ 的核值。对其余决策规则按照此方法计算核值,得到关于决策规则核值的表 8-13。

表 8-13　决策规则的核值表

表 8-13　决策规则的核值表

U	a	c	d	e	U	a	c	d	e
1	1	*	2	1	5	*	*	1	3
2	1	*	3	1	6	*	2	*	3
3	3	*	*	2	7	*	4	*	4
4	3	*	*	2	8	*	*	*	4

为了得到决策规则的简化,需要把规则的条件属性的那些值合并到每一块决策规则的核值,如果规则是独立的,则整个规则为真。从表上可以看到,在 e_1 类和 e_2 类决策中,每一决策的核值和集合是简化的,因为下列规则为真:

$a_1 d_2 \Rightarrow e_1$ 　　$a_1 d_3 \Rightarrow e_1$ 　　$a_3 \Rightarrow e_2$

对于 e_3 和 e_4 类的决策,核值不能形成值约简化,因为下列规则是不相容的:

$d_1 \Rightarrow e_3$(第 5 行)　$c_4 \Rightarrow e_4$(第 7 行)

$c_2 \Rightarrow e_3$(第 6 行)　$b_3 \Rightarrow e_2$(第 4 行)

因此,工件识别的最快融合算法为

$a_1 d_2 \lor a_1 d_3 \Rightarrow e_1$ 　　$a_3 \Rightarrow e_2$

$c_1 d_1 \land a_4 c_2 \Rightarrow e_3$ 　　$c_4 \Rightarrow e_4$

决策规则简化结果如表 8-14 所示,表中的“ * ”表示该值已经被约简掉。

表 8-14　决策规则简化表

U	a	c	d	e	U	a	c	d	e
1	1	*	2	1	4	*	2	1	3
2	1	*	3	1	5	4	2	*	3
3	3	*	*	2	6	*	4	*	4

从以上算法中可以看到,通过粗集理论对大量传感器数据进行处理,找出了数据间的内在联系,得到了最快融合算法。但是必须注意的是:由于采集的传感器数据不充分,传感器数据的离散化方法欠妥等因素,对融合方法有很大的影响,这方面的工作有待进一步研究。但无论如何,用粗集理论融合传感器信息,并以工件识别为例,它与传统方法相比具有以下优点:无须建立模型库,而模型库的建立往往是一项十分棘手的工作;能够融合不完整和不精确的信息,粗集方法求出的是一种最小算法,对提高融合速度,增强决策能力具有重要意义。

8.10.5　本节小结

粗集理论是研究不完整数据、不精确知识的表达、学习、归纳等方法,它不同于统计方法和模糊逻辑等其他方法。粗集理论是以对观察和测量所得数据进行分类能力为基础的,它不仅为信息科学和认知科学提供了新的科学逻辑和研究方法,而且为智能信息处理提供了有效的处理技术。

8.11　基于模糊积分的信息融合

模糊积分作为信息融合技术的基本出发点是基于非可加性测度的思想,这可以通过下面例子说明。假设某工厂有 n 个工人，每个工人的每天单产量已知，把这些单产量相加即可计算出工厂的总产量，这是可加性测量的思想。然而，如果将 n 个工人分为若干个组，并且每组工人之间有协作和分工，通常总产量将比基于可加性得出的总产量有较大程度的增加。事实上，由于工人之间存在相互作用（协作和分工），因此，总产量与 n 个工人的单产量之间便不是简单的可加性关系，而是非可加的关系。

这种考虑传感器（信息源）之间的相互作用的信息融合技术有广泛的应用前景，而基于模糊测度的模糊积分模型即是目前解决该问题的最有效的方法之一。

8.11.1 模糊测度的基本概念

模糊测度是定义在 n 个对象（传感器或其他信息源）集合 $X=\{x_1,x_2,x_3,\cdots,x_n\}$ 的幂集上的集函数，记为 $g:P(X)\rightarrow[0,1]$，满足：

①有界性，$g(\varnothing)=0,g(X)=1$；

②单调性，$\forall A,B\in P(X)$，若 $A\subseteq B$，则 $g(A)\leqslant g(B)$。

因此模糊测度是一个单调而且归一化的集函数，事实上是概率测度的一种扩展，即将概率测度中的可加性条件替换成条件更弱的单调性条件。它将模糊测度的值域限制在 $[0,1]$，且 $g(X)=1$，一般将上述模糊测度称为正规化模糊测度。由于模糊测度定义在权集 $P(X)$ 上，因此必须确定对应的 2^n 个集函数值才能完全确定一个模糊测度关系。而在应用环境中确定如此多个参数通常是不可能的。因此，必须根据不同应用问题的需要对模糊测度对应的参数个数进行合适的简化或假设，在已有的研究中一个重要的简化形式即为下面介绍的 λ 测度。

对于任何两个集合 $A,B\in X$，且 $A\bigcap B=\varnothing$，λ 测度假设集函数的计算满足：

$$g(A\bigcup B)=g(A)+g(B)+\lambda g(A)g(B) \tag{8-79}$$

即两个不相交子集的并集的测度值可以直接从这两个集合各自的测度中求得。显然，当 $\lambda=0$ 时，λ 测度是可加的概率测度。根据模糊测度有界性，λ 测度中的 λ 值可以按照下式确定

$$\lambda+1=\prod_{i=1\cdots k}(1+\lambda g_i), \quad \lambda>-1 \text{ 且 } \lambda\neq0 \tag{8-80}$$

上式 λ 的解存在而且唯一，并且 λ 值必须满足 $g(X)=1$。如果记 $A_i=\{x_i,x_2,\cdots,x_{n+1}\}$ 且 $g(\{X_i\})$ 为 $g_i,i=1,2,\cdots,n$ 是一个 λ 模糊测度时，则 $g(A_i)$ 的值可以被递归地计算如下

$$g(A_n)=g(\{X_n\})=g_n \tag{8-81}$$

$$g(A_i)=g_i+g(A_{i+1})+\lambda g_i g(A_{i+1}), \quad 1\leqslant i\leqslant n \tag{8-82}$$

观察这组方程可知，为了确定模糊测度，仅仅需要确定 n 个信息源对应单元子集的密度值 $g_1,g_2,\cdots,g_n$，考虑(8-81)和(8-82)方程，仅仅有 $n-2$ 个未知量，远少于在非单调模糊测度情况下的 2^n-2 个，从而参数个数有了本质的减少，大大减小了计算难度。

8.11.2 模糊积分的基本概念和性质

模糊积分是定义在模糊测度基础上的一种非线性函数，它具有融合多源信息的能力，常用的模糊积分有 Sugeno 积分和 Choquet 积分。设 g 为 X 上的一个模糊测度，且设 $f:X\rightarrow[0,1]$。则 $f(x)$ 相对于 g 的 Sugeno 积分为

$$\int_A f(x)\circ g(\cdot)=S_g(f)=\sup_{\alpha\in[0,1]}[\min(\alpha,g(f_\alpha))] \tag{8-83}$$

其中 $f_a=\{x\in X\,|\,f(x)\geqslant a\}$。

在有限集合 X 上，函数 $f(x)$ 在点 $x_k\in X$ 处的值用 $f(x_k)$ 表示。如果函数 $f(x)$ 的值满足 $f_1\geqslant f_2\geqslant\cdots\geqslant f_k$，则 Sugeno 积分可以按照下式计算：

$$S_g(f)=\bigvee_{k=1}^{K}(h_k\wedge g(A_k)) \tag{8-84}$$

因此仅需要密度值 g_i 和输入值 h_i，$i=1,2,\cdots,n$，即可得到对应证据加权后的输出。Sugeno 积分的特例即为有序加权平均 OWA 算子。

另一方面，假设 $h(x_1),h(x_2),\cdots,h(x_n)$ 是分别来自输入源 $x_1,x_2,\cdots,x_n$ 的证据（输入值），g_i 是定义在 X 上的模糊测度，则 Choquet 积分定义为

$$E_g=\int_X h(\,\cdot\,)\circ g(\,\cdot\,)=\int_0^{\infty}g(f_a)\mathrm{d}\alpha \tag{8-85}$$

其中 $f_a=\{x\in X\,|\,f(x)\geqslant a\}$。对于一个有限集合 X，Choquet 积分被离散化并计算如下：

$$E_g=\sum_{i=1}^{n}(h(x_i^*)-h(x_{i-1}^*))g(A_i^*)=\sum_{i=1}^{n}(g(A_i^*)-g(A_{i+1}^*))h(x_i^*) \tag{8-86}$$

其中，$A_i=\{x_i^*,x_{i+1}^*,\cdots,x_n^*\}$，而 $h(x_1^*),h(x_2^*),\cdots,h(x_n^*)$ 是 $h(x_1),h(x_2),\cdots,h(x_n)$ 的一个升序排列，满足 $h(x_1^*)\leqslant h(x_2^*)\leqslant\cdots\leqslant h(x_n^*)$，$h(x_0^*)=0$，$g(A_{n+1})=0$。上式系数满足：

$$\sum_{i=1}^{n}\{g(A_i^*)-g(A_{i+1}^*)\}=g(X)=1$$

仍然是一个加权平均的形式。然而，这里每个输入系数不仅与本身对应输入源有关而且还与其他输入源有关，这是 Choquet 积分与简单加权平均的本质区别。

在应用中，当使用 Choquet 积分作为分类器或者融合手段时，其参数为模糊测度必须预先根据历史数据或者先验知识进行辨识。然而，对于一个含有 n 个信息源的多传感器而言，需要辨识的参数个数是 (2^n-1) 个为指数级的；同时，这些参数之间心须满足模糊测度对应的单调性。因此，必须有一个可行的方法实现参数辨识。有两种方法能够解决这个问题。

①在 Chouqet 积分中使用(8-79)式所表示的 λ 测度。首先根据 $g(X)=1$，并用 $g_1,g_2,\cdots,g_n$ 表示 $g(x_1),g(x_2),\cdots,g(x_n)$，将 $g(X)$ 依次展开得

$$1=\sum_{i=1}^{n}g_i+\sum_{i_1=1}^{n-1}\sum_{i_2=i_1+1}^{n}\lambda_{i_1}g_{i_1}g_{i_2}+\cdots+\prod_{i=1}^{n-1}\lambda_ig_ig_n$$

因此，在确定 $g_1,g_2,\cdots,g_n$ 和 λ 的值后，所有 (2^n-1) 参数可以全部求出。

②使用 Grabisch 提出的启发式最小二乘法（heuristic least mean square，HLMS）。HLMS 算法基于梯度下降原理，采用启发式算法寻找次优解，在计算过程中保证了非可加测度的单调性，并且计算量较小。

在实际计算中，可以使用开源的 Kappalab 软件包实现 HLMS 算法，该软件包由 Grabisch，Kojadinovic 和 Meyer 共同开发，最初版本发布于 2004 年。运行 Kappalab 软件包需要版本在 2.1.0 以上的 R 软件，本文以下的例子采用 R 软件 3.6.3 版和 Kappalab 软件包 0.4-7 版进行非可加测度的计算。

8.11.3 钢铁厂的试验

这组实验数据模拟一个钢铁厂热轧机上现场厚度的控制。

（1）数据描述

位于热轧机轧辊上的 7 个传感器（即 7 个特征）产生 7 组数据。这个实验目的是调整热

轧机每个轧辊在线压力值,并在综合所有数据后实现最优的厚度控制。最优的厚度控制有两个特征:轧辊有最少的调整次数和对于已有的最优压力数据有最小拟合误差,因为每一次调整无可避免地强制移动一些轧辊的位置,这将降低钢产品质量。而且仅仅当拟合误差超出一个阈值才实施调整。此外,在这 7 个特征间也存在着相互作用,因为它们的作用范围是相互交叠的。这个实验履行在 5 个独立的取样阶段,在每个阶段平均有 1 426 条数据。每隔 2 s,新的数据更替 20％最旧的已有的压力数据。

（2）算法描述

为了获得一个最优的厚度控制,这里分别使用 Choquet 积分和 Sugeno 积分作为工具融合这些来自 7 个特征的数据。为了应用 HLMS,首先估计 g_i,$i=1,\cdots,n$,通过让每个轧辊独立工作时获得的已有最优压力的数据,g_i 可以解出。用最小平方和误差标准度量它们的拟合误差。HLMS 的收敛依赖于停止标准和最大迭代次数。在这个实验中取 $\varepsilon=10^{-5}$ 且最大迭代次数 $T_{max}=2\,000$。在平均大约 1 200 次迭代后,HLMS 算法完成了它的收敛。

（3）运行结果

Grabisch 和 Sugeno 的平均调整次数分别是 50 和 23。Sugeno 的调整次数少但不足以逼近特征间的相互作用度。Grabisch 不得不确定总共 128 模糊测度值。在每阶段总的拟合误差意义上,Grabisch 更小。表 8-15 显示了它们的拟合误差和相关的模糊测度。作为对比,Sugeno 有较大的误差。同时 Sugeno 有最快的运行时间,但它不满足两个最优性条件:调整次数和拟合误差。与 Sugeno 相比,Grabisch 的计算时间较长,有时不能满足在线需求。这证明对于一个实际案例而言上述两种不同的模型各有不同的特点。

表 8-15　3 个方法的运行结果

算法	总误差	调整次数	总时间(s)	g_1	g_2	g_3	g_4	g_5	g_6	g_7
Sugeno	0.002 329	16	0.109	0.262 493	0.032 189	0.061 955	0.109 370	0.119 740	0.206 306	0.087 551
Grabisch	0.002 155	1 224	5.218	0.261 976	0.032 254	0.062 113	0.109 554	0.120 494	0.206 579	0.087 671

[练习题]

8-1　通过例题思考两个不同类型传感器信息如何进行融合并作出决策。

8-2　说明 Bayes 理论作为融合技术的局限性。

8-3　如何使用图示的方法描绘两种标量滤波器基本计算步骤?

8-4　说明标量卡尔曼滤波器是矢量滤波器的特例,思考从标量到矢量哪些统计量的表达式需要重新定义。

8-5　应用 D-S 证据理论分析如下问题。

（1）假设用 A 和 B 两种传感器对 4 种目标 a_1,a_2,a_3,a_4 识别,其中,a_1,a_2 为友军目标,a_3,a_4 为敌军目标。与传感器 A 和 B 对应的概率分配函数分别为 $m_A(\{a_1,a_3\})=0.6$,$m_A(\{a_1,a_2,a_3,a_4\})=0.4$,$m_B=(\{a_2,a_4\})=0.5$,$m_B(\{a_1,a_2,a_3,a_4\})=0.5$,求识别结果。

（2）若上述问题中 $m_B=(\{a_3,a_4\})=0.7$,$m_B(\{a_1,a_2,a_3,a_4\})=0.5$,求识别结果。

参 考 文 献

[1] 王化祥,崔自强. 传感器原理及应用[M]. 5版. 天津:天津大学出版社,2021.

[2] 王化祥. 仪器仪表可靠性技术[M]. 天津:天津大学出版社,2020.

[3] 江毅. 高级光纤传感技术[M]. 北京:科学出版社,2009.

[4] 张志鹏,[英]GAMBLING W A. 光纤传感器原理[M]. 北京:中国计量出版社,1991.

[5] 刘瑞复,史锦珊. 光纤传感器及其应用[M]. 北京:机械工业出版社,1987.

[6] 安毓英,曾晓东,冯喆珺. 光电探测与信号处理[M]. 北京:科学出版社,2010.

[7] 王明时. 医用传感器与人体信息检测[M]. 天津:天津科学技术出版社,1987.

[8] 彭承琳,侯文军,杨军. 生物医学传感器原理与应用[M]. 2版. 重庆:重庆大学出版社,2011.

[9] 陈裕泉,[美]葛文勋. 现代传感器原理及应用[M]. 北京:科学出版社,2007.

[10] 宋文,王兵,周应宾,等. 无线传感器网络技术与应用[M]. 北京:电子工业出版社,2007.

[11] [美]EDGAR H CALLAWAY JR. 无线传感器网络:体系结构与协议[M]. 王永斌,屈晓旭,译. 北京:电子工业出版社,2007.

[12] 孙利民,李建中,陈渝,等. 无线传感器网络[M]. 北京:清华大学出版社,2005.

[13] 任丰原,黄海宁,林闯. 无线传感器网络[J]. 软件学报,2003,14(7):1282-1291.

[14] EVERETT H R. Sensors for mobile robots:theory and application [M]. Wellesley:A K Peters, Ltd. , 1995.

[15] 高国富,谢少荣,罗均. 机器人传感器及其应用[M]. 北京:化学工业出版社,2005.

[16] SIEGWART R, NOURBAKHSH I R, DAVIDE S. Introduction to autonomous mobile robots[M]. Cambridge:The MIT Press,2004.

[17] 殷勇. 嗅觉模拟技术[M]. 北京:化学工业出版社,2005.

[18] 孟庆浩,李飞. 主动嗅觉研究现状[J]. 机器人,2006,28(1):89-96.

[19] RUSSELL R A, KENNEDY S. A novel airflow sensor for miniature mobile robots[J]. Mechatronics, 2000, 10(8):935-942.

[20] 章吉良,周勇,戴旭涵,等. 微传感器:原理、技术及应用[M]. 上海:上海交通大学出版社,2005.

[21] 刘君华. 智能传感器系统[M]. 2版. 西安:西安电子科技大学出版社,2010.

[22] [美]徐泰然. MEMS与微系统:设计、制造及纳尺度工程[M]. 2版. 梁仁荣,刘立滨,等译. 北京:电子工业出版社,2017.

[23] 韩崇昭,朱洪艳,段战胜,等. 多源信息融合[M]. 北京:清华大学出版社,2010.

[24] 康耀红. 数据融合理论与应用[M]. 2版. 西安:西安电子科技大学出版社,2006.

[25] 滕召胜,罗隆福,童调生. 智能检测系统与数据融合[M]. 北京:机械工业出版社,2000.

[26] 杨万海. 多传感器数据融合及其应用[M]. 西安:西安电子科技大学出版社,2004.

[27] 杨露菁,余华. 多源信息融合理论与应用[M]. 北京:北京邮电大学出版社,2011.

[28] YAGER R R. On the dempster-shafer framework and new combination rules[J]. Information sciences, 1987,41(2): 93-137.

[29] DUBOIS D, PRADE H. Representation and combination of uncertainty with belief functions and possibility measures[J]. Computational intelligence,1988,4(3):244-264.